高等院校环境科学与工程系列教材

环境生物技术

张徐祥　吴兵　主编

U0360154

课程资源

教学课件
视频学习
工程案例
拓展阅读

南京大学出版社

图书在版编目(CIP)数据

环境生物技术 / 张徐祥，吴兵主编. —南京：
南京大学出版社，2025.2. — ISBN 978 - 7 - 305 - 28276 - 8

Ⅰ．X17

中国国家版本馆 CIP 数据核字第 202452HR01 号

出版发行　南京大学出版社
社　　址　南京市汉口路 22 号　　　　邮　　编　210093
书　　名　**环境生物技术**
　　　　　HUANJING SHENGWU JISHU
主　　编　张徐祥　吴　兵
责任编辑　刘　飞

照　　排　南京开卷文化传媒有限公司
印　　刷　常州市武进第三印刷有限公司
开　　本　787 mm×1092 mm　1/16　印张 19.75　字数 456 千
版　　次　2025 年 2 月第 1 版　2025 年 2 月第 1 次印刷
ISBN　978 - 7 - 305 - 28276 - 8
定　　价　49.00 元

网　　址:http://www.njupco.com
官方微博:http://weibo.com/njupco
官方微信:njupress
销售咨询热线:025 - 83594756

* 版权所有,侵权必究
* 凡购买南大版图书,如有印装质量问题,请与所购
　图书销售部门联系调换

前　言

在人类文明疾驰前行的征途中,环境问题犹如一道沉重的枷锁,悄然成为可持续发展的巨大绊脚石。正是在这片充满挑战的土地上,环境生物技术如一颗璀璨的星辰,悄然升起。它作为一门跨越生物学、环境科学与工程技术的交叉学科,巧妙地借助微生物、植物及动物等生物体的奇妙力量,探寻解决环境污染难题的绿色方案。

环境生物技术的历史,是一部人类对自然界生物净化能力认知的探索史。它起源于人类对自然奥秘的初步窥探,但直到近几十年,它才真正作为一门体系完备、被研究深入的学科,在风雨兼程中逐渐发展壮大起来。值得一提的是1994年南京大学程树培教授凭借其前瞻性的学术眼光,组织编写了国内首本系统介绍环境生物技术的科技书籍,为我国环境生物技术领域的发展奠定了重要的理论基础,并对学科发展起到了积极的推动作用。

时至今日,环境生物技术已傲然挺立于环境科学的潮头,成为不可或缺的中坚力量。它不仅为水体、大气、土壤等环境污染的治理提供了绿色、高效的解决方案,更如一位智慧的工匠,精心雕琢着资源的循环利用与可持续发展的美好蓝图。其价值不仅在于对环境保护的卓越贡献,更在于其推动了学科间的深度融合与交叉创新,激发了科技创新的无限活力,为培养兼具跨学科知识与实践能力的复合型人才开辟了广阔的天地。

在本书的编纂过程中,我们秉持将基础理论与国际技术发展前沿紧密结合的原则,力求使读者在掌握扎实学科基础的同时,洞悉该领域的最新动态与未来趋势。随着生物技术的日新月异与对环境问题认识的不断深化,环境生物技术的理论体系也在不断完善与丰富。本书内容涵盖了生物技术理论基础及技术体系、环境污染生物治理技术、环境污染生物修复技术、生态环境监测生物技术、环境生物材料以及环境生物资源化技术等,内容相互交织、层层递进,为读者呈现出一幅完整、系统的环境生物知识体系画卷。

本书是团队成员共同努力的结晶,资料搜集与整理、编写与校核的每一个环节,都凝聚着团队成员的智慧与汗水。全书由南京大学张徐祥、吴兵主编,何席伟、陈玲、刘鹏、刘宇轩、张玉、张琳钰、张志超、朱梦圆、李欢、孙佩佩、周海玲、方与时、杨珺亦、欧阳怡欣、张泽朋、王文娜、高川作、葛欣玥、张弛、张起峰、张玉洁、吴璟涵、赵泽宇、李佳蕾、刘淑怡、孙雨辰等同仁辛勤付出。在此,我们向他们致以最诚挚的感谢与崇高的敬意。

同时,我们在编写本书的过程中也参考了大量的教材、专著和相关资料。这些著作如同一座座智慧的灯塔,为我们指明了前行的方向。在此,我们向这些著作的作者表示衷心的感谢与敬意。尽管我们力求内容全面、准确无误,但鉴于环境生物技术的快速发展与知识体系在不断更新,书中难免存在疏漏与不足之处。我们诚挚地邀请广大读者批评指正,共同为环境生物技术的繁荣发展贡献智慧与力量。

编　者

2024 年 12 月

目　录

第1章 环境生物技术概述

1.1 生物技术及其学科基础

1.1.1 生物技术的定义

生物技术(biotechnology)是以生命科学为基础,结合先进的工程技术手段和其他基础学科的科学原理,利用生物体、生物组分、细胞及其他组成部分,按照预先设计进行研究、改造和构建,为人类加工生产产品、提供服务或达到某种目的的一种综合性技术。

生物技术这一概念最早出现于 1917 年,当时匈牙利工程师 Karl Ereky 受到甜菜(饲料)大规模饲养猪的启发,首次提出了"生物技术是利用生物将原材料转化为产品"这一概念。1982 年,国际合作及发展组织对生物技术进行了定义:生物技术是应用自然科学和工程学原理,依靠微生物、动物、植物作为反应器,将物料加工以提供产品为社会服务的技术。

生物技术不仅是一门新兴的综合性学科,更是一个深受人们依赖和期待的领域。1986 年,我国的《高技术研究发展计划纲要》将生物技术列为重要发展的高新技术之一,与信息技术、航天技术、激光技术、新能源技术和自动化技术并列。现今,生物技术的专业研究综合了生物学、物理学、化学、工程学、农学、医药学、信息学、计算机科学和伦理学等多学科技术,其发展与创新日新月异。随着社会的成熟发展,生物技术的进步不断改善人们的生活,更好地满足了人们的需求,解决了许多与人们生活密切相关的问题。同时,生物技术的进步也代表着人类科学各领域技术水平的综合进步,生物技术的发展也反映着人类文明的发展程度。

1.1.2 生物技术的特点

从几个世纪前的传统酿造发酵开始,传统生物技术逐渐形成并发展,人们从无意识地利用微生物进行食品生产,逐渐学会了有意识地控制发酵过程以实现生产规模化。随着抗生素工业的兴起和基因工程技术的不断突破创新,现代生物技术在当代科学技术和社会需求的推动下逐步成型。作为充满机遇和挑战的新兴学科,现代生物技术是现代生命科学和工程技术相结合的产物,涵盖了一系列技术领域,包括基因工程、蛋白质工程、细胞工程、发酵工程、生物传感器和生物信息学等。

生物技术具备高效益、高智力、高投入、高竞争、高风险、高势能这六大特征和以下学科特点:

（1）实验导向性：生物技术的研究和应用通常以实验为基础，掌握实验技能和提高操作能力对于生物技术的创新和发展至关重要。例如，基因克隆、分子杂交、聚合酶链式反应、凝胶电泳、原生质体融合、蛋白质表达、固定化酶和基因测序等常用实验操作，在生物技术的研究和应用中可用于检测和鉴定生物大分子、进行基因编辑和细胞培养等，从而推动生物技术的进步。

（2）前沿性和创新性：生物技术是一个不断发展和创新的新兴学科领域，其技术、方法和应用不断更新，基因编辑、合成生物学和智能化生物技术等领域的研究一直在取得突破。作为当前的研究热点领域，生物技术的科研需要不断更新知识库、追踪最新进展成果，并积极探索新的研究方向和应用领域。

（3）学科交叉性：生物技术涉及多个学科领域，综合运用了各学科的理论和方法，使研究者能够解决复杂的生物问题。如图 1-1，生物技术主要以生物学为基础，紧密联系着化学和工程学，不仅整合了各学科的概念，还融合了各学科的内涵和特点，具有独特的概念和方法。

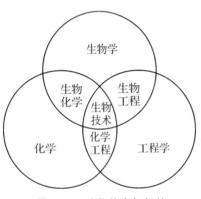

图 1-1　生物技术与相关基础学科的关系

（4）应用广泛性：生物技术广泛应用于工业、农业、医药、环境保护等众多领域，已经形成了完备的应用体系。除了用于基础研究，生物技术还可用于解决现实生活中的问题，对于缓解当今人类社会面临的能源、粮食、环境、健康等重大问题具有重要的现实意义和深远的战略意义，同时也带来了巨大的经济效益和社会效益。

（5）伦理性和安全性：生物技术与生命密切相关，涉及合理利用和保护生物资源、生物伦理以及制定和遵守相应的法律规范和伦理标准等问题。生物技术的发展必须受到伦理安全的规范和引导，建立伦理安全制度能够保证生物技术创新有序进行，并维持技术进步和伦理完善之间的平衡。

1.1.3　生物技术的学科基础

生物技术是基于生命科学的应用，其学科基础的核心是对生物学的深入了解和掌握，包括生物的分类、结构、功能、遗传、代谢和发育等。此外，生物技术涉及多学科，如物理学、化学、工程学、农学、医药学、信息学、计算机科学和伦理学等，共同搭建了生物技术的学科基础。

（1）生物学：生物学是生物技术的核心学科，主要研究生命科学的结构、功能、发展和演化等。生物学领域的重大理论或技术突破奠定了生物技术创新的基础，推动着生物技术的实验方法和研究技术进步，是进行生物技术研究和应用的原动力。

（2）物理学和化学：物理学和化学对生物技术的学科支撑主要体现在应用物理和化学的理论和方法，研究生物体内的物理过程和化学反应，为生物技术的研究和应用提供支持等，是生物技术学科交叉性的重要体现。

（3）工程学：工程学与生物技术有机结合发展了生物工程，主要研究利用生物系统进行生产和加工的技术和方法。生物工程是生物技术的重要研究方向，以基因工程技术为核心，带动着其他工程技术发展。

（4）农学：农学中关于植物的生长发育、抗病虫害能力以及适应环境的机制等相关研究，帮助拓展了生物技术的研究和应用范围。以精准农业、绿色有机农业、资源高效利用与环境保护为标志，农学与生物技术的结合旨在为人类提供高产优质安全的产品。

（5）医药学：医药学领域的需求推动了生物技术的发展和创新，包括医疗、药物研发、制药等方面。基因治疗、再生医学和生物制药等技术的突破，展示了生物技术在医药学领域的发展潜力和前景。

（6）信息学和计算机科学：信息学和计算机科学利用数学和计算机等方法，对生物信息进行获取、加工、存储、分析和解释，有助于揭示生物数据所包含的生物学意义，大大提高了生物技术研究和应用的创新效率。

（7）伦理学：在生物技术的研究和应用过程中，伦理学主要关注对生物资源和生物伦理的合理利用和保护，以及相应法律规范和伦理标准的制定和遵守。伦理学的基础对于生物技术学科的发展和完善起着至关重要的作用。

1.2　生物技术的发展和应用

1.2.1　生物技术的起源

生物技术的出现可以追溯到古代，其发展已经经历了几个世纪。古代的农民和酿酒师利用天然微生物进行农作物种植和酿造发酵，生产了诸如面包、奶酪、酱油、发酵乳制品、啤酒、葡萄酒、米酒等多种食品，被认为是最早应用传统生物技术的人们。然而，直到1917年匈牙利工程师 Karl Ereky 首次提出生物技术这一概念，人们才逐渐开始意识到生物技术的存在。不过，当时的生物技术仍然停留在传统发酵阶段，还没有被纳入高科技的范畴中。真正的现代生物技术大约起源于 20 世纪 50 年代，在分子生物学的发展基础上，生物技术的学科体系逐渐形成并得到完善。如今，生物技术以全新的面貌跻身于现代高科技行列，并在许多领域的研究和应用中不断取得突破性成果。

1.2.2　生物技术的发展

生物技术的发展可以分为传统生物技术和现代生物技术两个阶段。传统生物技术主要指微生物发酵技术，在几个世纪前就已出现，但尚未达到高新技术水平。现代生物技术以基因工程为主要标志，在当代高科技和社会需求的推动下，形成了一个新兴的高科技领域。

1. 传统生物技术

传统生物技术最早出现在古代的酿造和发酵过程中，主要指微生物发酵技术，广泛应用于日常的生活和生产。从无意识地利用发酵生产食品，到逐步了解微生物在发酵中的作用并有意识地利用微生物进行大规模生产,人们逐渐学会了控制发酵过程中的温度、pH、湿度、无菌状态等条件,并兴起了抗生素工业,提高了生产和社会效益。19 世纪 60 年代,法国科学家 Louis Pasteur 首次证实了发酵是由微生物引起的,并建立了微生物纯培养技术,为发酵技术的发展提供了理论基础,使之进入了一个新的科学阶段。20 世纪 20 年代,工业界开始采用大规模的纯种培养技术生产发酵化工原料等。20 世纪 50 年代,随着青霉素发酵的发展,酶制剂得到大规模应用,发酵技术和酶技术的应用领域得到拓宽。到了 20 世纪 60 年代,发酵工业取得了显著的进步,被誉为“第一次绿色革命”。

虽然上述传统生物技术已经形成了完备的学科体系并在不断发展中,但主要集中于研究微生物发酵生产过程并进行选择育种优化,多局限于化学工程和生物工程领域,没有更多的突破和学科交叉渗透的表现,不具有高新技术的特点,仍属于传统技术之一。通常认为微生物发酵生产过程分为上游处理、发酵转化、下游处理三步。上游处理指对粗材料进行加工,提高微生物的营养和能量来源;发酵转化指控制目标微生物大量生长并发生特定生理特性的改变以连续生产某一目的产物;下游处理指纯化目的产物。传统生物技术研究的主要内容和目标是最大限度地提高这三步的整体效率,同时寻找更多可以用来制备食品、食品添加剂、农药等产品的微生物。

2. 现代生物技术

20 世纪 50 年代,现代生物技术在分子生物学的基础上逐渐出现。近 30 年来,生命科学的飞速发展以及其他学科领域中的一些工艺改革和装备更新,加速推动了现代生物技术体系的形成和完善。如表 1-1,对 DNA 结构和功能的研究突破促进了分子生物学的发展,进而推动了现代生物技术的出现。1953 年,Watson 和 Crick 解决了 DNA 的结构问题,进一步阐明了 DNA 的遗传信息传递机制——半保留复制机制,从而将生命秘密的探索从细胞水平提升到分子水平,将对生物规律的研究由定性转向定量,奠定了分子生物学兴起和现代生物技术发展的基础。之后,许多科学家展开了关于遗传信息和蛋白质关系的一系列研究。1958 年,Crick 提出了遗传信息传递的中心法则。1966 年,Nirenber 等人破译了地球生物通用的生命遗传密码并编制了一本“辞典”。至 1970 年,科学家们逐步发现了 DNA 连接酶、限制性核酸内切酶、逆转录酶等与基因相关的酶,使得真核基因的制备成为可能。次年,Crick 补充提出了现在通用的三角形中心法则,自此,有关生物遗传信息和蛋白质的研究体系基本完善。1972 年,Khorana 等人成功进行了对酵母丙氨酸 tRNA 基因的人工全合成。1973 年,Herber Boyer 教授和 Stanley Cohen 教授在实验室中实现了基因转移,开创了人类历史上有目的的基因重组新篇章,突破了物种之间的界限,使得人们能够按照意愿和目的有针对性地改造生物遗传特性。这些基因工程方面的突破与发现,引发了 20 世纪 70—80 年代 DNA 重组相关的实验和应用,创造了 DNA 测序技术和聚合酶链式反应(PCR),推动了现代生物技术的迅速发展。20 世纪 90 年代,基因工程和基因克隆的概念、操作、技术和仪器等不断更新完善,新技术和方法得到了快速应用,现代生物技术进一步完善并转向新兴学科产业,成为了 21 世纪的主要发展方向。

表1-1 现代生物技术发展史上的主要技术发明和应用

年代	技术发明和应用
1953	Watson 和 Crick 发现 DNA 双螺旋结构
1958	Crick 提出遗传信息传递的中心法则
1966	Nirenber 等人破译遗传密码
1967	DNA 连接酶的发现
1970	Smith 和 Wilcox 分离出第一个限制性内切酶 Hind Ⅱ
1970	Baltimore 和 Temin 等人发现逆转录酶,打破中心法则,使真核基因制备成为可能
1971	Crick 对中心法则进行补充,提出三角形中心法则
1972	Khorana 等人合成完整 tRNA 基因
1973	Boyer 和 Cohen 建立 DNA 重组技术
1975	Kohler 和 Milstein 建立单克隆抗体技术
1976	第一个 DNA 重组技术规则建立
1976	DNA 测序技术诞生
1977	Itakura 实现真核基因在原核细胞中表达
1978	Genentech 公司在大肠杆菌中表达出胰岛素
1980	美国最高法院对经基因工程操作的微生物授予专利
1981	第一台商业化生产的 DNA 自动测序仪诞生
1981	第一个单克隆抗体诊断试剂盒在美国获得批准
1982	第一个 DNA 重组技术生产的动物疫苗在欧洲获得批准
1983	基因工程 Ti 质粒用于植物转化
1988	美国对肿瘤敏感的基因工程鼠授予专利
1988	PCR 技术问世
1990	第一个体细胞基因治疗方案在美国获得批准
1997	英国培养出第一只克隆羊多莉
1998	艾滋病疫苗人体实验在美国获得批准
1998	日本培养出克隆牛,英国、美国培养出克隆鼠
2002	美国利用体细胞在小鼠体内培养出人体肾脏
2007	美国国立卫生研究院启动人类微生物组计划
2010	CAR-T 免疫治疗技术在临床中取得突破
2014	EditasMedicine 开发出 CRISPR-Cas9 基因治疗法
2016	CRISPR-Cas9 基因编辑技术投入临床试验
2023	美国华盛顿大学生物蛋白质设计研究所利用人工智能从头设计出全新的酶

1.2.3　生物技术的应用

作为学科交叉渗透的综合性学科,生物技术的应用涉及工业、农业、医药、环境保护等众多领域。随着人们逐步认识到生物技术对开展基础研究和解决现实问题的重要现实意义和深远战略意义,各国越来越重视生物技术的发展和应用,纷纷采取措施和对策,加速推进完善这项高新技术的发展应用体系,以产生更大的经济效益和社会效益。

1. 生物技术在工业方面的应用

在食品生产方面,生物技术可以提高生产效率,在严格控制食品质量的同时增加产量,有效节约成本。此外,生物技术还可以扩大食品生产的种类,例如生产添加单细胞蛋白的食品,为解决蛋白质缺乏问题提供解决方案。

在材料制造方面,生物技术是现代新材料发展的重要途径之一,能有效回收废弃资源从而避免浪费和污染,并能进行再加工。此外,生物技术还为大规模生产一些稀缺生物材料提供了可能性,并能构建和开发新型生物材料。

在能源工程方面,生物技术可以提高不可再生能源的开采率和利用率,例如石油开采效率的提高。甚至,生物技术还能开发更多的可再生能源,为新能源利用开辟道路。

2. 生物技术在农业方面的应用

在农作物生产方面,生物技术的应用具有多重优势,可以加速繁殖个体、提高作物产量、改良基因表达、保证作物品质、延长植物食品的保质期等。此外,生物技术还能在培育抗逆作物方面发挥重要作用,例如利用基因工程的方法培育抗虫害作物等。

在畜禽生产方面,生物技术能加快畜禽的繁殖和生长速度,同时改良畜禽品质,提供高产优质的肉、蛋、奶等畜禽产品。此外,应用生物技术还可以培育抗病畜禽品种,提高它们的抗病能力,降低饲养业的风险。

在农业的新领域,生物技术的应用不仅仅局限于提高生产产量和质量,更有转基因植物和动物的出现,大大降低了生产成本,有着巨大的经济效益。例如,利用转基因技术生产植物疫苗,或者利用转基因动物生产药用蛋白等。

3. 生物技术在医药方面的应用

在疾病预防方面,生物技术可以改进疫苗的生产过程。例如通过基因工程将病原体的某种蛋白质基因重组到细菌或真核细胞中,利用细菌或真核细胞大量生产此蛋白质作为疫苗,从而显著提高疫苗的生产效率和质量。

在疾病诊断方面,利用重组 DNA 技术,可以直接从 DNA 水平上诊断人类遗传性疾病、肿瘤、传染性疾病等多种疾病。这种方法具有专一性强、灵敏度高、操作简便等优点。

在疾病治疗方面,生物技术的应用主要体现在大量生产来源稀少、价格昂贵的药物,以及直接进行基因治疗。此外,异种移植和克隆技术的研究发展也为器官移植提供了新的可能。

4. 生物技术在环保方面的应用

生物技术在环境保护领域主要用于减少或消除污染物的产生,并治理废水、废气和固废。同时,生物技术还能高效净化环境污染,并生产有用物质,从而保护生物多样性和生态稳定性。目前的研究热点集中在提高基因工程菌的遗传稳定性、功能高效性和生态安全性,建立无害化生物技术清洁生产新工艺,开发废物资源化和能源化技术,以及发展环境污染物毒性及对生态影响的监测技术等。

1.2.4 生物技术的前沿热点

随着时间的推移,生物技术得到了广泛应用和发展。在医药领域,生物技术取得突破,使基因疗法和生物制药等成为可能。在环境保护领域,生物修复和生物吸附等生物技术可以利用微生物和其他生物体来处理和净化环境中的污染物。此外,生物技术在工业、农业和能源等领域也发挥着重要作用,为人类创造了许多经济和社会效益。以基因编辑、合成生物学和智能化生物技术为例,生物技术正在向多方面发展创新,应用领域不断扩展。

1. 基因编辑

基因编辑技术的发展,如 CRISPR - Cas9,使得对生物体基因组的精确修改成为可能。2022 年,一位新西兰女性成为首例通过基因编辑治疗来永久降低胆固醇水平的患者,展示了基因编辑技术在疾病治疗领域的广泛潜力。未来,对疾病的治疗可能不再局限于遗传病,通过在基因组中添加基因片段,可能对高血压或其他疾病进行预防。在疫苗研发方面,基因编辑技术的突破为其提供了新的手段,例如生产速度快、安全性高的 mRNA 疫苗技术,为全球抗击新型冠状病毒疫情做出了重要贡献,有望在未来成为疫苗研发的主流技术。在环境保护领域,利用基因编辑技术可以改造微生物,使其具有降解污染物的能力或提高其已有的生化反应效率,从而减少环境污染的影响。此外,基因编辑技术还可以改善农作物品质,提高生产效率和产量。

2. 合成生物学

合成生物学利用设计和构建新的生物系统和部件来实现特定功能或生产特定产物。在医疗领域,合成生物学已被证实可以用于癌症免疫治疗。研究人员利用其创造的保留内质网可切割分泌平台来构建模块化、可通用的蛋白质水平控制平台,为后续治疗提供了新的思路。在环境保护领域,合成生物学可以用于生产新材料,例如生物可降解塑料和高性能纤维,同时用于改善生物质能源生产,例如生物燃料和生物氢气等,以减少环境污染。此外,合成生物学还可用于环境污染监测和污染治理,例如设计构建荧光检测抗生素的生物传感器来监测生活污水中的抗生素污染,或设计构建能够高效降解微塑料的酶来修复土壤中的微塑料污染等。

3. 智能化生物技术

智能化生物技术主要依赖于人工智能的快速发展,结合其强大的分析和预测能力,可以大大提高生物技术的相关数据分析、生物演化预测和生物系统建模的效率。在个性化医疗方面,医生可以利用智能化生物技术为患者制定个性化的治疗方案,提高治疗效果。在环境保护领域,智能化生物技术可以快速比对基因型和表现型,提高目的基因的筛选效率,有助于进行定向选育和生物改造,助力研发对人类健康安全无害、对环境友好的绿色产品,以及构建能够进行环境监测和修复的生物体系。此外,智能化数字化的生物技术还可以通过模拟增加实验样本量、构建大型数据库作为分析依据，有效推动生物技术的实验手段和应用研究发展。

1.3 环境生物技术

1.3.1 环境生物技术的产生与定义

环境生物技术已有100多年的历史。20世纪初，科学家逐渐意识到生物在环境治理中的重要作用，开始利用微生物和植物对废水、废气、废物进行基本处理。20世纪50年代末和60年代初，康奈尔大学的Martin Alexander教授开展了关于土壤中农药可降解性的研究，为生物技术在环境保护中的应用打下了基础。20世纪70—80年代，随着各国对污染处理需求的上升、环境保护立法的兴起以及系列工业标准等规定的制定，环境技术和微生物学进入了大发展时期，在污染物可降解性和分解程度方面的研究取得了突破性进展。20世纪80年代末，环境生物技术开始真正形成学科体系。21世纪以来，生物技术已成为可持续环境保护和管理的关键技术。在过去几十年里，随着相关学科的发展和污染治理需求的提升，环境生物技术水平也在不断更新。

一般来说，环境生物技术指涉及环境污染控制的生物技术，不同背景的科学家对其定义有不同的理解。一些科学家从生物技术出发给出了相应的定义。例如，德国国家生物技术研究中心的K.N. Timmis博士将环境生物技术定义为：应用生物圈的某些部分以控制环境，或处理即将进入生物圈的污染物的生物技术，包括减少污染物、恢复污染场地以及开发和应用可降解材料等。他认为环境生物技术的研究范围包括：在环境中应用的生物技术；将环境看作生物反应器的一部分的生物技术；以及用于处理必须进入环境的材料的生物技术。还有一些科学家从生物功能的角度来定义环境生物技术。例如，《Environmental Biotechnology Theory and Application》一书的作者G.M. Evans和J.C. Furlong提出环境生物技术的核心是利用自然界的生物功能来保护生态环境；清华大学化工系生物化工研究所邢新会教授认为，环境生物技术是研究与环境有关的各种生物机能，并利用这些机能来实现人与生态环境和谐的学科体系，其学科特点是运用现代生物技术研究某个特定环境或人工环境治理系统中生物的功能，并最大限度地有效利用这些功能来为环境保护服务。上述定义主要强调环境生物技术解决环境问题的属性。清华大学王建龙教授和文湘华教授在他们提出的定义中强调了环境生物技术认识环境过程的重要性，将其定义为用于认识和解决环境问题的生物技术，主要涉及环境质量的监测、评价、控制，以及废弃物处理过程中的生物学方法和技术的发展与应用。

罗杰斯大学的G.J. Zylstra教授和J.J. Kukor教授对环境生物技术进行了细分，从概念角度进一步解释了环境生物技术的定义。他们认为，"环境"一词表明相关研究通常直接在环境中进行或使用环境样本，研究重点是在环境中的应用或利用环境信息创造更大的利益；"生物"意味着该学科的重点是生物学和生物过程，相关研究人员直接参与研究环境中的生物、细胞或亚细胞水平的生命系统；"技术"可以指将新开发的技术工具或信息应用于分析环境中的生物过程，或利用从环境中获得的生物信息了解环境过程，也可以将生物材料和环境中生物过程的知识转移到其他科学领域。随着科学理论的进步和实验技术的发展，环境生物技术的范围进一步扩大。高分辨率、高度自动化和高通量分析方法推动了环境生物技术研究的发展，生物组学、信息学、合成生物学等领域的进步提供了填补环境领域认知空白的方向。

根据南京大学程树培教授关于环境生物技术的定义，本教材提出认为，**环境生物技术**是直接或间接利用完整的生物体或其组成部分或特定功能，结合基因编辑、生物组学、人工智能等高新技术，监测评估环境过程，建立降低或消除污染物产生的生产工艺或者能够高效净化环境污染并同时生产有用物质的技术系统。

1.3.2 环境生物技术的内涵

环境生物技术的本质在于应用生物学和工程学原理对自然系统进行操纵，以解决环境问题。生物作为环境保护的主体，种类丰富并具有多种作用形式，《*Environmental Biotechnology Theory and Application*》一书提到，只要符合"接纳""驯化""改变"三条基本原则之一的生物都能发挥作用。环境生物技术可以通过工程技术手段利用微生物、植物和其他生物组织来监测、修复和保护环境。微生物技术的发展推动了环境生物技术的革新，基因工程、细胞工程、酶工程和发酵工程为环境生物技术提供了支持，细胞生长和代谢能力理论填充了整个环境生物技术的基础框架。

与其他生物技术不同，环境生物技术的应用导向性考虑了现实条件。在追求"尽可能适应复杂的现实条件，给出最合适的方法，创造最大的商业价值"的目标下，环境生物技术的内涵不断丰富。目前，环境生物技术的内涵主要包括以下几个方面：

（1）生物降解：利用微生物、酶和其他生物因子来降解污染物，并将其转化为环境友好的物质。《*Environmental Biotechnology Principles and Applications*》一书指出，环境生物技术是利用微生物来改善环境质量的技术。J.M. Tiedje 教授曾经提出，环境生物技术的核心就是微生物学过程。微生物处理技术在 20 世纪初发展起来，至今仍是现代生物降解技术的关键组成和核心主题。微生物催化降解通常需要确保酶和化合物能够充分接触，并且环境条件必须适合参与代谢的生物持续稳定存在。微生物活性、目标化合物特征、营养、温度、pH、氧含量等因素在一般情况下都对生物降解效率有重要影响。从原则上来看，微生物可以自行降解自然产生的有机物维持地球碳平衡，但是新兴污染物的产生时间较短，微生物界还未进化出降解此类难降解化合物的机制，因此需要运用基因组学来设计生物降解增强的菌株，使微生物群体在较短时间内获得最大降解能力。

（2）生物修复：利用微生物、植物、动物等生物体的自然能力来吸收、降解、转化土壤和水体等介质中的污染物，将污染浓度降低到可接受水平，或将有毒有害污染物转化为无害的物质，或将污染物稳定化以减少其向周边环境的扩散。生物修复技术可以大致分为两类：原位和异位。与传统的物理、化学方法相比，生物修复技术具有更低的经济成本（只有传统方法的 30%～50%），更小的环境影响，更高的修复效率和更简便的操作。尽管在自然条件下，生态系统具有一定的自我修复能力，但通常这种作用的速度都非常缓慢。因此，生物修复的实质在于通过生物自净功能或强化生物净化功能，提升自然环境中的缓慢净化速度。

（3）生物监测和评估：利用生物传感技术和生物指示物来监测环境质量和污染程度。生物传感器能够利用生物功能对污染物进行快速监测，其原理是将特定的生物化学相互作用转化为可测量的信号。生物传感器的核心在于开拓生物功能应用和装置成套化，其关键组成部分是选定受体。受体影响着生物传感器的特异性、响应时间、亲和力和寿命，目前主要的受体包括抗体、DNA链、适配体、酶以及仿生受体（如分子印迹聚合物）等。**生物指示物**是指在一定地区范围内，通过其特性、数量、种类或群落等变化来指示环境状态变化（物理和化学参数）或某一环境因子特征的物种。通过指示生物的行为特征、数量特征、种群和群落特征、遗传特征和形态特征，可以表征环境污染类型及程度。与传统的仪器分析相比，基于生物传感技术和生物指示物的生物监测具有反应特异、预处理简单、分析灵活、监测速度快、成本低和可移动等优点，更适合进行现场的快速监测和连续在线分析。

（4）生物资源利用：环境生物技术可以利用生物资源进行可持续的能源开发，例如利用植物和微生物生产生物燃料和生物电池等。同时，还可以利用生物材料来替代传统材料，减少对自然资源的依赖。在生物材料的研发方面，现在的研究不再局限于从动植物原料中获得单体或仅进行简单的改性，而是利用现代生物技术将有机废物转化为新型高分子材料。与从石油化工行业中获得原料相比，生物材料具有废物再利用、材料可再生、环境友好、资源节约等优势。

（5）生物多样性保护：联合国教科文组织的研究发现当前生物多样性正以自然速度的1 000倍快速衰退，部分科学家将此称为"第六次地球生物大灭绝"。为了保护和恢复受威胁的物种和生态系统，正确运用环境生物技术至关重要。一些政府和相关组织已经开始推动保护生物多样性的计划，如种植濒危植物或建立自然保护区，系统性地优化和规划保护区内的生物多样性保护网络。联合国教科文组织于2021年10月启动了环境DNA项目，运用先进的环境DNA技术，收集和分析从环境中获取的遗传物质，以更好地了解海洋生态系统的组成和行为，评估气候变化对海洋生物多样性的影响，为制定海洋生态系统管理政策提供信息参考。根据生物多样性和生态安全的信息特点和应用需求，我国自2018年开始建设生物多样性和生态安全大数据平台（BioONE），该平台以生物多样性和生态安全信息为核心，为学科交叉综合的大数据共享服务提供支持。

1.3.3 环境生物技术的优势与特点

环境生物技术是一门应用型交叉学科，它在以下几个方面展现了优势与特点：

（1）综合性：环境生物技术综合了多个学科的知识和技术，包括生物学、化学、环境科学和工程学等，不同技能和知识的交叉应用使得环境生物技术变得复杂多样。现代广泛使用的大量计算机控制的、自动化程度高的先进生物和化学仪器设备，以及高分辨率和高通量的分析方法推动着环境生物技术的发展。多学科综合使得环境生物技术能够综合运用不同学科的知识和方法，为环境问题提供全面且系统的解决方案。

（2）高效性：环境生物技术能够充分利用自然界的生物多样性和生物代谢过程，在相对较低的能源消耗下处理环境问题。由于生物体及其代谢产物常具有一定的选择性和特异性,因此环境生物技术可以针对性地处理污染物,减少对环境的副作用。同时,结合生物技术可以进一步提高生物处理效率,例如应用合成生物学设计构建具有特定功能的微生物,通过对生物代谢途径的人工干预更高效地满足相关环境需求。

(3)适应性:生物体通常具备自适应能力和强大的生物转化能力,能够适应各种环境条件并在不同环境中发挥作用。通过合理设计和利用适应性微生物、植物和动物等,环境生物技术在不同类型的处理修复领域发挥着重要作用,对各种污染具有应用潜力。

(4)可持续发展:环境生物技术利用生物资源和生物过程实现环境保护和修复的长期效果,促进整体生态平衡。与物理化学方法相比,环境生物技术具有更高的能源效率,能够与自然界相互协调,为可持续发展提供了解决方案。在生产过程中,结合生物技术,可以利用整个生物体或分离出来的生物组分将低成本的有机原料转化为高附加值的产品,从而获得相应效益。

1.4 环境生物技术的研究内容

1.4.1 环境生物技术的知识体系

环境生物技术是生物技术的一个分支,它继承了生物技术的基础和特点。与此同时,污染防治工程和其他工程技术在环境生物技术的发展和应用中扮演着重要的角色。环境生物技术主要涉及生物技术、工程学、环境学和生态学等学科。环境学和生态学领域的知识能够对环境生物技术的发展提供宏观指导,例如深入理解生态系统内部和生物多样性,帮助确定环境问题,了解问题的性质和范围,评估环境影响等。生物学和工程学的结合为问题的解决提供具体思路和方案。当前,环境生物技术的研究体系分为六个部分(图1-2)。

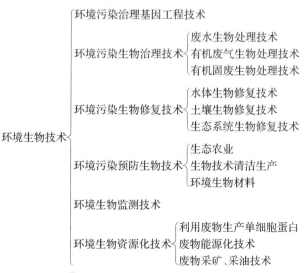

图 1-2 环境生物技术研究体系

（1）环境污染治理基因工程技术：自 20 世纪 80 年代后期起，基因工程开始应用于污染物的降解。现代生物技术构建在基因工程、酶工程、细胞工程和发酵工程的基础上，这些技术以基因工程为核心进行相互联系和渗透。基于基因工程，可以根据人类的需求改造和修饰生物基因组结构或组成，以表达出目标蛋白质或产生目标生物性状。随着基因工程技术水平的不断提高，其在环境中的应用范围也在不断扩大。例如，通过构建高效基因工程菌株可以显著提高农药降解效率和清除石油污染；通过导入抗虫基因、抗病基因、固氮酶基因等多种基因到农作物中，可以提高植物自身的抗逆能力，减少对农药和化肥的使用；通过培育突变菌株，可以开发具有代谢难降解污染物能力的微生物，从而实现对有毒物质的高效治理。如今，环境分子生物学技术和生物信息学的发展进一步拓宽了基因工程的研究边界，基因工程技术在环境污染治理中的应用前景仍然值得重点关注。

（2）环境污染生物治理技术：生物治理技术通过工程技术手段利用生物降解与转化作用来去除介质中的污染物或降低其毒性，主要包括废水生物处理技术、有机废气生物处理技术和有机垃圾生物处理技术。在所有介质的生物处理技术研究中，废水生物处理技术的理论研究与实际应用相对最成熟。1914 年，"活性污泥"概念的提出成为废水生物处理起步阶段的重要时间节点。从 20 世纪初到现在，活性污泥法作为一种传统的废水生物处理技术，在全球范围内得到了广泛应用。随着生物技术的发展和污染状况的变化，膜生物反应器、厌氧氨氧化工艺等技术逐步投入应用。与废水生物处理技术不同，有机废气生物处理技术首先需要将有机物质从气相转移到液相（或固体表面液膜）中。根据微生物在废气处理过程中的存在形式，相关的处理工艺分为生物吸收法和生物过滤法两种。尽管过去几十年里相关研究有一定进展，但由于传质和降解过程的复杂性，有机废气生物处理仍面临许多问题。有机固废的生物处理技术主要包括填埋和堆肥。填埋适用于固态废弃物的最终处置、污泥处置以及甲烷生产等；堆肥普遍用于城市垃圾、粪便、农林废物等的处理。由于固体废弃物的介质分布不均匀、发酵过程反应复杂，填埋和堆肥过程中的生物代谢机理同样需要更深入的研究。

（3）环境污染生物修复技术：主要分为水体生物修复技术、土壤生物修复技术和生态系统生物修复技术。生物修复和生物处理都是利用生物自身功能的方法，但生物修复更注重在受污染区域进行原位生物处理。对于有毒重金属污染，通常可以使用植物进行原位修复；而对于有机物污染，可以综合比较植物修复、原位微生物修复和异位微生物修复三种方法。从 20 世纪 90 年代开始，一些学者发现自然界的许多植物物种具有不同程度的净化污染作用，植物修复技术逐渐受到关注，但与微生物不同，植物更多地起到富集的作用。如今，生物修复技术已应用于修复土壤、地下水、工业废物、废水等多种环境问题，修复的化合物既包括石油及其制品、多环芳烃、多氯联苯等有毒有害物质，也开始涉及药品、个人护理品、内分泌干扰物等微量污染物。

（4）环境污染预防生物技术：主要包括生态农业和基于生物技术的清洁生产。生态农业通过应用系统学和生态学规律，指导农业生态系统结构的调整和优化。如今，生态农业已建立了两种模式类型——时空结构型和食物链型，并在实现物质循环利用、提高综合生产能力方面发挥着重要作用。基于生物技术的清洁生产能够更好地实现清洁能源、清洁生产过程和清洁产品的目标。此外，利用生物技术生产的产品或副产品通常具有易生物降解的特点,可以替代化学药物等,有利于资源再利用。

(5) 环境生物监测技术:为了克服传统分析技术(基于色谱和光谱技术)的高成本和低速度问题,生物传感器和指示生物成了有前景的替代工具。生物传感器的最早应用可以追溯到 20 世纪 60 年代初使用的酶电极。随后,20 世纪 70 年代中期,微生物电极、细胞器电极、动植物组织电极和免疫电极等新型生物传感器相继问世。如今,生物传感器设备可以提供所需的便携式分析工具和预警系统,具有快速、特异性、灵敏、可重复使用等特点,在环境监测研究领域起着重要的作用。指示生物的概念出现于 1909 年,德国学者进行有机物污染河流生物分布调查时发现不同污染带存在着能反映污染特性的生物。2003 年,Hebert 等人首次提出了 DNA 条形码技术,认为可以通过基因序列鉴别不同的动物物种。近年来,随着高通量测序技术的不断发展,环境 DNA 宏条形码技术展现出了较好的应用前景。目前的生物监测仍存在一定的局限性,包括易受污染物或其他条件的影响、生物选择困难、个体间存在差异以及无法准确定量等问题。

(6) 环境生物资源化技术:主要包括利用废物生产单细胞蛋白、废物能源化技术以及废物采矿和采油技术。单细胞蛋白的生产技术是指在特定条件下,利用废物如碳水化合物、碳氢化合物以及石油加工副产品等,由细菌、真菌、微型藻类等生物生产微生物蛋白的技术。1966 年,Carroll Wilson 教授首次提出了"单细胞蛋白"一词,经过五十多年的发展,生物技术已经能够实现单细胞蛋白的大规模生产。近年来,生物技术在聚乳酸、生物基塑料、可生物降解塑料 PHAs 等多种材料的生产过程中发挥了指导作用,同时利用有机废弃物生产乙醇、微生物燃料电池、微生物制氢、微生物产甲烷等废物能源化技术也在不断革新。未来,充分挖掘环境生物技术的潜力,有利于早日实现生物基材料和生物催化剂的创新研发、工业改良及大规模市场应用。

1.4.2　环境生物技术的研究层次

按照研究层次对环境生物技术进行划分,主要可分为三个层次。

第一层次是以基因工程为主导的现代防治污染生物技术。该层次包括构建高效降解除草剂、杀虫剂、多环芳烃类化合物等污染物的基因工程菌,创造抗污染型转基因植物,改造植物进行植物修复,通过重组获取新产品等技术。相关研究具有知识密集、进步空间巨大等特点,为快速、有效地防止污染开辟了有效途径。然而,该层次高昂的研发成本和潜在的基因污染等问题导致目前很多技术尚未大规模投入商业生产中。

第二层次主要涉及废物的生物处理(传统)技术和环境生物分析与监测。该层次的相关技术是目前使用最广泛的生物技术,且仍在不断改进和强化中。以污水处理过程为例,活性污泥法和生物膜法等传统技术仍在污水处理厂大量使用。同时,在新的技术背景下诞生的膜生物反应器等技术也得到了大力推广。第二层次的环境生物技术在当前的环境污染治理和资源转化工作中发挥着极其重要的作用。

第三层次是利用自然处理系统直接进行废物处理的技术。一般来说,该层次包括氧化塘、人工湿地、堆肥和填埋等工艺和技术。由于这些技术依赖于自然界的生物功能,所以具有研究和运营成本低、过程简单易于操作、能够进行大规模处理等优点。然而,与之相对应的处理效率有限、易受环境因素影响等问题也不容忽视。

在应用过程中,由于实际问题的复杂性,各个层次的工艺与技术之间无法完全分隔开,通常需要将各个层次的技术相互渗透、综合交叉应用以提高系统的工作效率。整合后的环境生物技术在水污染控制、大气污染治理、有毒有害物质的降解、清洁可再生能源的开发、废物资源化、环境监测、污染环境的修复以及污染严重的工业企业的清洁生产等环境保护方面发挥着重要作用。

1.4.3 环境生物技术的作用和意义

科学史上众多例子表明,重大的科学发现往往与技术突破并驾齐驱。随着环境科学相关研究规模和复杂性的不断增加,其对先进技术的需求也在不断提高。21世纪以来,生物技术逐渐成为可持续环境保护和管理的关键技术。结合环境生物技术的研究内容,目前环境生物技术对环境科学研究的作用与意义主要体现在以下两个方面:

(1)在认识环境问题方面,环境生物技术为环境科学提供了更高灵敏度和精度的分析工具。随着大量微机控制的自动化仪器的使用以及信息技术的融入,环境生物技术的监测控制能力已经深入分子水平。相比传统的物理化学方法,环境生物技术能够更加全面、实时地对污染现状进行评估。

(2)在解决环境问题方面,环境生物技术提供了将环境科学理论转化为实际应用的工具和方法。环境生物技术的发展汇合了多学科交叉的思路和成果,从而增强了对现有生物过程的理解。环境生物技术的不断创新能够为污染治理与预防提供更高效灵活的方案,进而创造更大的效益。

除了提高环境科学的研究水平和技术手段,环境生物技术在提升工程项目的可持续性和实现绿色发展领域也发挥着重要作用。自20世纪80年代以来,许多国家开始执行环保立法和系列标准,促进工业再生和实现可持续发展。目前,环境生物技术对工程学科的作用和意义仍在不断扩展:

(1)生物技术是一种环境友好的方法,在促进传统制造业升级方面具有广阔的前景。生物技术通过整合工程学原理和生物学原理,可以有效地实现清洁生产,减少污染源、减少废物产生、进行循环再利用等。与传统方法相比,生物生产具有更长的使用周期,并且在持续提高生产效率、有效降低成本和减小环境影响方面具有明显优势。

(2)在资源和能源领域,随着环境生物技术的发展,对环境影响较小或无环境影响的生物材料的研发和使用正在不断扩大。同时,利用生物技术可以提高不可再生能源的开采效率,并开发更多可再生能源。在全面深化改革、实现绿色转型的道路上,环境生物技术将为推动工程发展赋予持续动力。

思考题

1.请结合教材内容简述什么是生物技术。

2.生物技术具备哪些特点?具体表现在哪些方面?

3.阐述生物技术的学科交叉性的具体体现。

4.生物技术的发展历史中有哪些重要的时间节点?

5. 阐述生物技术在各领域的具体应用。

6. 举例说明近些年生物技术在前沿热点领域的成果。

7. 简述环境生物技术的产生背景,以及与生物技术的发展联系。

8. 请分析环境生物技术相较于传统环境治理技术的优势与特点。

9. 环境生物技术的主要研究内容有哪些?请以其中一项研究内容为例说明环境生物技术的重要性及其应用前景。

10. 请分别简述环境生物技术对环境科学研究和工程学科发展的重要意义。

参考文献

[1] Bruce E R, Perry L M.环境生物技术原理与应用(翻译版)[M].文湘华,等译.北京:清华大学出版社,2012.

[2] 陈坚.环境生物技术应用与发展[M].北京:中国轻工业出版社,2001.

[3] 杨传平,姜颖,郑国香,等.环境生物技术原理与应用[M].哈尔滨:哈尔滨工业大学出版社,2010.

[4] Gareth M E, Judith C F.环境生物技术——理论和应用[M].邢新会,等译.北京:化学工业出版社,2005.

[5] 王建龙,文湘华.现代环境生物技术(第3版)[M].北京:清华大学出版社,2021.

[6] 唐鸿志.2019环境生物技术专刊序言[J].生物工程学报,2019,35(11):4.

[7] 程树培.环境生物技术[M].南京:南京大学出版社,1994.

[8] 邢新会.生物技术的第四次浪潮——环境生物技术[J].生物产业技术,2008(4):66-69.

[9] 米湘成,冯刚,张健,等.中国生物多样性科学研究进展评述[J].中国科学院院刊,2021,36(4):384-398.

[10] 杨林,聂克艳,晓容,等.基因工程技术在环境保护中的应用[J].西南农业学报,2007(5):1130-1133.

[11] 康子清,张银龙,吴永波,等.环境DNA宏条形码在生物多样性研究与监测中的应用[J].生物技术通报,2022,38(1):299-310.

[12] 顾继东.国外环境生物技术的发展和展望[J].生物技术通报,1999,15(6):8-12.

[13] Timmis K N. Environmental biotechnology[J]. Current Opinion in Biotechnology, 1992, 3: 225-226.

[14] Zylstra G J, Kukor J J. What is environmental biotechnology? [J]. Current Opinion in Biotechnology, 2005, 16(3): 243-245.

[15] Chocarro-Ruiz B, Fernández-Gavela A, Herranz S, et al. Nanophotonic label-free biosensors for environmental monitoring[J]. Current Opinion in Biotechnology, 2017, 45: 175-183.

[16] Gavrilescu M. Environmental biotechnology: Achievements, opportunities and challenges[J]. Dynamic Biochemistry, Process Biotechnology and Molecular Biology, 2010, 4.

[17] Wittich R M, González B. Editorial overview: Environmental biotechnology-quo vadis? [J]. Current Opinion in Biotechnology, 2016, 38: 8-10.

[18] Klimašauskas S, Mažutis L. Editorial overview: Current advances in analytical biotechnology: from single molecules to whole organisms[J]. Current Opinion in Biotechnology, 2019, 55: 3-6.

第 2 章 生物学基础

2.1 微生物学基础

2.1.1 微生物的分类及特征

1. 微生物的分类

微生物(microorganism)是个体难以用肉眼观察的一切微小生物的统称。如图 2-1，按是否存在细胞结构，微生物可分为非细胞型和细胞型。细胞型微生物按是否存在细胞核膜、细胞器及有丝分裂等，可分为原核微生物和真核微生物。

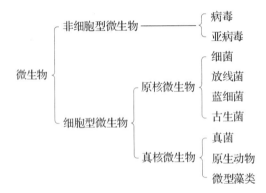

图 2-1 微生物的主要分类

2. 病毒

（1）病毒的特点

病毒(virus)是没有细胞结构，专性寄生在活的敏感宿主体内的超微小微生物。多数病毒的大小在 200 nm 以下，不能在光学显微镜下看到，必须借助电子显微镜观察。病毒没有核糖体，因此无法合成蛋白质。病毒合成物质和繁殖所需的酶系统极不完备，不具有独立代谢能力，必须专性寄生在活的宿主细胞内，依靠宿主细胞合成病毒的化学组成和繁殖新个体。

（2）病毒的组成和结构

病毒的主要化学成分是核酸和蛋白质，也含有脂质和多糖。核酸和衣壳是病毒的基本结构。核酸为 DNA 或 RNA，每种病毒只含有一种核酸。衣壳由衣壳粒组成，衣壳粒的化学成分是蛋白质。核酸与衣壳合称核衣壳,由核衣壳构造而成的病毒粒子,称为简单病毒粒子,由核衣壳和包膜构造而成的病毒粒子,称为复合病毒粒子。包膜的化学成分是脂质和糖蛋白。

3. 原核微生物

(1) 细菌

① 细菌的形态和大小

细菌的基本形态有球状、杆状、螺旋状等,相应的细菌分别称为球菌(cocci)、杆菌(rods)、螺旋菌(spirilla)等。细菌的直径一般为 1~10 μm(图 2-2)。

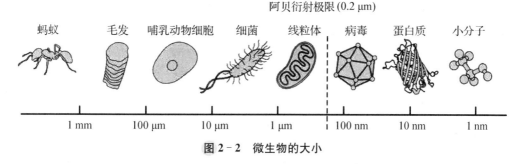

图 2-2　微生物的大小

球菌的菌体呈球形或近似球形,以典型的二分裂殖方式繁殖,分裂后产生的新细胞常保持一定的空间排列方式。杆菌的菌体呈杆状。各种杆菌的长宽比例差异很大,有的粗短,有的细长。短杆菌近似球状,即球杆菌;长杆菌则近似丝状,即丝杆菌。对于同一种杆菌,其粗细相对稳定,但长度变化较大。螺旋菌的菌体弯曲成弧状或螺旋状。弯曲不足一圈的细菌成为弧菌,弯曲大于一圈的细菌成为螺旋菌。螺旋菌的圈数和螺距因种而异。

② 细菌的细胞构造

细菌细胞的基本结构为一般细胞所共有,包括细胞壁、细胞膜、细胞质、核区。细菌细胞的特殊结构为某些细菌特有,包括鞭毛、荚膜、芽孢、气泡等。

细胞壁是包围在细菌细胞外表,坚韧而略带弹性的结构,占菌体干重的 10%~25%。细胞壁能够维持细胞形态,使细胞免受渗透裂解。若细菌处于低渗溶液中且无细胞壁保护,细菌细胞会因吸水过度而裂解,难以生活。细胞壁是鞭毛的支点,没有细胞壁支撑,鞭毛就不能运动。细胞壁多孔,可透过小分子物质,但不能透过大分子物质。根据革兰氏染色,可把细菌区分为革兰氏阳性细菌和革兰氏阴性细菌,这两类细菌细胞壁的结构和组分差别很大。

细胞膜是紧靠细胞壁内侧而包围着细胞质的一层柔软而富有弹性的半透性薄膜,占菌体干重的 10%。细胞膜构成成分中蛋白质占 60%~70%,脂质占 30%~40%,多糖占2%,由磷脂双分子层构成基本骨架,内部包埋整合蛋白,表面结合有膜周边蛋白。细胞膜是分隔细胞与环境的屏障,维持了细胞内部条件的相对稳定。细胞膜具有选择透过性,仅允许特定物质进出细胞,限制其他物质进出。细胞膜也是细菌多种能量代谢活动的重要进行场所,如呼吸作用和光合作用。

细菌细胞无真正的细胞核,在菌体中央存在一个遗传物质(DNA)所在的核区,核区很原始,无核膜和核仁。细菌遗传物质无典型的染色体结构,由环状双链的 DNA 分子高度缠绕扭成团,其中央部分存在 RNA 和支架蛋白,但不含真核生物具有的组蛋白。除染色体 DNA 外,细菌细胞内还存在可自我复制的共价闭合环状 DNA 分子,称为质粒。

细胞质是细胞质膜包围的除核区外的一切半透明、胶状、颗粒状物质的总称,含水量约 70%。细胞质的主要成分为核糖体、贮藏物、多种酶类和中间代谢物、营养物质和大分子单体等,少数细菌还有类囊体、羧酶体、气泡或伴孢晶体等。细胞质由细胞质基质、内膜系统(膜性细胞器)、细胞骨架和包含物组成,是生命活动的主要场所。基质指细胞质内呈液态的部分,是细胞质的基本成分,主要含有多种可溶性酶、糖、无机盐和水等。细胞器是分布于细胞质内、具有一定形态、在细胞生理活动中起重要作用的结构,包括线粒体、叶绿体、质体、内质网、高尔基体、液泡系(溶酶体、液泡)、细胞骨架(微丝、微管、中间纤维)、中心粒以及周围物质等。胞质中的膜性细胞器在结构与功能上相互联系,统称为内膜系统。

荚膜是某些细菌表面的特殊结构,是位于细胞壁表面的一层松散的黏液物质。不同菌种荚膜的成分不同,主要是由葡萄糖与葡糖醛酸组成的聚合物,也有菌种含多肽、脂类及其复合物(脂多糖、脂蛋白)。荚膜对细菌的生存具有重要意义,细菌不仅可利用荚膜抵御不良环境,保护自身不受白细胞吞噬,且能有选择地黏附到特定细胞的表面上,表现出对靶细胞的专一攻击能力。

鞭毛是某些细菌从细胞膜和细胞壁伸出的细长并呈波状弯曲的丝状物,少则 1~2根,多则可达数百根。鞭毛的作用是负责细菌的运动。具有鞭毛的细菌大多是弧菌、杆菌和个别球菌。不同种类的细菌有不同数目的鞭毛。鞭毛的主要成分为蛋白质,鞭毛蛋白具有较强的抗原性,可借此进行细菌的鉴定和分型。鞭毛自细胞膜长出,游离于菌细胞外,由基础小体、钩状体和丝状体三部分组成。

菌毛是革兰阴性菌表面密布短而直的丝状结构,必须借助电子显微镜才能观察到,化学成分是蛋白质,具有抗原性。菌毛与细菌运动无关,根据形态和功能的不同可以分为普通菌毛和性菌毛两类。普通菌毛数量较多,均匀分布于菌体表面,性菌毛仅见于少数革兰阴性菌,比普通菌毛长而粗,数量少,并随机分布于菌体两侧。菌毛的主要功能是黏附作用,能使细菌紧密黏附到各种固体物质表面,形成致密的生物膜。

某些细菌(芽孢杆菌,梭状芽孢杆菌,少数球菌等)在其生长发育后期,在细胞内形成的一个圆形/圆柱形或椭圆形,厚壁,含水量低,抗逆性强的休眠体构造,称为芽孢。

③ 细菌的繁殖与培养特征

裂殖是细菌最普遍、最主要的繁殖方式。细菌细胞分裂前,先进行遗传物质(DNA)复制,所形成的双份 DNA 彼此分开,移向细菌细胞两端,细菌细胞在中间形成横隔壁和细胞膜,分裂产生两个子细胞。两个子细胞大小相等,称为同型分裂;两个子细胞大小不等,则称为异型分裂。

(2)放线菌

放线菌(actinomycetes)因其菌落呈放射状而得名。放线菌大多有基内菌丝和气生菌丝,少数无气生菌丝,有些放线菌只在发育的初期形成有分支的菌丝。多数产生分生孢子,有些形成孢囊和孢囊孢子。绝大多数放线菌革兰氏染色呈阳性,只有枝动菌为阴性。

放线菌是最著名的抗生素产生菌,其中的链霉菌属所产生的抗生素占总数的三分之二以上。放线菌产生的酶(如用于皮革脱毛的蛋白酶、角质酶;用于制造果糖的葡萄糖异构酶等)早已在工业上应用。另外,放线菌在甾体的转化、石油的脱蜡、污水的处理等方面也有广泛的用途。与多种非豆科植物共生形成根瘤固定大气氮的弗兰克氏菌和近来在我国发现的非共生固氮放线菌,在自然界的氮素循环中也起着一定的作用。放线菌中也有致病菌,如结核杆菌、麻风杆菌、诺卡氏菌、嗜皮菌以及分枝杆菌等能引起人和动物的疾病,有的放线菌(如链霉菌)能使马铃薯和甜菜等患疮痂病。

(3) 蓝细菌

蓝细菌(cyanobacteria)是一类进化历史悠久、革兰氏染色阴性、无鞭毛、含叶绿素 a 但不含叶绿体(区别于真核藻类)、能进行产氧性光合作用的大型单细胞原核生物。蓝细菌的发展使整个地球大气从无氧状态发展到有氧状态,从而孕育了好氧生物的进化和发展。目前已发现 120 多种蓝细菌具有固氮能力,但某些蓝细菌在受氮、磷等元素污染的富营养化水体可引发"赤潮"(海洋)和"水华"(湖泊),给渔业和养殖业带来严重危害。蓝细菌广泛分布于自然界,包括各种水体、土壤和部分生物体内外,甚至在岩石表面和其他恶劣环境(高温、低温、盐湖、荒漠和冰原等)中都可找到它们的踪迹,有"先锋生物"之美称。它们在岩石风化、土壤形成以及水体生态平衡中起着重要的作用。

(4) 古细菌

古细菌(archaeobacteria)是一类很特殊的细菌,多生活在极端的生态环境中,如间歇泉或者海底"黑烟囱"等极端高温、极端低温、高盐、强酸或强碱性环境等。单个古菌细胞直径为 0.1~15 μm,有一些种类会形成细胞团簇或者纤维,长度可达 200 μm。古细菌形状多变,有球形、杆形、螺旋形、叶状或方形。

4. 真核微生物

(1) 真菌

真菌是一种产孢的无叶绿体真核生物,包含霉菌、酵母、蕈菌及其他人类所熟知的菌菇类。目前,已经发现了 14.4 万种真菌。真菌的细胞含有甲壳素,能通过无性繁殖和有性繁殖的方式产生孢子。

真菌的形态与结构有单细胞与多细胞之分。单细胞真菌呈圆形或卵圆形,如酵母菌(yeast)。多细胞真菌由孢子出芽繁殖形成,大多长出菌丝和孢子,称丝状菌。菌丝在显微镜下观察时呈管状,具有细胞壁和细胞质,无色或有色。菌丝可无限生长,但直径是有限的,一般为 2~30 μm,最大可达 100 μm。低等真菌的菌丝没有隔膜(septum)称为无隔菌丝,而高等真菌的菌丝有许多隔膜,称为有隔菌丝。

(2) 藻类

藻类是原生生物界的一类真核生物,其形态大小各异,小至 1 μm 的单细胞鞭毛藻,大至 60 cm 的大型褐藻。藻类可由一个或少数细胞组成,也有许多细胞聚合成组织样的架构。丝状体可分支,可不分支。有些藻类是单细胞的鞭毛藻,而另一些藻类则聚合成群体。绿藻类的松藻属由无数分支丝体交织缠绕而成,部位不同的丝体形态和功能也不同。

藻类在自然界,特别是各种水体中广泛存在,常常是影响水质的重要原因,自来水中的异味常常是供水系统中繁殖的藻类引发的。藻类在近海的大量繁殖会消耗水中的溶解氧,从而引起鱼类和其他海洋生物的窒息、死亡,形成严重影响渔业生产的赤潮。

（3）原生动物

原生动物（protozoa）是最原始、最简单、最低等的生物。原生动物是单细胞,细胞内有特化的各种细胞器,具有维持生命和延续后代所必需的一切功能,如行动、营养、呼吸、排泄和生殖等。绝大多数的原生动物是显微镜下的小型动物,最小的种类体长仅有 $2\sim3\ \mu m$。原生动物的体表有一层连续的界膜,是非常薄的原生质膜,在显微镜下几乎难以辨认,这层膜特称为表膜（pellicle）。表膜坚韧且具有弹性,能使虫体保持固定的形状,其层数和构造随原生动物种类而不相同。某些种类的体表除固有的细胞膜外,还有由原生质分泌物形成的外壳,如表壳虫的几丁质壳、有孔虫类的钙质壳等。有的原生动物的细胞质中还有骨骼,如放射虫体内的几丁质中央囊和硅质骨针等。

绝大多数原生动物的呼吸作用（respiration）是通过气体的扩散（diffusion）,依靠体表从周围的水中获得氧气。线粒体是原生动物的呼吸细胞器,其中含有三羧酸循环的酶系统,能把有机物完全氧化分解成二氧化碳和水,并释放出各种代谢活动所需要的能量,所产生的二氧化碳还可通过扩散作用排到水中。少数腐生性或寄生的种类生活在低氧或完全缺氧的环境下,有机物不能完全氧化分解,而是利用大量的糖发酵作用产生很少的能量完成代谢活动。

（4）微型后生动物

后生动物（metazoan）是多细胞动物的统称,个体微小,需借助显微镜或放大镜才能看清的后生动物称为微型后生动物。一些微型后生动物,如轮虫、线虫、寡毛虫、节肢动物等常见于污废水生物处理系统中,可用作生物处理工况的指示生物。

轮虫（rotifer）是袋形动物门（Aschelminthes）轮虫纲（Rotifera）近 2 000 种微小无脊椎动物的统称。轮虫形体微小,长约 $0.04\sim2$ mm,多数不超过 0.5 mm。它们分布广,多数自由生活,有寄生的,有个体也有群体。身体为长形,分头部、躯干及尾部。头部有一个由 $1\sim2$ 圈纤毛组成的、能转动的轮盘,形如车轮,故叫轮虫。轮盘为轮虫的运动和摄食器官,咽内有一个几丁质的咀嚼器。躯干呈圆筒形,背腹扁宽,具刺或棘,外面有透明的角质甲腊。尾部末端有分叉的趾,内有腺体分泌黏液,借以固着在其他物体上。

轮虫广泛分布于湖泊、池塘、江河、近海等各类淡、咸水水体中,甚至潮湿土址和苔藓丛中也有它们的踪迹。轮虫因其极快的繁殖速率,生产量很高,在生态系统结构、功能和生物生产力的研究中具有重要意义。多数轮虫主要借助头冠纤毛的转动作旋转或螺旋式运动,另一些有附肢的种类如三肢轮虫、多肢轮虫、巨腕轮虫等则借此作跳跃式运动。轮虫的尾部虽不是主要运动器官,但它的摆动无疑可以起到推波助澜的作用。当足腺分泌物粘着在基质上时,还会以此足作圆心转圈运动。三肢轮虫的后肢不能活动,但在运动中可起舵的作用。轮虫有隐生（cryptosis）的特性,环境条件恶化,如水体干涸、温度不适宜时,某些种类可以停止活动,代谢几乎无法测量,当环境适宜时又复苏。

线虫（aschelminthes）是动物界中种类最丰富的动物之一,可以寄生于动植物,或自由生活于土壤、淡水和海水环境中,绝大多数营自生生活。线虫通常呈乳白、淡黄或棕红色。大小差别很大,小的不足 1 mm,大的长达 8 mm。多为雌雄异体,雌性较雄性为大。虫体一般呈线柱状或圆柱状,不分节,左右对称。假体腔内有消化、生殖和神经系统,较发达,但无呼吸和循环系统。消化系统前端为口孔，肛门开口于虫体尾端腹面。口囊和食道的大小、形状以及交合刺的数目等均有鉴别意义。

寡毛类动物如颗体虫、颤蚓及水丝蚓等，属环节动物门（Annelida）的寡毛纲（Oligochaeta），比轮虫和线虫高级。身体细长分节，每节两侧长有刚毛，靠刚毛爬行运动。前叶腹面有纤毛，是捕食器官，营杂食性，主要食污泥中有机碎片和细菌。

2.1.2 营养与代谢

微生物细胞直接同生活环境接触并不停地从外界环境吸收适当的营养物质，在细胞内合成新的细胞物质和贮藏物质，并储存能量。微生物从环境中吸收营养物质并加以利用的过程即称为微生物的营养。

1. 微生物细胞的化学组成和营养要素

营养物质是微生物构成菌体细胞的基本原料，也是获得能量以及维持其他代谢机能必需的物质基础。微生物吸收何种营养物质取决于微生物细胞的化学组成。

（1）微生物细胞的化学组成

微生物细胞平均含水 80%，其余 20% 为干物质。在干物质中有蛋白质、核酸、碳水化合物、脂类和矿物质等。这些干物质是由碳、氢、氧、氮、磷、硫、钾、钙、镁、铁等主要化学元素组成，其中碳、氢、氧、氮是组成有机物质的四大元素，大约占干物质的 90%～97%（表 2-1）。

表 2-1 微生物细胞中碳、氢、氧、氮的含量（%）

微生物种类	C	H	O	N
细菌	50	8	20	15
酵母	49.8	6.7	31.1	12.4
霉菌	47.9	6.7	40.2	5.2

（2）微生物的营养物质及其生理功能

通过了解微生物的化学组成，可见微生物在新陈代谢活动中必须吸收充足的水分以及构成细胞物质的碳源和氮以及钙、镁、钾、铁等多种多样的矿质元素和一些必需的生长辅助因子，才能正常地生长发育。

水是微生物细胞的主要组成成分，大约占鲜重的 70%～90%。不同种类微生物细胞含水量不同（表 2-2）。同种微生物处于发育的不同时期或不同的环境其水分含量也有差异，幼龄菌含水量较多，衰老和休眠体含水量较少。微生物所含水分以游离水和结合水两种状态存在，两者的生理作用不同。结合水不具有一般水的特性，不能流动，不易蒸发，不冻结，不能作为溶剂，也不能渗透。游离水则与之相反，具有一般水的特性，能流动，容易从细胞中排出，并能作为溶剂，帮助水溶性物质进出细胞。

表 2-2 各类微生物细胞中的含水量（%）

微生物类型	细菌	霉菌	酵母菌	芽孢	孢子
水分含量	75～85	85～90	75～80	40	38

凡可以被微生物利用,构成细胞代谢产物的营养物质,统称为碳源物质。碳源物质通过细胞内的一系列化学变化,被微生物用于合成各代谢产物。微生物对碳素化合物的需求是极为广泛的,根据碳素的来源不同,可将碳源物质分为无机碳源物质和有机碳源物质。绝大多数的细菌以及全部放线菌和真菌都以有机物作为碳源。少数具有光合色素的蓝细菌、绿硫细菌、紫硫细菌、红螺菌等能利用太阳光能,还原二氧化碳合成碳水化合物作为碳源。一些化能自养型微生物,如硝化细菌和硫化细菌等,还能利用无机物的氧化作为供氢体来还原二氧化碳,同时无机物的氧化还产生化学能。

微生物细胞中大约含氮 5%~13%,它是微生物细胞蛋白质和核酸的主要成分。氮素对微生物的生长发育有着重要的意义,微生物利用它在细胞内合成氨基酸和碱基,进而合成蛋白质、核酸等细胞成分,以及含氮的代谢产物。无机的氮源物质一般不提供能量,只有极少数的化能自养型细菌如硝化细菌可利用铵态氮和硝态氮作为氮源和能源。

微生物营养上要求的氮素物质可以分为三个类型:① 空气中分子态氮,只有少数具有固氮能力的微生物(如自生固氮菌、根瘤菌)能利用;② 无机氮化合物如铵态氮(NH_4^+)、硝态氮(NO_3^-)和简单的有机氮化物,绝大多数微生物可以利用;③ 有机氮化合物,大多数寄生性微生物和一部分腐生性微生物需以有机氮化合物(蛋白质、氨基酸)为必需的氮素营养。尿素要经微生物先分解成 NH_4^+ 以后再加以利用。氨基酸能被微生物直接加以吸收利用。蛋白质等复杂的有机氮化合物则需先经微生物分泌的胞外蛋白酶水解成氨基酸等简单小分子化合物后才能吸收利用。

微生物细胞中的矿物元素约占干重的 3%~10%,它是微生物细胞结构物质不可缺少的组成成分和微生物生长不可缺少的营养物质。许多无机矿物质元素构成酶的活性基团或酶的激活剂,并具有调节细胞的渗透压、调节酸碱度和氧化还原电位以及能量的转移等作用。有些自养微生物需要利用无机矿质元素作为能源。根据微生物对矿质元素需要量的不同,分为常量元素和微量元素。常量矿质元素是磷、硫、钾、钠、钙、镁、铁等。

生长因子是微生物维持正常生命活动所不可缺少的、微量的特殊有机营养物,这些物质在微生物自身不能合成,必须在培养基中加入,缺少这些生长因子就会影响各种酶的活性,导致微生物的新陈代谢不能正常进行。生长因子是指维生素、氨基酸、嘌呤、嘧啶等特殊有机营养物,而狭义的生长因子仅指维生素。这些微量营养物质被微生物吸收后,一般不被分解,而是直接参与或调节代谢反应。在自然界中自养型细菌和大多数腐生细菌、霉菌都能自己合成许多生长辅助物质,不需要另外供给就能正常生长发育。

2. 微生物对营养物质的吸收

微生物对营养物质的吸收是借助生物膜的半渗透性及其结构特点以几种不同的方式进行的。如果营养物质是大分子的蛋白质、多糖、脂肪等,微生物会分泌出相应的酶将其分解成小分子物质吸收到细胞内加以利用。各种物质对细胞质膜的透性不一样,就目前对细胞膜结构及其传递系统的研究,认为营养物质主要以简单扩散、协助扩散、主动运输和基团转位等几种方式透过细胞膜。

(1) 简单扩散(simple diffusion)

营养物质通过分子的随机运动透过微生物细胞膜上的小孔进出细胞,其特点是物质由高浓度区向低浓度区扩散(浓度梯度),是一种单纯的物理扩散作用,不需要能量。一旦细胞膜两侧的浓度梯度消失(即细胞内外的物质浓度达到平衡),简单扩散也就达到动态平衡。但实际上,进入细胞内的物质总在不断被利用,浓度不断降低,细胞外的物质不断进入细胞。简单扩散是非特异性的,没有运载蛋白质参与,也不与膜上的分子发生反应。扩散的物质本身也不发生改变。简单扩散的物质主要是一些小分子,如一些气体(O_2、CO_2)、水、某些无机离子及一些水溶性小分子(甘油、乙醇等)。

（2）协助扩散(facilitated diffusion)

通过简单扩散对营养物质的吸收是有限的,微生物细胞为了加速对营养物质的吸收,以适应生长发育的需要,在细胞膜上还存在多种具有运载营养物质功能的特异性蛋白质(图2-3)。这些蛋白质能促进物质进行跨膜运输,而自身的化学性质不发生变化。膜结合载体蛋白的性质类似于酶的作用特征,也被称为渗透酶(permease)。它们大多是诱导酶,当外界存在所需的营养物质时,能诱导细胞产生相应的渗透酶,每一种渗透酶能帮助一类营养物质的运输,如输送葡萄糖的渗透酶能与外界的葡萄糖分子特异性结合,然后转移到细胞质膜的

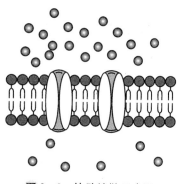

图2-3 协助扩散示意图

内表面,将葡萄糖释放到细胞质中,并加速过程的进行。协助扩散过程是由浓度梯度来驱动的,不需耗费代谢能量。

（3）主动运输(active transport)

如果微生物对营养物质吸收只能凭借浓度梯度由高浓度向低浓度扩散,那么微生物就无法吸收低于细胞内浓度的外界营养物质,生长就会受到限制。事实上微生物细胞中有些营养物质以高于细胞外的浓度在细胞内积累,如大肠杆菌,在生长期时细胞中的钾离子浓度比周围环境高出3 000倍;以乳糖作为碳源时细胞中的乳糖浓度比周围环境高出500倍。可见主动运输的特点是营养物质由低浓度向高浓度进行,是逆浓度梯度地被"抽"进细胞内的,因此这个过程不仅需要渗透酶,还需要代谢能量。能量由三磷酸腺苷(ATP)提供,渗透酶起着将营养物质从低浓度的周围环境转运进高浓度的细胞内不断改变平衡点的作用。

（4）基团转位(group translocation)

在微生物对营养物质吸收的过程中,还有一种特殊的运输方式,叫基团转位。这种方式除具有主动运输的特点外,主要是被转运的物质改变了本身的性质,有化学基团转移到上面。如许多糖及其糖的衍生物在运输中由细菌的磷酸转移酶系催化,磷酸基团被转移到它们分子上使其磷酸化,以磷酸糖的形式进入细胞,由于质膜对大多数磷酸化化合物无透性,磷酸糖一旦形成便被阻挡在细胞以内了,从而使糖浓度远远超过细胞外。

3.微生物的营养类型

微生物在长期进化过程中,由于生态环境的影响,逐渐分化成各种营养类型。根据微

生物对碳源的要求是无机碳化合物(如二氧化碳、碳酸盐等)还是有机碳化合物可以把微生物分成自养型微生物和异养型微生物两大类。此外,根据微生物生命活动中能量来源的不同将微生物分为两种能量代谢类型,一种是利用吸收的营养物质降解产生的化学能,称为化能型微生物;另一种是吸收光能来维持其生命活动,称为光能型微生物。将碳源物质的性质和代谢能量的来源结合,将微生物分为光能自养型、光能异养型、化能自养型和化能异养型四种营养类型,它们的区别见表 2-3。

表 2-3　微生物的营养类型

营养类型	光能自养型	化能自养型	光能异养型	化能异养型
碳源	CO_2 或可溶性碳酸盐	CO_2 或可溶性碳酸盐	小分子有机物	有机物
能源	光能	无机物的氧化	光能	有机物的氧化
供氢体	无机物(H_2O、H_2S 等)	无机物(H_2S、H_2、Fe^{2+}、NH_3、NO_2^- 等)	小分子有机物	有机物
代表种	蓝细菌、绿硫细菌	硝化细菌、硫化菌、氢细菌、铁细菌等	红螺菌	大多数细菌,全部真菌、放线菌

(1) 光能自养型微生物

光能自养型微生物利用光能为能源,以二氧化碳(CO_2)或可溶性的碳酸盐(CO_3^{2-})作为唯一碳源或主要碳源,以无机化合物(水、硫化氢、硫代硫酸钠等)为氢供体,还原 CO_2 生成有机物质。光能自养型微生物主要是一些蓝细菌、红硫细菌、绿硫细菌等少数微生物,它们由于含光合色素,能使光能转变为化学能(ATP),供细胞直接利用。

(2) 化能自养型微生物

化能自养型微生物利用无机物氧化所产生的化学能,还原 CO_2 或者可溶性碳酸盐合成有机物质,如亚硝酸细菌、硝酸细菌、铁细菌、硫细菌、氢细菌可分别氧化 NH_3、NO_2^-、Fe^{2+}、H_2S 和 H_2 产生化学能还原 CO_2,形成碳水化合物。这类微生物能够生活在无机环境中。

(3) 光能异养型微生物

光能异养型微生物以光能为能源,利用有机物作为供氢体,还原 CO_2,合成细胞的有机物质。例如深红螺菌(*Rhodospirillum rubrum*)利用异丙醇作为供氢体,进行光合作用并积累丙酮。这类微生物生长时大多需要外源性的生长因素。

(4) 化能异养型微生物

化能异养型微生物的能源来自有机物的氧化分解,ATP 通过氧化磷酸化产生,碳源直接取自于有机碳化合物。包括自然界绝大多数的细菌,全部的放线菌、真菌和原生动物。

4. 微生物的能量代谢

微生物在生命活动中需要能量,主要通过生物氧化获得。所谓生物氧化就是指细胞内一切代谢物所进行的氧化作用,氧化过程中能产生大量的能量,分段释放,并以高能磷酸键形式储藏在 ATP 分子内,供需要时用。

（1）微生物的呼吸类型

根据底物进行氧化时脱下的氢和电子受体的不同,微生物的呼吸可以分为三个类型,即:好氧呼吸、厌氧呼吸、发酵。

以分子氧作为最终电子受体的生物氧化过程,称为好氧呼吸。许多异养微生物在有氧条件下,以有机物作为呼吸底物,通过呼吸而获得能量。

以无机氧化物作为最终电子受体的生物氧化过程,称为厌氧呼吸。能起这种作用的化合物有硫酸盐、硝酸盐和碳酸盐。这是少数微生物的呼吸过程。

以有机化合物作为电子供体和最终电子受体的生物氧化过程,称为发酵作用。在发酵过程中,有机物既是被氧化的基质,又是最终的电子受体,但是由于氧化不彻底,所以产能比较少。

（2）生物氧化链

微生物呼吸底物脱下的氢和电子向最终电子受体传递的过程中,要经过一系列的中间传递体,并有顺序地进行,它们相互"连控"如同链条一样,故称为呼吸链(生物氧化链)。呼吸链主要由脱氢酶、辅酶 Q 和细胞色素等组分组成,主要存在于真核生物的线粒体中,在原核生物中则和细胞膜、中间体结合在一起。它的功能是传递氢和电子,同时将电子传递过程中释放的能量合成 ATP。

（3）ATP 的产生

ATP 是生物体内能量的主要传递者。当微生物获得能量后,都是先将它们转换成 ATP。当需要能量时,ATP 分子上的高能键水解,重新释放出能量。在 pH 为 7.0 的情况下,ATP 的自由能变化 ΔG 是 -3×10^4 J,这种分子既比较稳定,又能比较容易引起反应,是微生物体内理想的能量传递者,因此 ATP 对于微生物的生命活动具有重大的意义。

2.1.3 微生物在环境中功能及应用原理

1. 污水的生物处理

污水处理的生物法,就是利用微生物新陈代谢功能,使污水中呈溶解和胶体状态的有机污染物被降解并转化为无害的物质,使污水得以净化。在城镇污水二级处理工艺中,一般以活性污泥法为主。

（1）活性污泥法

活性污泥是由细菌、真菌、原生动物、后生动物等微生物群体与污水中的悬浮物质、胶体物质混杂在一起所形成的、具有很强的吸附分解有机物能力和良好沉降性能的絮绒状污泥颗粒,因具有生物化学活性,所以被称为活性污泥。活性污泥中的固体物质不到1%,由有机物和无机物两部分组成,其组成比例因原污水性质不同而异。有机组成部分主要为栖息在活性污泥中的微生物群落,还包括污水中的某些惰性的难被细菌摄取利用的所谓"难降解有机物"、微生物自身氧化的残留物等。

活性污泥微生物群体是一个以好氧细菌为主的混合群体,其他微生物包括酵母菌、放线菌、霉菌以及原生动物、后生动物等。正常活性污泥的细菌含量一般为 $10^7 \sim 10^8$ 个/mL,原生动物约为 100 个/mL。在活性污泥微生物中,原生动物以细菌为食,而后生动物以原生动物、细菌为食,它们之间形成一条食物链,组成了一个生态平衡的生物群体。活性污泥细菌常以菌胶团的形式存在,呈游离状态的较少,这使细菌具有抵御外界不利因素的性能。游离细菌不易沉淀,但可被原生动物捕食,从而使沉淀池的出水更清澈。

(2)生物膜法

生物膜法是在充分供氧条件下,用生物膜稳定和澄清废水的污水处理方法。生物膜是由高度密集的好氧菌、厌氧菌、兼性菌、真菌、原生动物以及藻类等组成的生态系统,其附着的固体介质称为滤料或载体。在充氧的条件下,微生物在填料表面聚附着形成生物膜,经过充氧(充氧装置由水处理曝气风机及曝气器组成)的污水以一定的流速流过填料时,生物膜中的微生物吸收分解水中的有机物,使污水得到净化,同时微生物也得到增殖,生物膜随之增厚。当生物膜增长到一定厚度时,向生物膜内部扩散的氧受到限制,其表面仍是好氧状态,而内层则会呈缺氧甚至厌氧状态,并最终导致生物膜的脱落。随后,填料表面还会继续生长新的生物膜,周而复始。

(3)自然生物处理法

自然生物处理法利用在自然条件下生长、繁殖的微生物处理污水,形成水体(土壤)、微生物、植物组成的生态系统对污染物进行一系列的物理、化学和生物的净化。污水的自然生物处理法主要有水体净化法和土壤净化法两类:属于前者的氧化塘和养殖塘统称为生物稳定塘,其净化机理与活性污泥法类似,主要通过水-水生生物系统(菌藻共生系统和水生生物系统)对污水进行自然处理;属于后者的土壤渗滤和污水灌溉统称为土地处理,其净化机理与生物膜法类似,主要利用土壤-微生物-植物系统(陆地生态系统)的自我调控机制和对污染物的综合净化功能对污水进行自然净化。

(4)厌氧生物处理法

厌氧生物处理法利用兼性或专性厌氧菌在无氧的条件下降解有机污染物,主要用于处理污泥及高浓度、难降解的有机工业废水。20世纪60年代以来,世界能源短缺问题日益突出,这促使人们对厌氧消化工艺进行重新认识,对处理工艺和反应器结构设计以及甲烷回收进行大量研究,使得厌氧消化技术的理论和实践都有了很大进步,并得到广泛应用。污水厌氧生物处理工艺按微生物的凝聚形态可分为厌氧活性污泥法和厌氧生物膜法。厌氧活性污泥法包括普通消化池、厌氧接触消化池、升流式厌氧污泥床(upflow anaerobic sludge blanket,UASB)、厌氧颗粒污泥膨胀床(expanded granular sludge blanket,EGSB)等;厌氧生物膜法包括厌氧生物滤池、厌氧流化床和厌氧生物转盘等。

2. 有机固体废物的生物处理

自然界中有很多微生物具有氧化、分解有机物的能力。利用微生物在一定的温度、湿度和pH条件下,将有机性废弃物进行生物化学降解,使其形成一种类似腐殖质土壤的有机物质用作肥料和改良土壤。这种利用微生物降解有机性废弃物的方法称为生物处理法,一般又称堆肥化处理。

当有机物厌氧分解时,主要经历酸性发酵和碱性发酵两个阶段(图2-4)。分解初期微生物活动中的分解产物主要是有机酸、醇、二氧化碳、磷化氢等。在这一阶段,因有机酸大量积累,发酵材料中pH逐渐下降,称为酸性发酵阶段。随着易分解性有机物质的减少和氧化还原电位的下降,另一群称为甲烷细菌的微生物开始分解有机酸和醇类等物质,主要产物是甲烷和二氧化碳。随着甲烷细菌的繁殖,有机酸迅速分解、pH 迅速上升,这一阶段称为碱性发酵阶段。

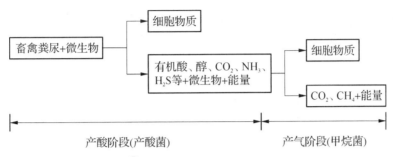

图 2 - 4　厌氧堆肥反应阶段

3. 废气的生物处理

生物法处理有机废气是利用微生物的生理过程,把有机废气中的有害物质转化为简单的无害无机物,比如 CO_2、H_2O 及其他简单无机物等,从而达到净化废气的目的。自然界存在着各种微生物,能转化大多数的无机物和有机物。针对废气中的有机物种类,选择合适的微生物,在一个有利于微生物生长的环境中,促使微生物有效地吸收废气中的有机物,通过微生物自身的新陈代谢,把有害的物质转化为无害或低毒的物质(表 2 - 4)。

表 2 - 4　防治含有机废物气体常用菌类

微生物种类	目标污染物	适用污染物
假单胞菌属	小分子类	乙烷
诺卡氏菌属	小分子芳香族化合物	二甲苯、苯乙烯
黄杆菌属	氯代化合物	氯甲烷、五氯苯酚
放线菌属	芳香族化合物	甲苯
真菌	聚合高分子	聚乙烯
氧化亚铁硫杆菌	无机硫化物	二氧化硫、硫化氢
氧化硫硫杆菌	有机硫化物	硫醇

2.2　分子生物学基础

分子生物学(molecular biology)是一门新兴边缘学科,从分子水平研究生命本质,主要研究核酸和蛋白质等生物大分子的结构,以及它们在遗传信息和细胞信息传递中的作用。分子生物学是当前生命科学中发展最快、与其他学科广泛交叉与渗透的重要前沿领域,为人类认识生命现象带来前所未有的机会,也为人类利用和改造生物创造了广阔的前景。

2.2.1 核酸

1. 核酸的种类及组成

核酸即多聚核苷酸,是由多个核苷酸通过 3′,5′-磷酸二酯键相连的多聚物,可分为脱氧核糖核酸(deoxyribonucleic acid,DNA)和核糖核酸(ribonucleic acid,RNA)。DNA 是生物体主要的遗传物质,少数病毒以 RNA 为遗传物质。单个核苷酸分子包括磷酸、戊糖和含氮碱基 3 个部分(图 2-5)。含氮碱基在化学分类上包括嘌呤碱(purine)和嘧啶碱(pyrimidine)两类,嘌呤碱包括腺嘌呤(adenine,A)和鸟嘌呤(guanine,G),嘧啶碱分为胸腺嘧啶(thymine,T)和胞嘧啶(cytosine,C)。注意:尿嘧啶(uracil,U)只存在于 RNA 中。

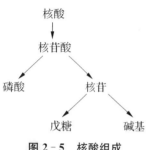

图 2-5 核酸组成

在核苷酸中,碱基通过糖苷键与戊糖相连。核苷酸可以含有一个或多个磷酸,如果没有磷酸,只有碱基与戊糖相连就称为核苷。核苷酸的主要功能是作为核酸序列的组分,此外还有一些其他功能,例如,腺苷三磷酸(ATP)是细胞的主要能量元。

RNA 分子是中心法则中将遗传信息从 DNA 翻译成氨基酸序列的中间体,其结构与 DNA 类似,但与 DNA 有以下主要区别:(1) 戊糖为核糖,而非脱氧核糖;(2) 4 种碱基中有尿嘧啶(U),没有胸腺嘧啶(T);(3) 除了某些病毒,均以单链形式存在。DNA 和 RNA 的比较见表 2-5。RNA 分子依据结构和功能主要分为核糖体 RNA(ribosomal RNA,rRNA)、信使 RNA(messenger RNA,mRNA)、转运 RNA(transfer RNA,tRNA)及其他非编码 RNA。rRNA 是核糖体的重要结构和催化组分,它与活性蛋白结合形成完整核糖体,在细胞内负责氨基酸序列的合成。mRNA 以与 DNA 部分碱基序列互补的单链形式包含部分 DNA 的遗传信息。tRNA 的主要功能是将来自 mRNA 编码的遗传信息传递给氨基酸。

表 2-5 DNA 和 RNA 的比较

性质	RNA	DNA
戊糖的类型	D-核糖	2′-D-脱氧核糖
碱基的种类	A,G,C,U	A,G,C,T
多聚核苷酸链的数目	多为单链	多为双链
种类	多种	只有一种
功能	功能多样	充当遗传物质
碱溶液下的稳定性	不稳定,很容易水解	稳定

 延伸阅读:核酸的紫外吸收特点

2. DNA 的复制和损伤、修复

（1）DNA 的复制

① DNA 复制的特点

DNA 复制可以发生在原核生物的细胞质以及真核生物的细胞核、叶绿体或线粒体中，不同的复制系统具有一些共同的特征：DNA 双链互为模板；模板 DNA 需要解链；半保留复制；需要引物；复制的方向始终是 5′→3′；具有固定的起点；多数为双向复制，少数为单向复制；半不连续性；具有高度忠实性，明显高于转录、反转录、RNA 复制和蛋白质合成等生物过程，出错机会很小。作为 DNA 复制起点的碱基序列被称作复制起始区，每包含一个复制起始区的 DNA 片段构成一个最基本的复制单位——复制子，原核生物只有一个复制子，真核生物则具有多个复制子。

② DNA 复制的机制

DNA 复制是以复制子为单位进行的，任何一个复制子都含有一个复制起始区。目前，绝大多数与复制相关的蛋白质和酶已得到阐明，具体介绍详见后文"酶的结构和功能"。以大肠杆菌为例，其基因组是一个共价闭环 DNA，只由一个复制子组成，复制过程与大多数原核生物相同，主要分为以下几个步骤：

DNA 复制的起始（initiation）：DNA 复制起始于 *oriC* 的识别，形成以引发酶、DNA 解链酶为核心的引发体（图 2－6）。

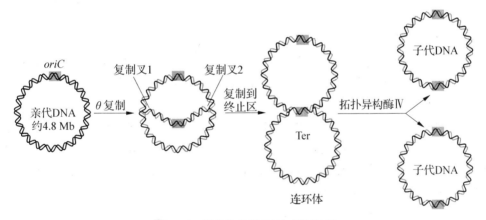

图 2－6　原核生物的 DNA 复制过程

DNA 复制的延伸（elongation）（图 2－7）：首先形成复制体，然后在引物的末端延伸前导链和后随链。复制体的形成是指 DNA 聚合酶Ⅲ全酶加到引发体上，形成复制体并开始 DNA 复制。前导链的合成是指当复制叉内的第一个 RNA 引物合成后，高度进行性的 DNA 聚合酶Ⅲ在引物的 3′羟基端不断催化 DNA 复制，直到达到复制的终点。后随链的合成是指 DNA 聚合酶Ⅲ全酶的一部分暂时离开复制体以合成新的引物，然后重新组装该酶以启动下一个冈崎片段的合成。每个冈崎片段合成完毕后，DNA 聚合酶Ⅰ会及时切除其中的引物，并填补引物被切除后留下的序列空白。同时，DNA 连接酶会将新的冈崎片段与前一个冈崎片段连接起来。

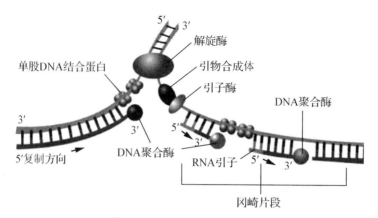

图 2-7　DNA 复制的延伸过程

　　DNA 复制的终止和子代 DNA 的分离:DNA 复制终止于终止区(terminus,Ter),当两个复制叉在终止区相遇后,DNA 复制即停止(图 2-6)。位于终止区内尚未复制的序列(约 50~100 bp)会在两条母链分开以后,通过修复的方式填补。

　延伸阅读:真核细胞 DNA 复制的特点

　　(2) DNA 的损伤及修复机制

　　DNA 和细胞内其他生物大分子一样,在内外因素的作用下,其结构会受到各种损伤,不同的是,DNA 是能在发生损伤后被完全修复的分子,而其他生物大分子在受到损伤后会被降解或取代。

　　导致 DNA 损伤的因素有细胞内部因素和外界环境因素。细胞内部因素:DNA 复制中发生错误(图 2-8)、DNA 结构本身不稳定、活性氧的破坏作用。外界环境因素:物理因素和化学因素,前者包括紫外辐射和离子辐射(X 射线和 γ 射线),后者包括化学诱变剂,如天然黄曲霉素、人造烷基化试剂等。

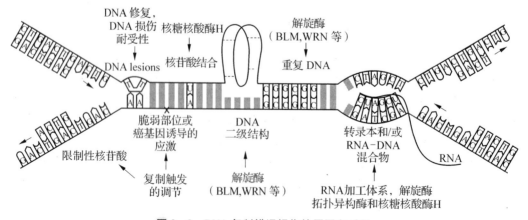

图 2-8　DNA 复制错误损伤的原因和后果

根据修复机理,DNA 修复可分为直接修复(direct repair)、切除修复(excision repair)、错配修复(mismatch repair)和重组修复(recombination repair)。直接修复是将受到损伤的碱基逆转为正常碱基而无需将其切除。切除修复会先切除损伤的碱基或核苷酸,然后重新合成正常的核苷酸,最后通过连接酶重新连接将原来的切口缝合。切除修复发生在 DNA 复制之前,是一种常用的修复机制,可对多种损伤起到修复作用。

DNA 断裂特别是双链断裂(DNA double-strand breaks,DSBs)是一种严重的损伤,如果不及时修复,容易导致细胞突变或死亡。已经发现的有两种 DSBs 修复机制:一种是利用细胞内一些促进同源重组的蛋白质,从姐妹染色体或同源染色体中获取合适的修复断裂的信息,被称为同源重组修复(homologous recombination repair,HRR),这种方式较为精确,是 DSBs 的首选修复方式;另一种是在无同源序列的情况下,为避免 DSBs 的滞留以及因此造成的 DNA 降解或对生命力的影响,强行让断裂的末端重新连接起来,被称为非同源末端连接(non-homologous end joining,NHEJ)。

3. DNA 的转录

(1) DNA 转录

遗传信息从 DNA 传输到 RNA 的过程就是转录,产生的 RNA 链就是转录物。

① DNA 转录的共同特征

DNA 转录可发生在原核细胞的细胞质和真核细胞的细胞核、线粒体和叶绿体的基质中,具有以下共同特征:转录是不对称的,只发生在 DNA 分子上的某些特定区域;转录以四种 NTP——ATP、GTP、CTP 和 UTP 为前体,需要 Mg^{2+} 的辅助;转录需要模板、解链,但不需要引物;最先被转录的核苷酸通常是嘌呤核苷酸(约占 90%);转录的方向总是从 5′到 3′;转录具有高度的忠实性以及高度的进行性。

② 原核生物 DNA 转录的过程

与 DNA 复制一样,原核生物 DNA 转录的过程也可分为起始、延伸、终止三个阶段。

转录的起始:在转录的起始阶段,RNA 聚合酶能直接或间接识别 DNA 上保守的碱基序列,从而启动从特定位点开始的基因转录,这些保守的碱基序列被称为启动子。在原核生物中存在 σ 因子,转录开始前,σ 因子和 RNA 聚合酶结合,直接识别启动子,同时辅助 RNA 聚合酶打开 DNA 双链,形成复合体。

转录的延伸:形成复合体后 σ 因子从 RNA 聚合酶中释放出来,核心酶(无 σ 亚基的 RNA 聚合酶)通过结构松散的"滑动钳"构象握住 DNA,沿着模板链 5′到 3′的方向快速向前推进,转录泡随着核心酶的移动而移动,进行转录的延伸。

转录的终止:原核系统的主要转录终止方式是通过称为终止子的序列。此外,通过一种叫作 ρ 因子的蛋白质因子也可以终止转录,这种终止方式在细菌染色体中很少见,但在噬菌体中很普遍。

 延伸阅读:真核生物与原核生物的 DNA 转录差异

（2）转录后加工

基因转录的产物被称为初级转录物，一般没有功能，必须在细胞内经历一系列结构变化和化学修饰，即转录后加工后，才具备相应功能。RNA 前体所能经历的后加工方式有十几种，其本质上是增减一些核苷酸序列，或者对某些特定核苷酸序列加以修饰。mRNA、rRNA 和 tRNA 在原核生物和真核生物中的转录后加工方式各有不同，同种 RNA 前体在同一生物中也存在不同的加工方式，使得一个基因能够产生几种不同的终产物。原核细胞 RNA 前体的后加工方式有以下几种。

① mRNA 前体的后加工

细菌中 mRNA 极其不稳定，很少经历后加工，一般在几分钟内完成转录、翻译、降解过程。

② rRNA 前体的后加工

原核细胞 rRNA 前体的后加工方式主要是剪切、修剪、核苷酸修饰。

③ tRNA 前体的后加工

细菌中有些 tRNA 基因单独转录，有些与 rRNA 基因组成多顺反子共同转录。在混合型 tRNA - rRNA 前体中，内部 tRNA 需要在核糖核酸酶 P 和 F 的作用下被释放出来。

 延伸阅读：真核细胞 RNA 前体的后加工方式

2.2.2　蛋白质的结构与翻译

1. 氨基酸

（1）氨基酸的结构和分类

氨基酸是一类同时含有氨基和羧基的有机小分子，既有氨基又有羧基的特征，使得它们能够彼此缩合成肽，从而成为寡肽、多肽和蛋白质的组成单位。自然界的氨基酸有多种，既有 D -型、L -型，也有 α -型、β -型。

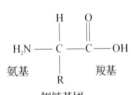

图 2 - 9　α -型氨基酸的结构通式

α -型氨基酸的结构通式如图 2 - 9 所示，氨基和羧基都与 α -碳原子相连，其中 R 表示残余基团或侧链基团，不同的氨基酸具有不同的 R 基团，这是分类氨基酸的依据。

蛋白质分子中的氨基酸被称为蛋白质氨基酸，又称标准氨基酸，由遗传密码直接决定，目前已发现 22 种，其中 20 种最为常见，另外 2 种比较罕见，为含硒半胱氨酸和吡咯赖氨酸。蛋白质氨基酸的名称和缩写见表 2 - 6。

表 2 - 6　蛋白质氨基酸的名称和缩写

中文名称	英文名称	三字母缩写	单字母缩写
丙氨酸	Alanine	Ala	A
精氨酸	Arginine	Arg	R

续　表

中文名称	英文名称	三字母缩写	单字母缩写
天冬酰胺	Asparagine	Asn	N
天冬氨酸	Aspartic acid	Asp	D
半胱氨酸	Cysteine	Cys	C
谷氨酰胺	Glutamine	Gln	Q
谷氨酸	Glutamic acid	Glu	E
甘氨酸	Glycine	Gly	G
组氨酸	Histidine	His	H
异亮氨酸	Isoleucine	Ile	I
亮氨酸	Leucine	Leu	L
赖氨酸	Lysine	Lys	K
甲硫氨酸（蛋氨酸）	Methionine	Met	M
苯丙胺酸	Phenylalanine	Phe	F
脯氨酸	Proline	Pro	P
丝氨酸	Serine	Ser	S
苏氨酸	Threonine	Thr	T
色氨酸	Tryptophan	Try	W
酪氨酸	Tyrosine	Tyr	Y
缬氨酸	Valine	Val	V
含硒半胱氨酸	Selenocysteine	Sec	U
吡咯赖氨酸	Pyrrolysine	Pyl	O
天冬氨酸/天冬氨酰	Aspartic acid/Asparagine	Asx	B
谷氨酸/谷氨酰胺	Glutamic acid/Glutamine	Glx	Z

根据 R 基团的性质对 22 种标准氨基酸进行分类。

① 根据 R 基团的化学结构和在 pH＝7 时的带电状况，将氨基酸分为四类：非极性的脂肪族氨基酸，包括 Gly、Ala、Val、Leu、Ile、Pro；不带电荷的极性氨基酸，包括 Ser、Thr、Cys、Sec、Met、Pyl、Asn、Gln；带电荷的极性氨基酸，包括 Asp、Glu、Lys、Arg、His，其中 Asp、Glu 带负电荷，Lys、Arg、His 带正电荷；芳香型氨基酸，包括 Tyr、Phe、Trp，它们的 R 基团都含有苯环，但由于苯环上的取代基团不同，极性差别很大。

② 根据 R 基团对水分子的亲和性，将氨基酸简单分为两类：极性氨基酸，也称为亲水氨基酸，这类氨基酸的 R 基团对水分子有一定亲和性，能和水分子形成氢键，包括 Ser、Thr、Tyr、Cys、Sec、Asn、Gln、Asp、Glu、Pyl、Arg、Lys、His；非极性氨基酸，也称为疏水氨基酸，这类氨基酸的 R 基团对水分子的亲和性不高或极低，对脂溶性物质的亲和性高，包

括 Gly、Ala、Val、Leu、Ile、Pro、Met、Phe、Trp。

（2）氨基酸的性质和功能

① 氨基酸的性质

氨基酸的性质是由其结构决定的，都含有 α-氨基和 α-羧基使氨基酸具有很多共同性质，而 R 基团的不同则使个别氨基酸具有特殊性质。氨基酸的性质主要有以下几点。

缩合反应：在一定条件下，一个氨基酸的氨基可以和另一个氨基酸的羧基发生缩合反应，形成酰胺键（肽键），这是蛋白质的生物合成以及人工合成多肽的基础。

具有手性：22 种标准氨基酸分子中，除了甘氨酸，其余均至少含有一个不对称的碳原子具有手性。

具有特殊的酸碱性质与等电点：由于氨基酸既含有碱性的氨基又含有酸性的羧基，因此氨基酸具有特殊的解离性质。氨基酸分子内部的酸碱反应使其能够同时带有正负两种电荷，被称为兼性离子或两性离子，是游离氨基酸的主要存在形式。对于任意氨基酸都存在一定的 pH 使其净电荷为零，这时的 pH 被称为等电点（pI）。

R 基团的疏水性：指氨基酸的 R 基团对疏水环境的相对亲和能力。一般在水溶液中，疏水氨基酸位于多肽链的内部，亲水氨基酸位于多肽链的表面，这是驱动蛋白质折叠的动力之一。

氨基和羧基的化学反应：氨基和羧基都是比较活跃的官能团，在特定条件下能与多种试剂发生反应。例如氨基和羧基在肽酰转移酶的催化下反应生成肽类物质，用于多肽和蛋白质的生物合成；氨基与甲醛反应生成二羟甲基氨基酸用于氨基酸的滴定等。

② 氨基酸的功能

氨基酸的主要功能包括：作为寡肽、多肽和蛋白质的组成单位；作为多种生物活性物质的前体，例如组胺的前体是组氨酸；作为神经递质，例如谷氨酸在脑组织中可作为一种兴奋性神经递质；氧化分解产生 ATP。

2. 蛋白质的结构

（1）蛋白质的一级结构

蛋白质的一级结构也叫作蛋白质的共价结构，是指氨基酸在多肽链上的排列顺序，如果一个蛋白质含有二硫键，则一级结构还包括二硫键的数目和位置。确定蛋白质的一级结构有助于理解其高级结构和功能，因为蛋白质的一级结构所包括的氨基酸组成和序列包含了决定其高级结构的所有信息，而高级结构又与蛋白质功能密切相关。

（2）蛋白质的二级结构

蛋白质的二级结构是指多肽链的主链骨架本身（不包括 R 基团）在空间上有规律的折叠和盘绕，是由氨基酸残基非侧链基团之间的氢键决定的。常见的二级结构有 α 螺旋（alpha-helix）、三股螺旋（triple helix）、β 折叠（beta-sheet）、β 转角（beta-turn）、β 凸起（beta-bulge）和无规卷曲（random coil）。

（3）蛋白质的三级结构

蛋白质的三级结构是指多肽链在二级结构的基础上，进一步缠绕、卷曲和折叠，形成主要通过氨基酸侧链以及次级键和二硫键维系完整的三维结构。三级结构通常由模体（motif）和结构域（domain）组成。稳定的三级结构主要由次级键维系，包括氢键、疏水键、离子键、范德华力和金属配位键,此外,二硫键(共价键,强于非共价键)也参与许多蛋白质三级结构的形成。

(4) 蛋白质的四级结构

许多蛋白质由一条以上的肽链组成(2～6条,甚至更多),其中的每条肽链称为单体或亚基,含有2、3、4、5或6个亚基的蛋白质称为寡聚体蛋白,根据亚基数量分为二聚体、三聚体、四聚体……多聚体蛋白。只有寡聚蛋白质或多聚蛋白质才有四级结构,且组成的每一个亚基都有自己的三级结构。蛋白质的四级结构内容包括亚基的种类、数目、空间排布以及亚基之间的相互作用。

延伸阅读
- 蛋白质的三级结构次级键种类
- 蛋白质形成四级结构的优势

3. 蛋白质的翻译

(1) 蛋白质的翻译特征

自然界中存在四种蛋白质翻译系统,即原核翻译系统、真核翻译系统、叶绿体翻译系统、线粒体翻译系统,它们具有以下共同特征:

① 以 mRNA 为模板,tRNA 为运输氨基酸的工具,核糖体为翻译的场所(图 2-10)。

② 阅读 mRNA 的方向从 5′ 到 3′,称为翻译的极性。

③ 三个核苷酸组成三联体密码决定一种氨基酸。

④ 正确氨基酸的参入取决于 mRNA 上密码子与 tRNA 上反密码子之间的相互作用,与 tRNA 携带的氨基酸无关。

⑤ 密码子与反密码子的相互识别遵守摆动规则,即密码子与反密码子之间进行碱基配对时,前两对碱基严格遵守标准的碱基配对规则,第三对碱基则具有一定的自由度。

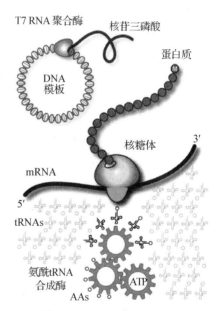

图 2-10 蛋白质翻译系统

⑥ 在核糖体上同源 tRNA 的识别是诱导契合的过程。

(2) 蛋白质的翻译过程

蛋白质的翻译过程分为五个阶段,即氨基酸的活化,肽链合成的起始,延伸,终止与释放以及蛋白质的后加工与折叠。

原核生物蛋白质翻译的前四个阶段如下:

① 氨基酸的活化

游离氨基酸必须先活化获得能量才能参与蛋白质的合成。这个阶段的反应由氨酰-tRNA合成酶催化，将氨基酸连接在 tRNA 的 3′端形成氨酰-tRNA。

② 肽链合成的起始

开始合成肽链时，核糖体的大小亚基分离，mRNA 定位并结合在小亚基上，识别氨酰-tRNA 与小亚基结合，然后与大亚基结合形成起始复合物。

③ 肽链合成的延伸

在起始复合物形成后，进入延伸阶段，包括进位、成肽和转位。进位指的是根据遗传密码的指导，使相应的氨酰-tRNA 进入核糖体的 A 位。成肽指的是肽酰转移酶将相邻的两个氨基酸连接起来形成肽键，这个过程不需要能量输入。转位指的是移位酶利用 GTP 水解释放的能量，使核糖体沿着 mRNA 移动一个密码子，释放出空载的 tRNA 并将新生肽链转移到 P 位点。

④ 肽链合成的终止与释放

肽链合成终止时，释放因子识别并与终止密码子结合，水解 P 位点上多肽链与 tRNA 间的酯键，新生肽链和 tRNA 从核糖体上释放，核糖体的大小亚基解离，肽链合成结束。

 延伸阅读：真核生物和细胞器的翻译系统

（3）蛋白质的翻译后阶段

① 翻译后加工

在原核生物和真核生物中，绝大多数蛋白质在合成结束后必须经过后加工、定向和分拣等过程，才能成为有功能的生物大分子。翻译后加工的反应主要有：多肽链的剪切、N 端添加氨基酸、蛋白质的剪接、氨基酸的修饰、添加辅助因子和寡聚化（形成四级结构）等。

多肽链的剪切是指许多蛋白质必须经历剪切反应，去除一些氨基酸序列，才能成熟为功能性蛋白质。此外，某些蛋白质以多聚蛋白质形式存在，或者与其他蛋白质融合在一起，需要经过剪切才能释放出来。

N 端添加氨基酸是指在原核细胞中存在的亮氨酰 tRNA 蛋白质转移酶和苯丙氨酰 tRNA 蛋白质转移酶，分别催化亮氨酰 tRNA 和苯丙氨酰 tRNA 分子中的亮氨酰残基或苯丙氨酰残基转移到靶蛋白分子的 N 端；或指在真核细胞中存在的精氨酰 tRNA 蛋白质转移酶，催化精氨酰 tRNA 分子中的精氨酰残基转移到靶蛋白分子的 N 端。N 端添加氨基酸与蛋白质的选择性降解有关。

蛋白质剪接是指将一条多肽链内部的一段称为内含肽（intein）的序列剪切后，重连两侧的被称为外显肽（extein）的序列的翻译后加工方式（图 2-11）。

氨基酸的修饰包括对肽链 N 端或 C 端的修饰，以及对氨基酸各种侧链的修饰。经过修饰的氨基酸可以改变某些理化性质，许多蛋白质酶利用修饰也可以调节本身活性。

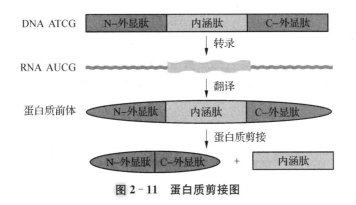

图2-11　蛋白质剪接图

延伸阅读:蛋白质分子的氨基酸残基能经历的各种修饰形式

② 多肽链折叠

蛋白质的一级结构决定蛋白质的高级结构,新生肽链在细胞内合成后必须折叠成一定的空间结构才能具备特定的功能,因此多肽链的正确折叠对于一个蛋白质的功能是至关重要的。1978年,Laskey发现,只有在核内酸性蛋白(nucleoplasmin)存在的情况下,组蛋白和DNA才能在体外生理离子强度条件下组装成核小体,否则会发生沉淀,他将帮助核小体组装的蛋白命名为"分子伴侣"。后来,Ellis在研究高等植物叶绿体中的核酮糖1,5-二磷酸羧化酶-加氧酶时也发现了类似的现象,他提出了帮助新生肽链折叠的"分子伴侣"的普遍概念。分子伴侣的发现表明,细胞内新生肽段的折叠通常需要帮助,而不是自发进行。分子伴侣能够与多肽链折叠过程中形成的不稳定构象结合并使其稳定,通过控制结合和释放,帮助被结合的多肽链在细胞内进行折叠、组装、转运或降解等过程。分子伴侣本身并不包含控制正确折叠所需的构象信息,只是防止多肽链在折叠完成之前发生分子内部或多肽链间的非特异性凝聚,为处于折叠中间状态的多肽链提供更多正确折叠的机会。

延伸阅读:分子伴侣的其他功能和种类

2.2.3　酶

1. 酶的性质与分类

(1) 酶的化学本质与催化性质

酶是由细胞合成的,在机体内行使催化功能的生物催化剂,其化学本质是蛋白质,也有少数是RNA。细胞内任何一种酶的缺失、突变、表达不足或过量、活性受到抑制都可能会对生命活动带来不良影响。有的蛋白酶属于单纯蛋白质,又称单纯酶;有的属于缀合蛋白质,又称缀合酶或结合酶。缀合酶的成分除了蛋白质外,还结合了称为辅助因子的非蛋白质成分,包括辅酶、辅基和金属离子等。

酶作为一种生物催化剂,只能催化热力学允许的反应,反应完成后自身不被消耗,可以重复利用。酶不改变酶促反应平衡常数,只加快到达平衡的速度,即缩短到达平衡的时间。酶具有一些特有的性质,包括:

① 高效性

酶的催化效率极为优异,比无催化剂的反应高 $10^6 \sim 10^{12}$ 倍,比非酶催化剂的反应至少高几个数量级。

② 酶在活性中心与底物结合

酶的活性中心也称活性部位,是指酶分子直接与底物结合,并与催化剂作用直接相关的区域。如果是缀合酶,活性中心还包括与辅助因子结合的区域。

③ 专一性

专一性是指酶对参与反应的底物有严格的选择性,即一种酶仅能作用于一种底物或一类分子结构相似的底物,然后发生某种特定类型的化学反应,产生特定的产物。

 延伸阅读:酶专一性的模型解释

④ 反应条件温和

除了发生在一些生活于极端环境下的微生物体内的反应外,绝大多数酶促反应的条件十分温和,通常在低于100℃、101 kPa、pH 接近 7 的条件下进行。

⑤ 对反应条件敏感,容易失活

与一般的化学催化剂相比,由于其蛋白质的本质,酶对反应条件极为敏感,每种酶都有最佳的反应条件,如最适 pH 和最适温度等,偏离最佳条件会影响酶的催化效率。

⑥ 需要辅助因子的存在表现活性,辅助因子多为维生素或其衍生物。

(2) 酶的分类

酶的分类是按照国际生物化学与分子生物学联合会(Nomenclature Committee of the International Union of Biochemistry and Molecular Biology, NC-IUBMB)的建议,根据反应的性质分为七大类(表 2-7)。

表 2-7 酶的分类

类别	种类	反应性质	实例
氧化还原酶	脱氢酶,氧化酶,还原酶,过氧化物酶,过氧化氢酶,加氧酶,羟化酶	电子转移,催化氧化还原反应	乙醇脱氢酶
移换酶	转醛酶和转酮酶,脂酰基、甲基、糖基、磷酸基转移酶,激酶,磷酸变位酶	分子间基团转移	蛋白激酶 A
水解酶	酯酶,糖苷酶,肽酶,磷酸酶,硫酯酶,磷脂酶,酰胺酶,脱氨酶,核酸酶	通过加水导致键的断裂	脂肪酶

续　表

类别	种类	反应性质	实例
裂合酶	脱羧酶,醛缩酶,水合酶,脱水合酶,合酶,裂解酶	消除反应,产生双键	碳酸酐酶
异构酶	消旋酶,差向异构酶,异构酶,变位酶	分子内的重排	磷酸葡萄糖异构酶
连接酶	合成酶,羧化酶	水解 ATP 与分子之间的连接偶连	DNA 连接酶
转位酶	转运氢离子、无机阳离子、无机阴离子、氨基酸和肽、糖及其衍生物、其他化合物的酶	催化离子或分子穿越膜结构或其膜内组分	ATP 合酶

2. 酶的催化机制

在一个化学反应体系中,反应物需要到达一个特定的高能状态才能发生反应,这种不稳定的高能状态称为过渡态。过渡态的存留时间极短,只有 $10^{-14} \sim 10^{-13}$ s。达到过渡态要求反应物必须含有足够的能量(活化能)以克服势能障碍,一个反应系统中各反应物分子具有不同的能量,只有某些反应物才具有足够的活化能进行反应。

为了解释酶的催化机制,1946 年 Pauling 提出,酶对反应过渡态中间物的亲和力比对基态底物的亲和力高得多,认为酶的催化源于其对过渡态的稳定作用,从而降低反应活化能,加快反应效率。目前提出的酶的催化机制主要包括:邻近定向效应(proximity and orientation)、广义的酸碱催化(general acid/base catalysis)、静电催化(electrostatic catalysis)、金属催化(metal ion catalysis)、共价催化(covalent catalysis)、底物形变。

(1) 邻近定向效应

邻近定向效应指两种或两种以上的底物(特别是双底物)同时结合在酶活性中心上,相互靠近,并采取正确的空间取向(定向),大大提高底物的有效浓度,使分子面反应趋向于分子内反应,从而加快反应速率。底物与活性中心的结合不仅使底物与酶催化基团接触,而且强行"冻结"了底物某些化学键的平动和转动,使它们采取正确的方向,有利于键的形成。

(2) 广义的酸碱催化

广义的酸碱催化指水分子以外的分子作为质子供体或受体参与催化,是较为常见的酶催化机制。某些蛋白质分子的侧链基团(如 Asp、Glu 和 His)可以提供质子并将质子转移到反应过渡态中间物上,从而达到稳定过渡态的效果,如 pK 接近 7 的侧链基团就可能是最有效的广义酸碱催化剂。广义的酸碱催化和特定的酸碱催化存在很大差别:① 后者是 H^+ 或 OH^- 加速反应,前者是酶分子上的酸性或碱性基团进行催化;② 缓冲溶液的浓度存在不同影响,后者的反应速率只取决于 pH 而与缓冲溶液浓度无关;前者依赖于缓冲溶液提供或夺取质子来稳定过渡态,反应速率不仅取决于底物和酶的质子化状态,还取决于缓冲溶液浓度,缓冲溶液浓度升高能提高广义酸碱催化的效率。

(3) 静电催化

静电催化指酶利用活性中心电荷的分布,使用自身带电基团中和反应过渡态形成时产生的相反电荷,从而稳定过渡态提高反应效率。在水溶液中,反应物的反应基团常常因溶剂化(水化)被一层水膜包围,难以和其他反应物接近,而酶的活性中心经常含有一些疏水侧链,与底物结合时,可以将水挤出活性中心,使活性中心建立疏水微环境,大大降低反应基团的水合屏蔽,加强静电作用和反应性。

(4) 金属催化

金属催化指金属离子参与的酶催化。已知近三分之一的酶活性需要金属离子的存在,包括金属酶和金属激活酶:前者含有紧密结合的金属离子,多为过渡金属,如 Fe^{2+}、Fe^{3+}、Cu^{2+}、Zn^{2+}、Mn^{2+}、Co^{3+};后者与溶液中的金属离子松散结合,通常是碱金属或碱土金属,如 Na^+、Mg^{2+}、Ca^{2+}、K^+。金属离子以 5 种方式参与催化:① 作为 Lewis 酸接受电子,使亲核基团或亲核分子(如水)的亲核性更强;② 与底物结合,促进底物在反应中是正确方向;③ 作为亲电催化剂,稳定过渡态中间物的电荷;④ 通过价态的可逆变化,作为电子受体或电子供体参与氧化还原反应;⑤ 作为酶结构的一部分。

(5) 共价催化

共价催化指酶在催化过程中必须与底物上的某些基团暂时形成不稳定的共价中间物,共价中间物的形成将反应系统带向过渡态,有利于克服活化能能障。许多氨基酸残基的侧链可作为共价催化剂,例如 Lys、His、Cys、Asp、Glu、Ser;一些辅酶或辅基也可以作为共价催化剂。行使共价催化的酶能将这类困难反应分成共价中间物的形成和共价中间物的断裂两步,而不是直接催化单个反应。共价中间物的形成主要通过亲核催化,也有亲电催化。前者是酶分子上的亲核基团对底物做亲核进攻而引发;后者则由酶分子上的亲电基团对底物做亲电进攻而启动。

(6) 底物形变

底物形变指当酶与底物结合时,酶分子诱导底物分子内部产生电子张力发生形变,使底物更接近过渡态,从而降低活化能。例如 N-乙酰胞壁酸的糖环在正常情况下是椅式构象,但与溶菌酶活性中心结合后,发生形变变成半椅式构象,使周围的糖苷键更容易发生断裂。

3. 酶的结构和功能

以蛋白酶为例,蛋白酶是催化肽键水解的一类酶的总称。如果没有蛋白酶的催化,一个肽键在中性 pH 和 25℃条件下大概需要 300～600 年的时间才能完成水解。根据活性中心催化基团的性质,蛋白酶可以分为四类:金属蛋白酶,活性中心结合金属离子,活性需要金属离子;丝氨酸蛋白酶,催化基团包括一个不可缺少的丝氨酸残基;天冬氨酸蛋白酸,催化基团包括两个重要的天冬氨酸,在偏碱性的 pH 下无活性;巯基蛋白酶,催化基团包括一个半胱氨酸的巯基。

(1) 金属蛋白酶

属于此类蛋白酶的有:嗜热菌蛋白酶(thermolysin)、羧肽酶 A(carboxypeptidsase A,CPA)、羧肽酶 B。以 CPA 为例,主要催化肽键 C 端为芳香族氨基酸的残基或侧链较大的脂肪族氨基酸残基的水解,属于使用 Zn^{2+} 进行催化的水解酶家族,特异性由其活性中心的形状和化学性质决定,多肽底物结合在疏水口袋中。

（2）丝氨酸蛋白酶

属于一类以特定丝氨酸残基作为必需催化基团的蛋白酶,包括胰蛋白酶、糜蛋白酶、弹性蛋白酶、枯草杆菌蛋白酶、激肽释放酶原、凝血酶、纤溶酶和组织型纤溶酶原激活剂。前四种是消化酶,特别的是枯草杆菌蛋白酶由枯草杆菌分泌;后两种是调节蛋白酶,参与与血凝或溶栓相关的级联放大过程,其中激肽释放酶原通过切除激素和生长因子的序列激活。丝氨酸蛋白酶的催化机制属于共价催化和广义酸碱催化的混合体,由三个固定的氨基酸残基组成的催化三元体(包括丝氨酸、组氨酸和天冬氨酸)发挥主要作用,三元体中的任何一个发生突变或修饰都会导致酶活性丧失。

（3）天冬氨酸蛋白酶

这类蛋白酶在中性或偏酸性条件下活性较好,活性中心涉及两个重要的天冬氨酸残基,它们协调一致,交替充当广义的酸碱催化剂。与丝氨酸蛋白酶一样,天冬氨酸蛋白酶可根据功能分为消化酶(如胃蛋白酶和凝乳酶)和调节酶(如肾素参与调节血管紧张素的活性)。

（4）巯基蛋白酶

这类蛋白酶也被称为半胱氨酸蛋白酶,广泛存在于自然界中,催化过程中需要一个半胱氨酸和组氨酸残基的协同作用,作用机制与丝氨酸蛋白酶有许多相似之处,主要差别在于巯基比羟基更容易发生去质子化。

 延伸阅读:参与 DNA 复制的酶

4. 酶活性的调节

酶活性的调节包括酶的数量和性质两种变化。不同的调节手段在速度、能耗、酶活性的限制因素和作用持续时间等方面有着显著的差别(表2−8)。

表 2−8　酶的数量变化与性质变化的比较

指标	数量变化	性质变化
调节速度	慢,几小时至几天	快,几秒钟至几分钟
能耗	高(通常涉及酶基因的表达,需消耗大量 ATP)	低
决定酶最高活性的主要因素	酶合成与水解的相对速率	已有的酶浓度
活性变化持续时间	长	短

（1）酶的数量变化

改变酶量的方法有两种,一种是通过同工酶,另一种是通过控制酶基因的表达和酶分子的降解。

同工酶指的是催化反应相同但性质不同的酶。它们以不同的量存在于同一动物的不同组织或器官,或存在于同一真核生物细胞的不同细胞器。由于同工酶在不同组织和亚细胞空间中的相对丰度不同,且一种同工酶可以在特定细胞内表达,因此它允许细胞根据特定的生理状况调节酶的活性。

控制酶基因的表达和酶分子的降解是调节酶浓度的重要手段。原核生物生存在多变的环境中,营养、温度、湿度和 pH 等条件容易发生变化,为了有效地生存和繁衍,它们需要随时调整自身的代谢活动。这可以通过选择性地激活或抑制某些基因的活性来实现,从而调整执行相应功能的蛋白质或酶的类型和数量,同时控制酶分子的降解。

 延伸阅读:原核生物与真核生物通过调节基因表达控制酶浓度的区别

（2）酶的性质变化

酶的质变方式:别构调节、共价修饰、水解激活、调节蛋白的结合和解离以及单体的聚合和解离,其中前三种方式最为常见。

① 别构调节

别构调节也称变构调节,其原理在于一些酶除了活性中心外还含有别构中心,该中心能够结合一些特殊的配体分子(有时为底物)改变酶构象,从而影响活性中心与底物的亲和力或/和催化能力,最终导致酶活性发生变化。

② 共价修饰

共价修饰是指某些氨基酸残基在酶分子内发生共价修饰,从而影响其活性的过程,相比于别构调节较慢。共价修饰的方式包括磷酸化、腺苷酸化、尿苷酸化、ADP -核糖基化和甲基化(表 2-9),其中磷酸化是最常见的方式。蛋白酶磷酸化后可能导致级联放大,即一个激酶作为另一个激酶的底物,产生放大效应。然而,并非所有的酶都会因磷酸化修饰而活性增强或变得有活性,有些酶则恰恰相反。

表 2-9 酶的共价修饰的几种形式

分类	共价修饰	被修饰的氨基酸
磷酸化	酶 →(ATP ADP) 酶—P(=O)(O⁻)—O⁻	Tyr、Ser、Thr、His
腺苷酸化	酶 →(ATP ADP) 酶—P—O—CH₂—腺嘌呤（核糖 OH OH）	Tyr
尿苷酸化	酶 →(UTP PPi) 酶—P—O—CH₂—尿嘧啶（核糖 OH OH）	Tyr

续　表

分类	共价修饰	被修饰的氨基酸
ADP-核糖基化		Arg、Gln、Cys、His
甲基化		Glu

③ 水解激活

大多数蛋白酶以无活性的酶原形式合成,需要通过水解去除一些氨基酸序列才能变得有活性,这种调节酶活性的方式被称为**水解激活**。与共价修饰不同,水解激活是一种不可逆的全或无调节方式,一旦被激活,酶就无法回到原来的非活性酶原状态。水解激活主要用于调节消化酶的活性,如胃蛋白酶和胰蛋白酶,在以酶原形式被分泌到消化道后被激活。除了消化酶以外,某些属于丝氨酸蛋白酶的参与血液凝固的凝血因子在特定条件下依次被水解激活,构成了凝血的级联反应。此外,某些参与细胞凋亡过程中 Caspases 激活途径的成分也需要水解激活。

2.3　常用分子生物学技术

随着人类生活需求和工农业生产的迅速提高,大量人工合成的污染物进入自然环境,这些污染物难以被天然微生物迅速降解转化,严重威胁着人类及其他生物的正常生存和发展。同时,污染还导致了环境中的生物重组,使物种的分布与数量发生变化,生态系统变得越来越脆弱,降低了其功能稳定性。因此,治理导致生态环境破坏的各种污染已成为世界各国广泛关注并努力攻克的热点问题。现代分子生物学技术的广泛应用在分析污染物,环境生物多样性、解析有机污染物生物降解过程等方面发挥着重要作用。常用的分子生物学技术包括分子杂交技术、荧光原位杂交技术和荧光定量 PCR 技术等。

2.3.1　分子杂交技术

1. 分子杂交技术概述及原理

分子杂交(molecular hybridization)是指根据碱基互补配对原则,在特定条件下使两条核酸单链特异性结合的过程,用于定性和定量分析核酸,具有高度特异性。分子杂交的原理是在适宜的温度和离子强度条件下,不同来源的核酸单链可以通过结构互补形成非共价键进行特异性结合,从而形成新的双螺旋结构。

2. 分子杂交技术类型及实验流程

分子杂交技术中最常用的技术包括 Southern 印迹杂交（DNA 印迹杂交）、Northern 印迹杂交（RNA 印迹杂交）以及 Western 印迹杂交（蛋白印迹杂交）。

（1）Southern 印迹杂交

Southern 印迹杂交是分子生物学的经典实验方法，可以检测特定大小 DNA 分子的含量，常用于酶切图谱分析、定性和定量基因组基因、基因突变分析和限制性长度多态性分析等。Southern 印迹杂交的基本原理是将经限制性内切酶消化的 DNA 片段通过凝胶电泳分离，变性后将单链 DNA 片段转移至硝酸纤维素膜或其他固相支持物上，通过 DNA 探针与单链 DNA 片段的杂交反应，分析杂交信号，确定与探针互补的 DNA 带位置，以此确定 DNA 片段的大小和位置。Southern 印迹杂交的基本实验流程见图 2-12。

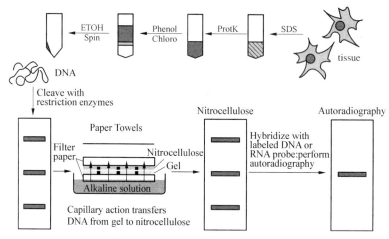

图 2-12　Southern 印迹杂交流程

（2）Northern 印迹杂交

Northern 印迹杂交是由 Alwine 等人提出的一种分子杂交技术，用于分析细胞总 RNA 或带有 poly(A) 尾的 RNA 样品中特定 mRNA 分子的大小和丰度，可定量测量稳定的 mRNA 水平，提供相关的 RNA 存在性、分子大小和 RNA 种类之间的整体信息，定量分析特定基因转录的强度，并根据其迁移位置推测基因转录产物的大小。Northern 印迹杂交在研究基因表达调控、基因结构与功能、遗传变异和病理机制等方面有着重要应用。

Northern 印迹杂交的基本原理是将通过变性琼脂糖凝胶电泳分离的 RNA 样品转移到尼龙膜或其他固相载体上，利用标记的特异性 DNA 或 RNA 探针与其杂交反应，去除非特异性杂交信号后进行分析，从而确定 RNA 样品分子的含量和大小。Northern 印迹杂交的基本实验流程与 Southern 印迹杂交相似，包括三个步骤（图 2-13）：分离 RNA 在变性凝胶上、转移 RNA 到固相载体上并固定化、进行杂交。

（3）Western 印迹杂交

Western 印迹杂交又称蛋白印迹杂交或免疫印迹杂交，是一种基于抗原-抗体特异结合的生物技术，用于检测固定在固相基质上的蛋白质，是如今最有效的蛋白质分析和鉴定技术之一。1979 年，Towbin 等人在基于 Southern 印迹杂交的研究基础上，改进了蛋白

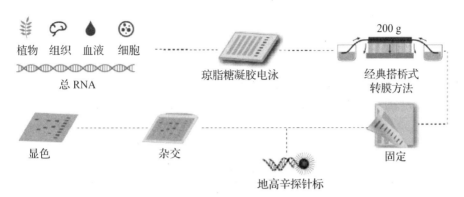

图 2 - 13 Northern 印迹杂交流程

质分离区带的转移方法,设计了一种"凝胶-膜三明治"模式的电转移装置。具体来说,就是在凝胶电泳后,将带有蛋白质分离区带的凝胶与硝酸纤维膜紧贴在一起,然后放置于低压高电流的直流电场内,用电驱动的方式将凝胶上的分离区带转印到硝酸纤维膜上。Burnette 把这种以电驱动的蛋白质转移方式称为 Western 印迹法。在狭义上,Western 印迹杂交包括蛋白质从凝胶转移到固相基质和特异性抗体检测两个步骤;而从广义上来说,Western 印迹杂交的整个过程大致由蛋白质样品的制备、SDS 聚丙烯酰胺凝胶电泳、转移电泳和免疫显色组成(图 2 - 14)。

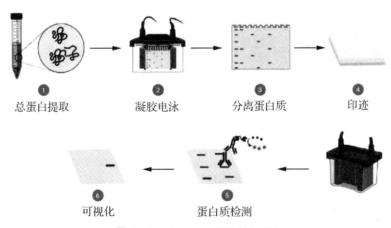

图 2 - 14 Western 印迹杂交流程

最初的 Western 印迹杂交主要用于检测特定蛋白质的存在以及含量的多少,可以有效鉴定某一蛋白质的性质。同时,结合免疫沉淀方法,Western 印迹杂交还可用于定量分析小分子抗原。随着技术的发展,Western 印迹杂交扩展为配体印迹实验,即可利用与蛋白质结合的任何配体来检测蛋白质多肽和配体的存在,而不仅仅局限于抗原抗体反应。此外,Western 印迹杂交还可以应用于结构域分析、斑点杂交、配基结合、抗体纯化、蛋白质氨基酸组成分析和序列分析等领域。需要注意的是,并非所有单克隆抗体都适用于Western 印迹,因此必须确认已制备的单克隆或多克隆抗体对 SDS 和还原剂变性处理的表位是否耐受。由于蛋白质在膜上比在凝胶上更易与试剂结合,且滤膜更易于操作,因此

Western 印迹杂交的灵敏度高、操作快速简便,被广泛应用于免疫学、分子遗传学、生物化学和分子生物学等领域,并且已成为诊断某些疾病的有效方法。

3. 分子杂交技术应用

随着对环境微生物研究的深入,核酸分子杂交技术在环境科学领域的应用日益广泛,在环境微生物的种群监测研究、微生物污染的治理、环境微生物的功能研究等方面取得了飞速发展。

以除磷细菌和硝化细菌的种群监测研究为例。除磷细菌和某些硝化细菌在除磷脱氮工艺中具有重要研究意义,然而,由于这些细菌特殊的培养方法和对应培养基的选择性,传统方法难以对其种群进行准确监测。分子杂交技术的应用克服了上述困难,对细菌种群监测的准确度较高、特异性较强,发现在强化除磷工艺中,无论是好氧池还是厌氧池,活性污泥中都含有丰富的除磷微生物。

除了在种群监测方面发挥作用外,分子杂交技术还适用于环境微生物的功能研究。该技术可以使用某一类功能酶的保守序列作为探针,对环境中的功能微生物菌群进行监测,并对特定功能菌的分布进行研究。例如,使用纤维素酶的保守序列作为探针,研究环境中具有纤维素降解能力微生物的分布;使用 NSO190 或 NSO1225 作为探针,检测环境中氨氧化细菌的存在。

分子杂交技术在样品和环境微生物群落、生理功能特征两者间构建了信息桥梁,突破了传统方法在培养环境微生物研究中的瓶颈,更为客观地反映了微生物在自然或人工系统中的状况,为环境监测和污染治理提供了更具实际应用价值的参考信息,对于深入完整地进行环境微生物研究具有重要的理论和现实意义。

延伸阅读
- 分子杂交技术概述及原理
- Southern 印迹杂交实验流程
- Western 印迹杂交实验流程

2.3.2 荧光原位杂交技术(FISH)

1. 荧光原位杂交技术概述及原理

荧光原位杂交技术(fluorescence in situ hybridization,FISH)是在 20 世纪 80 年代末发展起来的一种新的染色体分析技术,结合了分子生物学和细胞遗传学,在放射性原位杂交技术的基础上,使用荧光标记代替同位素标记进行原位杂交。

FISH 技术的基本原理是在待检测的染色体或 DNA 纤维切片上,将靶 DNA 与荧光标记的核酸探针通过碱基互补配对原则进行原位杂交,杂交后洗涤处理,可直接在荧光显微镜下观察(图 2-15)。FISH 技术可以利用不同颜色的荧光分子标记不同的探针,使得能够在同一样本上同时定位不同的靶 DNA,有效检测细胞内 DNA 或 RNA 的特定序列。FISH 技术所用探针可通过直接或间接标记,直接标记探针是直接与荧光分子标记的核苷酸结合而得,间接标记探针是先使用特定中间分子(如生物素或地高辛)标记探针的某一种核苷酸,然后利用该中间分子与荧光素标记的亲和素进行免疫组织化学反应而得。一般来说,间接标记探针的检测信号可以放大,从而提高 FISH 技术的阳性检出率。表 2-10 列举了一些常用的荧光染料。与其他原位杂交技术相比,FISH 技术在基因定性、定量、整合、表达等方面具有许多优势,具体表现在:不需要使用放射性同位素标记,荧光试剂和探针更加经济安全;荧光探针标记稳定且特异性好,定位准确,杂交敏感性高,灵敏度高,能够快速获得结果,不需要额外的操作步骤;既可在玻片上显示中期染色体数量或结构的变化,

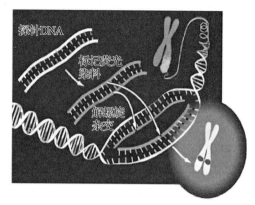

图 2-15 FISH 基本原理示意

也可在悬液中显示间期染色体的 DNA 结构;多色 FISH 技术可以同时检测多种基因序列。

表 2-10 常用荧光染料

荧光染料	波长		荧光颜色
	激发波长/nm	散射波长/nm	
AMCA	351	450	蓝色
FITC	492	528	绿色
FluoX	488	520	绿色
TRITC	557	576	红色
Texas Red	578	600	红色
Cy3	550	570	橙色或红色
Cy3.5	581	596	红色
Cy5	651	674	暗红
Cy5.5	675	694	暗红

2. 荧光原位杂交技术类型

FISH 技术近年来获得飞速发展,在其容量、灵敏度、分辨率及杂交特异性等方面均有所提升。下面将介绍主要的 FISH 技术。

(1) 多色荧光原位杂交技术(multicolor fluorescence in situ hybridization,mFISH)

在比例标记法以及探针组合标记法的发展前提下,mFISH 技术克服了 FISH 技术中不同荧光分子光谱可能存在重叠的缺点,并解决了 FISH 技术对不同颜色荧光分子同时应用的限制。在 mFISH 技术问世之前,一般只能同时应用 3 种不同的荧光分子,mFISH 的出现使得 FISH 技术从单色水平向多色水平发展。在 mFISH 技术中,同一个探针可以同时利用激发和散射波长不同的荧光分子进行标记组合,以产生新的颜色,使其能够同时

对不同的靶 DNA 进行定位和分析,并对不同探针在染色体上的位置进行排序。除此之外,mFISH 技术还能够同时检测多个基因,分辨微小缺失和复杂染色体易位,区分间期细胞超二倍体和多倍体。mFISH 技术目前已成功应用于对黑麦重复 DNA 序列的检测和定位研究,并已实现了多种颜色的荧光原位杂交。在 mFISH 技术的基础上,比较基因组原位杂交技术(comparative genomic hybridization,CGH)、染色体描绘技术(chromosome painting)、反转染色体描绘技术(reverse chromosome painting)、交叉核素色带分析(cross-species color banding,Rx-FISH)、光谱染色体自动核型分析(spectral karyotyping,SKY)以及多彩色原位启动标记(multicolor primed in situ labeling,multicolor PRINS)也得到了发展。

(2) DNA 纤维荧光原位杂交技术(DNA fiber-FISH)

FISH 技术构建 DNA 分子图谱时,图谱的精确程度取决于 FISH 的分辨率。FISH 技术的分辨率水平会受到靶 DNA 切片染色体不同或 DNA 分子结构差异的影响。一般来说,染色体或 DNA 的浓缩程度越低,FISH 分辨率越高,图谱的精确程度也越高。表 2-11 比较了 FISH 技术在不同靶 DNA 检测中的分辨率。为了提高 FISH 技术的分辨率和图谱的精确程度,利用线性化染色体作为载体成功实现了最初的 DNA fiber-FISH 技术。DNA fiber-FISH 使用了多种不同技术,将待研究细胞的 DNA 制备成 DNA 纤维,并用不同颜色的荧光标记探针与其杂交。该方法的关键在于制备高质量的线性 DNA 纤维,避免 DNA 纤维随机断裂导致的同一探针信号长度不一致,或制备标本中变性程度不同导致的 DNA 纤维局部碱基序列破坏或伸展程度不一致。虽然 DNA fiber-FISH 技术所需样本量较少,且分辨率和灵敏度较高,但其结果不能直接作为判断探针在染色体上具体位置的依据。DNA fiber-FISH 技术在人类基因组计划研究中有着广泛应用,在染色体图谱绘制、基因重组研究以及临床染色体基因序列检测中扮演着重要角色。除了用于基因组精确作图和辅助基因克隆,DNA fiber-FISH 技术还可以定量分析不同克隆之间的排列顺序和重叠程度,以确定基因之间的物理距离和方向。此外,该技术还可以定量检测染色体的重排和缺失,分析靶序列的拷贝数等。目前,该技术已成为构建邻接克隆群图谱的有力工具。

表 2-11　FISH 技术在检测不同靶 DNA 时的分辨率比较

靶 DNA	分辨率水平	可检测 DNA 序列范围
中期染色体	1~3 Mb	>1 Mb
前期染色体	200 kb	>200 kb
粗线期染色体	100 kb	>100 kb
拉长的中期染色体	200 kb	>200 kb
间期细胞核	50 kb	50 kb~2 Mb
游离染色质丝	10 kb	10 kb~1 Mb
DNA 纤维	1 kb	1 kb~1 Mb

3. 荧光原位杂交技术应用

FISH 技术是一项将分子杂交和组织化学相结合的遗传学新技术，不仅可以用于定位已知基因或序列的染色体，还可以用于研究未克隆基因、遗传标记和染色体畸变。此外，FISH 技术在环境微生物研究中也被广泛应用。

基因物理制图和基因定位是 FISH 技术的主要应用。通过分离出的 DNA 序列以及中期染色体和间期细胞方面的信息，FISH 技术可以快速确定一系列 DNA 序列之间的相互次序和距离，完成基因制图。在基因定位方面，该技术可以精确定位只有几百个碱基对的 DNA 或 cDNA 片段在染色体上的位置，为基因连锁分析提供更多的 DNA 标记，并为更多基因的克隆提供信息。

染色体结构和畸变分析是 FISH 技术的另一重要应用。近年来，FISH 技术已被广泛用于人类染色体分析，可以快速准确地确定传统细胞学无法判别的染色体异常病例，如非整倍体和染色体重组等，还可以用于检测间期细胞核中染色质的异常以及 DNA 纤维的变化等。通过 FISH 技术检测染色体数目和结构异常的特异性和敏感性较高，目前已被广泛应用于快速产前诊断。除此之外，FISH 技术还在遗传病诊断、病毒感染分析、肿瘤遗传学和基因组研究等许多领域发挥着重要作用。

FISH 技术也广泛应用于环境微生物群落分析，如沉积物、海水、河水和高山湖水中的浮游细胞以及土壤和根际微生物群落等，不仅能够提供微生物在特定时刻的图像信息，还能监测生境中微生物群落和种群的动态变化，例如海水沉积物连续流培养的微生物群落变化、原生动物摄食对浮游生物组成的影响以及季节变化对高山湖水微生物群落的影响等。此外，FISH 技术还可应用于检测和鉴定未被培养的物种或新物种，例如 Schulz 等人在 1999 年的一项研究中使用 FISH 技术检测到巨大的纳米比亚硫酸盐细菌。对于酸杆菌属、全噬菌属、未被培养的芽孢杆菌属细菌和水杆菌属细菌等的研究，也已经有许多使用 FISH 技术进行检测的报道。FISH 技术对于揭示自然菌群的组成和生态学规律、分析群落对自然和人为因素的动态响应变化十分有效。

FISH 技术还可用于监测废水处理系统中微生物的群落结构及群落动态。常规的微生物分离培养技术难以快速、准确、便捷地反映出系统中的微生物种群波动和数量变化，限制了人们对工艺系统中微生物生态学研究的步伐，也制约了人们对工艺过程的人为控制能力。FISH 技术摆脱了传统纯培养方法的束缚，能够提供处理过程中微生物的数量、空间分布和原位生理学等信息。此外，FISH 技术为监测和定量化复杂环境样品中的微生物群落动态创造了有效途径，也为人工创建生物处理系统的最佳工况条件提供了理论依据，为提高废水处理能力与处理水平打开了新的思路。

FISH 技术还可与其他多种技术结合，为环境微生物学研究提供更多信息。放射自显影和 FISH 技术结合（MAR-FISH）可用于研究活性污泥中丝状细菌对有机底物的吸收以及混合菌群的代谢活性，从而限制和监测活性污泥中的细菌种群。使用共聚集激光扫描显微镜（CLSM）的 FISH 技术可以对生物膜和活性污泥絮体的特异种群进行空间分布研究，获得硝化硫化床反应器和活性污泥中的亚硝酸氧化细菌和氨氧化细菌数量和空间分布信息。FISH 技术结合流式细胞仪（FCM）可定量化监测微生物，自动化操作水平高，适于对微生物群落进行快速和频繁监测,是诊断评价复杂微生物群落结构及动态的最有前景的技术手段,也被用于研究水体微生物、检测细菌活力和数目以及对特异有机底物的消耗。FISH 技术与常规在线分析结合能研究和监测生物膜内群落动态及结构组成、微生物的生长及代谢活性,同时获得生态因子与生物相动态变化的映射规律。

延伸阅读

- 荧光原位杂交技术概述
- 荧光原位杂交技术实验流程
- 多色荧光原位杂交技术类型
- 其他荧光原位杂交技术类型

2.3.3 荧光定量 PCR 技术

1. PCR

(1) PCR 概述

聚合酶链反应(polymerase chain reaction,PCR)是分子生物学技术领域的重要技术之一,能够快速、特异地在体外扩增所需目的基因及 DNA 片段,将极微量的 DNA 特异地扩增上百万倍。在环境检测中,靶核酸序列常存在于复杂的混合体系中且含量较低,使用 PCR 技术可以使靶序列放大几个数量级,便于后续研究分析。

(2) PCR 基本原理及流程

PCR 作为一种选择性体外扩增 DNA 或 RNA 片段的方法,其原理与天然 DNA 复制类似,即通过试管中进行的 DNA 复制反应使得极少量基因组 DNA 或 RNA 样品中的特定基因片段在短短几小时内扩增上百万倍。PCR 反应体系较为简单,主要包括 DNA 靶序列、与 DNA 靶序列单链 $3'$ 末端互补的合成引物、4 种单核苷酸(dNTPs)、耐热 DNA 聚合酶以及合适的缓冲液体系。PCR 反应主要由高温变性、低温退火以及适温延伸三个反复的热循环构成(图 2-16):高温条件($\approx 95℃$)使目标 DNA 双螺旋的氢键断裂,待扩增的靶 DNA 双链受热变性成为单链 DNA 模板;随后将反应体系冷却至特定温度(引物 T_m 值左右,$\approx 56℃$),两条人工合成的寡核苷酸引物与互补的单链 DNA 模板结合,形成部分双链;然后再升温至 Taq DNA 聚合酶的最适温度(72℃)并维持一段时间,以引物 $3'-$ OH 末端为新链固定生长点,以四种 dNTPs 为原料,沿着从 $5'→3'$ 方向延伸,合成新链 DNA。

如图 2-16,适温延伸末期,两条单链模板 DNA 经一次变性、退火、延伸三个步骤的热循环后形成两条双链 DNA 分子。如此反复多次,每一轮循环所产生的 DNA 均能作为下一轮循环的模板,PCR 产物以 2^n 的速度迅速扩增,经过 25～35 轮循环后,理论上可使基因扩增 10^9 倍以上,实际为 $10^6～10^7$ 倍。理论上,最终的 PCR 产物量可用以下方程式计算:

$$P = N (1+E)^n \tag{2-1}$$

式中:P 代表 PCR 产物拷贝数;N 代表起始模板拷贝数;E 代表平均每个热循环的 PCR 扩增效率;n 代表热循环次数。实际反应中平均扩增效率 E 达不到理论值(100%)。反应初期因 DNA 聚合酶活力足、dNTPs 底物充足、模板浓度低、自身复性少等原因,PCR

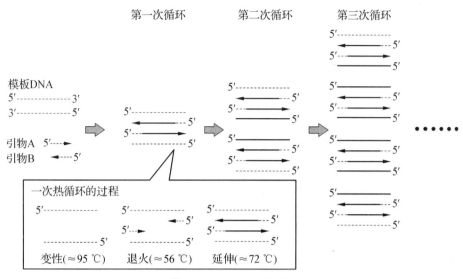

图2-16　PCR扩增过程

扩增能力惊人,理论上PCR产物(短产物片段)的产量经过每轮循环将增加一倍,但由于待扩增片段序列和 *Taq* DNA聚合酶的质量以及反应条件等多种因素的影响,实际扩增效率会低于预期。随着PCR热循环次数增加,DNA聚合酶活力开始降低,dNTPs底物浓度也逐渐减少,同时PCR产物逐渐积累,模板浓度升高,自身复性增加,PCR扩增效率逐渐降低,PCR产物的增加会逐渐放缓进入线性增长期,最终停止扩增进入平台期。大多数情况下,PCR扩增经过35个热循环后都将进入平台期,平台效应的出现与以下多种因素有关:① 随着PCR反应的进行,dNTPs底物和引物的浓度不断降低,同时在较高的变性温度下酶活力和dNTPs底物稳定性也不断降低。② 随着产物的增加,酶相对于模板的比率降低,且反应体系中产生的非特异性产物或引物二聚体会与反应底物竞争聚合酶。③ 反应产物在高浓度时变性不完全,当产物浓度高于 10^{-8} mol/L 时,可能降低 *Taq* DNA聚合酶的延伸加工能力或引起产物链的分支迁移和引物转换。

2. 实时荧光定量PCR(real-time fluorescence quantitative polymerase chain reaction,RT-FQ-PCR)

(1) 实时荧光定量PCR概述

随着PCR定性检测技术的不断改进和完善,研究者们不再满足于仅了解某一特定DNA序列的存在与否,而更关注于对核酸样本进行定量分析。常规PCR反应在理论上按照指数形式复制模板链,但由于模板和反应物的限制以及扩增产物对聚合酶的抑制,实际扩增效率较低,PCR反应终止时扩增产量无法确定,导致无法确定起始模板的数量。实时荧光定量PCR结合了PCR和荧光标记技术,用于定量检测RNA和DNA,其反应产物与反应前模板数量成正比,具有特异性强、灵敏度高、重复性好、定量准确、速度快、全封闭反应无污染、无需后期处理等优点,可以获得很好的定量结果。

(2) 实时荧光定量PCR基本原理

定量PCR技术通过在PCR反应体系中加入能够反映PCR反应进程的荧光染料或

荧光标记的特异性探针(如放射性核素、生物素标记引物或 dNTPs 等),借助已知含量的内参照和外参照标准品,与待扩增序列同时进行扩增,实时监测每一个热循环进程中随 PCR 产物不断累积而不断变化的荧光强度,生成荧光扩增曲线,反映 PCR 的总扩增过程,从而推测目的基因的初始模板数。在反应体系和条件完全一致的情况下,样本靶序列含量与扩增产物量对数成正比,荧光强度与扩增产物量成正比,通过测定荧光强度就可以测定样本靶序列的含量,并根据标准曲线以及标准曲线的特征实现起始模板数的精确定量。

实时荧光定量 PCR 扩增曲线是反映 PCR 总进程并实现初始模板精确定量的重要曲线,可由四个时期进行描述,即基线期、指数增长期、线性增长期与平台期(图 2-17)。在基线期阶段,PCR 扩增产生的荧光信号强度远小于荧光背景信号强度,因此无法在该阶段内对模板起始量进行精确分析。当 PCR 反应进入线性增长期时,虽然仍在进行扩增反应,但是扩增产物不再呈指数形式增加,此时的 PCR 终产物量与起始模板量之间不存在线性关系,不适合模板初始量的精确分析。在 PCR 反应进入平台期后,反应管内的dNTPs 以及酶等均被耗尽,此时的反应环境已不适于 PCR 反应的进行,荧光信号强度达到水平状态,且同一模板的多次技术重复的扩增曲线在该时期的重复性差、可变性高,因此这一时期同样不适合进行模板初始量的分析。只有在指数增长期内,PCR 反应所需的引物、酶、dNTPs 以及 Mg^{2+} 等组分均过量,酶活性较高,环境适于 PCR 反应,扩增效率高,扩增产物数量以指数形式增加且与初始模板量成线性相关,且该时期内同一模板多次技术重复的扩增曲线具有较高的重复性,对模板初始量的精确分析需在该阶段进行。

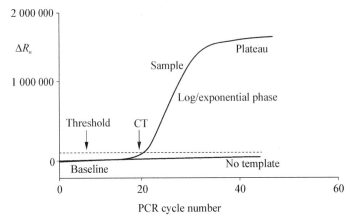

ΔR_n=Fluorescence emission of the product at each time point–fluorescence emission of the baseline
CT=Threshold cycle

图 2-17   实时荧光定量 PCR 扩增曲线

(3) 实时荧光定量 PCR 定量方法

实时荧光定量 PCR 的定量分析是根据标准曲线和样品的 CT 值进行的,在获得各个标本的 PCR 扩增曲线后,计算机软件可以自动确定用于定量分析的 CT 值。目前常用的定量计算方法有绝对定量和相对定量两种。

① 绝对定量法

绝对定量法,又称标准曲线法,是一种测量未知样本中目的基因起始量的方法。该方法使用一系列已知浓度的标准品来制作标准曲线,并将目的基因在相同条件下测得的荧光信号量与标准曲线进行比较。绝对定量法中,DNA 标准品的拷贝数量已知,将标准品经过五点梯度稀释后作为模板进行实时荧光定量 PCR 扩增,以目的模板初始拷贝数量的对数为横坐标,计算机自动识别检测到的 CT 值为纵坐标,绘制标准曲线并得到线性回归方程,最后将未知样本的 CT 值代入以下方程中,即可计算出目的模板的起始量。

在扩增产物达到阈值线时:

$$X_{CT} = X_0(1 + E_x)CT = N \tag{2-2}$$

式中:X_{CT} 为荧光信号达到阈值强度时扩增产物的量;设定阈值线为常数 N,将式(2-2)左右两边同时取对数可得:

$$\log N = \log X_0(1 + E_x)CT \tag{2-3}$$

$$\log X_0 = -\log(1 + E_x)CT + \log N \tag{2-4}$$

整理上述方程可得标准曲线方程:

$$CT = -\frac{1}{\log(1 + E_x)}\log X_0 + \frac{\log N}{\log(1 + E_x)} \tag{2-5}$$

式中:X_0 为起始模板量;$-\dfrac{1}{\log(1 + E_x)}$ 为标准曲线斜率,若扩增效率 $E_x > 90\%$,则曲线斜率 > -3.6;$\dfrac{\log N}{\log(1 + E_x)}$ 为间距常数计算公式。标准曲线的各项指标:斜率、扩增效率(E)、相关系数(R^2)、间距均需进行严格评价,各点间距应相等,间距及斜率的绝对值应满足 $3.100 \sim 3.582$,相关系数 $R^2 > 0.99$,扩增效率在 $90\% \sim 110\%$,从而确保该曲线的可用性。当扩增效率 $< 90\%$ 时,间距及斜率的绝对值 > 3.582;当扩增效率 $> 110\%$ 时,间距及斜率的绝对值 < 3.10。扩增效率越低,斜率绝对值越大,间距越宽;扩增效率越高,斜率的绝对值越小,间距越窄。扩增效率过低,可能由于酶的活性出现问题,或反应体系不适合反应的有效进行;扩增效率过高,可能由于反应管内存在目的基因扩增之外的其他非特异扩增,需要对引物进行溶解曲线检测,优化反应体系及反应程序。

② 相对定量法

相对定量法是一种在测定目标基因的同时测定某一内参基因的方法。通过将内参基因量作为比较标准,结合已知的稀释倍数和待测样品的 CT 值,计算不同样品起始模板数的相对数量关系。相对定量法可以用于分析不同样品之间、同一样品不同部位之间以及某一样品在不同动态时期内靶基因的 mRNA 水平表达量比值,还可以用于分析靶基因与内参基因在同一样品中的拷贝数比值。为消除模板浓度差异引起的误差,相对定量中常使用内参基因对靶基因的初始量进行校正。常用的相对定量方法为 $2^{-\Delta\Delta CT}$ 法。

$2^{-\Delta\Delta CT}$ 相对定量法假定靶基因与内参基因的扩增效率相等且均为 100%。假设靶基因在处理组与对照组中的初始量分别为 N_1 与 N_2,当达到某一荧光阈值时,靶基因在处理组与对照组中的 CT 值分别为 CT_1 与 CT_2,则有:

$$C_1 \cdot N_1 \cdot 2^{CT_1} = C_2 \cdot N_2 \cdot 2^{CT_2} \tag{2-6}$$

式中:C_1 和 C_2 分别为处理组与对照组的浓度。假设内参基因在处理组与对照组中的初始量分别为 N_1' 与 N_2',当达到某一荧光阈值时,内参基因在处理组与对照组中的CT值分别为 CT_1' 与 CT_2',则有:

$$C_1 \cdot N_1' \cdot 2^{CT_1'} = C_2 \cdot N_2' \cdot 2^{CT_2'} \tag{2-7}$$

$$C_1 \cdot N_1 \cdot 2^{CT_1}/C_1 \cdot N_1' \cdot 2^{CT_1'} = C_2 \cdot N_2 \cdot 2^{CT_2}/C_2 \cdot N_2' \cdot 2^{CT_2'} \tag{2-8}$$

由于内参基因在处理组与对照组中的初始量是相同的,即 $N_1' = N_2'$,因此,靶基因在处理组与对照组中的比值为:

$$N_1/N_2 = 2^{-[(CT_1-CT_1')-(CT_2-CT_2')]} \tag{2-9}$$

$$N_1/N_2 = 2^{-\triangle\triangle CT} \tag{2-10}$$

$$\triangle\triangle CT = \triangle CT_{处理组} - \triangle CT_{对照组} = (CT_{靶基因} - CT_{内参基因})_{处理组} - (CT_{靶基因} - CT_{内参基因})_{对照组} \tag{2-11}$$

$2^{-\triangle\triangle CT}$ 相对定量法不需要生成标准曲线,操作简便、效率高,但是靶基因和内参基因的扩增效率需达到100%。此方法通常用于某一基因在 mRNA 水平上的表达量分析。

(4) 实时荧光定量 PCR 类型

根据加入的荧光基团不同,目前实时荧光定量 PCR 技术主要分为非特异性荧光染料技术和特异性荧光探针技术两种(图 2-18)。

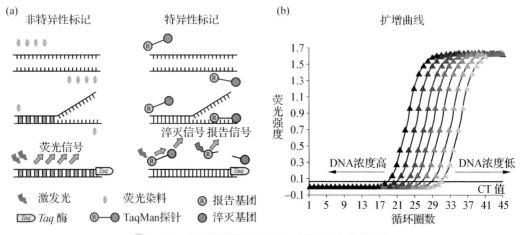

图 2-18 实时荧光定量 PCR(a 探针法;b 染料法)

① 荧光染料技术

荧光染料技术基于反应管中荧光强度与双链 DNA 数量成正比的关系进行检测,以 SYBR Green 法为代表(图 2-18b)。SYBR Green 是一种能够与 DNA 双链小沟结合并发出荧光的染料,最大吸收波长约为 497 nm,最大发射波长约为 520 nm。SYBR Green 染料在游离状态下的荧光非常微弱,但与双链 DNA 结合后荧光会大大增强。在 PCR 反应体系中,加入过量的 SYBR Green 染料会掺入 DNA 双链的小沟部位,发射的荧光信号强度可比游离态增加 800～1 000 倍,基本可以代替双链 DNA 分子的数量,即可通过检测荧光来计算反应管中生成的双链 DNA 量。荧光染料技术的优点是不需要定制探针,通用性较高,没有专利保护,价格低廉,检测的是实时信号而非累积信号;缺点是特异性较差,不能识别特定的双链序列,并且对非特异性扩增或引物二聚体也会产生荧光。

② 荧光探针技术

荧光探针技术利用特异性荧光探针,如 TaqMan 探针和分子信标探针(molecule beacon),具有较强的特异性、较高的准确性、高度的专一性和较好的定量效果,但设计相对复杂且成本较高,适用于精度要求较高的研究和多通道检测。以 TaqMan 探针技术为例,TaqMan 探针和引物的化学性质相同,都是根据待测靶序列设计合成的一段 DNA 单链片段,是在常规 PCR 基础上添加了两个荧光基团的双标记探针(图 2-18a)。TaqMan 探针的 5′端标记了一个报告荧光基团(reporter,R),3′端标记了一个荧光抑制基团(quencher,Q),且识别和结合位置位于 PCR 的两条引物之间。当探针结构完整时,5′端的 R 受到激发,但会发生荧光共振能量转移,将能量转移至临近的 3′端 Q,无法检测到荧光信号。在 PCR 特异性扩增反应中,Taq DNA 聚合酶会在引物介导下沿着 3′→5′的方向合成 DNA 并延伸至探针结合位置,同时,依赖于聚合的 5′→3′外切酶会从探针的 5′端开始切割探针 DNA 链,使 R 与 Q 在空间上分离,消除 R 受到的屏蔽效应,产生荧光被检测。在这个过程中,每新合成一个靶 DNA,就会降解一条探针,释放一个荧光报告基团,检测到的荧光信号随着 PCR 扩增而累积,形成特定关系,用于定量分析特定的能与探针碱基互补杂交的基因序列。

(5) 实时荧光定量 PCR 应用

随着近年来分子生物学及其技术的不断发展,实时荧光定量 PCR 技术已逐步应用于微生物研究领域,能够分析环境微生物群落的结构和时空分布特性、判断微生物群落多样性随环境变化的情况,有着传统方法无法比拟的优势。

在环境微生物的检测研究中,实时荧光定量 PCR 技术常被用来检测水、土壤和大气环境中的微生物病原体,具有高灵敏度、强特异性、快速简便且精确度高的优点。同时,该技术还可用来定量监测污水处理厂活性污泥(MLSS)中的硝化螺旋菌(nitrospira)和氨氧化细菌(AOB)总量。此外,实时荧光定量 PCR 技术也能定量反硝化亚硝酸盐还原酶基因,并确定特定物种的种类和丰度,以研究海底反硝化微生物的优势物种。另外,该技术还可以定量湖泊中微囊菌和项圈藻微囊藻素合成酶基因的拷贝数,从而确定湖泊中产生微囊藻素的主要优势微生物物种。

在研究环境微生物群落分布时,纯培养技术存在一定局限性,而基于 rDNA 或 rRNA 的分析技术对微生物种群结构分布研究存在一定易变性。实时荧光定量 PCR 技术可以定量检测不同环境介质中不同污染浓度梯度下的目标微生物含量和分布情况,并研究环境微生物与环境因素间的相关性,为环境治理提供理论依据。

在环境微生物群落变化的动态监测研究中,实时荧光定量 PCR 技术可以同时对多个样品进行分析,适用于检测环境微生物在时间和空间上的动态变化。例如,使用特异性 16S rDNA 引物扩增自养黄色杆菌(Xanthobacter autotrophicus)和分枝杆菌(Mycobacterium)两种甲苯降解菌,以监测环境微生物在河流中随季节变化的情况。实时荧光定量 PCR 技术还可以定量分析一段时间内 AAO 短程硝化反硝化系统中的氨氧化菌丰度和种类变化。此外,在城市污水中,实时荧光定量 PCR 技术可用于检测病原性大肠埃希氏菌的毒力基因 *eaeA* 和 *rfbE*,并确定不同时间段污水处理工艺对这两种毒力基因的去除效果。

实时荧光定量 PCR 技术自问世以来,在环境领域得到了广泛应用。该技术具有敏感性高、检测范围宽泛、操作安全等诸多优势。但同时,该技术也存在一些缺陷,比如无法统一标准曲线和复杂的分子信标设计等。随着科学技术的不断发展和完善,荧光定量 PCR 技术的优势将更加显著,缺陷也将得到解决,未来的应用前景值得期待。

延伸阅读

- PCR 概述及应用
- 实时荧光定量 PCR 概述及基本原理
- 分子信标探针技术

思考题

1. 微生物的生长发育需要什么营养物质? 根据需要的营养物质可将微生物分成几类?

2. 在自然界中获取的微生物群落如何进行分离与培养?

3. 简述原核生物 DNA 的复制历程和转录历程,及其特点。

4. 氨基酸的构成是什么?

5. 简述蛋白质的一级、二级、三级、四级结构的特征。

6. 酶作为一种生物催化剂具有哪些特有的性质?

7. 酶的分类有哪些,它们的反应性质分别是什么?

8. 简述酶的催化机制。

9. 阐述 Southern 印迹杂交、Northern 印迹杂交以及 Western 印迹杂交的区别与联系。

10. 结合本章内容简述分子杂交的优缺点、应用与发展前景。

11. 阐述聚合酶链反应(PCR)的流程及基本原理。

12. 阐述实时荧光定量 PCR 的优势及发展前景。

参考文献

[1] 杨荣武.生物化学原理[M].北京:高等教育出版社,2006.

[2] 汪堃仁、薛绍白、柳惠图.细胞生物学(第二版)[M].北京:北京师范大学出版社,2001.

[3] 王镜岩、朱圣庚、徐长法.生物化学(第三版)[M].北京:高等教育出版社,2002.

[4] James W W. Cell-free protein synthesis:the state of the art[J]. Biotechnol Lett, 2013, 35:143-152.

[5] Elias A, Bob A, Pablo R, et al. Small heat shock proteins operate as molecular chaperones in the mitochondrial intermembrane space[J]. Nat Cell Biol, 2023, 25:467-480.

[6] Michelle K Z, Karlene A C, et al. Causes and consequences of replication stress[J]. Nat Cell Biol, 2014, 16:2-9.

[7] Yves P, Yilun S, Shar-yin N, et al. Roles of eukaryotic topoisomerases in transcription, replication and genomic stability[J]. Nat Rev Mol Cell Biol, 2016, 17:703-721.

[8] Peter M J B, Thomas A K. Eukaryotic DNA replication fork[J]. Annu Rev Biochem, 2017, 86:

417 - 438.

［9］Rafael C R, Claudia O, Ángel B, et al. Modifying enzyme activity and selectivity by immobilization［J］. Chem Soc Rev, 2013, 42: 6290 - 6307.

［10］Robinson P K. Enzymes: principles and biotechnological applications［J］. BMB Reports, 2015, 59: 1 - 41.

［11］Liu J R, Seviour R J. Design and application of oligonucleotide probes for fluorescent in situ identification of the filamentous bacterial morphotype Nostocoida limicola in activated sludge［J］. Environmental Microbiology, 2001(3): 551 - 560.

［12］Perry-O'Keefe H, Rigby S, Oliveira K, et al. Identification of indicator microorganisms using a standardized PNA FISH method［J］. Journal of Microbiological Methods, 2001(47): 281 - 292.

［13］Bruce E R, Perry L M. Environmental biotechnology: principles and applications. First edition ［M］. New York: McGraw-Hill Education, 2001.

［14］Bergquist P L, Gibbs M D, Morris D D, et al. Molecular diversity of thermophilic cellulolytic and hemicellulolytic bacteria［J］. FEMS Microbiol Ecol, 1999(28): 99 - 110.

［15］Carraher J R, Hong S H, Jang M, et al. Combined effects of UV exposure duration and mechanical abrasion on microplastic fragmentation by polymer type［J］. Environmental Science & Technology, 2018(52): 3831 - 3832.

［16］Bothe H, Jost G, Schloter M, et al. Molecular analysis of ammonia oxidation and denitrification in natural environments［J］. FEMS Microbiol Rev, 2000(24): 673 - 690.

［17］Jiang H L, Tay J H, Maszenan A M, et al. Bacterial diversity and function of aerobic granules engineered in a sequencing batch reactor for phenol degradation［J］. Applied and Environmental Microbiology, 2004(70): 6767 - 6775.

［18］Bauman J G J, Wiegant J, Borst P, et al. A new method for fluorescence microscopical localization of specific DNA sequences by in situ hybridization of fluorochrome-labelled RNA［J］. Experimental Cell Research, 1980(128): 485 - 490.

［19］Pardue M L, Gall J G. Molecular hybridization of radioactive DNA to the DNA of cytological preparations［J］. Proceedings of the National Academy of Sciences, 1969(64): 600 - 604.

［20］John H A, Birnstiel M L, Jones K W. RNA-DNA hybrids at the cytological level［J］. Nature, 1969(223): 582 - 587.

［21］Leitch I J, Kenton A Y, Parokonny A S, et al. Cytological characterization of transformed plants: mapping of low-copy and repetitive DNA sequences by fluorescent in situ hybridization (FISH) in: M.S. Clark (Ed.)［J］. Plant Molecular Biology—A Laboratory Manual, 1997: 461 - 485.

［22］Nederlof P M, Flier S, Wiegant J, et al. Multiple fluorescence in situ hybridization［J］. Cytometry, 1990(11): 126 - 131.

［23］Schmidt H, Eickhorst T, Tippkötter R. Evaluation of tyramide solutions for an improved detection and enumeration of single microbial cells in soil by CARD-FISH［J］. Journal of Microbiological Methods, 2012(91): 399 - 405.

［24］Giovannoni S J, DeLong E F, Olsen G J, et al. Phylogenetic group-specific oligodeoxynucleotide probes for identification of single microbial cells［J］. Journal of Bacteriology, 1988 (170): 720 - 726.

［25］Hasegawa Y, Welch J L M, Valm A M, et al. Imaging marine bacteria with unique 16S rRNA

V6 sequences by fluorescence in situ hybridization and spectral analysis[J]. Geomicrobiology Journal, 2010(27): 251-260.

[26] Rohde A, Hammerl J A, Appel B, et al. FISHing for bacteria in food—A promising tool for the reliable detection of pathogenic bacteria? [J]. Food Microbiol, 2015(46): 395-407.

[27] Schulz H N, Brinkhoff T, Ferdelman T G, et al. Dense populations of a giant sulfur bacterium in Namibian shelf sediments[J]. Science, 1999(284): 493-495.

[28] Juretschko S, Timmermann G, Schmid M, et al. Combined molecular and conventional analyses of nitrifying bacterium diversity in activated sludge: nitrosococcus mobilis and nitrospira-like bacteria as dominant populations[J]. Applied and Environmental Microbiology, 1998(64): 3042-3051.

[29] Orphan V J, Turk K A, Green A M, et al. Patterns of 15N assimilation and growth of methanotrophic ANME-2 archaea and sulfate-reducing bacteria within structured syntrophic consortia revealed by FISH-SIMS[J]. Environmental Microbiology, 2009(11): 1777-1791.

[30] Wingender J, Strathmann M, Rode A, et al. Isolation and biochemical characterization of extracellular polymeric substances from Pseudomonas aeruginosa, in: R.J. Doyle (Ed.)[J]. Methods in Enzymology, Academic Press, 2001: 302-314.

[31] Tay S T. Characterization and population dynamics of toluene-degrading bacteria in a contaminated freshwater stream. 1998.

[32] Grüntzig V, Nold S C, Zhou J, et al. Pseudomonas stutzeri nitrite reductase gene abundance in environmental samples measured by real-time PCR[J]. Applied and Environmental Microbiology, 2001 (67): 760-768.

[33] Vaitomaa J, Rantala A, Halinen K, et al. Quantitative real-time PCR for determination of microcystin synthetase E copy numbers for microcystis and anabaena in lakes [J]. Applied and Environmental Microbiology, 2003(69): 7289-7297.

[34] Cummings D E, Snoeyenbos-West O L, Newby D T, et al. Diversity of geobacteraceae species inhabiting metal-polluted freshwater lake sediments ascertained by 16S rDNA analyses[J]. Microbial Ecology, 2003(46): 257-269.

[35] Hall S J, Hugenholtz P, Siyambalapitiya N, et al. The development and use of real-time PCR for the quantification of nitrifiers in activated sludge [J]. Water Science and Technology, 2002 (46): 267-272.

[36] Harms G, Layton A C, Dionisi H M, et al. Real-time PCR quantification of nitrifying bacteria in a municipal wastewater treatment plant[J]. Environmental Science & Technology, 2003(37): 343-351.

[37] 李光伟,刘和,张峰.荧光定量 PCR 监测五氯酚对好氧颗粒污泥和活性污泥中氨氧化细菌数量的影响[J].微生物学报,2007:136-140.

[38] 李磊,张立东,刘晶茹.实时荧光定量 PCR 对 A²/O 短程硝化系统内氨氧化菌的定量分析[J].环境工程学报,2012(6):3597-3602.

[39] 谢润欣,张崇森,王晓昌.城市污水中病原性大肠埃希氏菌毒力基因 eaeA 和 rfbE 的实时荧光定量 PCR 检测[J].环境科学研究,2012(25):922-926.

[40] 李晓岩,刘启才,彭燕.腺病毒气溶胶的实时荧光定量 PCR 检测和绿色荧光蛋白活细胞检测[J].环境科学学报,2007:785-789.

[41] 何恩奇,钮伟民,吴庆刚.产毒微囊藻 mcyA 基因荧光定量 PCR 方法的建立[J].环境科学与技术,2011(34):66-70.

第 3 章 现代环境生物技术

3.1 基因工程及环境应用

3.1.1 基因工程概念和产生背景

1. 基因工程概念

基因工程是基因水平上的遗传工程,又叫遗传工程(genetic engineering)、基因克隆(genecloning)、重组 DNA 技术(recombinant DNA technique)或转基因技术(transgenic technique)等。基因工程可以在体外条件下使用适当的工具酶对 DNA 分子进行切割,将外源目的基因与载体连接起来,构建重组载体 DNA,并将其转移到受体细胞中进行扩增和表达,以使受体细胞获得新的稳定遗传特性或形成新的基因产物。供体基因、受体细胞和载体是基因工程的三大基本元件。随着基因工程技术的发展,基因工程的概念逐渐分为狭义和广义两个层面。狭义的基因工程指的是基因重组和外源目的基因的转入,而广义的基因工程还包括对生物内源基因的修饰和剔除。

2. 基因工程产生背景

微生物遗传学和分子遗传学在理论和技术上的突破对基因工程的诞生起到了决定性的作用。在理论层面上,首先明确了生物的遗传物质是 DNA 而不是蛋白质,随后 DNA 的双螺旋结构和半保留复制机制被提出,为 DNA 的转移和修饰提供了理论依据。1958年提出的蛋白质合成中心遗传法则和遗传密码子通用性为基因的可操作性奠定了理论基础。在技术层面,工具酶和载体的发现和使用是可操作性的关键。基因工程中的三大核心技术包括:用限制性核酸内切酶和 DNA 连接酶进行体外切割和 DNA 片段的连接;将质粒改造成携带 DNA 片段克隆的载体;利用逆转录酶的特性实现真核生物的基因工程。1973 年,斯坦福大学的 S. Cohen 等成功进行了第一次重组 DNA 分子转化的基因克隆实验,标志着基因工程的诞生。

3.1.2 基因工程工具酶和载体

1. 基因工程工具酶

自然界中存在着许多能够发挥重要作用的具有特殊功能的酶类,一些酶可用于生物的 DNA 复制和修复,一些微生物酶还能识别并降解外来的 DNA。通过发现和分离这些酶,人们能够在体外进行 DNA 的切割、连接和重组,是基因工程的核心技术之一。这种分子水平的操作依赖于多种工具酶,包括限制性核酸内切酶、DNA 连接酶以及 DNA 聚合酶等。

(1) 限制性内切酶

限制性内切酶(restriction endonucleases)是识别和切割 dsDNA 分子内特殊核苷酸序列的酶,被称为分子手术刀。1952 年,研究者们发现了细菌与噬菌体之间存在着一种保护与修饰机制。1962 年,瑞士日内瓦大学的 Dussoix 和 Arber 通过 ^{32}P 标记噬菌体证实了这种限制与修饰作用的存在,并提出这种"限制修饰"系统可能与限制性核酸内切酶及甲基化酶有关。1968 年,Linn 和 Arber 在大杆菌 B 菌株中首次发现了限制性内切酶。限制性内切酶能阻止外源 DNA 入侵,在外源 DNA 内部而不是末端进行切割。细菌作为限制性内切酶的主要来源,几乎在所有细菌的属、种中都能发现至少一种限制性内切酶,迄今为止,已在近 300 种微生物中分离出了约 4 000 种限制酶。有的菌株含酶量极低且很难分离定性,有的菌株含酶量极高,如大肠杆菌的 pMB4 酶和 H. aegyptius 酶(Hal Ⅲ酶)。

① 限制性内切酶的命名

限制性内切酶的命名依据其来源微生物学名,一般以微生物属名的第一个字母和种名的前两个字母组成,其中属名首字母大写,种名前两个字母小写,如果该微生物有不同的变种和品系,则在三个字母后再加上变种和品系的第一个字母。例如,从 *Bacillus amylolique faciens H* 中提取的限制性内切酶称为 Bam H。从同一品系菌株中分离和发现的具有不同碱基序列和特异性功能的限制性内切酶可以用Ⅰ,Ⅱ,Ⅲ等罗马数字进行编号,如 HpaⅠ、HpaⅡ、MboⅠ、Mbo、HindⅡ、HindⅢ等。

② 限制性内切酶的特征

限制性内切酶主要修饰和识别切割 DNA 分子,通常只作用于外源 DNA 分子。大部分限制性内切酶的最适反应温度为 37℃,但也有少部分耐热或耐低温内切酶。例如,TagⅠ最适温度为 65℃,SmaⅠ最适温度为 25℃。低于最适温度可能只导致酶切产生切口,而不会导致 DNA 双链断裂。限制性内切酶的酶切反应通常使用 Tris-HCl 缓冲液在 pH 为 7.0~7.9 下进行调节。不同内切酶对盐浓度的要求也各不相同。加入终止液或加热可使酶失活,从而终止反应。限制性内切酶对碱基序列具有严格的特异性,切割磷酸二酯键产生粘性末端或平末端。例如,大肠杆菌中发现的一种限制酶只能识别 GAATTC 序列,并从 G 和 A 间进行切割。

③ 限制性内切酶的分类

常用的限制性内切酶有几十种,根据结构、切割位点与切割方式可分为 3 类(表 3-1)。Ⅰ类限制性内切酶可以识别 DNA 上特定位点,切割位点通常距离识别位点很远,多达数千个碱基,同时对 DNA 具有修饰作用,如 EcoB、EcoK。Ⅲ类有专一的识别顺序,通常在识别顺序旁边几个(24~26 个)核苷酸对的固定位置上切割双链。Ⅰ类和Ⅲ类限制性内切酶活性与甲基化酶活性共存于同一蛋白酶分子中,在基因工程中应用较少。基因工程主要使用的限制性内切酶是Ⅱ类,识别特定碱基位点一般为较短的回文序列,长度约为 4~8 个碱基,切割位点通常为识别序列内或两侧的特异位点。例如,EcoRⅠ识别的碱基序列为 GAATTC,NotⅠ识别的碱基序列为 GCGGCCGC。

表 3-1　限制性内切酶类型和特点

类型	Ⅰ型	Ⅱ型	Ⅲ型
酶分子的结构与功能	三亚基多功能酶	单一功能的酶	二亚基双功能酶
修饰作用	同时具有甲基化作用	不具有甲基化作用	同时具有甲基化作用
限制作用的辅助因子	ATP,Mg^{2+},SAM	Mg^{2+}	ATP,Mg^{2+},SAM
识别序列	特异性,非对称序列	特异性,旋转对称序列	特异性,非对称序列
切割位点	距识别序列至少 1 000 bp	在识别序列内部或附近	在识别序列下游 24～26 bp 处
切割方式	随机切割	特异切割	特异切割
在基因克隆中用途	无应用价值	应用广泛	用处不大

注:SAM 为 S-腺苷甲硫氨酸。

（2）DNA 连接酶

限制性核酸内切酶用于切割不同来源的 DNA 分子,而 DNA 重组阶段需要其他工具酶对 DNA 片段进行连接,这种酶就是**DNA 连接酶**。连接酶是通过催化双链 DNA 分子的 $3'$-羟基和 $5'$-磷酸基团形成磷酸二酯键将两段乃至数段 DNA 片段拼接起来的酶,又称分子缝合针(图 3-1)。一般来说,DNA 连接酶可催化具有互补粘性末端或者平末端的 DNA 片段的合成,但 *E.coli* DNA 连接酶只能将双链 DNA 片段互补的粘性末端之间连接起来。

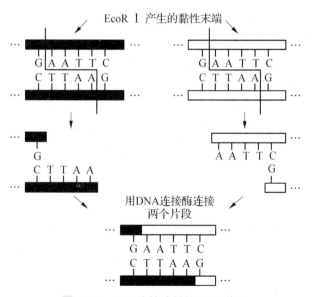

图 3-1　DNA 连接酶拼接 DNA 片段

DNA 连接酶利用 NAD 或 ATP 中的能量催化两个核酸链间形成磷酸二酯键的反应过程可分三步:① NAD+或 ATP 将其腺苷酰基转移到 DNA 连接酶的一个赖氨酸残基的 ε-氨基上形成共价的酶-腺苷酸中间物,同时释放烟酰胺单核苷酸(NMN)或焦磷酸。② 酶-腺苷酸中间物上的腺苷酰基转移到 DNA 的 $5'$-磷酸基端,形成一个焦磷酰衍生物,即 DNA -腺苷酸;③ 被激活的 $5'$-磷酰基端与 DNA 的 $3'$- OH 端反应合成磷酸二酯键,同时释放 AMP(图 $3-2$)。

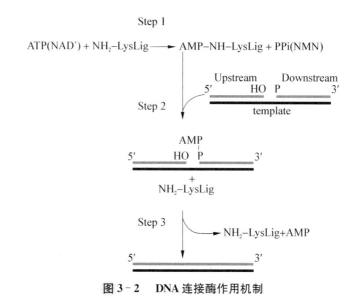

图 3 - 2　DNA 连接酶作用机制

DNA 连接酶催化的整个过程是可逆的。酶-腺苷酸中间物可以与 NMN 或 PPi 反应生成 NDA 或 ATP 及游离酶;DNA -腺苷酸也可以和 NMN 及游离酶作用重新生成 NAD。该逆反应过程可以在 AMP 存在的情况下使共价闭环超螺旋 DNA 被连接酶催化,产生有缺口的 DNA -腺苷酸,生成松弛的闭环 DNA。

基因工程中广泛使用的连接酶有 T_4 噬菌体 DNA 连接酶、大肠杆菌 DNA 连接酶、真核生物 DNA 连接酶等,其中最常见的是 T_4 DNA 连接酶。T_4 DNA 连接酶由病毒基因组编码,可以缝合双链 DNA 片段互补的粘性末端和平末端,但连接平末端之间的效率比较低。真核生物存在 3 种 ATP 依赖型 DNA 连接酶——DNA 连接酶 I 、DNA 连接酶 III 和 DNA 连接酶 IV,其中 DNA 连接酶 I 和 DNA 连接酶 IV 广泛分布于植物界和动物界,DNA 连接酶 III 则主要分布于脊椎动物中。

(3) DNA 聚合酶

自然界中的每种生物体内都至少存在一种 DNA 聚合酶,主要负责 DNA 的复制、子代 DNA 的合成和损伤 DNA 的修复。不同于 DNA 连接酶,DNA 聚合酶只能将单个核苷酸加到已有的核酸片段末端羟基上形成磷酸二酯键。很多 DNA 聚合酶都是多功能酶,具有 1~3 种酶活性(表 3-2):① $5'{\rightarrow}3'$ 聚合酶活性,依赖于充足的底物、DNA 模板和引物链。底物包括 4 种脱氧核苷酸(dATP、dGTP、dCTP 和 dTTP)。模板可以是单链,也可以是糖磷酸主链有至少一处断裂的双链。引物链是带有游离 $3'$- OH 的 DNA 或 RNA。在一定的缓冲液条件下,底物在聚合酶的催化下加到引物链的 $3'$- OH 端,实现 DNA 由 $5'$ 端到 $3'$ 端的复制。② $5'{\rightarrow}3'$ DNA 外切酶活性,能实现 DNA - RNA 杂交体中 RNA 成分的降解。在 DNA 双链 $5'$ 端带有磷酸基团且双链完整时,聚合酶催化双链 DNA 中的一条链 $5'$ 末端切割,释放出单核苷酸或寡核苷酸,降解 DNA。③ $3'{\rightarrow}5'$ DNA 外切酶活性,能在 DNA 合成中识别错配碱基并将其切除。与 $5'→3'$ DNA 外切酶活性相反,聚合酶催化双链 DNA 的一条链 $3'$ 末端切割。

表 3-2 依赖于模板的 DNA 聚合酶性质

酶名称	$5'→3'$ 聚合酶活性	$5'→3'$ 外切酶活性	$3'→5'$ 外切酶活性
大肠杆菌 DNA 聚合酶 I	+	+	+
Klenow 片段	+	−	+
T_4 噬菌体 DNA 聚合酶	+	−	+
T_7 噬菌体 DNA 聚合酶	+	−	+
测序酶	+	−	+
Taq DNA	+	+	−
逆转录酶	+	−	−

大肠杆菌细胞内至少存在三种 DNA 聚合酶,真核生物中也已经发现三种 DNA 聚合酶,分别命名为 DNA 聚合酶 I、II、III 和 α、β、γ。其中,DNA 聚合酶 I 是基因工程中使用最广泛的聚合酶,是由一条约含 1 000 个氨基酸残基的多肽链组成的单亚基蛋白,分子量为 109 000。DNA 聚合酶 I 具有三种不同的酶活性,在基因工程中通常充当 DNA 切口平移的探针,用于核酸分子杂交以及合成 cDNA 的第二条链。

延伸阅读:其他 DNA 聚合酶

2. 基因工程载体

基因工程的关键步骤之一是将外源 DNA 片段导入受体细胞,导入的外源 DNA 片段必须先与某种传递者结合后才能进入细菌和动植物受体细胞,即需要使用"载体"。载体主要分为质粒、噬菌体、病毒、黏粒和人工微小染色体等。根据功能不同,载体可分为克隆载体和表达载体。克隆载体具备复制起点或完整的复制子结构,能够在受体细胞中自主复制,并具有限制性内切酶的单一识别位点和用于筛选的标记基因。克隆载体仅能实现目的基因的导入和复制扩增,要实现目的基因的稳定遗传和表达,还需要载体具备控制目的基因表达的调控序列,例如启动子和转录终止子。表达载体可以表达调控元件,同时,目的基因也必须具备完整的起始密码子、终止密码子和核糖体结合位点。由于不同受体细胞的表达系统有所不同,为满足不同表达系统的要求,需要构建不同的表达载体。

(1) 质粒

质粒(plasma)是能自主复制的双链环状 DNA 分子,在细菌中独立于染色体之外,具有可转移性,是抗生素耐药基因的细菌间转移的重要途径之一。质粒 DNA 大小在 1 kb～200 kb,相对分子量很小且能进行自主或半自主复制。不同生物质粒中的基因种类不同。基因工程质粒通常需要具备以下几个条件:① 拷贝数高。② 分子量较小。一般而言,较低分子量的质粒拷贝数相对较高,有利于质粒 DNA 的制备和重组体在受体细胞中的扩增。③ 具有筛选标记。质粒的抗性基因以及多克隆位点两侧的序列可以作为标记或探针,辅助实现重组体的鉴定和筛选工作。④ 有复制起始位点。⑤ 有较多的单一限制性酶切位点。有助于外源目的基因的插入。基因工程大多使用松弛型质粒载体,如 pBR 322、pUC18/19 载体等。

（2）噬菌体

质粒载体可克隆的最大 DNA 片段一般在 10 kb,但构建基因文库,往往需要更大一些的 DNA 片段,噬菌体即可作为克隆较大 DNA 片段的载体。**噬菌体**（bacteriophage, phage）是一类细菌病毒的总称,由遗传物质核酸和外壳蛋白组成,内部的核酸一般是线性双链 DNA 分子,也有环状双链 DNA、线性单链 DNA、环状单链 DNA 及单链 RNA 等多种形式。以 λ 噬菌体为例,作为最早用于基因工程的一种温和噬菌体,其遗传物质是线性双链 DNA 分子,大小约为 48.5 kb,具有多种内切酶识别序列,双链 DNA 分子两侧各有一个长度为 12 bp 的互补单链（cos 位点）,用于识别和包装 DNA,属于粘性末端。λ 噬菌体能包装 38 kb~54 kb 的外源 DNA,弥补了质粒载体包装的外源 DNA 分子量有限的缺点,同时减少了空载体的可能性。如图 3-3 为 λ 噬菌体载体构建、重组和包装的过程。

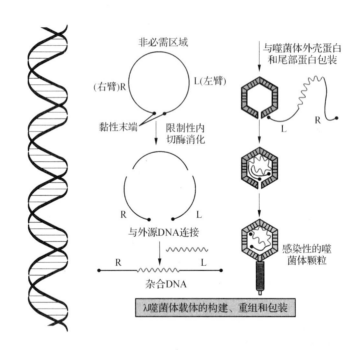

图 3-3 λ 噬菌体载体的构建、重组和包装

 延伸阅读:黏粒和人工微小染色体

3.1.3　基因工程步骤

基因工程的核心步骤:(1) 目的基因的获取与制备;(2) 基因重组(带有目的基因的 DNA 片段与载体连接);(3) 重组 DNA 分子导入受体细胞;(4) 重组体的鉴定和筛选;(5) 重组体的细胞扩增和外源目的基因的表达。

1. 目的基因的获取与制备

目的基因的获取与制备是基因工程操作的核心。基因工程中所涉及的目的基因通常是功能或结构已知的基因,导入受体细胞以产生目的遗传性状或基因产物。获取目的基因的方法包括基因组文库分离法、cDNA 文库筛选法、PCR 直接扩增法等。

(1) 基因文库

基因文库(gene library)或 DNA 文库(DNA library)是指将某一生物的基因组 DNA 或 cDNA 片段与载体重组后,在受体细胞中扩增并筛选得到的阳性菌落集合。也就是说,基因文库是人工构建的,包含某一生物全部基因组 DNA 或 cDNA 信息的基因集合。基因文库中,DNA 或 cDNA 以片段形式被储存。

基因组 DNA 文库的构建一般包括下列基本步骤:① 提取细胞染色体 DNA,制备大片段 DNA;② 准备载体;③ 连接载体与大片段 DNA;④ 体外包装及基因组 DNA 文库扩增;⑥ 重组 DNA 的筛选和鉴定等。真核生物基因组 DNA 十分庞大且存在大量非编码序列,但在不同组织和细胞中通常只选择性表达基因总量的 15% 左右,每种组织中只含有约 15 000 种 mRNA,这意味着从 mRNA 出发获取目的基因,可大大减小目的基因筛选的难度。然而,mRNA 容易被耐热 RNA 酶降解,难以直接进行基因文库的构建,因此需要使用逆转录酶将 mRNA 转录为 cDNA,构建 cDNA 文库。构建 cDNA 文库的方法被称为 mRNA 差异显示法,包括以下步骤:① 提取和分离细胞总 mRNA;② 反转录,合成 cDNA 第一条链;③ 合成第二条 cDNA 链;④ 双链 cDNA 与载体连接;⑤ 导入受体细胞扩增。

(2) PCR 扩增

对于已知序列基因或者同源序列基因,均可用 PCR 技术获取目的基因。以 T - A 克隆为例,是目前广泛用于直接克隆 PCR 产物的方法,*Taq* DNA 聚合酶在扩增目的基因的同时,可不依赖模板在产物两端加上两个游离的"A",只要载体切口处人工加上游离的"T",PCR 产物即可与载体连接。

2. 基因重组

作为一个 DNA 片段,目的基因往往不是一个完整的复制子,难以直接进入受体细胞中实现高效的扩增和表达,因此必须借助载体进行运输和转移。将目的基因片段与载体连接的过程被称为**基因重组**(gene recombination)。不同来源、性质的外源片段采用的连接方式不同,常用方法有:粘末端连接法、平末端连接法、同聚物加尾法和人工接头法。

3. 重组 DNA 分子导入受体细胞

体外构建的重组 DNA 分子必须导入合适的受体细胞中才能进行扩增和表达。能否有效地导入受体细胞,取决于对受体细胞、克隆载体和基因转移方法的合理选择。目前,受体细胞多为大肠杆菌,酵母菌、植物细胞、动物细胞等也能作为受体。

4. 重组体的筛选和鉴定

在目的基因获取和基因重组的过程中,由于载体自连现象的存在,需要进行筛选和鉴定以获得具有目的基因的阳性重组体。目前,重组体的筛选鉴定方法包括遗传学法、PCR扩增法、DNA 测序法、电泳法等。在选择方法时,需要考虑载体类型、受体细胞特征和外源 DNA 特性等因素。例如,对于质粒载体,可以利用抗生素抗性基因进行筛选鉴定;对于病毒载体,可以利用病毒感染细胞并检测病毒产物来筛选鉴定。同时,还需要考虑筛选方法的灵敏度、特异性和可靠性等因素。

延伸阅读
- 基因文库的筛选和鉴定
- 基因重组的方法
- 重组 DNA 分子导入受体细胞的方法
- 重组体的筛选和鉴定方法

3.1.4 基因编辑技术

1985 年,哺乳动物细胞中存在同源重组现象被证实,奠定了基因敲除的理论基础。1987 年,Thompson 首次建立了完整的 ES 细胞基因敲除的小鼠模型。随后,基因敲除技术得到了进一步的发展和完善。然而,由于同源重组的效果依赖于胚胎干细胞且频率很低,因此基于同源重组的基因敲除技术的效率也很低。20 世纪初,更加便捷的基因打靶技术——基因编辑技术应运而生。

基因编辑技术利用核酸酶(nucleases)对靶标基因序列进行特异性识别,切断 DNA,产生位点特异性的双链断裂(DSB),并通过同源重组(HR)或非同源末端连接(NHEJ)的方式对基因组特定位点进行基因的插入、突变、敲除等操作。常用的限制酶通常在多个 DNA 位点进行识别和切割,特异性较差。为了克服这一问题并创建特定位点的DSB,人们对四种不同类型的核酸酶(表 3 - 3):巨型核酸酶(meganuclease)、锌指核酸酶(ZFN)、转录激活样效应因子核酸酶(TALEN)和成簇规律间隔短回文重复(CRISPR/Cas)系统进行了生物工程改造。巨型核酸酶受到 DNA 结合元件和切割元件的限制,每1 000 个核苷酸才能识别一个潜在的靶标,效率最低。目前主要使用其他三种酶进行基因编辑技术。

表 3 - 3 使用 ZFN、TALEN 和 CRISPR/Cas 对人及模式生物进行基因组修饰的案例

遗传修饰类型	修饰物种	修饰基因	使用的核酸酶
破坏基因功能	人	*CCR5*、*TCR*(T 细胞受体编码基因)	ZFN
	斑马鱼	*gol*(Golden)、*ntl*(No tail)、*kra*	ZFN
	牛	*ACAN12*、*p65*	TALEN
	人	*EMX*1、*PVALB*	CRISPR/Cas
	秀丽隐杆线虫	*ben* - 1、*rex* - 1、*sdc* - 2	ZFN/TALEN

续 表

遗传修饰类型	修饰物种	修饰基因	使用的核酸酶
破坏基因功能	小鼠	LCN2	CRISPR/Cas
	水稻	OsSWEET14	TALEN
插入基因	人	OCT4、PITX3	ZFN/TALEN
	小鼠	Rosa26	ZFN
	小鼠	KRAS、HSV1-tk	CRISPR/Cas
	斑马鱼	酪氨酸羟化酶(tyrosine hydroxylase) 编码基因 th、fam46c、smad5	TALEN
	玉米	IPK1	ZFN
基因修正	人	IL2RG	ZFN
	人	HBB	CRISPR/Cas
	烟草	乙酰乳酸合酶(acetolactate synthase) 编码基因 SuRA、SurRB	ZFN
	小鼠	Dmd、Tyr	CRISPR/Cas
	猪	RAG1、RAG2	CRISPR/Cas
	果蝇	yellow	ZFN

1. 锌指核酸酶技术

（1）锌指核酸酶概述

ZFN 是 1996 年美国约翰·霍普金斯大学的 Srinivasan Chandrasegaran 将锌指蛋白与 Fok I 限制性内切酶的 DNA 切割结构域连接在一起形成的酶。锌指蛋白是一种转录因子 TF III A，能辅助 RNA 聚合酶启动 DNA 转录，在 RNA 聚合酶 III 对编码 5S 核糖体RNA(5S RNA)的基因进行转录时特异性识别并结合在裸露的 5S RNA 基因序列上，辅助 RNA 聚合酶启动基因转录。TF III A 需要在 Zn^{2+} 的协助下才具有活性，且含有多个重复结构，每个重复结构约含 30 个氨基酸，其中 25 个氨基酸围绕在 Zn^{2+} 周围形成类似手指的立体结构，因此命名为锌指蛋白。

（2）锌指核酸酶结构

ZFN 包括锌指蛋白结构域与 Fok I 限制性核酸内切酶的 DNA 切割域两个部分。锌指蛋白结构域能识别并结合靶标 DNA；DNA 切割域具有核酸内切酶活性，可使 DNA 双链断裂。

一个锌指蛋白结构域通常由三个锌指蛋白串联而成，每一个锌指蛋白能够络合一个Zn^{2+} 并特异性识别连续 3 bp 的 DNA 碱基序列。ZFN 通常以二聚体形式存在，可特异性识别 18 bp 的 DNA 序列，从而实现 DNA 序列的精准识别和定位。增加锌指蛋白的数量可以提高 ZFN 特异性识别序列的长度，从而提高定位的准确性。每个锌指蛋白由三十个氨基酸残基构成，其中第 8 位和 13 位的半胱氨酸以及 26 位和 30 位的组氨酸与 Zn^{2+} 络合，折叠形成二级结构后通过疏水作用维持结构稳定。位于锌指蛋白 α 螺旋上的氨基酸残基侧链与 DNA 分子大沟中的 DNA 链相互作用(图 3-4),识别位于 DNA 同一条单链上 $3' \to 5'$ 方向的三个碱基。α螺旋中的氨基酸残基决定了锌指蛋白对 DNA 序列识别的特异性,通过改变氨基酸残基的组成可设计出能够识别不同 3 bp DNA 序列的锌指蛋白。

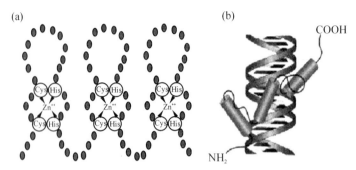

由 Cys-His 与锌离子形成的具有 3 个手指的锌指构型
a. 模式图　b. 与 DNA 结合,1 个手指与 DNA 大沟结合

图 3-4　锌指蛋白结构与 DNA 分子结构作用

Fok Ⅰ是一种ⅡS 型核酸内切酶,其 DNA 切割域和 DNA 结合域是相互独立的,切割位点与识别位点不同。其中,C 端为 DNA 切割域,具有内切酶的作用;N 端为 DNA 结合域,用来识别 DNA 序列。大部分 Fok Ⅰ切割域只有在处于二聚体状态时才具有 DNA 内切酶活性,因此通常需要设计两条 ZFN,分别结合在切割结构域两侧的 DNA 链上,并留出间隔区结构,使两条 ZFN 形成有活性的二聚体(图 3-5)。

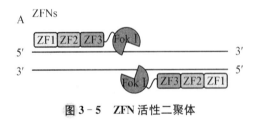

图 3-5　ZFN 活性二聚体

(3) 锌指核酸酶基因编辑功能

含有 ZFN 基因的质粒或 mRNA 进入细胞后表达,实现对特定基因序列的切割,进而激活细胞的 DNA 非同源末端连接或同源介导的双链 DNA 修复等程序。当没有外源 DNA 模板时,部分 DNA 双链断裂的修复以非同源末端连接方式进行。这种修复方式可能会造成碱基的增加或缺失,进而导致该位点基因发生突变。若突变发生在编码区则可能会导致基因功能的改变或丧失。当有大量外源靶位点基因引入细胞时,细胞会通过同源重组进行错误基因的修复,弥补非同源末端链接导致的突变问题。

(4) 锌指核酸酶技术优缺点

ZFN 技术优势明显,可应用于多种生物的基因编辑,但同时也存在一定缺陷。ZFN 脱靶率高,锌指蛋白的相互作用会影响对靶标核苷酸序列的识别与结合,造成脱靶效应;ZFN 会引起细胞毒性,其高水平表达会引起果蝇和斑马鱼等模式动物基因组发生突变,导致异常发育或畸形。

2. 转录激活因子效应物技术

转录激活因子效应物技术是继锌指核酸酶技术后发展的第二代基因编辑技术,该技术的核心是 TALEN。1992 年,德国细菌学家 UIla Bonas 将可以进入植物细胞核并精确定位 DNA 序列启动特定基因表达的黄单胞菌(*Xanthomonas*)AvrBs3 蛋白命名为 TALE 蛋白。TALE 蛋白具备完全的可编程性,通过删减、添加和自由组合 TALE 序列,可定位任意长度、任意序列的 DNA 序列。2011 年,研究人员证实利用 TALE 蛋白可精确定位人类基因组,并利用 TALE 蛋白成功调节了 *SOX2* 和 *KLF4* 基因的表达。将 TALE 蛋白与 Fok Ⅰ连接形成 TALEN 能够对基因组实施精确而高效的编辑,理论上可实现对任意物种的基因打靶。

3. CRISPR/Cas 系统

CRISPR(clustered regularly interspaced short palindromic repeats)**/Cas**(CRISPR-associated)技术是继 ZFN 和 TALEN 后产生的第三代基因编辑技术。CRISPR/Cas 系统是一种存在于原核生物中针对外源性遗传物质的免疫系统,该系统通过特异性 RNA 的介导,实现对外源 DNA 的切割与降解。通过人工改造可以高效、精准地进行基因编辑。

（1）CRISPR/Cas 系统结构

CRISPR 基因位点主要由前导区、多个高度重复序列和间隔序列串联组成(图 3 - 6)。CRISPR 位点的前导区长度通常在 300～500 bp,富含 A 和 T 碱基,同物种间前导区序列具有约 80% 的同源性,不同物种间的前导区序列一般无同源性。前导区可以作为启动子,但不编码蛋白质。前导区下游是重复序列,一般由 23～50 bp 碱基组成,平均长度约为 31 bp。重复序列中有部分回文序列,由此转录出的 RNA 可形成结构稳定的茎环,介导 CRISPR 与 Cas 蛋白结合形成复合物。间隔序列由 17～84 bp 碱基组成,平均长度约 36 bp。

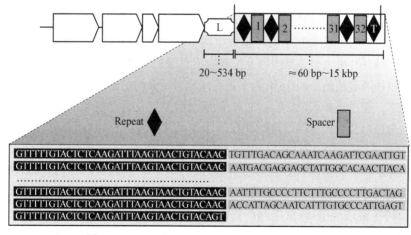

图 3 - 6　CRISPR/Cas 系统结构

（2）CRISPR/Cas 系统工作原理

CRISPR/Cas 系统是细菌和古细菌在长期进化过程中形成的一种获得性免疫系统，通过 RNA 介导，利用核酸酶切割清除外源核酸，能够针对噬菌体感染、质粒接合或转化造成的基因导入形成特异性防御机制。与人体的免疫系统相似，微生物体内的免疫需要经历适应（感染）→表达（防御/切割）→插入（记忆）三个过程，在这三个过程中会产生多种 Cas 蛋白。因 cas 基因多样性丰富，可编码合成多种蛋白质用于 DNA 编辑，对 CRISPR/Cas 系统基因编辑功能的实现具有重要作用。根据基因的保守程度可以将 cas 基因分为核心 cas 基因、亚型特异性 cas 基因和重复序列相关未知蛋白基因。目前，只有小部分 Cas 蛋白功能已知，仍有很多 Cas 蛋白的作用机制尚不明确。CRISPR/Cas 系统的具体工作原理可分为获得新间区、表达并加工 CRISPR 以及干扰入侵核酸。

延伸阅读

● TALEN 结构及基因编辑功能
● CRISPR/Cas 系统工作原理
● CRISPR/Cas 系统类型

3.1.5 基因工程中在环境中的应用

修复和治理环境污染是环境保护工作的关键步骤。基因工程技术可以通过构建基因工程菌控制污染，利用转基因植物进行植物修复降解污染物。此外，利用基因工程技术改造过的微生物、指示生物、生物芯片、生物传感器等可用于环境污染监测。

1. 基因工程在环境污染物修复中的应用

（1）污染物降解

基因工程技术可以构建具有特殊功能的"工程菌"或"工程细胞株"，以减少或消除生产过程中的污染物排放。通常基于从环境微生物中分离出的具有降解特定污染物能力的基因，通过重组降解菌、摄入相关基因以及抗环境不利因子基因等方法进行构建。有机污染物的降解需要多种降解菌的协同作用，为了提高细胞对污染物的降解能力，可以使用重组互补代谢途径技术。通过选择和设计合适的外源代谢途径、优化代谢网络的输送系统、删除或减少竞争代谢途径以及对代谢网络进行调控等步骤，细胞能够更高效地降解目标污染物。以多氯联苯（PCB）降解为例，*Burkholderia cepacia* LB400 和 *P. pseudoalcaligenes* KF707 是两种具有不同降解能力的菌株，通过重组这两株菌的 *bphA1* 基因可以得到双加氧酶重组体，其降解活性更高，并且能够降解其他菌株不能降解的苯和甲苯类单环芳香化合物。

在污染物降解过程中，改变中间产物的流向可以降低其对降解效率的影响。例如，在 TOD 途径中，二甲苯降解产生的中间产物 3,6-二甲基邻苯二酚不能被后续的加氧酶识别，导致二甲苯降解不完全；在 TOL 途径中，降解苯-甲苯-二甲苯混合物（BTX）的 *P. putida* mt-2 菌体缺少识别苯的加氧酶，导致苯无法被降解。通过将 TOD 和 TOL 途径整合起来，使得污染物的降解前段利用 TOD 途径，后段利用 TOL 途径，从而改变污染物的代谢流向并实现对 BTX 的完全降解。另外，通过将能编码降解蛋白的基因导入土壤微生物中,可以利用基因工程技术使它们共同发挥功能和作用,加速塑料等白色污染物的降解。

生物可利用性与生物降解效果密切相关,已证实微生物分泌的表面活性剂能提高污染物的生物可利用性,因此,构建污染物降解基因和高效表面活性剂编码基因共存的工程菌具有提高污染物降解速率的潜力。此外,通过利用质粒载体和基因工程技术,可以提高污染物降解菌的摄取效率。然而,仅依赖这些方法仍无法满足需求,为进一步提高降解性能,必须增强污染物降解菌的环境适应性。这可通过改变细菌细胞膜的脂肪酸空间构象、增加细胞内磷脂合成等方法实现。研究生物可利用性与生物修复效果的机理和现象对推动生物修复技术的发展至关重要。

(2)重金属污染治理

为了解决修复土壤重金属污染的困境,可以利用基因工程技术来提高植物的修复效果。如提高植物吸收和转化重金属限速酶的表达水平,或通过引入新基因来培育新植物品种。通过改变植物对重金属的吸收、转运、积累和耐受机制,提高植物对重金属的富集能力。为了培育用于土壤修复的转基因植物,首先需鉴定和提取具有相关功能的植物基因。然后,通过基因工程技术将这些基因拼接,并在受体细胞中实现复制、表达和稳定遗传。最后,转基因植物需在田间进行试验,以验证其稳定性、富集能力和抗病虫害能力等。

具有 Hg^{2+} 还原酶基因(*merA*)的细菌能够还原 Hg^{2+}、Au^{3+} 和 Ag^+。将 *merA* 基因引入拟南芥中使其对 Hg^{2+} 和 Au^{3+} 的抗性增强了三倍,同时提高了其对 Hg 的富集能力。超积累植物也是修复重金属的重要手段,但需要详细了解其超积累机理和基因调控机制(见表3-4)。以金属硫蛋白(MTs)为例,存在于植物的根、茎、叶、花、果实等组织中的 MTs 可显著增加植物对 Cd、Cu 等重金属的耐受性。MTs 参与植物微量元素的储存、运输、代谢、重金属解毒和拮抗电离辐射等多个生物活性,以达到消除自由基的目的,并可用于处理受重金属污染的海水。我国已成功构建了哺乳类 MTs 突变体 *beta-KKS-beta* 基因和金属硫蛋白双 alpha 结构域嵌合突变体基因,并利用 Ti 转化技术在小球藻、聚球藻、鱼腥藻等藻类中实现了遗传转化,获得了多株转基因藻类,能够有效吸收海洋水体中的有害金属离子。

表3-4　部分植物重金属吸收和耐受基因

基因	来源	宿主	效用
金属硫蛋白(人)、MTⅠA(人)、MTⅠ(小鼠)、MTⅡ(中国仓鼠)、PsMTA(豌豆)、CUPI(酵母)	人、小鼠、中国仓鼠、豌豆(*Pisum saticum*)、酵母	*Nicotiana tabacnm* *Brassica* sp. *Arabidopsis thaliana*	增强 Cd 耐受(最大 $20\times$)、金属吸收无大变化
汞离子还原酶、*MerApe9*、*MerA18*	*Shigella*	*Arabidopsis thaliana* *Liriodendron tulipifera*	增强 Hg 转化(最大 $10\times$)
Fe(Ⅲ)还原酶、*FRO2*、*FRE1*、*FRE2*、铁蛋白	*Arabidopsis thaliana*、*Saccharomyces cerevisiae*、*Glyeine max*	*Arabidopsis thaliana* *Nicoriana tatacnm* *Oryza satira*	缺损突变时 Fe(Ⅲ)还原酶活性恢复、提高 FE(Ⅲ)还原性、Fe 吸收增加、种子 Fe 吸收增加($3\times$)

2. 基因工程在环境监测中的应用

利用基因工程培育的指示生物可以非常灵敏地反映环境污染情况,常用于监测水体和土壤环境。荧光蛋白(FP)是环境监测中使用的发光蛋白家族之一,包括绿色荧光蛋白(GFP)和红色荧光蛋白(DsRed)等,这些蛋白可以从水螅虫纲和珊瑚类动物中提取,并具有独特的荧光特性。GFP 是由 Shimomura 等人于 1962 年首次从维多利亚水母中分离出来的。GFP 由 238 个氨基酸组成,分子量为 27 kD~30 kD。GFP 的色素基团由丝氨酸-酪氨酸-甘氨酸形成的环化三肽组成,只有在完整的 GFP 蛋白中才能发出荧光。这种蛋白可以在多种异源细胞和细菌中表达,被广泛用作原核细胞和真核细胞的报告基因。DsRed 是一种与 GFP 同源的红色荧光蛋白,于 1999 年被 Matz 等人从珊瑚虫中分离出来。DsRed 具有较长的激发波长和发射波长,可以产生高信噪比的荧光信号。自被发现后,DsRed 很快被应用于多个研究领域,包括微生物与植物的相互作用、病毒的监测以及蛋白质的相互作用研究等。

除了荧光蛋白,基因工程还可以培育具有特殊功能的指示植物,这些植物可以在污染环境中生长,通过观察其生长状况和生理指标来反映环境污染的情况。此外,基因工程还可以用于开发微生物传感器,利用经过基因工程改造的微生物作为敏感元件,快速准确地检测水体、土壤、大气或食品中的污染物。例如,使用来自脓肿分枝杆菌 ATCC19977 与头孢西丁耐药的相关基因 *MAB_2622C* 和 *MAB_1858* 的启动子驱动 *eGFP* 和 *lacZ* 报告基因,构建针对头孢西丁特异性响应的抗生素生物传感器,用于抗生素监测。这些微生物传感器具有高灵敏度、高特异性和快速响应等优点,为环境监测提供了重要的技术支持。

3.2 酶工程及环境应用

3.2.1 酶工程

1. 酶工程的发展历程

虽然酶的使用已有几千年历史,但真正认识酶是在 19 世纪中叶,Pasteur 等人在对酵母酒精发酵的大量研究中指出了酵母中存在着可以使葡萄糖转为酒精的物质。1878 年,Kunne 把这种物质定义为酶(enzyme),该词源于希腊文,语义是"在酵母中"。随着酶的推广应用,一种将酶学理论与化工技术结合的利用酶催化作用的新技术——酶工程逐渐诞生。20 世纪 70 年代始,固定化酶及相关技术的产生使酶成了工业生产中的利器,在化工医药、轻工食品、环境保护领域中发挥了重要作用。1971 年,第一届国际酶工程会议在美国召开,提出了酶工程的主要内容包括酶的生产、酶的分离纯化、酶的固定化、酶及酶的固定化反应器等。随着现代生物技术的发展,酶工程涉及的内容更加广泛。20 世纪 80 年代,基因工程赋予了酶工程领域新的应用,如提高酶的生产率、增强酶的稳定性、使酶在提取工艺和应用中更易操作等。90 年代蛋白质工程技术的飞速发展为酶的改性带来了新的发展。

2. 酶工程的研究内容

酶工程是以实际应用要求为目的,研究酶生产和应用的一门学科。主要研究内容有:自然酶的进一步开发和大规模应用,通过化学和遗传学修饰,进一步探求酶结构与功能的关系;大力改善工业、农业、医学和科研酶制剂的热稳定性、对氧稳定性、对重金属稳定性、对 pH 稳定性,提高催化效率,改变最适 pH 等;研究设计制造优质的超自然酶,研制模拟酶催化功能的催化剂,获得高活力、高稳定性及高应用潜力的酶。从解决问题的手段来看,可以将酶工程概括为化学和生物学两大类型,分别称为化学酶工程和生物酶工程。化学酶工程亦可称为初级酶工程,包括自然酶、化学修饰酶、固定化酶和人工酶的研究和应用,主要由酶学与化学工程技术相互渗透和结合形成,具体包括天然酶的开发应用、化学修饰酶、固定化酶等。生物酶工程又称高级酶工程,是酶学和以基因重组技术为主的现代分子生物学技术相结合的产物,其诞生充分体现了基因工程对酶学的巨大影响。生物酶工程的主要任务是通过预先设计,利用传统生物学或者分子生物技术,改造酶的化学性质与功能,进而利用酶的生物催化功能,借助工程手段将相应原料进行物质转化(合成有用物、分解有害物)并应用于社会。

3.2.2 酶催化特性

1. 酶在应用中催化特性

在 2.2.3 小节中详细介绍了酶催化特性,如催化条件温和、催化效率高、底物和反应高度专一性及催化活性可调节性等。这些特性使得酶工程在各行业应用中可以提高生产效率、改善产品品质、降低原料和能量的耗费等,从而改善劳动环境、降低成本,有助于制造出用其他方式难以获得的产品,促进新产业、新科技和新工艺的快速发展。

以酶的催化条件温和这一特性为例。工业上由氮气和氢气合成氨时要在 400℃~627℃ 的高温和数百个大气压的高压环境下才能进行,而固氮微生物可以利用固氮酶的催化反应在常温中性 pH 条件下进行反应。这种温和的催化条件使得体外应用酶反应时,对设备要求不高,成本较低,使得工业化生产更为便利。当然,筛选生物酶时,耐热性强和pH 耐受范围广的酶会更受关注,以便取得更大的工业化生产潜力。

2. 酶催化反应动力学

酶催化反应动力学,又称酶促反应动力学,是研究酶催化反应速率及影响反应速率的各种因素的科学。研究酶催化反应动力学对探明酶催化作用机制、优化反应过程、选择合适生产工艺及设计酶反应器等有着重要意义。通过测定酶催化过程中不同时间反应体系中产物的生成量,并以产物生成量对时间作图,可以得到反应进程曲线,这个曲线在不同时刻的斜率就是此时的反应速率。通过酶催化反应速率的测定探究影响反应速率的因素,包括底物浓度、酶浓度、温度、pH、激活剂和抑制剂等。研究酶促反应速率及测定酶活力时,应在相关酶的最适反应条件下进行。

(1)底物浓度

单底物不可逆的酶催化反应是最简单的酶催化反应类型,水解酶、异构酶及多数裂解酶均属于此类。对这类反应 S→P,根据酶-底物中间复合假说,将反应机制表示为:

$$E + S \underset{K_S}{\Longleftrightarrow} ES \xrightarrow{k} E + P \qquad\qquad (3-1)$$

式中:E 为游离酶;S 为底物;ES 为酶与底物复合物;P 为产物;K_S 为 ES 解离常数;k 为 ES 复合物分解的反应速率常数。

1913 年,Mechaelis 和 Menten 采用快速平衡法,基于前人工作基础,根据酶促反应的中间络合物学说,推导出了单底物酶促反应动力学方程——Mechaelis-Menten 方程,即著名的米氏方程:

$$v = \frac{v_{\max}[S]}{K_M + [S]} \qquad\qquad (3-2)$$

式中:$v_{\max}$ 为最大反应速率;$[S]$ 为底物浓度;K_M 为米氏常数。K_M 的物理意义:① 当 v 达到 $v_{\max}$ 一半时的底物浓度,单位是 mol/L;② 作为酶的特征常数,大小只与酶本身性质有关,与酶浓度无关;③ 可判断酶的专一性和天然底物,K_M 值最小的底物往往被认为是该酶的最适底物或天然底物;④ 可度量酶和底物的结合紧密程度,表示酶与底物结合的亲和力大小。

米氏方程只能反映较为简单的酶作用过程,对于更复杂的酶作用过程和生物体中的多酶体系无法进行全面的概括和解释。

(2)温度

温度对酶催化反应速率影响很大,任何酶都存在最适反应温度。最适温度不是酶的特征常数,不同酶的最适温度不同。从温血动物组织中提取的酶最适温度一般在 35℃～40℃;植物酶最适温度在 40℃～50℃;从细菌中分离出的某些酶最适温度可达 70℃(如 *Taq* DNA 聚合酶)。低于最适温度时,随着温度升高,反应速率加快;超过最适温度时,随着温度升高,酶蛋白将逐渐变性,反应速率下降。温度对于酶促反应产生影响的原因主要是两方面:一是温度对酶蛋白稳定性的影响,即酶发生热变性失活;二是温度对反应本身的影响,包括影响酶与底物的结合、酶与底物解离状态、酶与抑制剂、激活剂、辅酶的结合。

(3)pH

酶蛋白是由氨基酸残基通过肽键链接并折叠的大分子,既含有氨基又含有羧基,还包括巯基、酚羟基等侧链基团。这些基团在一定的酸碱环境中会结合或者解离氢离子,可解离基团的解离状态是维持酶空间结构和形成酶催化活性的必要条件之一。为了在催化过程中保持酶活性,酶必须在催化系统中以特定解离状态存在,即催化系统须具有与之相对应的 pH,强酸强碱的极端环境会导致蛋白质变性从而导致酶永久失活。能使得酶发挥最大活力的 pH 为最适 pH,大多数酶的最适 pH 为 5～8,极少数酶例外,如胃蛋白酶的最适 pH 为 1.5。

(4)激活剂

凡能提高酶活性的物质都被称为酶的激活剂或活化剂,在酶促反应体系中加入激活剂可提高反应速率。酶的激活剂按分子类型可分为:① 阳离子,如 Co^{2+}、Mg^{2+}、Mn^{2+} 等可显著增加 D-葡萄糖异构酶活性,Cu^{2+}、Mg^{2+}、Al^{3+} 等可对黑曲霉酸性蛋白酶产生协同激活作用;② 无机阴离子,如 Cl^-、Br^- 等;③ 有机小分子,如谷胱甘肽、半胱氨酸、维生素等。

3. 酶抑制作用

酶抑制作用是指酶的必须基团或者活性部位受到某种物质的影响而导致酶活力降低或丧失的现象，即阻遏反应速度的作用，分为可逆性抑制作用和不可逆性抑制作用。酶抑制作用中酶蛋白不发生变性。能起到酶抑制作用的物质称为酶抑制剂，包括外来添加物、反应物及底物本身。

 延伸阅读：酶抑制剂

（1）可逆性抑制作用

可逆性抑制指的是抑制剂与酶的必须基团以非共价键结合而引起酶活性降低或者丧失，用物理方法如超滤、透析等去除抑制剂可以恢复酶活力。根据作用机制，可逆性抑制又分为竞争性抑制、非竞争性抑制、反竞争性抑制。

① 竞争性抑制作用

竞争性抑制是指抑制剂的化学结构和底物相似，与底物竞争酶的活性中心位点并与酶结合形成可逆复合物，阻止底物与酶结合，从而降低酶反应速率。竞争性抑制剂指抑制剂(I)和底物(S)对游离酶(E)的结合有竞争作用，互相排斥（图 3-7）。已结合 S 的 ES 复合体不能再结合 I；已结合 I 的 EI 复合体也不能再结合 S，即不存在 IES 三联复合体。竞争性抑制对酶的抑制程度取决于 I 与 E 的相对亲和力和 S 的相对比例。如果 S 增加，可以降低甚至去除 I 的抑制作用。从酶的动力学参数来看（图 3-8），竞争性抑制中 v_{max} 不变，而 K_M 增大，即达到 $1/2v_{max}$ 时所需 S 浓度增加，即 E 与 S 亲和力降低。

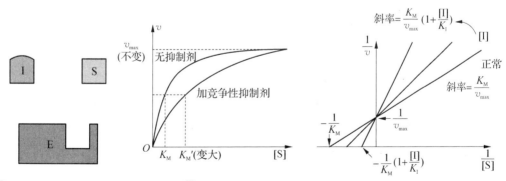

图 3-7　竞争性抑制示意　　　　**图 3-8　竞争性抑制作用的酶促反应、双倒数作图**

② 非竞争性抑制作用

非竞争性抑制是指抑制剂结合在酶活性中心以外的部位（图 3-9）。I 与 S 结构不相似，I 与 E 的结合和 S 与 E 的结合互不相关，既不排斥也不促进。S 与 E 结合后不影响 I 与 E 结合；同样，I 与 E 结合后也不影响 S 与 E 结合，但 IE 结合后催化功能基团性质会发生改变，形成的中间三元复合物 ESI 不能进一步分解为产物，酶活性降低。抑制程度取决于 I 浓度,增加 S 浓度不能去除抑制作用。从酶的动力学参数来看(图 3-10),非竞争性抑制中 v_{max} 降低,而 K_M 不变,即 E 与 S 亲和力不变,但是降解速率降低。

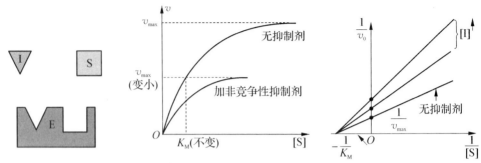

图 3-9　非竞争性抑制作用示意　　图 3-10　非竞争性抑制作用的酶促反应图、双倒数作图

③ 反竞争性抑制作用

反竞争性抑制指抑制剂不能与游离酶结合,只能在酶与底物结合形成复合物后,再与酶结合(图 3-11)。这类抑制作用在单反应底物中较少见,在多底物反应中较常见。从酶的动力学参数来看(图 3-12),反竞争性抑制中 v_{max} 变小,K_M 也变小,酶催化功能被削弱。

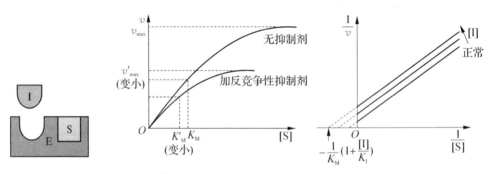

图 3-11　反竞争性抑制作用　　图 3-12　反竞争性抑制作用的酶促反应图、双倒数作图

(2) 不可逆性抑制作用

不可逆性抑制是指抑制剂与酶的必须基团以共价键形式结合而引起酶活性降低或丧失,不能用物理方法如超滤、渗析等方式去除抑制剂以恢复酶活性。不可逆抑制剂与酶活性中心及中心外某一类或者几类必须基团反应。

3.2.3　酶工程一般流程

酶工程一般流程包括酶生产、酶分离纯化、酶分子修饰和酶固定化等环节。

1. 酶生产

酶生产是指经过预先设计,通过人工控制获得所需酶的过程。概括地说,酶的生产方法包括提取法、发酵法(生物合成法)和化学合成法三种。

(1) 提取法:这是最早采用且一直沿用至今的方法,采用各种技术,直接从动植物或微生物的细胞或组织中将酶提取出来。提取法虽简单易行,但必须要有充足的原材料,限制了其应用推广,只在动植物或微生物资源丰富的地区仍具有应用价值。例如,在屠宰厂可从家畜胰脏中提取胰酶;在水果加工厂可从菠萝皮中提取菠萝蛋白酶等。酶源的开创与发现对提取法的发展十分重要。

(2)发酵法:是20世纪50年代以来生产酶的主要方法,主要通过微生物发酵获取所需酶,一般包括固体发酵、液体深层发酵、固定化细胞发酵和原生质体发酵等多种方式。常用的产酶微生物有大肠杆菌、枯草杆菌、啤酒酵母、曲霉、根霉等。微生物作为酶源的优势:① 种类繁多,几乎所有动植物体内含有的酶均可在微生物中找到;② 培养原料成本低,如米糠、麸皮等工业副产物;③ 生产周期较短,几小时至几十小时,大大提高生产效率;④ 优化途径较多,如诱变、基因重组等技术都可用于提高酶产量。通常采用基因工程的方法改造和获得目标细胞,最终通过发酵或细胞培养获得生物酶。

(3)化学合成法:是20世纪60年代末出现的一种生产酶的新技术。1969年,美国科学家首次采用化学合成法获得了含有124个氨基酸的核糖核酸酶。此后,研究者们通过化学合成法发现了人工胰岛素。化学合成法成本较高,且只能合成已知化学结构的酶,其发展和应用还需进一步探索。

2. 酶分离纯化

酶分离纯化旨在分离提纯以获得高度纯净的酶制剂,包括抽提、纯化和制剂三个环节。酶的本质是蛋白质,因此任何适用于蛋白质分离纯化的方法都同样适用于酶。由于酶易失活,因此分离纯化时需注意温度、pH、盐浓度、搅拌条件等对酶活性的影响。

由于酶及其来源的多样性以及与之共存的高分子物质的复杂性,很难找到一种通用的方法分离纯化所有酶。为了达到高度纯化的目的,通常需要同时使用多种方法,并跟踪检测酶活性以确定最佳流程。一般的分离纯化步骤包括细胞破碎预处理、溶剂抽提、分离、浓缩、结晶和干燥等。

(1)细胞破碎:自然条件下大多数酶都是胞内酶,分离纯化前需根据具体情况选择合适方法破碎细胞。动植物细胞常用高速组织捣碎机和组织匀浆器破碎,微生物细胞则多采用机械破碎法、酶法、化学试剂法、物理破碎法等。

(2)溶剂抽提:从微生物发酵液或动植物原料中抽提酶的方法主要有稀酸、稀碱、稀盐及有机溶剂抽提等。需要根据酶的溶解性和稳定性选用适合溶剂和抽提条件,同时注意溶剂种类、溶剂量、溶剂 pH 等的选择。

(3)分离:按照酶分子大小和形状划分的分离方法包括离心分离、沉淀、凝胶过滤、透析和超滤等;按照酶分子电荷性质划分的分离方法包括色谱分离、电泳技术等。

(4)浓缩:发酵液或酶抽提液中酶浓度较低,需经过进一步浓缩纯化,以便保存、运输和应用。大多数方法,如吸附、沉淀、凝胶过滤等均已包含酶浓缩操作。工业上除超滤法外,常用真空薄膜浓缩法以保证酶在浓缩过程中基本不失活。

(5)结晶:为了使酶从酶液中析出以获得高纯度酶,首先需要将酶液浓缩至一定程度,然后缓慢改变结晶液中酶蛋白的溶解度,使酶处于过饱和状态,从而沉淀析出。目前常用结晶方法包括盐析结晶法、有机溶剂结晶法和等电点结晶法等。

(6)干燥:酶溶液或含水量高的酶制剂在低温下也极不稳定,只能短期保存。为了便于长时间运输、保存,防止酶变性,通常需将酶干燥,降低含水量。常见的干燥方法有真空干燥、冷冻干燥和喷雾干燥等。

3. 酶分子修饰

酶分子修饰通过某些手段使酶的分子结构发生改变,从而改变酶的某些特性和功能,以显著提高酶的使用范围和应用价值。修饰的主要目的包括显著提高酶活力、增加酶的稳定性(热稳定性、酸碱稳定性、有机溶剂抗性、蛋白水解酶抗性)、消除或降低酶的抗原性、改变最适温度或 pH、延长半衰期、提高组织选择性、改变催化反应类型及提高反应速率等。以化学修饰为例,在温和可控的条件下,通过化学手段可以将某些化学物质或基团结合到酶分子上,使得酶分子上的某种氨基酸残基或功能基团发生共价化学改变,从而改变酶分子的结构和功能。化学修饰的方法包括金属离子置换修饰、有机大分子结合修饰、侧链基团修饰、交联修饰、辅因子改变或转移、肽链的有限水解修饰、氨基酸置换修饰等。

(1)金属离子置换修饰

通过改变酶分子中含有的金属离子,使酶的特性和功能发生改变,主要针对有金属离子且金属离子为酶活性中心重要组成部分的酶,如谷氨酸脱氢酶中含有 Zn^{2+}。不同金属离子可以使酶呈现不同特性,如用 Ca^{2+} 置换锌型蛋白酶中的 Zn^{2+} 可提高 20%～30% 的酶活力。

(2)有机大分子结合修饰

通过与有机大分子结合,使酶的空间结构发生改变,从而改变酶的特性和功能,增加酶的稳定性。例如 α-淀粉酶在 65℃时半衰期为 2.5 min,与葡聚糖结合后半衰期延长至 63 min。修饰常用的大分子有右旋糖酐、聚乙二醇、肝素、蔗糖聚合物、蛋白质等。修饰方法包括溴化氰法、戊二醛法、叠氮法等。

(3)侧链基团修饰

通过选择性试剂或亲和标记试剂与酶分子侧链上特定功能基团发生化学反应进行修饰,有助于稳定酶分子有利的催化活性构象、提高抗变性能力。只有含极性氨基酸残基的侧链基团才可使用这种方法,如氨基、羧基、羟基、巯基、咪唑基、吲哚基、甲硫基等,这些基团通常组成各种次级基,对蛋白质的空间结构形成和稳定起着重要作用。修饰反应主要有酰化反应、烷基化反应、氧化还原反应、芳香取代反应等。例如,通过脱氨基作用消除酶分子表面氨基酸电荷改善酶稳定性;通过碳化二亚胺反应改变侧链基性质;通过酰化反应拟改变侧链羟基性质。

延伸阅读　● 酶分离纯化的注意事项
　　　　　● 酶分离技术
　　　　　● 酶分子化学修饰注意事项

4. 酶固定化

酶的高级结构对环境十分敏感,除了易变性失活外,酶在反应体系中常与底物或产物混合,难以回收利用,导致生产成本过高且难以连续生产。**固定化酶技术**由此产生,通过物理或化学方法将酶固定在水不溶性载体中,使酶在保留催化活力的前提下被局限于某个区域内,保持酶的高度专一和高催化效率的同时使其在反应体系中易与底物产物分开,提高了产率收率,简化了提纯工艺,固定化酶还可反复使用,降低了生产成本。此外,固定化酶具有一定机械强度且稳定性好,在应用中可做成各种形状置于反应器中,便于生产过程连续化、自动化。近年来,酶固定化已成为酶工程技术中最为活跃的研究领域之一。

(1)酶固定化方法

传统酶固定化技术包括离子吸附法、物理吸附法、共价结合法、包埋法和交联法等,制备方法及其特点见表3-5。物理吸附法制备简单、成本低,但结合力弱,在受到离子强度、pH等变化影响后,酶易从载体上游离下来;共价结合、包埋、交联三种方法的结合力强,但不能再生和回收。目前几乎没有一种酶固定化方法适用于所有酶,需要根据具体的应用目的和酶的自身性质选择合适固定化方法。

表3-5 几种酶固定化方法的制备和特点比较

固定化方法	吸附法		共价结合法	包埋法	交联法
	物理吸附法	离子吸附法			
制备难易	易	易	难	较难	较难
结合程度	弱	中等	强	强	强
酶活力回收率	高,但酶易流失	高	低	高	中等
是否再生	可能	可能	不可能	不可能	不可能
费用	低	低	高	低	中等
对底物专一性	不变	不变	可变	不变	可变
适用性	酶源多	广泛	较广	小分子底物,医用酶	较广

① 吸附法

根据酶和载体间的作用力不同,吸附法可分为非特异性物理吸附、静电吸附、特异性生物吸附。非特异性物理吸附通过范德华力、氢键等非特异性结合力吸附;静电吸附通过静电相互作用结合;特异性生物吸附泛指载体和酶分子间通过配位基团间的识别结合。以非特异性物理吸附为例,利用活性炭、氧化铝、硅藻土、多孔陶瓷、多孔硅胶、羟基磷灰石等固体吸附剂,通过较弱结合力可将酶或含酶菌体吸附至载体表面使其固定化,操作简便、条件温和、固定化后不易失活、载体廉价易得,是较早应用的酶固定化方法之一。但由于物理吸附力较弱,酶和载体间结合不牢固,使用过程中酶易脱落,实用价值较低。

② 共价结合法

这是一种通过共价化学键将酶分子表面的氨基酸残基和载体表面的活性基团结合的一种不可逆的固定化方法,是目前研究最多的方法之一。该方法的原理是选择性地利用酶分子表面远离活性位点的特定基团(如巯基)进行反应,将其与载体上的基团形成共价交联以固定酶蛋白,使得活性中心朝向溶液方向,达到控制酶空间取向的目的。酶分子中可以形成共价键的基团有氨基、羧基、巯基、羟基、酚基和咪唑基等。所用载体包括纤维素、琼脂糖凝胶、葡聚糖凝胶、甲壳质、氨基酸共聚物、甲基丙烯醇共聚物等。与吸附法相比,共价结合的酶与载体结合牢固,一般不会因底物浓度过高或存在含盐类等原因而轻易脱落,但共价结合的反应条件较为苛刻且激烈,易使酶的高级空间结构发生改变而导致酶失活。

③ 包埋法

这是将酶包埋在高聚物凝胶网格或高分子半透膜内的方法,前者又称凝胶包埋法,后者又称微囊法。包埋的结构可以防止酶渗出,但允许底物渗入与酶接触。包埋法一般不需与酶蛋白的氨基酸残基发生结合反应,且酶的高级结构改变较少,酶的活性回收率较高。但是,只有小分子底物和产物可以通过包埋结构扩散,不适于底物和产物是大分子的酶。近来研究较多且应用较广的两种方法分别是卡拉凝胶聚糖包埋法和海藻酸钙凝胶包埋法,较原始包埋法操作简单、条件温和、可供多种酶固定化。

④ 交联法

与共价结合法类似,交联法也依托于化学结合使酶固定化。与共价结合法不同的是,交联法在酶分子和多功能试剂间形成共价键得到交联网状结构,不使用载体。这种交联除了在酶分子和多功能试剂间外,还会存在一定程度的酶分子内交联。最常用的交联剂是戊二醛,因为它的两个醛基均可与蛋白酶的游离氨基反应。交联法反应条件较激烈,固定化酶回收率较低,一般不单独使用,而与吸附法或包埋法联合使用,进行双重固定化,提高酶活性和机械强度。例如,用硅胶等吸附酶后再进行交联,或先将酶用凝胶包埋后再用戊二醛交联等。

(2) 固定化酶性质

酶被固定化后,受载体特定微环境及载体对酶和底物作用的影响,酶的性质会发生改变。

① 活性

固定化后酶活性会下降,且大分子底物受到立体障碍的影响会比小分子底物更大。固定化酶活力变低的主要原因:酶构象改变导致酶与底物结合能力或催化底物转化能力改变;载体的存在使得酶活性部位或调节部位存在某种空间障碍,影响酶与底物或其他响应物作用;底物和酶作用受其扩散速率限制等。

② 稳定性

固定化后酶分子结构被约束,对外部环境敏感性降低,稳定性将得到不同幅度增强,如热稳定性、对有机溶剂及酶抑制剂稳定性等。固定化酶稳定性提高的主要原因:酶分子与载体的多点连接,酶分子伸展变形被阻止,酶活力的缓慢释放,酶的自降解被抑制等。

③ 催化特性

酶催化特性会因酶的存在状态而有所不同。例如,由于微环境表面电荷的影响,固定化酶的催化底物 pH 活性曲线和最适 pH 会发生变化;酶固定化后失活速率下降,最适温度会随之提高;基于载体与底物电荷性质的异同性,酶的米氏常数会发生变化,固定于中性载体的酶的米氏常数往往比游离酶大,而结合于带有相反电荷载体的酶的米氏常数会减小。

3.2.4　酶工程在环境中应用

作为天然催化剂,酶可通过多种方式帮助维持清洁环境。通过酶工程可提供更清洁的催化剂替代品,相比化学工业过程更加环境友好,用于不同介质的污染物处理效率更高;同时,酶工程还可作为分析工具辅助环境中的污染物监测。

1. 酶在废水处理中的应用

(1) 含芳香族化合物废水处理

芳香族化合物是优先控制污染物,在石油炼制厂、树脂和塑料厂、染料厂等众多工业企业废水中均含有此类物质。目前,在处理含芳香族化合物废水时应用较多的酶是过氧化物酶和聚酚氧化酶等氧化还原酶。

① 过氧化物酶:包括辣根过氧化物酶和木质素过氧化物酶等,催化反应需要过氧化物(如 H_2O_2)参与。辣根过氧化物酶具有比活性高、稳定性强、酶源丰富、价格低廉、纯酶易制备等优点,能在 H_2O_2 存在的条件下进行氧化转化偶联的催化循环反应,有效催化氧化多种有毒的芳香族化合物,形成不溶于水的聚合产物,便于用沉淀或过滤的方法去除。固定化的辣根过氧化物酶可多次使用且持续保持稳定催化去除效果。木质素过氧化物酶不仅可以解聚木质素,还可以处理很多难降解的芳香族化合物,催化作用机理与辣根过氧化物酶十分相似。

② 聚酚氧化酶:包括酪氨酸酶和漆酶,催化反应需要氧分子参与,但不需要辅酶。酪氨酸酶也叫酚酶或儿茶酚氧化酶,能催化单分子酚与氧分子氧化还原形成邻苯二酚,进一步催化邻苯二酚脱氢形成苯醌,不稳定的苯醌可通过聚合反应形成不溶于水的产物,便于过滤去除。作为处理酚类化合物的主要工业用酶之一,酪氨酸酶的固定化方法包括流化床固定化反应器、海藻酸铝包埋、磁铁固定化等。漆酶是一种单电子氧化还原酶,反应本质是利用与化合物氧化还原的电势,目前已知的反应底物约有 250 个,包括酚及衍生物、芳胺及衍生物、羧酸及衍生物,甚至某些甾体激素和生物色素等。壳聚糖、纤维素、海藻酸盐等天然及复合材料均可作为漆酶的固定载体,可显著提高漆酶在催化反应中的稳定性和寿命。

(2) 造纸废水处理

造纸废水水量大、色度高、悬浮物含量高、有机物浓度高、组分复杂,目前常用氯气或二氧化氯进行漂白,但漂白操作会产生黑褐色废水,其中含有对环境有毒有害和致突变的氯化物。利用辣根过氧化物酶、木质素过氧化物酶和锰过氧化物酶对造纸废水进行脱色,可降解木质素和几种非酚类化合物,减少额外污染的产生。在漆酶存在下进行曝气处理也可有效去除造纸废水中的溶解性木质素及氯酚类化合物,大大提高造纸废水的可生化性。其他一些水解酶,如纤维素分解酶、脂肪酶、淀粉酶等,可破坏酯、碳卤化物和肽键,主要用于造纸制浆和脱墨操作中的污染处理。

(3) 纺织废水处理

纺织工业产生的大量废水包含染色过程中的不同类型染料,许多染料及中间代谢物均为致突变、致畸或致癌物,对生态系统存在很严重的健康威胁。利用过氧化物酶、漆酶、偶氮还原酶等可安全有效地去除有毒染料、酚类化学物等有毒污染物。例如,采用戊二醛和壳聚糖交联固定的锰过氧化物酶对染料的最大去除率达到 97.31%,同时 COD、TOC 也分别降低 80% 左右,处理后出水的细胞毒性显著降低。但现有固定化方法对催化位点的保护效果较差,固定化酶的耐久性较弱,投入大规模商业应用还需进一步探索酶辅助脱色的可能性。

(4) 含氰(腈)废水处理

氰化物指含腈基的无机化合物,腈化物指含腈基的有机化合物,氰(腈)化物的毒性主要体现在解离出的 CN⁻ 会引起以中枢神经系统和心血管系统为主的多系统中毒症状,对人类和其他生物有致命危害。氰(腈)化物降解酶包括氰(腈)化物水解酶、氰(腈)化物水合酶、酰胺酶等,这些酶的活性既不受废水中常见阳离子影响,也不受如醋酸、甲酰胺、乙腈等有机物影响。含有不同氰(腈)化物降解酶的微生物可以利用氰(腈)化物为底物进行生长和代谢,研究表明,这些微生物种群的降解能力比传统活性污泥工艺更具有优势。然而,由于氰(腈)化物存在于 pH > 11 的碱性条件下,生物酶活性受到一定抑制,目前许多酶工程的主要目标集中于提高这些酶的催化活性和对高 pH 的耐受性。

(5) 食品加工废水处理

食品加工废水是高附加值的工业生产废水,含有大量易于分解或有其他经济价值的物质。水解酶可应用于这类废水处理,主要是蛋白酶和淀粉酶。蛋白酶在鱼、肉加工废水处理中应用广泛,水中固体蛋白吸收蛋白酶后在酶促反应下解开多肽链,接着更紧密的内核逐渐被水溶解,得到可回收的溶液或有营养价值的饲料。淀粉酶是一类多糖水解酶,用于含淀粉废水处理,可使有机物转化为葡萄糖。如奶酪乳浆或土豆废水的大量淀粉先在 α-淀粉酶作用下转变为小分子化合物,再由葡萄糖酶将其转变成葡萄糖,进而用于其他产品生产。

(6) 新兴污染物废水处理

随着废水中新兴污染物的频繁检出,对新兴污染物的控制已成为水污染治理的一大热点和难点。使用酶工程技术开展废水中新兴污染物的低能耗处理已发展成为一种具有成本效益潜力的方法,如水解酶、漆酶、过氧化物酶等,在降解新兴污染物中起着重要作用。有研究表明,漆酶和过氧化物酶对新兴污染物的降解效率明显,具体降解率随酶固定化载体、pH 和污染物初始浓度而不同。同时,酶固定化技术也逐渐投入研究应用。如利用具有分级孔隙度的阳离子大环基共价有机框架固定辣根过氧化物酶可高效降解磺胺甲恶唑、水杨酸、对乙酰氨基酚等新兴污染物;利用海藻酸盐固定化的漆酶在双酚 A 降解中表现出更好的热稳定性和可重复使用性。

2. 酶在土壤污染中的应用

(1) 酚类、烃类等有机污染修复

自然条件下土壤生物修复通常利用微生物和植物,修复较缓慢。应用酶工程从细胞中分离酶或筛选高酶表达量的微生物可加速土壤污染修复。以常用的辣根过氧化物酶和漆酶为例,它们的底物特异性低,可以氧化多种化学污染物,在土壤污染修复方面的应用潜力已得到重视。辣根过氧化物酶可通过邻位和间位途径将氯苯酚和苯酚降解为丙酮酸和醛;具有较高漆酶活性的土壤真菌在适当条件下培养后可用于多环芳烃污染的土壤修复,降解土壤中的苯并[a]芘等高环高毒性多环芳烃。

胞外酶用于土壤修复时存在一定局限性,包括污染物的局限和酶本身的局限。在实际受污染的环境中,污染物通常以多种复合形式存在,影响酶的转化效率。如 Bollag 等研究发现,漆酶降解 2,4-二氯酚时,如有其他氯酚共存,不同氯酚会对降解效率产生不同影响。此外,污染物聚合过程中会吸附或包裹部分酶,从而阻止酶与污染物进一步相互作用,导致酶活性丧失。同时,酶在土壤中以复合物形式存在,矿物质和有机颗粒物会限制酶的运动,影响酶的活性。通过基因工程等现代分子生物学方法,对微生物和酶进行改造,促进酶在土壤修复中的应用还有待研究。

（2）聚对苯二甲酸二醇酯等塑料污染修复

塑料自 20 世纪首次合成以来给人类生活带来了极大的便利,然而,稳定的高分子结构导致了塑料废弃物的持续堆积,对生态环境和人类健康造成了严重威胁。聚对苯二甲酸二醇酯（poly ethylene terephthalate, PET）是产量最高的塑料,传统 PET 废弃物处理手段如填埋、焚烧等成本较高,近些年来 PET 水解酶的相关研究进展展现出了生物酶对塑料降解、回收的巨大潜力。

PET 降解酶主要来自羧酸酯酶、脂肪酶和角质酶等水解酶,其中最具有代表性的 PET 水解酶——Is-PETase 降解酶可来源于细菌、真菌以及宏基因组。大多数 PET 水解酶的野生型仅对经过粉碎且结晶度低的 PET 具有较高的降解活性,热稳定性较差,在中温环境中会很快失去活性。因此,亟需针对 PET 水解酶的降解活性、热稳定性进行分子改造。基于蛋白质结构分析,可通过氨基酸替换、稳定活性位点、为底物结合创造空间、提供疏水亲和力等实现活性位点优化,或引入二硫键、分子内盐桥等稳定蛋白折叠结构,从而提高 PET 水解酶性能。然而,对于产业化应用来说,PET 酶法降解仍存在诸多限制,挖掘新型高效、热稳定性高的 PET 水解酶对高效回收 PET 废料具有重大意义。

（3）重金属污染修复

脲酶是一类含镍的寡聚酶,广泛存在于微生物、植物及植物种子中,尤其在洋刀豆中含量丰富,常被用于土壤重金属污染修复,来源广泛且易于实现工业化。自然环境中的野生型巴氏芽孢八叠球菌（*sporosarcina pasteu-rii* sp.）是一种高效表达脲酶的菌株,除此之外,通过基因工程技术也可得到脲酶工程菌。在微生物诱导碳酸盐沉淀技术中,脲酶可催化尿素水解得到碳酸根离子,迅速提高微生物细胞微环境的 pH 与碳酸根浓度,形成诱导碳酸钙沉淀所需的碱性环境,同时利于碳酸根与重金属离子（如 Cu^{2+}、Ni^{2+}、Cd^{2+}）生成金属盐沉淀,将溶解态的金属离子以碳酸盐沉淀形式固定,从而达到重金属污染治理的效果。与传统的化学沉淀法相比,利用脲酶沉淀重金属无须添加大剂量沉淀剂,脲酶的可降解性也避免了对环境的长期影响,更加绿色环保。

3. 酶在环境监测中的应用

目前,酶在环境监测方面的应用十分广泛,在农药、重金属、微生物等污染监测方面已取得了许多重要成果。胆碱酯酶可以催化胆碱酯水解生成胆碱和脂肪酸,有机磷农药是胆碱酯酶的一种抑制剂,可以通过检测胆碱和脂肪酸的生成量表征胆碱酯酶的活性变化,从而判断有机磷农药的污染情况,目前利用固定化胆碱酯酶检测空气或水中微量的有机磷含量的灵敏度可达 0.1 mg/L。酪氨酸酶、漆酶、辣根过氧化物酶已广泛用于酚类测定，且随着纳米载体(如碳纳米管、炭黑、纳米纤维、磁性纳米粒子、木质素纳米颗粒、氧化锌纳米粒子等)固定化技术的开发，相关酶的生物传感器监测已逐步投入使用。

由于酶的高灵敏度、快速反应性和易用性，基于酶的生物传感器监测越来越受到重视。近年来，合成生物学技术通过基因编辑手段和工程化思维对生物体进行改造创新，产生的合成生物酶在环境监测领域有所应用。将传统生物传感器、农残诱导操纵子等响应部件和输出不同信号的报告系统进行多样化组合，拓宽了生物监测的应用范围。例如，采用合成生物学技术使大肠杆菌、酵母菌等菌体成功表达有机磷水解酶，并与表面展示系统连用，使降解酶表达在菌体表面，快速催化有机磷生成质子，进一步检测菌体周围 pH 即可建立有机磷浓度和 pH 间定量关系，实现便捷、快速、直接检测有机磷的目的。

 延伸阅读：纳米酶

3.3 细胞工程及环境应用

3.3.1 细胞工程

1. 细胞工程定义

细胞工程(cell engineering)是指以细胞为研究对象，应用现代细胞生物学、发育生物学、遗传学和分子生物学的理论与方法，在细胞水平或细胞器水平上，按照人们的意愿改变细胞内的遗传物质，从而获得新型生物、特种细胞产品或其他产物的一门综合性科学技术。广义的细胞工程包括所有的生物组织、器官及细胞离体操作和培养技术，狭义的细胞工程则是指细胞融合和细胞培养技术。

2. 细胞工程发展简史

细胞工程是一门涉及生物学、化学、工程学等多学科交叉的科学，其发展历史可以追溯到 19 世纪。自 1839 年 Schwann 和 Schleiden 建立细胞学说后，细胞学研究有了飞速进展。Hertwig 和 Strasburger 分别于 1876 年和 1884 年在动物和植物细胞中观察到了受精和精卵细胞融合现象，Strasburger 和 Fleming 分别于 1880 年和 1882 年在植物和动物细胞中发现了有丝分裂，这一时期的细胞学研究为细胞与组织培养技术的创立奠定了重要实验基础。随后，Haberlandt 于 1902 年提出了细胞全能性学说，开展了植物细胞和组织培养实验。Harrison 于 1907 年从蝌蚪脊索里分离出神经组织，并尝试在青蛙的凝固淋巴液中培养，开创了动物组织培养的先河。尽管细胞培养在细胞工程中起着重要作用，为其发展奠定了基础，但真正的细胞工程是从细胞融合开始。早在 20 世纪上半叶，人们就在多种生物中发现了多核现象,并猜测多核细胞是由单个细胞相互融合形成的。随后,Okata 在 1962 年发现仙台病毒可诱发艾氏腹水瘤细胞融合形成多核细胞体,为动物细胞融合技术的创立提出了可能。进入 20 世纪 70 年代,随着细胞生物学、发育生物学、分子生物学、遗传学等学科的发展和深入研究,细胞工程进入了快速发展阶段,植物和微生物的原生质体融合技术在动物细胞融合技术的基础上逐渐发展起来。1974 年,加籍华裔科学家高国楠发现聚乙二醇可以促进植物原生质体融合,初步建立了植物细胞融合技术。1981 年,Zimmerman 利用可变电场诱导原生质体融合,建立了细胞融合的物理方法,进一步完善了细胞融合技术。至今,人们已进行了大量的动植物和微生物细胞融合实验,包括种内、种间、属间、科间甚至动植物间的细胞融合,培育出了许多新品种,展现出了令人鼓舞的前景。近年来,组织工程、染色体工程、转基因工程、细胞/原生质体融合和固定化细胞技术取得了巨大突破,使细胞工程成了现代生物技术的前沿和热点领域之一。总的来说,作为一个年轻而富有活力的学科,细胞工程的发展经历了从基础研究到应用研究、从单细胞到多细胞组织的不断拓展,不断涌现出新的技术和应用领域,为环境保护、农业生产等领域带来了巨大的发展机遇,为人类社会的进步和发展做出了重要贡献。

3. 细胞工程主要研究内容

细胞工程是一门综合性学科,涉及利用工程原理和技术来改造和控制细胞的行为和功能,以实现研究、治疗或生产为目的,涉及领域相当广泛。根据研究对象可将细胞工程分为微生物细胞工程、植物细胞工程和动物细胞工程三大类。从研究水平划分,细胞工程可分为组织水平、细胞水平、细胞器水平和基因水平等几个不同研究层次。细胞工程在环境领域的具体研究内容包括:采用自然或人工方法使两个或多个不同细胞(或原生质体)融合为一个细胞以创造新物种或者品系;利用细胞与组织培养技术获得各种优良品种产品;利用植物细胞培养技术结合转基因技术培养用于重金属和有机物污染修复的抗性植物;利用细胞/原生质体融合技术进行废水处理和土壤修复;利用固定化细胞技术进行环境治理,减少环境污染等。

3.3.2 细胞工程基本流程

细胞工程的目的是获得新性状、新个体、新物种或新产品以适应和满足人类的需求。开展一项细胞工程的基本流程一般包括以下步骤:(1) 问题定义和实验设计,明确研究目标或应用需求,设计实验方案,确定所需细胞类型和处理方法;(2) 细胞选择和培养,选择合适细胞来源并进行细胞培养,提供适当培养条件和营养物质,确保细胞生长增殖;(3) 细胞处理和改造,根据细胞工程的实施目的不同,选择不同技术手段;(4) 细胞分析和评估,对经过处理或多种细胞工程技术改造后的细胞分析和评估其功能和特性,包括形态学观察、基因表达分析等;(5) 应用和验证,将经过处理或多种细胞工程技术改造后的细胞或组织应用于具体研究或应用领域,进行实验验证,评估效果和安全性。

3.3.3 细胞工程主要技术

在细胞工程的整个流程中,需要用到多种细胞工程技术,如细胞与组织培养技术、细胞/原生质体融合技术和固定化细胞技术等。这些技术之间相互关联、相互支撑,共同推动着细胞工程实现。其中原生质体融合技术和固定化细胞技术已广泛应用于环境领域中,将在下文予以重点介绍。

1. 原生质体融合技术

原生质体融合(protoplast fusion)又称细胞融合(cell fusion),是一种 20 世纪 60 年代发展起来的基因重组技术。1953 年,Weibull 等人使用溶菌酶处理巨大芽孢杆菌细胞,获得了原生质体并首次提出了原生质体的概念。原生质体是指去除了细胞壁的植物和大多数微生物细胞部分。**原生质体融合**即通过酶解方法去除亲本细胞壁,使细胞在高渗环境中释放出只有原生质膜包裹的球状体(原生质体),然后将两个亲本原生质体在高渗环境下混合,并利用物理、化学或生物方法使其融合,达到染色体交换或重组的目的。融合后的原生质体可在再生培养基上再生细胞壁,并从中筛选出所需融合子。与其他技术相比,原生质体融合技术具有以下优点:① 能高效率进行重组,融合频率较高;② 受结合型限制较小,传递遗传物质完整无缺;③ 无须完全了解作用机制即可进行;④ 可提高菌株的降解能力和抗性,改良菌种的遗传特性。原生质体融合的基本过程如图 3 - 13 所示。以微生物的原生质体融合为例,主要包括以下几个步骤:亲本及其遗传标记选择、原生质体制备和再生、原生质体诱导融合、遗传标记选择与融合子检出、融合子鉴定等。

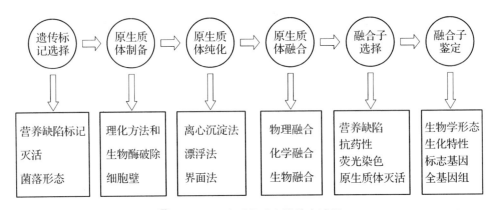

图 3 - 13　原生质体融合的基本过程

(1) 亲本及其遗传标记选择

亲本菌株在进行原生质体融合时应携带一定遗传标记,以便于检测重组体的出现。尽管目的基因和标记基因不一定需要连锁,但标记基因的存在可以大大减少工作量,提高育种效率。除了常见的携带隐性性状的营养缺陷和抗性标记外,可使用热致死、菌落形态和孢子颜色等作为遗传标记,具体选择需根据实验目的确定。如果原生质体融合的目的是遗传分析,则可以选用携带隐性基因的营养缺陷型菌株或抗性菌株;如果是为了育种,最好避免使用会影响正常代谢的营养缺陷菌株。但在实际工作中,很难获得完全符合要求的标记菌株,且遗传标记菌株的筛选需耗费大量时间和人力,因此常采用灭活的方法,通过对任一亲本菌株的原生质体进行热灭活或紫外线灭活,钝化细胞内的某些酶或代谢途径,然后与具有正常活性的另一亲本菌株原生质体进行融合,从而获得重组体。

 延伸阅读:亲本原生质体灭活方法　　　　

（2）原生质体制备和再生

① 原生质体分离

用于微生物原生质体分离的方法主要包括机械分离法和酶分离法。机械分离法是利用高渗溶液使细胞质和细胞壁分离,然后通过利器或机械磨损的方法切开细胞壁,释放原生质体。酶分离法是利用不同种类和浓度的酶溶液处理细胞,使细胞壁解离,获得原生质体。当前常用于破坏菌体细胞壁的酶种类包括:纤维素酶、溶菌酶和裂解酶等。其中纤维素酶主要来自绿色木霉,作用是降解构成细胞壁的纤维素;溶菌酶是一种碱性酶,也称胞壁质酶或 N−乙酰胞壁质聚糖水解酶,能水解细菌中的黏多糖,主要通过破坏细胞壁中的β−1,4糖苷键使细胞壁分解成可溶性糖肽,导致细胞壁破裂;裂解酶又称内溶素,是由双链 DNA 噬菌体编码的细菌细胞壁水解酶,主要作用是裂解宿主细胞壁,释放子代噬菌体。

② 原生质体纯化

经过初步原生质体分离后,得到一个由原生质体、亚细胞碎片、未解离菌丝体和破碎原生质体等组成的混合液,这些混杂物质会对原生质体产生不良影响,需进一步进行纯化,同时还需去除酶溶液。常用的原生质体纯化方法包括离心沉淀法、漂浮法和界面法。离心沉淀法利用比重原理,在具有一定渗透压的溶液中,通过过滤和低速离心,将原生质体沉淀在试管底部,再使用 40～100 pm 的网筛过滤细胞混合液,去除未消化的细胞、细胞团和碎片。漂浮法使用高渗溶液使原生质体漂浮在液面上,以获得较为纯净的原生质体。界面法利用两种不同密度的溶液(一种密度大于原生质体,另一种密度小于原生质体),使原生质体位于两种溶液的界面上,可防止原生质体因挤压破碎,从而获得较高产量和纯度的原生质体。

③ 原生质体鉴定

经过分离和纯化的原生质体需进行鉴定,以确定其是否是真正的融合体。低渗爆破法和荧光染色法是目前两种主要的鉴定方法。低渗爆破法是将原生质体置于低渗溶液中,通过显微镜观察原生质体从低渗溶液中吸水胀破的过程进行鉴定。如果是真正的原生质体,由于其没有细胞壁,在胀破后的残留物应该无形状;如果原生质体还残留部分细胞壁,则胀破后的残留物会仍保持半圆形的细胞壁形态。荧光染色法是将原生质体置于离心管中,加入 0.7 mol/L 甘露醇配置的 0.05％～0.1％荧光增白剂溶液,染色 5～10 min后进行离心和洗涤除去多余染料,通过荧光显微镜观察进行鉴定。如果显示绿色光,表示存在纤维素;发出红色光的则是真正没有纤维素的原生质体。

④ 原生质体再生和影响因素

原生质体再生是指具有生活能力的菌丝从原生质体中重新形成的过程,不同微生物的再生条件存在一定差异。原生质体再生包括壁的再生、功能的修复、分裂和萌发等生理过程,这三个过程相互联系但又具有一定独立性。通过酶解法去除细胞壁得到的原生质体应具备再生能力,即能够重建细胞壁、恢复细胞完整形态,并能够正常生长和分裂。再生能力不仅与原生质体的结构、生理成熟度、功能完备性和融合基因相容性等因素有关,还与再生条件如培养基、渗透压稳定剂、pH、酶浓度和酶解时间等因素有关。

(3)原生质体诱导融合

① 原生质体融合方法

原生质体的融合可以分为自发融合和诱发融合两种类型。自发融合是指裸细胞在去壁过程中,由于彼此间的融合能力,相邻原生质体在酶解保温处理过程中融合成同核体。自发融合只限于同一物种内,与胞间连丝有关,且发生频率非常低。诱发融合是指在制备出原生质体后,通过诱发剂使得相邻原生质体相互融合的过程,主要采用物理融合法、化学融合法和生物融合法(表3-6)。诱发融合可在同一物种内进行,也可以是不同物种、属甚至科之间的融合。

表 3-6　原生质体诱发融合方法的原理和优缺点

方法	原理	优点	缺点
物理融合法	用物理手段如激光、电流等使亲本原生质体融合,最常用的有电诱导融合法和激光诱导融合法	条件可控、融合率高、无毒	价格昂贵、设备要求条件高
化学融合法	用化学助溶剂促进原生质体融合,最常用的有 PEG 结合高钙法和 pH 诱导法	操作简单	PEG 本身对原生质体有一定毒性,可能影响原生质体再生、融合率低
生物融合法	仙台病毒侵入宿主细胞后,释放质膜融合蛋白,使原生质体细胞质融合	适于动物细胞融合	操作复杂、融合率低、重复性差

② 影响原生质体融合因素

常见的影响原生质体融合因素包括原生质体质量、融合方法和融合参数等。原生质体质量对细胞融合起着至关重要的作用,高质量的原生质体是细胞融合的首要条件。常见融合方法中的电融合法对原生质体无化学毒害且融合频率高,当没有条件进行电融合时可以考虑进行 PEG 融合。在电融合法中,影响融合频率的融合参数主要包括交流电压、交变电场振幅频率、交变电场处理时间、直流高频电压、脉冲宽度、脉冲次数等。在PEG 融合法中,影响融合频率的融合参数主要包括双亲原生质体的比例与浓度、PEG 的相对分子质量与浓度、融合时间、洗涤剂及洗涤次数等。

③ 融合原生质体活力测定方法

目前用于融合原生质体活力测定的染色方法有二乙酸荧光素(FDA)法、酚藏花红染料法、伊文思蓝染色法、胞质环流法、渗透压变化法和氧电极法。

④ 影响融合原生质体活力因素

影响融合原生质体活力的因素主要包括菌龄、培养基成分、酶浓度、酶解时间、渗透压稳定剂、原生质体贮存条件等。

（4）遗传标记选择与融合子检出

原生质体融合后的关键问题是如何筛选出具有优良性状的融合子，目前常用的筛选方法包括：① 利用营养缺陷型基因作为遗传标记来选择融合子；② 利用抗药性作为遗传标记来选择融合子；③ 利用荧光染色法来筛选融合子；④ 利用灭活原生质体作为遗传标记来筛选融合子。除了上述方法外，还可以利用一些特殊的生理特征、呼吸缺陷、温度敏感性、自然形态和颜色标记等方法进行筛选。实际应用中往往会结合使用这些方法，例如，将营养缺陷类型与抗药性结合，或将抗药性与灭活原生质体结合。

（5）融合子鉴定

由于检出的融合子中还会有部分杂合子、二倍体、异核体存在，所以需对检出融合子做进一步鉴定。目前常用的融合子鉴定方法有生物学形态鉴定法、生化鉴定法、分子生物学鉴定法、基因测序鉴定法等。

延伸阅读

● 诱发融合的方法
● 融合原生质体活力测定方法原理
● 影响融合原生质体活力因素
● 常用融合子筛选方法和鉴定方法

2. 固定化细胞技术

固定化细胞技术是利用化学或物理方法将游离细胞（包括微生物细胞、植物细胞和动物细胞）固定在特定的空间或反应区域，使其不再悬浮自由运动，同时保持细胞活性并可重复应用的方法。相比于游离细胞和固定化酶，固定化细胞技术具有以下优点：① 无须分离和纯化酶，能确保酶活力不受损失；② 无须额外添加辅助因子，细胞自身具备辅酶再生系统和多级酶联催化潜力；③ 能保持酶的原始活性，对复杂外部环境具有较强抵御能力。微生物固定化技术作为环境领域的重要研究领域，在复杂废水处理和环境治理中取得了良好应用效果，本节将重点介绍其技术和方法。

（1）微生物固定化方法

当前，微生物固定化方法主要包括结合法、吸附法、交联法和包埋法四种（图 3 - 15）。

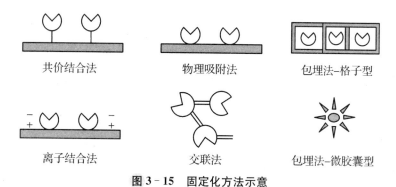

共价结合法　　　物理吸附法　　　包埋法-格子型

离子结合法　　　交联法　　　包埋法-微胶囊型

图 3 - 15　固定化方法示意

① 结合法:利用微生物细胞表面官能团和载体表面基团间的化学共价键形成紧密连接,实现细胞固定化处理。优点是载体与微生物一旦结合,便不易脱落;缺点是操作复杂、微生物活性损失大、反应条件难以控制、推广应用受限。

② 吸附法:利用细胞与载体间的黏附力、静电和表面张力等作用,将细胞有效吸附在载体表面,形成生物膜实现高效固定。根据吸附原理不同可分为物理吸附法和离子吸附法。优点是原理简单、操作简单、载体可重复利用、对微生物或酶活性影响小、适应性广等,广泛应用于水处理领域;然而,由于微生物与载体间仅通过物理吸附结合,易受水力冲击脱落,因此其缺点是使用寿命短且反应稳定性差。

③ 交联法:化学交联法是利用化学交联剂如戊二醛、聚乙烯亚胺等,使微生物与交联剂形成网状结构,实现固定化。物理交联法通过改变微生物培养条件,使微生物细胞间发生絮凝形成颗粒,进行细胞固定化。交联法的优点是条件温和、微生物能保持较高活性;缺点是交联剂价格较高且对微生物生物活性有一定影响。

④ 包埋法:通过物理方法(如聚合、沉淀等)将微生物包裹在多聚物等载体内部,制备成具有一定机械强度的颗粒实现固定化。微生物附着在不溶于水的凝胶聚合物孔隙中,可以自由扩散而不外泄,物质可进入载体与微生物接触。该方法操作简单、稳定性强、整体强度高、细胞活性基本不变,可广泛应用。

(2)微生物固定化载体

微生物固定化的载体材料性质很大程度上决定了细胞的附着固定和生长代谢状态,同时还影响了细胞数量的多少,因此,固定化载体是微生物固定化技术能否成功的关键因素。通常情况下,一个理想的微生物固定化载体应具备以下条件:① 理化性能稳定,不易被微生物和酶降解,能够承受微生物生长膨胀力;② 具有较高机械强度,可连续使用,有较长寿命;③ 对其他微生物吸附较少,不会导致微生物体系生长失衡;④ 具备良好空间传质性能和透过性能;⑤ 对微生物本身无毒性,不抑制正常代谢和生长;⑥ 固定化操作简便,成本低廉。此外,固定化速率可能受到载体表面粗糙度和电荷影响,粗糙度越大,细胞附着越稳定。

载体材料可分为:① 天然载体材料。包括天然无机载体材料和天然有机载体材料。天然无机载体材料如沙粒、沸石、硅藻土等,在水中不易流动,通常作为辅助材料。天然有机载体材料如琼脂和海藻酸盐,利用天然多糖类材料制作,具有良好生物相容性、反应温和性和无毒性,但固定化小球稳定性较低、传质能力较差、使用寿命较短,需定期更换。其中,海藻酸钠是最常用的天然载体材料。② 合成高分子有机载体材料。常用原材料包括聚乙烯醇、聚乙二醇和聚氨酯等,对微生物无毒害作用,反应温和,可提高细胞存活率。与天然载体材料相比,合成高分子有机载体材料更不容易被微生物降解,使用寿命更长。③ 人工制造无机载体材料。人工制造微孔结构固定细胞,可提高载体中细胞浓度,达到更好处理效果。常见的人工制造无机载体材料包括活性炭、多孔陶瓷、微孔玻璃和泡沫金属等。④ 复合载体材料。由于有机和无机载体材料各有缺点,而两者在许多性能方面可以互补,因此可以利用可调控组成和结构的有机聚合物对传统无机载体材料进行改性修饰,制备兼具两种材料优良特性的复合载体。一些常用载体及其性能如表3-7所示。

表3-7 固定化载体及其性能

载体	海藻酸钠	聚乙烯醇	明胶	琼脂	丙烯酰胺
强度	较好	好	较差	差	好
传质性能	较好	好	差	差	差
耐生物分解性	较好	好	差	无	好
固定难易	易	易	易	易	较难
价格	较贵	便宜	较贵	便宜	贵

（3）微生物固定化生物反应器

微生物固定化生物反应器是一种使用固定化微生物在载体上进行生物反应的设备，能提高反应器稳定性、处理效率、抗冲击负荷能力，同时降低处理成本。目前，微生物固定化生物反应器已广泛应用于环境工程（如废水处理、污染物降解、水资源回用、污泥处理等）和生物工程领域。根据微生物在反应器内的分布形式，生物反应器可分为生物膜反应器（biofilm reactor）和膜生物反应器（membrane bioreactor）。

 延伸阅读：生物反应器的原理和应用

3.3.4 细胞工程在环境中应用

细胞工程是现代生物技术之一，打破了传统有性杂交和嫁接方法，拓宽了遗传物质重组范围。原生质体融合技术在废水处理、土壤污染修复等方面有着重要作用。基于细胞工程理论的固定化微生物技术在废水和废气处理、土壤污染修复等方面也起着重要作用，并已得到广泛研究和应用。此外，细胞工程结合其他生物工程技术，可以改良植物性状，实现对环境污染物的降解和消除。通过持续的研究和创新，细胞工程有望成为解决环境问题的重要技术手段，为建设清洁、可持续的环境和生态系统做出贡献。

1. 原生质体融合技术在环境中的应用

（1）原生质体融合技术在废水处理中的应用

原生质体融合技术可以从水生物处理的核心菌种出发，改进并利用菌种特性，生成特定特性菌种。目前，利用原生质体融合技术构建的工程菌在水处理领域显示出巨大潜力，在某些特殊废水处理方面超出了预期效果。

① 制药废水处理

制药废水是指制药过程中产生的污水，含有残留药物、持久性有机物等污染物。制药废水的处理效果直接关系到环境保护和人类健康。目前，常规生物法难以去除持久性有机污染物，且存在无法稳定达标的问题。利用原生质体融合技术，在聚乙二醇（PEG）、$CaCl_2$ 和蔗糖配制的诱导液中，将高适应性土著细菌 XZ1（*bacillus* sp.）和高降解性白腐真菌（*Phanerochaete chrysosporium* sp.）融合可生产 Xhh 融合子，随后将 Xhh 融合子和高絮凝性酿酒酵母(*Saccharomyces cerevisiae* sp.)进行二次融合可生产 Xhhh 融合子,构建出具有高降解性、高絮凝性和高适应性的基因工程菌株。该工程菌株能够有效去除制药废水中的持久性有机污染物。

② 含氯废水处理

含氯废水是指废水中含有氯化物离子或氯化物的废水,其中,造纸漂白废水中的含氯有机化合物是具有代表性的难以生物降解的有毒有害化合物之一。传统的曝气稳定法和活性污泥法处理含氯有机废水效果不理想。采用原生质体融合技术,将有高耐受性和含氯有机化合物降解特性的假单胞菌(*Pseudomonas* sp.)和诺卡氏菌(*Nocardia* sp.)融合,可以构建出高效降解含氯有机化合物的工程菌。该工程菌能够利用含氯化合物作为碳源,通过酶的作用将废水中的氯化物转化为无害物质,同时大幅提高化学需氧量和总氯的去除能力。

③ 聚乙烯醇废水处理

聚乙烯醇(PVA)是一种常见的合成聚合物,在纺织、印刷、建筑和农业等领域广泛应用。PVA 废水具有高浓度和高粘度特性,传统的物理和化学方法难以有效处理。此外,PVA 还具有低化学需氧量的特点,生化处理含有大量 PVA 的印染废水效果较差。利用原生质体融合技术,从自然界样品中分离得到能降解 PVA 和具有较好抗药遗传稳定性的菌株,通过紫外线诱变筛选出两株 PVA 去除效率高的突变菌株 S7(Strs,Kanr)和 K15(Strr,Kans)进行原生质体融合,融合子菌株对 PVA 去除率达到 79.9%,是原始菌株的两倍。将融合子培养成活性污泥后,对 PVA 的去除率高达 87%,能有效处理 PVA 废水。

④ 重金属废水处理

重金属废水通常含有高浓度重金属离子,来源包括冶炼废水、电子废弃物处理废水和矿山排放废水等。重金属难以降解且可通过食物链在生物体内富集,破坏了生物体正常代谢活动,对人类健康构成了潜在威胁。研究发现,放射性废水的辐射杀伤力及生物吸附剂能力限制了生物吸附剂发展。利用原生质体融合技术,采用 PEC 融合剂,在高 Ca^{2+} 环境下对抗辐射菌株耐辐射奇球菌(DR)以及对重金属具有高吸附性能的菌株柠檬酸杆菌(CF)进行融合,可成功获得具有明显耐辐射性能和重金属吸附性能的融合子。该融合子对重金属铀的吸附能力达到 90% 以上,在重金属废水处理领域有着极大潜力。

(2) 原生质体融合技术在土壤污染修复中的应用

① 多环芳烃类有机污染

多环芳烃类化合物(polycyclic aromatic hydrocarbons, PAHs)是一类有毒有机污染物,在环境介质中广泛存在,含有两个或两个以上苯环,性质稳定且难以分解,可引发致癌、致畸、致突变效应。由于 PAHs 具有较强的吸附性和低水溶性,土壤成了重要的 PAHs 储存库。生物修复因其低成本、易操作和减少二次污染的优点,已成为去除环境中 PAHs 的重要方法。研究表明,土壤中两个最重要的降解 PAHs 的菌属是鞘氨醇单胞菌 GY2B(*Sphingomonas* sp.)和假单胞菌 GP3A(*Pseudomonas* sp.)。利用原生质体融合技术,结合 PEG 和 Ca^{2+} 的诱导作用,以 GY2B 和 GP3A 为亲本进行融合,成功构建了高效降解 PAHs 的融合菌株。该菌株获得了 GY2B 和 GP3A 对 PAHs 高效降解特性,并能同时降解菲和芘,对环境具有较高适应性。

② 农药污染

随着杀菌剂等化学农药的使用频率上升,农药污染对农田生态系统和生物多样性产生的负面影响越来越严重,甚至可能威胁人类健康。百菌清是一种广谱、保护性杀菌剂,在农业生产中应用广泛,并在土壤、水体和农产品中发现了大量残留。多菌灵是一种广谱、内吸性杀菌剂,也是使用量较大的杀菌剂之一。目前,主要有两种方式降解污染土壤中的百菌清和多菌灵:光解和微生物降解。与光解相比,微生物降解有着处理效率高、成本低及不会导致二次污染等优势。利用原生质体融合技术,将能够降解百菌清的CTN-16(*Bordetella* sp.)和能够降解多菌灵的 MBC-3(*Microbacterium* sp.)进行融合,得到的融合子菌株 BD2(*Enterobacter* sp.)能够同时高效降解土壤中的百菌清和多菌灵。

2. 固定化细胞技术在环境中的应用

早期的固定化细胞技术常用于发酵工业,随着环境污染问题不断加剧,在人们对环境污染生物处理工艺的高效性要求下,固定化细胞技术逐步取代传统生化处理方式,进入污染物高效生物降解的新领域。固定化细胞具有细胞密度高、耐受能力强、反应速度快等多种优势,已广泛应用于废水、废气和土壤治理。

(1) 固定化细胞技术在废水处理中的应用

① 含氮废水

含氮废水是指含有高浓度氮化物(如氨氮、硝酸盐等)的废水,通常来源于农业、畜牧业、化工、制药、电镀、垃圾处理等行业。在处理含氮废水时,必须进行好氧硝化和厌氧硝化两个反应。硝化细菌作为生物硝化脱氮的微生物在其中发挥着关键作用,通过微生物固定化技术,利用聚乙二醇包裹法固定化硝化细菌,可以提高硝化和反硝化速度,增加氨氮转化效率,且即便在低温条件下,微生物仍能维持较高活性状态,从而提高废水处理效果。

② 重金属废水

重金属废水通常含有高浓度重金属离子,对微生物活性产生严重影响。经固定化处理后,微生物细胞可具有更强抗毒性,提高对重金属废水处理效率,实现重金属的回收利用。目前,用于重金属废水处理的固定化微生物主要是藻类和菌体。例如,利用褐藻酸钠对小球藻进行包埋固定化,可以使浓度 10 mg/L 左右的 Cr^{6+} 去除率达到 99.8%,提供营养源时去除率可以达到无营养源的 4~8 倍。

③ 有机废水

以酚类有机废水为例,含有酚类化合物的废水具有强烈的细胞毒性和致癌性,常规的物理化学处理方法难以有效降解酚类。利用细胞固定化技术,使用海藻酸钙包埋的活性污泥能高效降解浓度在 1 000 mg/L 以上的酚废水,且反复使用 12 次后降解效率不变,表现出优异的酚类废水处理能力。对排放量大、水质复杂、色度高、COD 值高、可生化性低的印染废水而言,传统生物处理工艺难以满足其处理需求。利用微生物固定化技术,使用明胶包埋的固定化细胞厌氧移动床和好氧生物接触氧化组合工艺,对 COD 的去除率高达96.9%,表现出优异的印染废水处理能力。

(2) 固定化细胞技术在废气处理中的应用

固定化微生物不仅可用于废水处理,在大气污染物治理中也有着广泛应用前景。例如,应用海藻酸钙包埋法固定化的生物颗粒在处理含氨臭气的固定床反应器上表现出的脱臭和硝化效果较好,气相 NH_3 去除率达到 92％以上,远高于传统土壤及生物膜 NH_3 脱臭法。此外,通过海藻酸钙包埋经驯化的活性污泥在去除含甲硫醇恶臭气体方面也取得了显著效果,对低浓度甲硫醇气体(21.4 mg/m³)的去除率可达 90％以上。

(3) 固定化细胞技术在土壤污染修复中的应用

固定化细胞技术通过在土壤中固定具有修复能力的微生物或酶,实现对受污染土壤的高效修复效果。在重金属污染土壤修复方面,使用羧甲基纤维素稳定剂制备的腐殖酸包覆纳米硫化铁材料能对抗金属铬微生物进行固定化,用于处理含铬土壤,将铬的固定效率提高至 99.16％,同时能够逐渐降低土壤 pH,提高土壤的自净和修复能力。在有机污染土壤修复方面,采用 PVA -硼酸复合载体包埋的动胶杆菌在降解土壤中菲、芘污染物时,168 小时内降解效率可分别达到 84.89％和 76.94％,而土著菌只能达到 27.85％和 19.65％。由此可见,固定化细胞技术在土壤污染修复中具有重要的应用前景。

3.4 发酵工程及环境应用

3.4.1 发酵工程

1. 发酵工程的诞生

发酵技术拥有悠久的历史,在几千年前人类就开始利用这种方法来改善食物的保存和口感,如酿酒、制醋、腌制食品、发酵面包等,但对发酵的基本原理一无所知。1680 年,荷兰科学家 Antonie Leeuwenhoek 首次使用显微镜观察到了酵母。1857 年,法国科学家 Louis Pasteur 首次明确指出了酿酒和发酵过程是由微生物酵母引起的,而不仅是化学反应。20 世纪 40 年代,现代发酵工程开始崭露头角。利用微生物生长迅速、生存环境要求相对简单以及代谢能力独特等特点,人们开始在适宜条件下通过现代工程技术来生产有用物质,如抗生素、氨基酸、有机溶剂、多糖、酶制剂、单细胞蛋白、维生素、基因工程药物、核酸类物质等,多种产品在医药、食品、化工、轻工、纺织、环境保护等领域得到了广泛应用。发酵技术经历了漫长的历史积累和现代科学发现,从古代的经验性应用逐渐发展进入科学化与工程化阶段,诞生了一门新的系统科学,即发酵工程学,为各领域产业提供了重要的支持和发展机遇。

2. 发酵工程的定义

发酵工程是指将传统发酵与现代 DNA 重组、细胞融合、分子修饰和改造等现代化工程技术相结合,利用微生物特定性状和功能,工业化生产对人类社会有利用价值的物质。发酵的基本原理是微生物将有机物氧化释放的电子直接传递给底物未完全氧化的中间产物,同时释放能量并生成相应代谢产物。发酵过程中的氧化与有机物还原密切相关,被还原的有机物来自初始发酵的分解代谢,不需要外部提供电子受体。然而,发酵过程只能释放出有限的能量,并合成有限量的 ATP。这种现象有两个原因:一是底物碳原子只部分被氧化,二是初始电子供体和最终电子受体的还原电势相近。

3.4.2 发酵工程过程

1.发酵工程基本流程

发酵工程基本流程包括以下几个步骤(图3-16)。

(1)菌种液制备:选用适宜菌种,确保其活力和纯度,通过扩大培养获得大量菌种液;(2)生物反应器配置:根据生产工艺和菌种特性,选择合适发酵罐及培养基,确保充分提供菌体生长和代谢所需养分;(3)接种:将高浓度菌种液接种进入发酵罐,使其快速生长繁殖;(4)控制发酵条件:控制发酵罐内的温度、pH、氧气供给等条件,为菌体生长和代谢提供适宜环境;(5)发酵液预处理:在适当的发酵时机,通过旋滤或离心等方式,将发酵液中的固体颗粒或沉淀物分离出来;(6)产物提取精制:根据生产需要,对发酵液进行后续处理,如过滤、浓缩、纯化等,以得到最终产品。优化和精细控制以上六个步骤,可以确保发酵工程的成功,产生高效、高产量、高质量的发酵产品。同时,不断改进和优化这些步骤也有助于提高生产效率和减少生产成本。

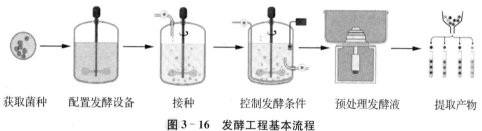

| 获取菌种 | 配置发酵设备 | 接种 | 控制发酵条件 | 预处理发酵液 | 提取产物 |

图 3-16 发酵工程基本流程

2.菌种液制备

(1)菌种获取

发酵工程的菌种来源多样。传统方法直接利用自然界中已有微生物菌种,如在酿酒和酿醋过程中利用来源于空气、土壤、果实表面及其他环境中的产酒酵母和醋酸菌。随着对微生物认识的深入和发酵技术的逐渐发展,人们开始对环境中获取的微生物进行人工培养,从而获取优质的发酵工程菌种。菌种获取的主要步骤包括环境菌种分离和纯化、自然选育和基因工程育种。

① 环境菌种分离和纯化

自然界中的微生物资源非常丰富,想在发酵生产中获得理想产物,必须从自然环境中分离出适宜的微生物菌株,并经过严格的纯化筛选过程。菌种的分离纯化主要考虑以下因素:营养特性(菌种在发酵过程中能利用价格低廉、来源丰富的原料)、生长温度、遗传和生产能力稳定性、转化能力和产量、易从发酵液中分离、无毒。

② 自然选育

自然选育是一种简单易行的育种方法,通过自然产生的突变选择那些具有所需性状的微生物菌株,旨在纯化菌株、预防菌株退化并提高产量,但自然突变的频率通常非常低,导致自然选育需较长时间和大量工作,影响了育种工作的效率。为应对这种情况,诱变育种技术得以出现。

③ 基因工程育种

a. 诱变育种：诱变育种是以诱变剂诱发微生物基因突变，通过筛选突变体，寻找正向突变菌株的一种诱变方法。根据诱变剂的类型不同，诱变育种可分为物理诱变、化学诱变、生物诱变、复合诱变及其他诱变等。

b. 基因重组育种：基因重组是杂交育种的理论基础之一，在基因重组过程中，不同基因片段可在遗传材料中重新排列，产生新的遗传组合。从而可能产生各种不同性状。通过基因重组，可以修改微生物遗传信息，使其具有更高的产物产量或产生新的代谢产物。

c. 代谢控制育种：代谢控制育种为工业发酵生产提供了大量有用菌株，使得氨基酸、核苷酸、抗生素等次级代谢产物的产量大幅提高，使得微生物生产更为高效，极大促进了相关产业发展。

（2）种子扩大培养

种子扩大培养是指将保存在砂土管、冷冻干燥管或冰箱中处于休眠状态的生产菌种接入试管斜面活化，再经过培养瓶、摇瓶以及种子罐逐级扩大培养的过程，以达到获取一定数量和质量纯种培养物的目的。发酵产物的产量和成品质量与菌种性能、孢子及种子的制备情况密切相关，种子扩大培养的过程十分重要，能够确保生产中有足够数量和质量的纯种微生物，从而保障发酵产物的产量和品质。种子的制备方式通常有两种选择：① 菌丝进罐培养。从摇瓶培养开始，将摇瓶中的种子液逐级扩大培养，然后接入种子罐。② 孢子进罐培养。将孢子直接接入种子罐，进行扩大培养。此外，对于不产孢子的菌种，可以通过试管培养直接获得菌体，然后经过摇瓶培养即可作为种子罐的种子使用。选择何种方式以及进行多少个培养级别取决于菌种的性质、生产规模的大小和生产工艺的特点。通常，种子的制备过程在种子罐中进行，培养级别为两级。

延伸阅读

● 菌种获取步骤
● 诱变育种类型

3. 发酵罐

进行微生物深层培养的设备统称为**发酵罐**。在发酵罐内部，代谢过程的变化非常复杂，包括菌丝形态、糖和氮含量、pH、溶氧浓度以及产物浓度等多个参数，在微生物发酵过程中，对这些参数的监测和调控非常关键，以确保产物的质量和产量能达到预期要求。一个优良的发酵罐应具有严密的结构、良好的液体混合性能、较高的传质传热效率和配套可靠的检测及控制仪表。由于微生物有好氧与厌氧之分，所以其培养装置也相应地分为好氧发酵设备与厌氧发酵设备。厌氧发酵也称静止培养，因不需供氧，故设备和工艺都较好氧发酵简单。代表性的厌氧发酵设备如酒精发酵罐和啤酒生产的锥底立式发酵罐。好氧发酵设备通常采用通气和搅拌来增加氧溶解，以满足好氧微生物的代谢需要。根据搅拌方式不同,好氧发酵设备又可分为机械搅拌式发酵罐和通风搅拌式发酵罐。所有发酵罐接种前均需通过高温高压或化学灭菌,完全消灭罐内的原有细菌和微生物。

以机械搅拌式发酵罐为例,作为发酵工厂的常用类型之一,该发酵罐利用机械搅拌器,使空气和发酵液充分混合,促进氧的溶解。比较典型类型有通用式发酵罐、自吸式发酵罐和通风式发酵罐。

(1) 通用式发酵罐

通用式发酵罐是指既有机械搅拌又有压缩空气分布装置的发酵罐,容积为$0.2\sim20$ dm^3,有的甚至可达500 m^3,罐体各部分有一定比例,罐身高度一般为罐直径的$1.5\sim4$倍。由于其常用于目前大多数发酵工厂,所以称为"通用式"。如图$3-17$,通用式发酵罐为封闭式,一般在一定罐压下操作,罐顶和罐底采用椭圆形或碟形封口。为便于清洗和检修,发酵罐设有手孔或入孔,甚至爬梯。罐顶还装有窥镜和灯孔,以便观察罐内情况。此外还有各式各样的接管,装于罐顶的进料口、补料口、放料口、排气口、接种口和压力表等,装于罐身的冷却水进出口、空气进口、温度和其他测控仪表接口。取样口视操作情况装于罐身或罐顶。通用式发酵罐大多采用涡轮式搅拌器。为避免气泡在阻力较小的搅拌器中心部位沿轴边上升逸出,在搅拌器中央常带有圆盘。对于大型发酵罐,在发酵罐内壁需安装挡板,挡板自液面起至罐底部为止,其作用是加强搅拌,促使液体上下翻动和控制流型,消除涡流。

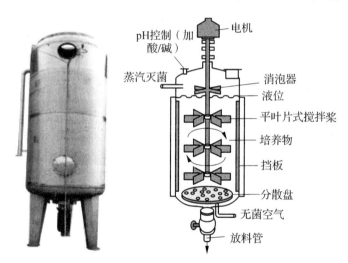

图 3 - 17　通用式发酵罐

(2) 自吸式发酵罐

自吸式发酵罐罐体结构大致与通用式发酵罐相同,主要区别在于搅拌器的形状和结构不同。如图$3-18$,自吸式发酵罐使用带中央吸气口的搅拌器,由从罐底向上伸入的主轴带动,叶轮旋转时叶片不断排开周围液体使背侧形成真空,从而将罐外空气通过搅拌器中心的吸气管吸入罐内,吸入空气与发酵液充分混合后在叶轮末端排出,并立即通过导轮向罐壁分散,经挡板折流涌向液面,均匀分布。由于空气靠发酵液高速流动形成真空自行吸入,气液接触良好,气泡分散较细,从而提高了氧在发酵液中的溶解速率,在相同空气液量的条件下,自吸式发酵罐溶氧系数比通用式高。由于自吸式发酵罐的搅拌转速较通用式高,搅拌消耗功率大,但又节约了空气压缩机消耗的大量动力,所以对于大风量发酵,自吸式发酵罐的总动力消耗较少。自吸式发酵罐的缺点是进罐空气处于负压,染菌机会较大,且搅拌转速过高,有可能切断菌丝,影响菌的正常生长。自吸式发酵罐在抗生素发酵上使用较少,但在食醋发酵、酵母培养方面已可成熟应用。

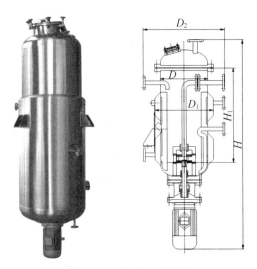

图 3-18　自吸式发酵罐

（3）通风式发酵罐

射流搅拌发酵罐是通风式发酵罐的一种,如图 3-19,去除了传统搅拌式反应罐最下端的搅拌桨叶,替换成了若干以气体为引射介质的射流混合器,具有增产、节能和发酵指数提高等优点。射流混合器利用原有压缩空气的能量代替搅拌桨进行第一次气体分散,既大大改进了气体分散状况和传质效率,又降低了能耗。在射流气泡区形成的气泡群在上升中由发酵罐上部的搅拌桨将其再分散,避免了因外部泵和循环系统引发的发酵杂液污染和细胞损伤。

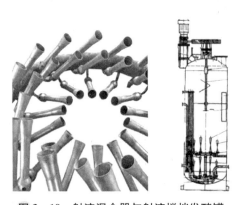

图 3-19　射流混合器与射流搅拌发酵罐

4. 发酵过程影响参数

反映发酵过程变化的参数可分为两类:① 可以直接通过特定传感器检测的参数,即反映物理和化学环境变化的参数,如温度、压力、搅拌转速、浊度、泡沫、发酵液黏度、pH、离子浓度、溶解氧、底物浓度等。为了对生产过程进行必要控制,需定期或连续监测这些参数。② 难以用传感器直接检测的参数,包括细胞生长速率、产物合成速率和呼吸熵等。这些参数通常需要依赖特定数学模型或借助电脑计算,根据已知的直接参数来估算得出,又被称为间接参数。在发酵过程中需特别关注和控制的参数有温度、pH、溶解氧及泡沫等。

(1)温度

温度会直接影响各种酶反应速率、改变微生物代谢产物合成方向、影响微生物代谢调控机制,同时还会影响发酵液理化性质,如黏度、基质分解和吸收速率、氧气溶解度和传输速率等,对发酵动力学特性和产物合成产生重要影响。最适发酵温度指既适合微生物生长又适合代谢产物合成的温度范围,最适温度会随着菌种、培养基成分、培养条件和微生物生长阶段的不同而变化。在发酵过程中,通常需要根据不同阶段需要选择不同温度。然而,在实际生产中,由于发酵液体积较大、升降温度相对复杂,通常会采用一个相对适宜的培养温度以获得最高产量,或根据实际情况进行适当调整。

(2)pH

pH会直接影响酶的活性,从而干扰微生物的新陈代谢过程;pH会改变微生物细胞膜的带电荷状态,从而影响细胞膜的通透性,影响微生物对营养物质的吸收和代谢产物的排泄;pH会影响培养基的某些成分和中间代谢产物的离解,从而影响微生物对一些物质的利用;最重要的是,不同pH会引发微生物代谢过程不同,从而导致代谢产物的质量和比例发生变化。发酵过程中,pH的控制通常取决于使用的微生物菌株、培养基的成分以及培养条件。值得注意的是,微生物的生长阶段和产物合成阶段通常需要不同的pH,在发酵过程中需不断调节和控制pH变化,维持pH在合适范围内。对pH的调节可采用酸性物质如$(NH_4)_2SO_4$和碱性物质氨水,以便同时补充氮源;或使用补料调节,以便不断补充营养物质。现代发酵工程开发了适用于pH监测的电极传感器,能连续测定并记录pH变化,将监测信号输入pH控制器可实现对加糖、加酸或加碱的自动控制,以确保发酵液的pH在预定目标范围内。

(3)溶解氧

在好氧发酵过程中,微生物需要充足的溶解氧以维持其呼吸代谢和某些产物生产。最适溶解氧浓度和临界氧浓度作为两个不同概念,前者表示溶解氧浓度在一定范围内对生长或合成具有最适值,后者通常指不影响微生物细胞呼吸所需的最低氧浓度。为了避免生物处于氧限制条件下,必须了解每个发酵过程的最适氧浓度和临界氧浓度,并将其保持在合适范围内。调节溶解氧水平需从供氧和需氧两个方面入手。供氧方面的关键是提高氧传递的推动力和氧传递系数,通过调节搅拌转速或通气速率实现。需氧方面须确保有适当工艺条件来控制需氧量,以确保微生物的生长和产物形成不会超过设备的供氧能力,需氧量受菌体浓度、基质种类和浓度以及培养条件等多种因素影响。为保持氧供需平衡,可以控制菌的比生长速率略高于临界值,以确保产物的比生产速率保持在最大值,同时不会使需氧超过供氧。此外,工业上还采用一系列工艺措施,如调节温度(降低培养温度可提高溶解氧浓度)、液化培养基、中间补水和添加表面活性剂等,调控溶解氧水平。

(4)泡沫

在微生物深层培养过程中,由于通气和搅拌、代谢气体逸出以及培养基中糖、蛋白质、代谢物等稳定泡沫的表面活性物质存在,发酵液中会产生一定数量的泡沫,属于正常现象。泡沫的存在可以增加气液接触面积,增加氧传递速率,但在好氧发酵中发酵旺盛时产生的大量泡沫会引起"跑液",给发酵造成困难,带来许多副作用。泡沫的副作用主要表现在:① 降低了发酵罐的装料系数:大多数发酵罐的装料系数为 0.6~0.7,余下空间用于容纳泡沫。② 增加了菌群的非均一性:由于泡沫液位的变动,不同生长周期的微生物会随泡沫漂浮,或粘在罐壁,使环境改变,影响了菌群的整体效果。③ 增加了杂菌污染的机会:培养基随泡沫溅到轴封处容易染菌。④ 导致产物的损失:大量起泡会引起"跑液",降低通气量或加入消泡剂将干扰工艺过程,给提取工序带来困难。

5. 下游处理

发酵产物的**下游处理**是指将发酵目标产物进行提取、浓缩、纯化和成品化等过程。一般来说,下游处理包括以下四个阶段:发酵液的预处理和固液分离;初步纯化(提取);高度纯化;成品加工。下游处理涉及的技术有固液分离技术、细胞破碎技术、分离纯化技术及其他新型纯化技术等。

(1) 固液分离技术。近 20 年来,将污水处理、化学工程和选矿工程等领域广泛使用的絮凝技术引入发酵液的预处理上,开发了菌体及悬浮物絮凝技术,改善了发酵液的分离性能。固液分离机械方面也出现了性能优良的新型机械,如带式过滤机、连续半连续板框过滤机、螺旋沉降式离心机等。除此之外,膜分离技术的引入为产物的高效提取和分离提供了一种可靠手段,为相关行业发展带来了积极影响,如使用微滤膜高效分离细微悬浮粒子等。

(2) 细胞破碎技术。经过固液分离后通常需要对固体部分进行细胞破碎,将微生物细胞或其他生物组织的细胞壁或细胞膜破坏,释放细胞内部物质,如蛋白质、酶或其他目标产物。细胞破碎技术的逐步发展已开发出球磨破碎、压力释放破碎、冷冻加压释放破碎和化学破碎等技术,这些成熟技术使大规模工业化生产胞内生物物质成为可能。

(3) 分离纯化技术。细胞破碎后产生混合物可能包含细胞碎片、蛋白质、DNA、RNA 等多种成分,为了获得所需目标产物、去除其他杂质,需进行进一步的分离和纯化。分离纯化技术主要包括盐析、沉淀、萃取、超滤等技术。较早出现的酶及蛋白质盐析法、有机溶剂沉淀法、双水相萃取法比较适于胞内活性物质和细胞碎片的分离,为进一步纯化精制提供条件。如今的超滤技术解决了生物大分子对 pH、温度、有机溶剂、金属离子等的敏感难题,在大分子的分级、浓缩、脱盐等操作中得到了广泛应用。

3.4.3 发酵工程动力学

发酵工程动力学是研究微生物在发酵过程中生长和代谢活动以及与各种环境因素间相互关系的学科。在微生物的培养和发酵过程中,微生物的生长状态和代谢途径对底物的消耗和产物的生成存在极大影响;底物和产物的变化又对细胞的正常生理活动造成影响。对发酵动力学的研究需对细胞数量、底物消耗和代谢产物生成三个状态变量进行数学建模,而不能单纯依赖于化学反应的质量守恒,以便于尽可能准确地描述发酵过程的各种变量。为构建发酵过程的动力学模型,首先需对反应进行合理简化,排除次要因素,集中解决主要问题,然后建立物理模型,并在此基础上构建数学模型。目前,微生物生理学家和生化工程师通过大量的试验、模拟、验证和修正,提出了多种数学模型,可分为经验模型和机理模型两类,也可分为概率模型和确定模型两类,为发酵过程研究提供了重要的工具和方法。

(1)非结构动力学模型

微生物在接种到培养基后会经历延迟期、加速期、对数期、减速期、稳定期和死亡期六个时期,其生长速度受到营养物质(底物)浓度影响,限制微生物生长的即为限制性底物。1942 年,Monod 在单一底物培养基上进行纯种微生物培养,探究微生物增殖速度与底物浓度间关系,结果如图 3 - 20 曲线所示,与 Michaelis-Menten 于 1913 年提出的酶促反应速率与底物浓度间关系(米-门方程)相同,由此,Monod 提出了与米-门方程类似的描述微生物比生长速度与单一限制性底物存在关系的模型,即 Monod 方程:

$$\mu = \frac{\mu_{\max} S}{K_S + S} \tag{3-3}$$

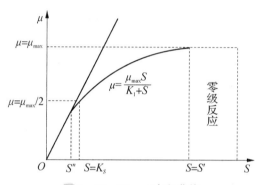

图 3 - 20　Monod 方程曲线

式中:μ 为微生物比增长速度,即单位生物量的增长速度;$\mu_{\max}$ 为微生物最大比增长速度;K_S 为半饱和常数,是 $\mu = \mu_{\max}/2$ 时的底物浓度;S 为单一限制性底物浓度。K_S 与 $\mu_{\max}$ 是两个常数,只与微生物种类及其底物有关,而与底物浓度无关,可以体现微生物的增长特性,以及底物被微生物利用的特性。

将 Monod 方程变形为:

$$\frac{1}{\mu} = \frac{1}{\mu_{\max}} + \frac{K_S}{\mu_{\max}} \times \frac{1}{S} \tag{3-4}$$

绘制 $\frac{1}{\mu} - \frac{1}{S}$ 曲线,截距为 $\frac{1}{\mu_{\max}}$,斜率为 $\frac{K_S}{\mu_{\max}}$。通过实验试验得到相关数据后可计算得出 K_S 与 $\mu_{\max}$。当底物浓度较低时,为减小误差,可采用下式:

$$\frac{S}{\mu} = \frac{S}{\mu_{\max}} + \frac{K_S}{\mu_{\max}} \tag{3-5}$$

绘制 $\frac{S}{\mu} - S$ 曲线,同样可通过实验求得 K_S 与 $\mu_{\max}$。表 3 - 8 列举了一些微生物的 K_S 与 $\mu_{\max}$ 值。

表 3-8　一些微生物的 K_S 与 μ_{max} 值

微生物	生长限制基质	$K_S/(\mathrm{g/m^3})$	$\mu_{max}/\mathrm{h}^{-1}$
大肠杆菌	葡萄糖	2.0~4.0	0.85
大肠杆菌	乳糖	20.0	—
酿酒酵母	葡萄糖	25.0	0.13
巴克红曲菌	葡萄糖	154.8	0.13
木霉菌	葡萄糖	43.2	0.13
产朊假丝酵母	氧	0.03	0.44
产朊假丝酵母	甘油	4.5	—

Monod 方程作为最基础的微生物生长动力学模型,只要满足微生物菌体生长为均衡型非结构生长、培养基中只有一种底物为限制性底物、菌体产率系数恒定的培养系统统称为简单 Monod 培养系统。虽然 Monod 方程的形式与米-门氏方程一致,但微生物生长是细胞群体生命活动的综合体现,机理异常复杂,很难像米氏常数 K_M 一样,明确界定 K_S 的确切含义。由于 Monod 方程较简单,不足以完整说明复杂生化反应过程,在实际发酵过程中能完全适用的理想情况很少,研究者们在 Monod 方程的基础上提出了许多发酵工程动力学模型。

(2) 内源代谢动力学模型

在热力学上,为了维持远离平衡态的活细胞生命活动,微生物细胞必须获取高能物质,并将其内部储存的化学能转变为热能,用于维持细胞渗透压,同时修复核酸分子和其他大分子。能量的去向不仅用于细胞生长这样的宏观反应,也包括用于维持细胞结构所消耗的微观反应,由此引入描述维持概念的 m_s,在 Monod 方程基础上增加内源代谢概念,即:

$$r_s = \frac{1}{Y_{X/S}} \cdot \mu \cdot X + m_s \cdot X \qquad (3-6)$$

式中:$r_s = \dfrac{q_s}{X}$,r_s 为体系底物消耗速率;q_s 为单位生物量底物消耗速率;$Y_{X/S}$ 表示最大细胞产率,是细胞干重与完全消耗于细胞生长的底物质量浓度比,表示没有维持代谢时的细胞产率;m_s 表示细胞的维持系数,单位为 s^{-1}。两边同除 X 可得:

$$q_s = \frac{1}{Y_{X/S}} \cdot \mu + m_s \qquad (3-7)$$

式中:$Y_{X/S}$ 表示相对底物总消耗而言的细胞产率。绘制 q_s-μ 曲线,即可求出 $Y_{X/S}$ 值和 m_s 值。

(3) 底物和产物抑制动力学模型

在大多数抑制情况下,Monod 动力学模型通过人为假设实现,因此也可用基于其他细胞生长原理的动力学模型来代替。

① 底物抑制动力学

与酶促反应相似,如果培养基中某种底物浓度 S 达到一定数值,比生长速率 μ 反而随 S 升高表现出下降趋势,由此可见底物也具有抑制作用,通常用 Andrew 底物抑制模型描述:

$$\mu = \mu_{max} \frac{1}{1 + K_S/S + S/K_{IS}} \qquad (3-8)$$

式中:K_{IS} 为底物抑制常数。

② 产物抑制动力学

随着细胞生长、产物代谢不断进行,某些代谢产物有时会反过来影响细胞生长,如厌氧酒精发酵过程中,代谢积累的酒精达到一定浓度后抑制酵母生长;同样,乳酸的积累也会抑制乳酸菌生长等。Hinshelwood 研究了产物浓度 C 对细胞比生长速率 μ 的影响,认为有线性下降式、指数下降式、分段函数式几种可能模型。

(4) 产物生成动力学模型

发酵反应生成的代谢产物非常复杂,涉及范围很广,包括醇、酸、醋、有机酸、氨基酸、酶类、核酸类、维生素、初/次级代谢产物、生理活性物质等,同时由于细胞内生物合成途径十分冗杂,生物合成途径和代谢调控机制也各不相同,因此至今为止,产物生成动力学还未建立一个完全统一的模型。根据产物生成速率与细胞生长速率关系,产物生成动力学模型可分为偶联型、部分偶联型、非偶联型三类。

① 偶联型:指细胞的生长与产物的生成偶联的过程,产物一般是主要能源分解代谢的直接结果,产物的生成与细胞的生长完全同步,如生产乙醇、葡萄糖酸、乳酸等。动力学模型可表示为:

$$r_p = Y_{p/x} r_x = Y_{p/x} \mu X \qquad (3-9)$$

$$q_p = Y_{p/x} \mu \qquad (3-10)$$

式中:$Y_{p/x}$ 为单位质量细胞生成的产物量。

② 部分偶联型:指底物消耗与产物生成存在部分偶联的过程,产物通常是能源代谢中间接生成的,代谢途径较为复杂,产物的生成速率与底物的消耗速率间存在一定关系,但难以直接定量,如生产柠檬酸、氨基酸等有机酸。动力学模型为:

$$r_p = \alpha \cdot r_x + \beta \cdot X \qquad (3-11)$$

式中:α、β 为常数;$\alpha \cdot r_x$ 与细胞生长有关;$\beta \cdot X$ 与细胞浓度有关。由此衍生出了 Luedeking-Piret 方程:

$$q_p = \alpha \cdot \mu + \beta \qquad (3-12)$$

符合该方程的微生物反应系统有:葡萄糖发酵生成乳酸、葡萄糖发酵生成乙醇、乙醇氧化生成乙酸、山梨糖醇转化为 D-乳糖、萘转化为水杨酸等。

③ 非偶联型:指产物的生成与细胞的生长无直接关系,微生物细胞处于生长阶段时不积累产物,细胞生长停止后产物大量生成,如生产抗生素、酶、维生素、多糖等次级代谢

产物。动力学模型为

$$r_p = \beta \cdot X \qquad\qquad (3-13)$$

$$q_p = \beta \qquad\qquad (3-14)$$

考虑到产物可能存在分解,方程可改写为

$$r_p = \alpha \cdot r_x + \beta \cdot X - k_d \cdot P \qquad\qquad (3-15)$$

式中:k_d 为产物分解常数。

3.4.4 发酵工程在环境中应用

发酵工程除了在医疗、食品、工业和能源等领域发挥着重要作用,还在环境保护领域广泛用于废水和固体废物处理。利用微生物的活性特征,通过控制合适的环境条件促进微生物生长活动,可以达到修复环境的目的;同时发酵微生物可将有机废水、固体废弃物中的物质转化为有用物质,如甲烷、乙醇等生物能源与有机肥料等。

1. 发酵工程在废水处理中应用

发酵工程在废水处理中的应用范围广泛,不仅能有效降解污染物,还能获得清洁能源和有用物质,有助于改善水质、促进可持续发展,可用于处理工业废水、农业废水、市政污水等多种来源废水,主要利用厌氧发酵处理技术。除了最原始的化粪池,新一代厌氧生物反应器如升流式厌氧污泥反应床(UASB)、内循环厌氧反应器(ICAR)、厌氧颗粒污泥膨胀床(EGSB)等均已发展成熟。在厌氧环境中,微生物可将有机废物降解转化为沼气(主要成分为甲烷和二氧化碳)和生物质沉淀,沼气可以作为一种可再生能源进行收集和利用,而生物质沉淀可以从反应器中定期清除处理。除了获得甲烷气体外,发酵工程在处理废水时还能获得乙醇等其他清洁能源。例如,通过亚硫酸盐纸浆废液发酵能将亚硫酸盐纸浆生产过程中产生的废液处理转化为乙醇。

此外,以酵母循环系统为例,酵母菌体在废水中可将有机废物分解为较小分子,降低废水的化学需氧量和生化需氧量,同时能回收大量酵母菌体,减少废水处理中的污泥产生,降低环境污染。相较于传统的活性污泥法和细菌活性污泥系统,酵母循环系统具有更高的性能优势,能在不添加任何药剂的情况下进行脱水,实现更高效的废水处理。酵母循环系统在废水处理领域的应用不仅有助于环境保护、减少或避免二次污染的产生,还能实现资源的有效回收利用,未来可进一步优化其系统性能,充分挖掘其潜力,扩大其适用范围,以满足可持续发展的迫切需求。

2. 发酵工程在固体废物处理中应用

固体废物处理一般依靠微生物(如细菌、真菌等)的生物降解能力分解有机固体废物、进行资源回收利用,通过控制好氧或厌氧条件、调节温度和湿度等手段,发酵工程可将固体废物转化为更简单、更稳定的物质或产生有用副产品,实现固体废物的无害化、减量化、资源化。

纤维素是一种多糖类化合物,是植物细胞壁的重要组成部分,存在于木材、秸秆、稻壳、玉米秸秆等植物中,是多种固体废物中的主要组成部分。在废物处理和资源回收利用方面,纤维素具有巨大的潜在价值和广泛的应用前景。利用发酵工程,可将纤维素转化为生物能源,如生物乙醇、生物气体等,用于发电、供暖或交通运输。此外,纤维素还可作为微生物碳源,通过微生物发酵转化为单细胞蛋白(single cell protein,SCP)。SCP 是可作为人类食物或动物饲料的单细胞微生物菌体统称,富含高质量蛋白质。SCP 相关发酵工程的开发,使得自然资源得到了充分利用,促进了物质再循环。随着技术的不断进步和应用领域的不断扩大,SCP 生产工艺将在未来继续发挥重要作用,为人类社会的可持续发展做出贡献。

思考题

1. 基因工程如何通过改变植物或微生物的遗传特性,来帮助解决环境问题(如土壤污染、水体富营养化等)? 请举例说明。

2. 随着基因编辑技术(如 CRISPR-Cas9)的发展,基因工程在环境保护和修复方面的应用前景如何? 请结合具体案例进行分析。

3. 阐述酶的抑制作用类型和特点。

4. 影响酶催化反应速率的因素有哪些?

5. 酶工程的一般流程是什么? 其中分离纯化的步骤包括哪些? 酶的固定化技术包括哪些?

6. 细胞工程的主要任务是什么? 细胞工程在环境工程中的具体应用案例有哪些?

7. 细胞工程如何帮助我们理解和应对新兴的环境健康问题?

8. 典型的发酵过程由哪几个部分组成?

9. 发酵工程技术的发展历程主要有几个阶段? 每个阶段有什么技术特点?

10. 请查阅资料,列举运用发酵工程原理的污水处理设施,其处理污染物、产物及原理主要是什么?

11. 请查阅相关文献,结合学科发展和国家需求,谈谈发酵工程在环境领域的发展趋势。

参考文献

[1] Michael L, Shuler F K. Bioprocess Engineering[M]. The United States:Prentice Hall,2001.

[2] Doran, P M. Bioprocess Engineering Principles[M]. The United States:Academic Press,2012.

[3] Vogel H C, Todaro C M. Fermentation and Biochemical Engineering Handbook, Edition NO.2[M]. The United States:William Andrew Publishing,1988.

[4] Kaur L, Khajuria R. Industrial Biotechnology[M]. The United Kingdom:Principles and Applications,2015.

[5] 马越.现代生物技术概论[M].北京:中国轻工业出版社,2007.

[6] 王建龙.现代环境生物技术[M].北京:清华大学出版社,2008.

[7] 邱立友.发酵工程与设备[M].北京:中国农业出版社,2007.

[8] 陶军,李宝龙,马玉玲,等.使用脓肿分枝杆菌启动子构建抗生素生物传感器[J].中国药物滥用防

治杂志,2023,29(3):460-466.

[9] 刘和,陈英旭.环境生物修复中高效基因工程菌的构建策略[J].浙江大学学报(农业与生命科学版),2002(2):92-96.

[10] 高娃,其布日,萨初拉,等.表达木质素降解酶的基因工程产朊假丝酵母菌部分生物学特性研究[J].中国饲料,2023,1:53-59.

[11] 苏俊霖,秦祖海,闫璇,等.工程菌降解废弃油基钻井液沉积物中 TPH[J].环境工程,2019,37(1):40-44.

[12] 宫兆波,郭瑛瑛,张燕萍,等.基因工程菌在石油污染修复中的研究进展与前景[J].环境化学,2023:1-13.

[13] 杨瑞红.生物脱硫微生物及基因工程应用的研究进展[J].生物技术进展,2013,3(3):190-195.

[14] Gallardo M E, Victor DLAF, Garcia J L, et al. Designing recombinant *Pseudomonas* strains to enhance biodesulfurization[J]. Bacteriol. 1997, 179: 7156-7160.

[15] Rugh C L. Development of transgenic yellow for mercury phytoremediation[J]. Nature Biotechnology, 1998, 23: 925-928.

[16] 程树培.环境生物技术[M].南京:南京大学出版社,1994.

[17] 魏东芝.酶工程[M].北京:高等教育出版社,2020.

[18] 林影.酶工程原理与技术[M].北京:高等教育出版社,2017.

[19] 范克龙,高利增,魏辉,等.纳米酶[J].化学进展,2023,35(1):1-87.

[20] 王梦杰,李建华,彭建彪,等.过氧化物酶对水中 17β-雌二醇光降解的影响机制[J].环境化学,2021,40(11):3351-3359.

[21] Sai P P, Hariharan N M, Vickram S, et al. Advances in bioremediation of emerging contaminants from industrial wastewater by oxidoreductase enzymes[J]. Bioresource Technology, 2022, 359: 127444.

[22] Hong C, Meng X, He J, et al. Nanozyme: A promising tool from clinical diagnosis and environmental monitoring to wastewater treatment[J]. Particuology, 2022, 71: 90-107.

[23] Ren X, Chen D, Wang Y, et al. Nanozymes-recent development and biomedical applications[J]. Journal of Nanobiotechnology, 2022, 20(1): 92.

[24] 余龙江.细胞工程原理与技术[M].北京:高等教育出版社,2017.

[25] 任柏林,谢水波,唐振平,等.细胞融合技术及其在构建水处理工程菌中的应用[J].安全与环境学报,2010,10(3):20-24.

[26] Yan X U, Yang R, Liu H, et al. The Stability of extremozymes and their application in wastewater treatment[J]. Environmental Protection of Chemical Industry, 2001.

[27] 廖劲松,郭勇,庄桂.原生质体融合技术选育高效菌株降解聚乙烯醇[J].食品与生物技术学报,2005,2:34-37.

[28] 柏云,张静,冯易君.生物吸附法处理含铀废水研究进展[J].四川环境,2003,2:9-13+16.

[29] 张力,于洪峰,程树培,等.跨界原生质体融合工程菌株改进合成制药废水生物处理的有效性研究[J].江苏环境科技,2004,4:9-10.

[30] 左昌平.固定化细胞技术在废水处理中的运用分析[J].环境与发展,2017,29(6):120-121.

[31] 吴天飞,潘建洪,方从申,等.固定化细胞技术应用进展[J].浙江化工,2020,51(3):10-13.

[32] 武淑文,黄兵,孙石,等.固定化细胞技术在环境工程中应用[J].环境科学动态,2003,4:32-34.

[33] 张淑君.原生质体融合构建纤维素发酵产油脂菌株的研究[D].泰安:山东农业大学,2012.

[34] 王国正.玉蕈与金针菇原生质体融合研究[D].天津:天津师范大学,2016.

[35] 冯月霞,程方,张景丽,等.膜生物反应器处理含盐有机废水研究进展[J].水处理技术,2022,6:48.

[36] 吴秀丽,田一梅.用于膜生物反应器的仿生抗污染抑菌聚偏氟乙烯膜制备及其性能[J].膜科学与技术,2023,43(3):81-86.

[37] 赵丽红,尹文利,刘爽.原生质体融合技术在污水处理领域的应用[J].环境工程,2014,32(6):4.

[38] 李琦.植物原生质体 PEG-高 Ca^{2+}-高 pH 融合法的研究[J].种子科技,2018,36(7):2.

[39] Lin Z, Fengping P, Nairui H. Identification of lactobacillus acidophilus-bacillus natto fusant by multiplex PCR[J]. Food Science, 2017.

[40] 郭晓燕,徐尔尼.固定化细胞生物反应器的应用及研究进展[J].食品工业科技,2006,5:191-194.

[41] 张浩轩,李龙,董浩然.固定化微生物技术修复重金属污染土壤的研究进展[J].能源环境保护,2023,37(2):147-155.

第4章 环境污染生物治理技术

环境污染生物治理技术是利用生物学原理和过程来减轻、降低或去除环境中污染物的方法和策略。这些技术依赖于微生物和其他生物体的能力,通过新陈代谢活动或交互作用来处理废水、废气和固体废物等环境介质中的有害物质。这些生物治理技术从环保和可持续发展的角度出发,目的是减少对环境的不利影响,促进资源的再利用和循环经济。本章将分别介绍废水、废气和固体废物治理的原理、工艺和相关应用。

4.1 废水生物处理技术

废水生物处理技术是一种利用微生物新陈代谢作用对废水进行净化处理的技术。其实质是利用活性微生物群落,在适宜的环境条件下,将废水中的有机物转化为较简单化合物,并同时去除悬浮物和氮、磷等营养物质。这一过程通常发生在生物反应器中,微生物可以通过附着在固体支撑体上的生物膜或者悬浮在液体中的方式进行废水处理。根据微生物代谢活动所需氧气的不同,废水生物处理技术可以分为好氧生物处理和厌氧生物处理两种。废水生物处理技术具有高效、经济和环境友好的特点,适用于各种规模的废水处理系统,包括从家庭污水处理到城市污水处理厂。它不仅可以有效减少废水对环境的污染,还能产生可再利用的水资源和有机肥料,为可持续发展提供了一种可行的解决方案。本节将分别介绍好氧生物处理技术、厌氧生物处理技术、生物脱氮技术和生物除磷技术的原理和工艺,并详细介绍废水生物处理技术。

4.1.1 好氧生物处理技术

1. 活性污泥法

活性污泥法是通过人工强制曝气将活性污泥均匀分散在曝气池中,使其与废水和氧气充分接触,从而降解和去除废水中的有机污染物。该法的原理是微生物群体(主要是细菌)以废水中的有机物为食料进行代谢和繁殖,将其转化为水和 CO_2。同时,它还通过污泥絮凝和吸附去除废水中的悬浮物质和其他无法生物降解的物质。活性污泥法于1914年开始使用,至今已经有超过一个世纪的历史。经过多年的实际应用检验和技术改进,它在生物学、反应动力学和工艺方面都取得了长足的发展,成为处理废水,尤其是有机废水的主流技术。

(1)活性污泥的性状和组成

活性污泥是粒径在 $200\sim1\,000\,\mu m$ 的类似矾花状不定形的絮凝体,具有良好的凝聚沉降性能,絮凝体通常具有约 $20\sim100$ cm^2/mL 的较大表面积,在其内部或周围附着或匍匐着微型动物。曝气池中的活性污泥一般呈茶褐色,略显酸性,稍具土壤的气味并夹带一些霉臭味,供氧不足或出现厌氧状态时活性污泥呈黑色,供氧过多营养不足时污泥呈灰白色,曝气池混合液相对密度为 $1.002\sim1.003$,回流污泥相对密度为 $1.004\sim1.006$,在曝气池混合液进入二沉池后,生物絮体能有效地从污水中分离出来。

活性污泥中栖息着大量细菌、真菌以及原生动物、后生动物等多种微生物群体。这些微生物以废水中的有机物以及其他污染物为营养基质进行代谢和繁育。总体来说,活性污泥的组成可分为四个部分:① 活性微生物 M_a;② 微生物氧化残留物 M_e;③ 未被微生物降解的有机物 M_i;④ 无机悬浮固体 M_{ii}。其中活性微生物即以菌胶团形式存在的细菌、真菌等,菌胶团即由细菌及其分泌的多糖类物质所组成的细小颗粒,作为活性污泥的主体,起着吸附、氧化分解以及凝聚沉降污水中污染物质的功能和作用。

(2) 活性污泥的评价指标

① 活性污泥微生物量评价指标

微生物是活性污泥发挥废水净化作用的核心,用来表征活性污泥微生物量的指标有混合液悬浮固体浓度(mixed liquor suspended solids,MLSS)和混合液挥发性悬浮固体浓度(mixed liquor volatile suspended solids,MLVSS)。

MLSS 又称混合液污泥浓度,是指在曝气池单位容积混合液中所含有的活性污泥悬浮固体物质的总质量。MLSS 包含前面所述的 M_a、M_e、M_i 及 M_{ii},即 MLSS$=M_a+M_e+M_i+M_{ii}$。MLVSS 是指混合液活性污泥中有机性固体物质部分的浓度,它包括 M_a、M_e 及 M_i,不包括污泥中的无机物质,即 MLVSS$=M_a+M_e+M_i$。

由于测定活性微生物的浓度比较困难,而 MLSS 和 MLVSS 测定相对简便,工程上往往以它们作为评价活性污泥微生物量的指标。对于某一特定的废水处理系统,MLVSS/MLSS 的比值相对稳定,一般生活污水处理厂曝气池混合液的 MLVSS/MLSS 在 0.75 左右。

② 活性污泥沉降性能评价指标

良好的沉降性能是活性污泥所应具有的特性之一。发育良好,并有一定浓度的活性污泥,在经过絮凝沉淀、成层沉淀和压缩等全部过程后,能够形成浓度极高的浓缩污泥。质地良好的活性污泥在 30 min 内(含 30 min)即可完成絮凝沉淀和成层沉淀两个阶段过程,并进入压缩阶段。压缩(也称浓缩)的进程比较缓慢,需时较长,达到完全浓缩的程度需时更长。根据活性污泥在沉降和浓缩方面所具有的上述特性,建立了以活性污泥 30 min 静置沉淀为基础的两项指标,即污泥沉降比和污泥容积指数来表示活性污泥的沉降性能。

污泥沉降比(settle volume,SV)是指搅拌混合良好的泥水混合液在量筒内静置 30 min 后所形成沉淀污泥的容积占原混合液容积的百分率,以%表示。污泥 SV 能够反映正常运行过程中曝气池内的活性污泥量,可用于控制、调节剩余污泥的排放量,以及指示污泥膨胀等异常现象。污泥 SV 与所处理废水的性质、污泥浓度、污泥絮体颗粒大小及性状等因素有关。正常情况下,曝气池混合液污泥浓度在 3 000 mg/L 时,污泥 SV 在 30%左右。

污泥容积指数(sludge volume index,SVI)是指曝气池混合液沉淀 30 min 后,每单位质量干污泥所形成的沉淀污泥的体积,以 mL/g 计,计算公式:

$$SVI = \frac{混合液\,30\,min\,静沉形成的活性污泥体积(mL)}{混合液悬浮固体干重(g)} = \frac{SV(mL/L)}{MLSS(g/L)} \quad (4-1)$$

SVI 值是反映活性污泥凝聚、沉降性能的重要参数。一般情况下,生活污水处理厂曝气池混合液 SVI 值介于 70～100;SVI 值过低,说明活性污泥颗粒细小,无机物质含量高,污泥活性较低;SVI 值过高,表明活性污泥沉降性能欠佳,可能发生污泥膨胀现象。

③ 活性污泥工艺运行技术指标

a. 污泥龄(sludge age)

污泥龄又称"生物固体平均停留时间",是指曝气池内活性污泥总量与每日排放污泥量的比值,用公式表示:

$$\theta_s = \frac{XV}{\Delta X} \quad (4-2)$$

式中:θ_s——污泥龄,d;

X——混合液悬浮固体浓度,mg/L;

V——曝气池容积,m³;

ΔX——曝气池每日排放的活性污泥量,kg/d。

污泥龄是活性污泥处理系统设计与运行管理的重要参数,其长短与曝气池内活性微生物的组成、优势菌属及其生态系统相关。

b. 污泥负荷(sludge loading)

污泥负荷是指单位活性污泥在单位时间内将有机污染物降解到预定程度的数量,用公式表示:

$$N_s = \frac{QS_a}{XV} \quad (4-3)$$

式中:N_s——污泥负荷,kg BOD/(kg MLSS·d);

Q——废水流量,m³/d;

S_a——废水 BOD 浓度,mg/L;

X——混合液悬浮固体浓度,mg/L;

V——曝气池容积,m³。

污泥负荷反映了废水处理系统有机污染物量与活性污泥量的比值,是影响有机污染物降解和活性污泥增长的重要因素。采用较高的污泥负荷可以减少曝气池容积,降低废水处理厂建设投资,但其处理出水水质未必能达到相应的要求。相反,采用较低的污泥负荷能提高处理出水水质,但会降低有机污染物的降解速率和污泥增长速率,增大曝气池容积,增加投资成本。

c. 污泥增长

污泥增长是指曝气池内微生物在降解有机污染物的同时不断增殖引起的活性污泥物同步增长。活性污泥微生物的增殖是微生物合成反应和内源代谢两项生理活动的综合结果,微生物的净增殖量是这两项活动的差值,用公式表示:

$$\Delta X = a(S_i - S_e)Q - bXQ \qquad (4-4)$$

式中:ΔX——活性污泥微生物的净增殖量,kg/d;

S_i——曝气池进水有机污染物(BOD)量,kg/d;

S_e——曝气池出水残留的有机污染物(BOD)量,kg/d;

a——微生物合成代谢产生的降解有机污染物的污泥转换率,即污泥产率,d^{-1};

b——微生物内源代谢反应的自身氧化率,d^{-1};

Q——曝气池废水流量,m^3/d;

X——曝气池混合液悬浮固体浓度,mg/L。

污泥转换率和自身氧化率因处理的废水水质不同而异,一般情况下,生活污水处理厂曝气池污泥转换率介于 0.49~0.73,自身氧化率介于 0.07~0.075。

d. 需氧量

需氧量是指在曝气池内,活性污泥微生物对有机污染物氧化分解和自身内源代谢所需要的氧量,用公式表示:

$$O_2 = a'QS_r + b'VX_v \qquad (4-5)$$

式中:O_2——混合液需氧量,kg/d;

a'——活性污泥微生物对有机污染物氧化分解过程的需氧量,即活性污泥微生物每代谢 1 kg BOD 所需要的氧量,以 kg 计;

Q——曝气池废水流量,m^3/d;

S_r——经活性污泥微生物代谢活动被降解的有机污染物量,mg/L;

b'——活性污泥微生物通过内源代谢的自身氧化过程的需氧量,即每千克活性污泥每天自身氧化所需要的氧量,以 kg 计;

V——曝气池容积,m^3;

X_v——单位曝气池容积内的挥发性悬浮固体(MLVSS)量,kg/m^3。

(3)活性污泥法工艺系统影响因素

由于活性污泥内部的微生物只有在适宜的环境条件下才能进行正常的生理活动,活性污泥工艺系统必须在适宜条件下才能正常运行。影响活性污泥微生物生理活动的主要环境因素包括营养物质、温度、溶氧、pH 等。

 延伸阅读:各因素对活性污泥法工艺系统的影响

(4)活性污泥法的运行形式

活性污泥工艺系统的处理主体设备是曝气池,另外曝气系统、二沉池以及活性污泥回流系统同样是活性污泥工艺系统的组成部分。曝气池是一种生物反应器,曝气池内的曝气设备负责充入空气,空气中的氧气溶于水,从而使活性污泥混合液发生好氧代谢反应。曝气池内的混合液处于悬浮状态从而保证活性污泥中微生物可以与废水中有机污染物充分反应。反应结束后,混合液流入沉淀池,在此处发生固液分离获得净化水。沉淀池中的污泥大部分经污泥回流系统回流至曝气池(这部分污泥称为回流污泥),从而保证曝气池内有稳定的污泥浓度与微生物数量。由于在活性污泥工艺系统运行时,内部的生化反应会导致微生物的增殖,为维持活性污泥系统的稳定运行,需要从系统中排出一定的污泥,即剩余污泥。

随着曝气方式的不同,活性污泥法的工艺形式也在不断发展和变革,在应用时须慎重区别对待,因地制宜地加以选择。

① 阶段曝气活性污泥工艺系统

阶段曝气活性污泥工艺系统又称分段进水活性污泥工艺系统或多段进水活性污泥工艺系统,其工艺流程如图 4-1 所示。

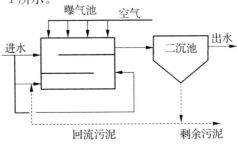

图 4-1 阶段曝气活性污泥工艺系统

针对普通活性污泥法工艺系统存在的曝气不均匀问题,阶段曝气活性污泥工艺系统的曝气方式采用沿废水反应器长度均匀分散地注入,从而在反应器内可以保证有机物负荷得到均衡,同时保证废水内好氧速度和充氧速度之间的平衡。

② 氧化沟工艺(OD)

氧化沟工艺(oxidation ditch,OD)一般采用圆形或椭圆形廊道,池体狭长,池深较浅,在沟槽中设置机械曝气和推进装置,同时也有采用局部区域鼓风曝气外加水下推进器的运行方式,工艺流程如图 4-2 所示。曝气与推进装置作为氧化沟工艺系统中非常重要的设备,具有三个十分重要的功能:一是推动沟渠内的混合液保持 0.2~0.3 m/s 的流速向前流动;二是保证混合液中微生物与有机底物等充分高频率接触混合;三是保证充足的充氧,维持混合液中的溶解氧含量。氧化沟工艺系统的水力停留时间一般可取 24 h,污泥泥龄一般为 20~30 d。

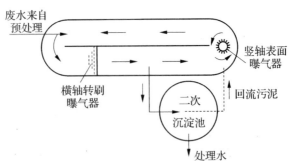

图 4-2 氧化沟工艺

③ 序批式反应器(SBR)

序批式反应器(sequencing batch reactor,SBR)工艺是一种逐批次操作的工艺,用于去除废水中的有机物、氮和磷等污染物。SBR 工艺系统最主要的技术特征是将废水入流、有机底物降解反应、活性污泥泥水分离、处理水排放等各项废水处理过程在同一个反应器内实施并完成(图4-3),即将进水、曝气、静置、排水集于一体。

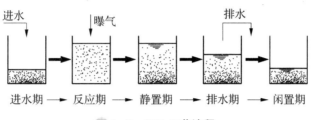

进水期 —→ 反应期 —→ 静置期 —→ 排水期 —→ 闲置期

图4-3 SBR工艺流程

相对于连续式活性污泥法,SBR 主要具有以下优点:① SBR 工艺的构成简单,系统紧凑,同时因为曝气池兼具了二沉池功能,故无须再设置二沉池从而大大节约了占地面积;② 冲击负荷值相对较高,除个别工业废水外,一般情况下无须设置调节池;③ 运行操作较为灵活,其内包括好氧、厌氧以及缺氧等步骤,通过适当的调节可以在去除污水内有机污染物的同时达到脱氮除磷的效果;④ 活性污泥在一个运行周期内经过不同的运行环境条件,污泥沉降性能好,SVI 较低,能有效地防止丝状菌膨胀;⑤ 该工艺可通过计算机进行自动控制,易于维护管理。

④ 循环活性污泥工艺(CASS)

随着废水处理难度增加,在SBR 基础上,开发出一种新型高效的循环活性污泥工艺系统(cyclic activated sludge system,CASS),池体内使用隔墙分离成生物选择区、兼性区和主反应区三个区域(图4-4),区域比大致为1:2:20。混合液由主反应区回流到生物选择区,回流比一般为20%。一个反应器内同时结合好氧、厌氧条件,实现生物降解与泥水分离过程,减少了反应器的占地面积,抗冲击能力强,不易发生污泥膨胀。

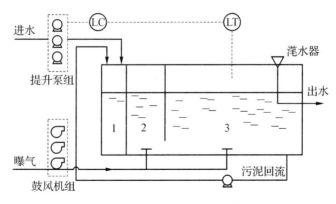

1—生物选择区;2—兼性区;3—主反应区。

图4-4 CASS工艺流程

2. 生物膜法

（1）生物膜法的基本原理

生物膜法是指利用微生物在载体填料上生长繁殖形成的生物膜，吸附和降解废水中的有机物，使废水得到净化的方法。根据生物膜处理工艺系统内微生物附着生长载体的状态，生物膜工艺可以划分为固定床和流动床两大类。在固定床中，附着生长载体固定不动，在反应器内的相对位置基本不变，代表工艺有生物滤池和生物接触氧化法；而在流动床中，附着生长载体不固定，在反应器内处于连续流动的状态，代表工艺包括生物转盘和移动床生物膜反应器等。

① 生物膜结构

微生物细胞在水环境中能在适宜的载体表面牢固附着，生长繁殖，细胞胞外多聚物使微生物细胞形成纤维状的缠结结构，称为生物膜，如图4-5。生物膜表层生长的是好氧和兼性微生物，在这里有机污染物经微生物好氧代谢而降解，终产物是 H_2O 和 CO_2 等。由于氧在生物膜表层基本耗尽，生物膜内层的微生物处于厌氧状态，在这里进行的是有机物的厌氧代谢，终产物为有机酸、乙醇、醛和硫化氢等。由于微生物的不断繁殖，生物膜不断增厚，超过一定厚度后，吸附的有机物在传递到生物膜内层的微生物前已被代谢掉，此时内层微生物因得不到充分的营养而进入内源代谢，失去其黏附在滤料上的性能，脱落下来随水流出，滤料或载体表面再重新长出新的生物膜。生物膜脱落的速率与有机负荷、水力负荷等因素有关。

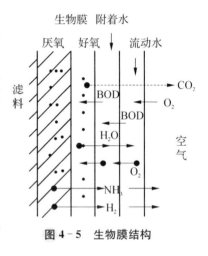

图 4-5　生物膜结构

② 生物膜组成

a. 细菌、真菌

细菌在生物膜中主要起着氧化分解有机物的作用，生物膜中常见细菌种类有动胶菌、球衣菌、硫杆菌属、无色杆菌属、产碱菌属、甲单胞菌属、诺卡氏菌属、色杆菌属、八叠球菌属、粪链球菌、大肠埃希氏杆菌、亚硝化单胞菌属和硝化杆菌属等。

除细菌外，真菌在生物膜中也较为常见，其可利用的有机物范围很广，有些真菌可降解木质素等难降解有机物，对某些人工合成的难降解有机物也有一定的降解能力。丝状菌也易在生物膜中滋长，具有很强的有机物降解能力，在生物滤池内丝状菌的增长繁殖有利于提高污染物的去除效果。

b. 原生动物、后生动物

原生动物与后生动物都是微型动物中的一类，栖息在生物膜的好氧表层内。原生动物以吞食细菌为生（特别是游离细菌），在生物滤池中，对改善出水水质起着重要作用。生物膜内经常出现的原生动物有鞭毛类、肉足类、纤毛类，后生动物主要有轮虫类、线虫类及寡毛类。在运行初期，原生动物多为豆形虫一类的游泳型纤毛虫；当运行正常、处理效果良好时，原生动物多为钟虫、独缩虫、等枝虫、盖纤虫等附着型纤毛虫。

与活性污泥法一样,原生动物和后生动物可以作为指示生物,来检查和判断工艺运行情况及污水处理效果。当后生动物出现在生物膜中时,表明水中有机物含量很低并已稳定,污水处理效果良好。另外,生物膜反应器中是否有原生动物及后生动物出现与反应器类型密切相关。通常,原生动物及后生动物在生物滤池及生物接触氧化池的载体表面出现较多,而对于三相流化床或生物流动床这类生物膜反应器,生物相中原生动物及后生动物的量则非常少。

c. 藻类

受阳光照射的生物膜部分会生长藻类,如普通生物滤池表层滤料生物膜中可出现藻类。一些藻类如海藻是肉眼可见的,但大多数只能在显微镜下观察,对污水净化所起作用不大。

(2)生物膜法的运行形式

① 生物滤池法

生物滤池是生物膜法处理废水的传统工艺,早在 19 世纪末便发展起来了。生物滤池主要由滤床及池体、布水设备以及排水系统组成,通过生物降解过程将有机物质从废水中去除,通常被用于处理城市污水、工业废水或其他有机废水。生物滤池包括普通生物滤池、高负荷生物滤池、塔式生物滤池以及曝气生物滤池。

a. 普通生物滤池

普通生物滤池的滤床由滤料组成(图 4-6),微生物主要生长栖息在滤料上,理想的滤料应具备下述特性:1) 拥有足够的比表面积,能够为微生物提供足够大的生长面积;2) 拥有足够的孔隙率,能够保证脱落的老旧生物膜可以随水流出滤池,避免出现生物滤池堵塞的情况;3) 不被微生物分解,也不抑制微生物生长,有良好的生物化学稳定性;4) 考虑到废水处理厂生物滤池大量使用的情况,在保证满足前面所述条件的同时,价格尽量低廉。

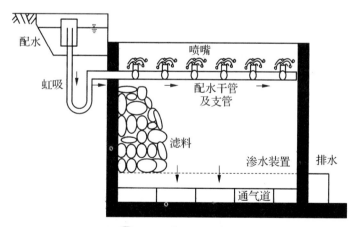

图 4-6 普通生物滤池

理论上讲,生物滤床滤料粒径越小,滤床表面可附着表面积就越大,滤床污水净化能力也越强。但在粒径变小的同时会带来生物膜堵塞、滤床通风性下降等情况,故生物滤床所使用的滤料粒径不宜过大,同样也不宜过小。早期的碎钢渣、焦炭等作为滤料的最佳粒径范围为 3~8 cm,孔隙率控制在 45%~50%,比表面积为 65~100 m²/m³。20 世纪 60 年代后被逐渐使用的塑料滤料的适宜比表面积为 98~340 m²/m³,孔隙率为 93%~

95%;玻璃钢蜂窝状块状滤料适宜比表面积为 200 m²/m³,孔隙率 95% 左右。

普通生物滤池的布水设备在生物滤床系统中的作用主要是保证废水能够均匀地分布在整个滤床表面。布水设备包括管式布水器、旋流器、平板布水器、旋转分布装置以及气力布水。排水系统在生物滤床运行过程中同样起着不可忽视的作用。一个好的排水系统在既能保证废水和废旧脱落生物膜排出的同时,也能够起到通风、支撑滤料的作用。

早期的普通生物滤池水力负荷和有机负荷都很低,虽净化效果好,但占地面积大,易于堵塞。针对这些缺点,后来开发出水力负荷和有机负荷都较高的高负荷生物滤池,以及能够保证废水、生物膜和空气三者充分接触,且通风条件改善的塔式生物滤池,同时结合曝气充氧工艺,在生物滤池的基础上开发出了曝气生物滤池工艺。

b. 高负荷生物滤池

针对前面所述的生物滤池在设计初的负荷较低问题,人们通过运用革新流程和新型滤料,开发出了高负荷生物滤池(如图 4-7),其构造与普通生物滤池基本相同,但填料具有更大的比表面积和高度孔隙性,可为细菌提供充足的附着表面,促进细菌的附着和生长,从而增大负荷率,缩小滤池体积。高负荷生物滤池的生物膜主要是依靠水力冲刷脱落,故一般情况下不会造成堵塞,更新周期较短,因为依靠水力冲刷,所以高负荷生物滤池的生物膜相对来讲较薄,活性与氧化能力都非常好。

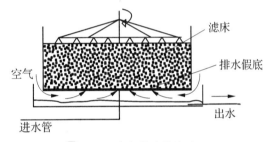

图4-7 高负荷生物滤池

c. 塔式生物滤池

塔式生物滤池是在普通生物滤池的基础上发展起来的。如图 4-8 所示,塔式生物滤池是一种高效生物处理构筑物,每日可处理污水量约为填料体积的 10 倍左右,其净化能力一般为每日每立方米填料 1~3 kg 生化需氧量,是普通滤池的 10~20 倍,这样高的处理净化能力完全依靠滤料表面形成的一层生物膜来净化污水。

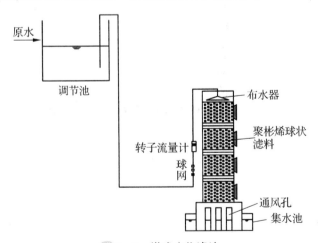

图4-8 塔式生物滤池

塔式生物滤池的污水净化机理同普通生物滤池相同,其主要是针对普通生物滤池占地面积较大的缺点,在工程设计中提高生物滤池高度,从而提高有机负荷。其中,塔式生物滤池直径宜为 $1\sim3.5$ m,直径与高度之比宜为 $1:6\sim1:8$。在提升滤池高度的同时,塔式生物滤池生物相分层明显,滤床堵塞可能性减小。

d. 曝气生物滤池

曝气生物滤池也称淹没式曝气生物滤池,是在普通生物滤池、高负荷生物滤池、塔式生物滤池、生物接触氧化法等生物膜法的基础上发展而来的。曝气生物滤池是新开发的一种生物膜法污水处理技术,是集生物降解、固液分离于一体的污水处理设备,其池内底部设置承托层,承托层上部设置滤料填料。其中,曝气所需空气管、空气扩散装置以及处理水集水管兼反冲洗水管均设置在滤池底部承托层内部(如图 4-9)。

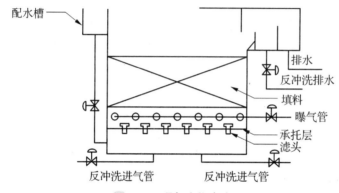

图 4-9　曝气生物滤池

曝气生物滤池根据进水方向,可以分为上向流和下向流两种形式。目前,常用的是上向流,其进水和进气共同向上流动,这有利于气与水的充分接触并提高氧的转移速率和底物的降解速率。曝气生物滤池可通过滤料对污染物进行吸附和过滤,对可生化性差的含油废水,处理效果较好,但易发生滤层顶部堵塞的问题。曝气生物滤池技术在降低负荷方面具有突出作用,有助于降低污水处理的成本。

② 生物接触氧化法

生物接触氧化法通过在生物接触氧化池内添加填料(图 4-10),经充分曝气后在填料上形成生物膜,对污染物进行吸附降解。相较于生物滤池使用包括天然填料(如沙和碎石)以及塑料填料,生物接触氧化法通常使用塑料填料,如环形或方形填料。这些填料提供了大量的表面积,以供微生物附着和生长。填料通常有较大的孔隙度,以便废水可以轻松通过并与微生物接触。废水在反应器内经过充氧后与填料相接触,在填料上的生物膜和填料空隙间的活性污泥双重作用下,使废水得到净化。废水中的有机物不断转化为新的生物膜,旧生物膜从填料上脱落后,与水中存在的其他固体物形成污泥,通过排泥管进入后续处理装置,污水溢出出水堰进入后续处理装置(例如二沉池)。

作为介于活性污泥法和生物滤池二者之间的污水生物处理技术,生物接触氧化法兼有活性污泥法和生物膜法的特点,具有下列优点:

a. 较高的容积负荷:生物接触氧化池内部填料的比表面积大,故池内充氧条件较好,

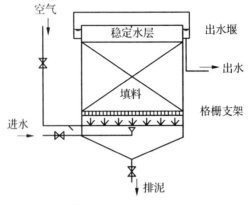

图 4-10 接触氧化池

同等单位容积下生物接触氧化池内的生物固体量高于活性污泥法曝气池及生物滤池。

b. 管理方便：因为生物接触氧化法会不断形成新的生物膜，故该方法不需要污泥回流，同样不存在污泥膨胀的问题，运行管理相较而言更方便。

c. 水量变化适应能力强：生物接触氧化池水流完全混合，同时内部填料表面生物固体数量较多，因此对于水质水量的骤变，生物接触氧化池的适应能力较强。

除了上述优点外，生物接触氧化法同样存在一定缺点，比如该法易造成填料堵塞，影响氧气的传质效果，使用该技术对废水进行处理，要求有大量的氧气提供反应，而且在处理过程中，需要进行多次搅拌和混合。

③ 移动床生物膜反应器工艺

移动床生物膜反应器（moving-bed biofilm reactor，MBBR）工艺是一种通过向反应器中投加一定数量的悬浮载体（图 4-11），提高反应器中的生物量及生物种类，从而提高反应器处理效率的工艺。由于悬浮载体密度接近于水，所以在曝气时可与水呈完全混合状态，微生物生长的环境为气、液、固三相。载体在水中的碰撞和剪切作用，使空气气泡更加细小，增加了氧气的利用率。另外，每个载体内外均具有不同的生物种类，内部生长一些厌氧菌或兼氧菌，外部为好养菌，这样每个载体都为一个微型反应器，使硝化反应和反硝化反应同时存在，从而提高了处理效率。

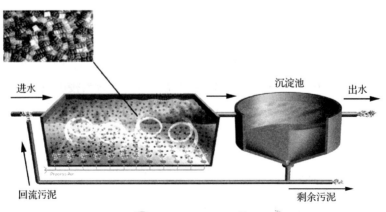

图 4-11 MBBR 工艺

MBBR 工艺兼具传统流化床和生物接触氧化法的优点,是一种新型高效的污水处理方法。依靠曝气池内的曝气和水流的提升作用使载体处于流化状态,进而形成悬浮生长的活性污泥和附着生长的生物膜,这就使得移动床生物膜使用了整个反应器空间,充分发挥附着相和悬浮相生物两者的优越性,使之扬长避短,相互补充。

④ 好氧生物转盘工艺

生物转盘(图 4 - 12)去除废水中有机污染物的机理与生物滤池基本相同,但构造形式与生物滤池有较大差异。当圆盘浸没于废水中时,废水中的有机物被盘片上的生物膜吸附,当圆盘离开废水时,盘片表面形成薄薄一层水膜,水膜从空气中吸收氧气,同时生物膜分解被吸附的有机物。这样,圆盘每转动一圈,即进行一次"吸附—吸氧—氧化分解"过程。圆盘不断转动,废水得到净化,同时盘片上的生物膜不断生长、增厚。老化的生物膜靠圆盘旋转时产生的剪切力脱落下来,生物膜得到更新。

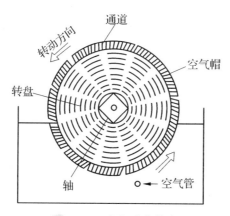

图 4 - 12　好氧生物转盘

与生物滤池相比,生物转盘有如下特点:a. 不会发生堵塞现象,净化效果好;b. 能耗低,管理方便;c. 占地面积较大;d. 有气味产生,对环境有一定影响。

3. 膜生物反应器

(1) 膜生物反应器的原理和特点

膜生物反应器(membrane bio-reactor,MBR)是结合膜分离技术与生物处理技术,用微滤膜或超滤膜代替二沉池进行污泥固液分离的废水处理装置,即膜组件取代传统生物处理技术末端的二沉池,出水水质相当于二沉池出水基础上再进行微滤或超滤,有效提升了环境工程污水排放效果,出水水质相对良好。其中生物反应器内保持高活性污泥浓度,有效提高生物处理有机负荷,可以根据有机物降解或生物脱氮及除磷的要求,减少废水处理设施占地面积,并通过保持低污泥负荷减少剩余污泥量。

MBR 工艺将废水物理处理与生物处理相结合,相较于传统污水生化处理的优点如下:

① 处理效果佳,水量耐冲击负荷高。MBR 工艺中膜组件能够在废水经过生化处理后实现固液分离,其分离效果远远优于传统沉淀池。同时,相较于传统沉淀池,MBR 反应

器有着更强的耐冲击负荷能力,对于进水水量与水质变化有着更好的适应性。

② 污泥膨胀率较低。MBR工艺由于其中膜组件的截留作用,使得生化反应器中可以保持着较高的生物量,减少有机负荷量,从而避免发生因为其他生物量少而丝状菌大量繁殖所导致的污泥膨胀问题。

③ 高效去除污染物质。MBR工艺中膜组件的微生物截留作用有利于增殖缓慢的微生物传代繁育,例如硝化细菌,从而提高污染物去除效率。

④ 运行操控灵活。MBR工艺在运行过程中,实现了水力停留时间(hydraulic retention time,HRT)与污泥停留时间(sludge retention time,SRT)的完全分离,在实际操作运行过程中,可以实现智能化控制,操作灵活,管理方便。

MBR工艺的缺点在投入成本和运行成本较高,表现为:

① 膜组件造价较为昂贵,MBR工艺的基建成本较高;

② MBR工艺在实际运行中会发生大分子有机物质尤其是疏水类物质堵塞膜孔的现象,出现膜组件污染问题,为保证一定的膜通量,就必须设置有效的反冲洗措施。此外,由于MBR工艺系统内部污泥浓度较高,故为保持污泥活性,就必须保持较高的充氧量,从而导致耗能较高。

(2) 膜生物反应器工艺类型

膜生物反应器类型可以分为内置浸没膜组件的内置式膜生物反应器(sMBR)和外置膜分离单元的外置式膜生物反应器(rMBR)。

① sMBR

sMBR也称为浸没式或淹没式MBR,其中膜组件安置在生物反应器的内部,使用真空泵或者依靠水头压差来进行压力驱动,其中泥水混合液经选择透过膜渗出后由泵排出(图4-13)。sMBR工艺中常用到的膜组件为平板膜与中空纤维超滤膜。在实际运行过程中,该工艺主要依靠空气与水的晃动冲击来减缓膜污染,但为了保证清除膜污染物质的效果程度,反应器内通常还会设置中空轴,通过其旋转来促使安装在轴上的膜转动从而形成错流过滤,达到去除膜污染的效果。

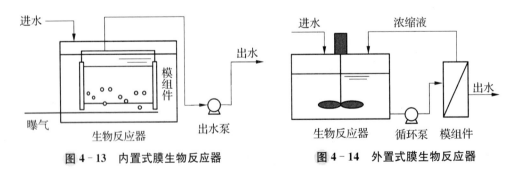

图4-13 内置式膜生物反应器　　　　图4-14 外置式膜生物反应器

② rMBR

rMBR是通过将生物反应器与膜组件分开(图4-14),把生物反应器中的混合液通过增压后提升到膜组件的过滤一端,在外在压力作用下,生物反应器中混合液透过膜之后成为系统处理出水,另一端的浓缩液再回流至生物反应器中。rMBR工艺中膜的更换、增设、清洗较为方便,单位面积膜的水通量大。此外,膜组件与生物反应器之间相对独立,互相影响较小。

4.1.2 厌氧生物处理技术

1. 厌氧生物处理原理

厌氧生物处理包括厌氧活性污泥处理和厌氧生物膜处理。厌氧活性污泥通常呈颗粒状形态,是一种由各类厌氧细菌构成的生物污泥,这些微生物在缺氧或无氧的环境下表现出生长和降解有机废物的活性。厌氧生物膜的工作原理是将废水通过一种载体或支架(通常是填料或膜片),微生物在这些载体上附着并生长,形成生物膜。这些生物膜中的微生物在缺氧或无氧条件下进行代谢活动,降解有机废物和其他废水中的污染物。

废水厌氧生物处理过程分为水解发酵阶段、产氢产乙酸阶段和产甲烷阶段三个阶段。其中,水解发酵阶段是细菌胞外酶将复杂有机物中的脂肪、蛋白质、糖类分别分解为简单的脂肪酸和甘油、氨基酸、葡萄糖等中间产物,厌氧菌和兼性厌氧菌将这些简单的中间产物进一步氧化和发酵成乙酸、丙酸、丁酸等挥发性脂肪酸和醇类;产氢产乙酸阶段是产氢产乙酸菌将水解发酵阶段中除乙酸和甲醇外的产物进一步转化为乙酸、氢气和二氧化碳;产甲烷阶段是产甲烷菌将水解发酵阶段和产氢产乙酸阶段中的产物乙酸和氢气转化为甲烷。通常,厌氧生物处理法用于处理高浓度有机废水。

2. 厌氧生物处理工艺

(1)厌氧生物滤池

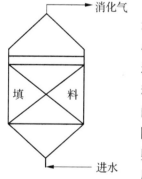

图 4-15 厌氧生物滤池

厌氧生物滤池(anaerobic biological filtration process)是一种在无氧或极低氧气条件下去除废水中污染物的反应器,结构如图4-15所示,废水从池底进入,从池顶排出。厌氧生物滤池功能区域主要分为2个区域:第一部分是填料部分,微生物生长在固体填料上,主要承担着一定的生物功能;第二部分是微生物与填料之间的清水区和空隙,此区域存在着部分活性污泥,具有一定的有机物降解以及各种物质调节效果。滤料可采用拳状石质滤料,如碎石、卵石等,粒径在40 mm左右,也可使用塑料填料。塑料填料具有质量轻、孔隙率高等优点,但价格较贵。

与好氧生物处理法相比,厌氧生物滤池对于难降解、成分比较复杂的污水仍有较好的处理效果,且能耗低、有机负荷高,能更好适应污水水量变化较大的情况,尤其适用于低浓度、间歇排放等场所。缺点是启动时间长,对进水SS要求较高,对氮、磷等污染物去除效率较低,需要经常更换填料,系统对布水要求较高,否则易发生短流,不能直接达标,影响处理效果。

(2)厌氧流化床

厌氧流化床(anaerobic fluidized bed)由厌氧污泥和载体填料构成,其结构如图4-16所示,床体内充填细小的固体颗粒填料,如石英砂无烟煤、活性炭、陶粒和沸石等,填料粒径一般为0.2~1 mm。废水自床底部流入,目的是膨胀整个填料层,在较高的升流速度下,反应器内的载体填料处于高速的流化状态,一般情况下,膨胀率达到10%～20%时,此时的反应器称为厌氧膨胀床;当膨胀率达到20%～70%时,称为厌氧流化床,其中流化床内的颗粒均做无规则自由运动。在厌氧流化床内,污水与微生物之间接触面积较大,避免了因有机物扩散困难而导致的微生物活性下降,颗粒的流化加快了微生物与污水间接触界面的更新速度,为传质提供了推动力,促进了传质过程,使整个反应器过程能够快速、高效地进行。

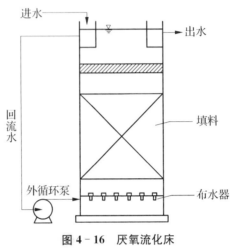

图 4 - 16　厌氧流化床

（3）升流式厌氧污泥床

升流式厌氧污泥床反应器(up-flow anaerobic sludge bed，UASB)是由荷兰的 Lettinga 教授等在 1972 年研制,于 1977 年开发的(图 4 - 17)。污水自下而上通过厌氧污泥床反应器。在反应器的底部有一个高浓度(可达 60～80 g/L)、高活性的污泥层,大部分有机物在这里被转化为 CH_4 和 CO_2。由于气态产物(消化气)的搅动和气泡黏附污泥,在污泥层之上形成一个污泥悬浮层。反应器的上部设有三相分离器,完成气、液、固污泥层三相分离。被分离的消化气从上部导出,被分离的污泥则自动滑落到悬浮污泥层。出水则从澄清区流出。由于在反应器内可以培养出大量厌氧颗粒污泥,使反应器的负荷很高。

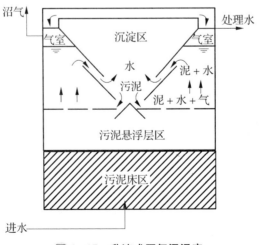

图 4 - 17　升流式厌氧污泥床

UASB有着有机负荷高、能源需求低且能产生能源、耐有机负荷冲击能力强、营养物质需求量低、占地面积小等特点。其不足之处在于：① 不能有效去除氮、磷化合物；② 反应器启动和运行周期长；③ 进水中硫酸盐浓度高时产生的刺激性气味气体对甲烷菌产生毒性而影响反应器的运行。④ 运行温度需要在常温中进行，温度过低会影响运行效率。目前，UASB反应器主要的优化对象为配水系统、颗粒污泥层、三相分离系统等部分。

（4）厌氧生物转盘

厌氧生物转盘的构造（图4-18）与好氧生物转盘相似，不同之处在于上部加盖密封，为收集沼气和防止液面上的空间氧对运行的影响。废水处理靠盘片表面生物膜和悬浮在反应槽中的厌氧活性污泥共同完成。盘片转动时，作用在生物膜上的剪切力将老化的生物膜剥下，在水中呈悬浮状态，随水流出，沼气从转盘槽顶排出。

厌氧生物转盘可承受较高有机负荷和冲击负荷，COD去除率可达90%以上；不存在载体堵塞问题，生物膜可经常保持较高活性，便于操作，易于管理。其缺点是造价较高，生物膜大量生长后转轴的负荷加大。

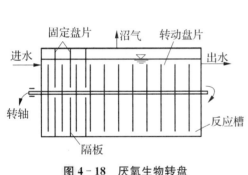

图4-18　厌氧生物转盘

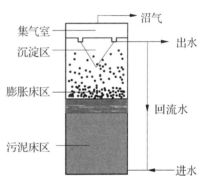

图4-19　厌氧颗粒污泥膨胀床

（5）厌氧颗粒污泥膨胀床

厌氧颗粒污泥膨胀床结合了厌氧生物处理和颗粒污泥技术，其主要工作原理是废水通过充满厌氧颗粒污泥的床层（如图4-19），在缺氧条件下，与床层中的厌氧颗粒污泥接触。微生物通过代谢活动降解废水中的有机废物，将其分解为较简单的化合物。此过程发生在床层内，依赖于厌氧微生物的活动。

接着便是关键步骤——膨胀，即通过向床层引入气体，通常是空气或氮气，来增加床层的体积，从而将床层中的厌氧颗粒污泥悬浮并混合。这一过程有助于维持床层内的均匀性，确保废水能够均匀地与厌氧颗粒污泥接触。

最后便是三相分离，前端产生的沼气、废水以及污泥固体废物等进行有效分离。在厌氧颗粒污泥膨胀床内，废水经过床层处理，有机废物被降解，而处理后的水被带到床层的上部。在三相分离的过程中，废水被分离出来，通常通过床层上部的排水系统收集，以便进一步处理或排放。这一步骤确保处理后的水质清洁，可以符合排放标准。在厌氧颗粒污泥膨胀床的操作过程中，微生物代谢活动产生沼气。为了有效利用沼气，需要进行分离和收集。通常，沼气可以通过位于床层上部的气体收集系统收集起来，然后通过管道传输到能源生产设备或其他用途。在床层内的处理过程中,废水中的固体废物、微生物颗粒和其他杂质可能会被沉淀下来。这些固体废物需要分离和清除,以防止其在系统中积累并引起堵塞。通常,床层的上部会设有固体废物收集系统,用于收集和清除这些废物。

4.1.3 生物脱氮技术

1. 生物脱氮原理

现行的以传统活性污泥工艺为代表的废水好氧生物处理工艺,其处理功能是降解、去除废水中呈溶解性的有机污染物。废水中的氮、磷等营养元素是通过污泥中微生物细胞生命活动的需求进行吸收。但这种情况下氮的去除率一般仅能达到 $20\% \sim 40\%$,而磷的去除率则更低,约为 $5\% \sim 20\%$。自然界中普遍存在着氮循环的自然现象。在采取适当的运行条件后,能够在活性污泥反应系统中将这一自然现象加以模拟,赋予活性污泥反应系统以脱氮的功能,此过程中主要涉及的微生物反应包括氨化反应、硝化反应和反硝化反应。

(1)氨化反应与硝化反应

① 反应过程

a. 氨化反应

废水中的有机氮化合物(如蛋白质、尿素等)在氨化菌的作用下被分解、转化为氨态氮(NH_3 或 NH_4^+),这一过程称为"氨化反应",以氨基酸为例,其化学反应式:

$$RCHNH_2COOH + O_2 = RCOOH + CO_2 + NH_3$$

b. 硝化反应

氨态氮在亚硝化菌和硝化菌作用下被氧化,最终生成硝态氮,这一反应分为两个阶段,首先氨态氮在亚硝化菌作用下转化为亚硝态氮,反应式:

$$NH_4^+ + 3/2O_2 = NO_2^- + H_2O + 2H^+ - \Delta F (\Delta F = 278.42 \text{ kJ})$$

随后,亚硝态氮在硝化菌作用下转化为硝态氮,反应式:

$$NO_2^- + 1/2O_2 = NO_3^- - \Delta F (\Delta F = 72.27 \text{ kJ})$$

硝化反应总反应式:

$$NH_4^+ + 2O_2 = NO_3^- + H_2O + 2H^+ - \Delta F (\Delta F = 351 \text{ kJ})$$

② 氨氧化菌(AOB)与亚硝酸盐氧化菌(NOB)

AOB(ammonia oxidizing bacteria)是一类能够在好氧条件下将氨氧化为亚硝酸盐的化能无机自养型细菌。氨氧化菌属革兰氏阴性菌,生长极为缓慢,在适宜的条件下需 24 h 才能完成一次分裂周期,种类包括亚硝化单胞菌属(*Nitrosomonas*)、亚硝化球菌属(*Nitrosococcus*)、亚硝化螺菌属(*Nitrosospira*)、亚硝化弧菌属(*Nitrosovibrio*)以及亚硝化叶菌属(*Nitrosolobus*)。AOB 喜欢偏碱性的环境,生长的最适 pH 为 $7.0 \sim 8.5$,最适温度为 $24 \sim 28℃$。

NOB(nitrite oxidizing bacteria)同样属于化能自养型细菌,在好氧条件下可利用无机碳化合物,如 CO_2、CO_3^{2-}、HCO_3 等作为碳源,利用 NO^{2-} 作为氮源,在 NO^{2-} 氧化过程中以 O_2 为最终电子受体,以获得生长所需的能量。目前已知的 NOB 菌属主要包括硝化杆菌属(*Nitrobacter*)、硝化螺菌属(*Nitrospira*)、硝化球菌属(*Nitrococuus*)、硝化刺菌属(*Nitrospina*)、*Nitrotoga* 属、*Candidatus Nitromaritima* 属和 *Nitrolancea* 属共 7 类菌属。

③ 硝化过程影响因素

硝化菌对环境条件的变化极为敏感,为了使硝化反应进行正常,必须保持硝化菌所需要的环境条件,包括:

a. 好氧环境

在硝化反应进程中,1 mol 原子氮(N)氧化成为硝酸氮需 82 mol 分子氧(O_2),即 1 g 氮完成硝化反应转化成硝酸氮需氧 4.57 g,这个需氧量称为"硝化需氧量"(NOD)。一般建议硝化反应器内混合液中溶解氧含量应大于 2.0 mg/L。

b. 较低的 BOD 含量

硝化菌属自养型细菌,有机物浓度不是它生长增殖的限制因素,若混合液中含碳有机物(BOD)浓度过高,将使增殖速度更高的异养型细菌迅速增殖成为优势菌种,而硝化细菌在群落中的占比降低,不利于硝化反应的进行。一般建议混合液中 BOD 值应在 20 mg/L 以下。

c. 适宜的温度

亚硝化菌与硝化菌均属中温细菌,最适生长温度为 20~30℃,温度过高或过低都会对硝化速率造成显著影响。此外,亚硝化菌与硝化菌对温度的敏感性具有显著差异。研究发现,当温度在 5~12℃时,硝化菌的生长速率高于亚硝化菌,而当温度为 12~30℃时,亚硝化菌的生长速率高于硝化菌。

d. 合适的 pH

硝化反应过程会向混合液释放 H^+,从而使混合液的 pH 下降。硝化菌对 pH 的变化极为敏感,其最适生长 pH 为 7~8。为了使混合液保持适宜的 pH,应在混合液中保持足够的碱度,以保证在硝化反应过程中对 pH 的变化起到缓冲作用。一般来说,1 g 氨态氮(以 N 计)完全硝化,需碱度(以 $CaCO_3$ 计)7.14 g。

e. 足够的污泥停留时间

废水处理系统中污泥停留时间(sludge retention time,SRT)需大于微生物的最小世代周期,从而保证目标微生物在活性污泥中有足够的丰度,维持系统对目标污染物的高效去除。为保证系统中良好的硝化性能,通常将 SRT 控制在硝化菌的 1.5~3 倍世代周期以上。然而,亚硝化菌与硝化菌的世代周期不同,因此可通过调节 SRT 进行目标微生物的富集。有研究发现,通过控制 SRT 为 10 d,可成功实现硝化菌的淘汰和亚硝化菌的富集,此时亚硝酸盐积累率达到最大,反应器处于亚硝化阶段。

(2) 反硝化反应

① 反硝化反应过程与反硝化菌

反硝化反应的实质是硝酸氮($NO_3 - N$)和亚硝酸氮($NO_2 - N$)在缺氧环境下被反硝化菌还原成为气态氮(N_2)或 N_2O、NO 的生物化学过程。硝酸盐的反硝化还原过程如下所示:

$$NO_3^- \longrightarrow NO_2^- \rightarrow NO \rightarrow N_2O \rightarrow N_2$$

硝态氮还原为亚硝态氮气：$2NO_3^- + 4H + 4e \longrightarrow 2NO_2^- + 2H_2O$

亚硝态氮还原为一氧化氮：$2NO_2^- + 4H + 2e \longrightarrow 2NO + 2H_2O$

一氧化氮还原为一氧化二氮：$2NO + 2H + 2e \longrightarrow N_2O + H_2O$

一氧化二氮还原为氮气：$N_2O + 2H + 2e \longrightarrow N_2 + H_2O$

反硝化菌在自然环境中几乎无处不在，包括假单胞菌属（*Pseudomonas*）、产碱杆菌属（*Alcaligenes*）、孢杆菌属（*Bacillus*）和微球菌属（*Micrococcus*）等。这些微生物多属兼性细菌，在混合液中有分子态溶解氧存在时，这些反硝化细菌氧化分解有机物，利用分子氧作为最终电子受体（被还原）；在不存在分子态氧的情况下，利用硝酸盐（N 为 +5 价）和亚硝酸盐（N 为 +3 价）中的 N 作为能量代谢中的电子受体，O（−2 价）作为受氧体生成 H_2O 和 OH^-，有机物作为碳源及电子供体提供能量并得到氧化稳定。

② 反硝化过程的影响因素

a. 温度

反硝化反应的适宜温度为 20～40℃，低于 15℃ 时，反硝化菌的增殖速率和代谢速率降低，导致反硝化反应速率降低。

b. pH

反硝化反应过程会产生一定量的碱度，这一现象有助于补充在硝化反应过程中消耗的部分碱度。理论上，每还原 1 g NO_3^--N，要生成 3.57 g 碱度（以 $CaCO_3$ 计），在实际操作上要低于此值。对于活性污泥工艺的反硝化系统，此值为 2.89。美国国家环境保护局建议在工程设计中采用 3.0 g $CaCO_3/gNO_3^-$-N。

c. 溶解氧

反硝化菌是异养兼性厌氧菌，只有在无分子氧且同时存在硝酸盐和亚硝酸盐离子的条件下，才能利用这些离子中的氧进行呼吸，使硝酸盐和亚硝酸盐还原。若反应器内溶解氧含量较高，将使反硝化菌利用氧进行呼吸，抑制反硝化菌体内硝酸盐还原酶的合成。但另一方面，反硝化菌体内某些酶系统组分只有在有氧条件下才能合成，因此，反硝化菌宜在厌氧、好氧交替的环境中生活。

d. 碳源

由于反硝化过程需要有机碳源作为电子供体，因此需保证碳源充足才能达到较好的反硝化效果。普遍认为 C/N>8 时，反硝化的整体处理状态会较好。当废水中有机物含量较低时，往往需要适当添加有机化合物来补充碳源，如 CH_2OH、CH_3COOH 等。

2. 生物脱氮工艺

(1) 三段式脱氮工艺

三段式脱氮工艺是一种用于废水处理的高级氮移除技术，它旨在有效地去除废水中的氨氮（NH_3-N）、亚硝酸盐氮（NO_2-N）以及硝酸盐氮（NO_3-N）等氮化合物。这个工艺结合了氨化反应、硝化反应和反硝化反应的三个关键步骤，以减少氮化合物的排放。该工艺是将有机物氧化、硝化及反硝化段独立开来，每一部分都有独立的沉淀池和污泥回流系统，使除碳、硝化和反硝化在各自的反应器中进行（图 4-20），并分别控制在适宜的条件下运行,处理效率高。

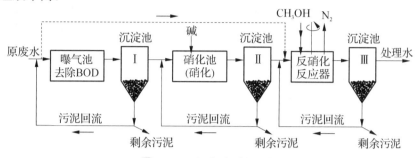

图4-20 三段式脱氮工艺

三段式脱氮工艺包括以下三个关键步骤:

① 氨化阶段:废水首先进入氨化阶段,其中氨氮(NH_3-N)在厌氧条件下被氨化细菌转化为亚硝酸盐氮(NO_2-N)。

② 硝化阶段:亚硝酸盐氮(NO_2-N)在好氧条件下被硝化细菌氧化成硝酸盐氮(NO_3-N)。

③ 反硝化阶段:最后,在缺氧或无氧条件下进行,其中硝酸盐氮(NO_3-N)被反硝化细菌还原成氮气(N_2),并排放到大气中。

整个工艺要求定期切换不同的操作阶段,以确保适当的条件和菌群活动。通过这个三段式脱氮工艺,氮化合物得以去除,水体质量得以改善,有助于减少氮相关的水质问题,如富营养化和水体污染。

(2)前段缺氧-好氧脱氮工艺(A/O)

A/O法脱氮工艺,是在20世纪80年代初开创的工艺流程,其主要特点是将反硝化反应器放置在系统之首,故又称为前置缺氧反生硝化生物脱氮系统,这是目前采用比较广泛的一种脱氮工艺。

如图4-21所示为分建式A/O活性污泥脱氮系统,即反硝化、硝化与BOD去除分别在两座不同的反应器内进行。硝化反应器内的已进行充分反应的硝化液的一部分回流反硝化反应器,而反硝化反应器内的脱氮菌以原污水中的有机物作为碳源,以回流液中硝酸盐的氧作为电子受体,进行呼吸和生命活动,将硝态氮还原为气态氮(N_2),不需外加碳源(如甲醇)。在我国大多数城市污水厂采用A/O工艺脱氮,充分利用原污水中有机物为反硝化所需有机碳源,且反硝化产生的碱度随出水进入好氧段,补偿硝化反应消耗的碱度,而好氧段设置在后端进一步去除反硝化过程中残留有机物,使出水水质更稳定。

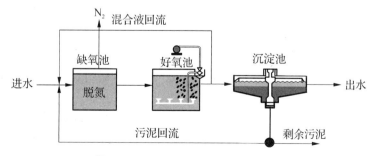

图4-21 分建式缺氧-好氧脱氮工艺

（3）同步硝化反硝化

同步硝化反硝化过程是指在没有明显独立设置缺氧区的活性污泥法处理系统内总氮被大量去除的过程。同步硝化反硝化可以通过优化反应器结构的方式，构建分别符合硝化和反硝化反应的环境条件，使污水通过一个反应器后，进水中的溶解性氮转化为含氮气体。利用同步硝化反硝化的宏观分区环境理论，在同一个反应器中可以实现脱氮的效果，其脱氮机理与传统的硝化反硝化工艺无异，但因其在一个反应器中实现，国内外学者称其为同步硝化反硝化。

在人们对硝化、反硝化等过程的机理探究清楚之后，随着微生物学研究技术的发展，越来越多的脱氮功能微生物被证明可以利用多种电子供体、电子受体进行生长。有多种细菌被证明同时具有硝化和反硝化的能力。

（4）短程硝化反硝化工艺

随着废水生物脱氮新理论的广泛发展，各种新型的生物脱氮工艺被不断研究，并且在实际工程中得到推广和应用。其中短程硝化反硝化生物脱氮工艺是一种具有代表性的新型生物脱氮工艺，它在理念和技术上突破了传统的生物硝化反硝化工艺框架。其原理是将硝化过程控制在 $NO_2^- - N$ 阶段并直接以 $NO_2^- - N$ 作为电子最终受体进行反硝化。1975 年 Voets 等人在处理高氨氮废水时，发现污泥硝化过程中出现了 $NO_2^- - N$ 积累现象，并据此提出了短程硝化反硝化（single reactor high activity ammonium removal over nitrite，SHARON）的生物脱氮理论。考虑 $NO_2^- - N$ 的累积为主反应过程，因此 AOB 应为 SHARON 工艺的优势菌。相应地，应抑制 NOB 的生长和减轻其在菌群中的比重。

SHARON 工艺的运行效果受多种因素影响，包括：

① 溶氧。研究表明，AOB 的低氧适应性明显高于 NOB，即可根据反应器氧环境的调节实现低氧苛刻条件下的 NOB 抑制。例如，有研究发现，在运行 SHARON 工艺时，将溶氧浓度限制在约 1 mg/L 的低浓度，$NO_2^- - N$ 的累积过程较为明显。

② 温度。SHARON 工艺适用于处理高温氨氮废水，以初代 SHARON 工艺为例，通常需将工艺温度维持在 30～35℃。在温度高于 15℃ 时，AOB 的生理代谢速率明显高于 NOB。研究发现，要实现 NOB 菌群的分离，SHARON 系统运行温度至少应高于 25℃。因此考虑到季节运行，SHARON 工艺面临原水的加热问题，这在一定程度上限制了该工艺的适用性。

③ pH。氧化氨氮需要消耗原水的碱度。AOB 和 NOB 的适宜 pH 分别为 7.0～8.5 和 6.0～7.5，因此 pH 为 7.5 可以作为筛选 AOB 作为优势菌种的分界点。在运行 SHARON 工艺时，若原水 pH 低于 7.5，需对原水外加碱度以达到抑制 NOB 的效果。

④ 碳氮比。研究表明，在运行 SHARON 工艺时，原水的碳氮比与 $NO_2^- - N$ 的累积率呈负相关关系。但这个负相关关系并不绝对，碳氮比过低也不利于反硝化过程。因此，在确定各种衍生 SHARON 工艺的最佳运行参数时，应控制变量地分析最佳碳氮比，避免盲目照搬经验值或别人的运行参数。

⑤ 污泥龄。AOB 和 NOB 的生长速率不同，二者的世代时间分别为 8～36 天和 12～59 天。由于 AOB 生长速率大于 NOB，导致亚硝化细菌最小停留时间小于硝化细菌，SHARON 工艺将 SRT 控制在两者最小停留时间之间，可保证亚硝化细菌增多，硝化细菌

衰减甚至消除,从而实现 $NO_2^- - N$ 稳定积累。

与普通活性污泥法相比,SHARON 工艺可节省 25% 的供氧量、40%～60% 的有机碳需求量、30%～40% 的反应器体积,脱氮率提高 1.5～2 倍。

(5) 厌氧氨氧化

1932 年,Allgeier 等在美国 Mendota 湖水底质发酵过程中发现了氮气,即 ANAMMOX(anaerobic ammonia oxidant)现象首次被发现。ANAMMOX 反应是指在无氧或缺氧条件下,厌氧氨氧化菌(AnAOB)以 CO_2 或 HCO_3^- 为碳源,以 $NH_4^+ - N$ 为电子供体,以 $NO_2^- - N$ 为电子受体,将其直接转化为 N_2 去除,进而完成脱氮过程,反应式为 $NH_4^+ + 1.32NO_2^- + 0.066HCO_3^- \longrightarrow 1.02N_2 + 0.26NO_3^- + 0.066CH_2O_{0.5}N_{0.15} + 2.03H_2O$。作为一种针对含氮废水的新型处理技术,ANAMMOX 广泛应用于污泥消化液、垃圾渗滤液、工业废水等高氨氮废水的处理中。

自然界中广泛存在的 AnAOB 属于浮霉菌门类(Planctomycetes),包括 *Anammoxoglobus*、*Anammoximicrobium*、*Brocadia*、*Jettenia*、*Kuenenia* 和 *Scalindua* 在内的 6 个属。AnAOB 是一种专性厌氧的化能自养型细菌,为革兰氏阴性菌。ANAMMOX 工艺的控制关键在于培育和持留足量的 AnAOB,并通过控制环境条件,避免不利因素对 AnAOB 的影响,提高功能菌的活性和数量。AnAOB 的控制因素主要包括以下几个方面:

① 温度控制。温度对厌氧氨氧化的影响主要体现在影响酶活性上。厌氧氨氧化反应的活化能为 70 kJ/mol,与亚硝酸细菌的反应活化能基本相当。从化学反应角度讲,厌氧氨氧化属于容易进行的化学反应,但从生物反应角度讲,又属于较难进行的生物反应。因此,在废水生物处理中,厌氧氨氧化属于对温度变化较为敏感的反应类型,在一定的温度范围内,提高温度有利于加速反应。

② pH 控制。当 pH 从 6.0 升至 7.5 时厌氧氨氧化速率升高,但当 pH 继续升至 9.5 时,厌氧氨氧化速率会不断下降。研究表明,厌氧氨氧化的适宜 pH 范围为 6.7～8.3,最大反应速率在 pH=8.0 左右。

③ 溶解氧控制。研究表明,氧能够抑制厌氧氨氧化活性,在氧气浓度为 0.5%～2.0% 空气饱和度条件下,厌氧氨氧化的活性被完全抑制,但该抑制是可逆的,除氧后厌氧氨氧化活性可以恢复。

厌氧氨氧化工艺相对于传统生物硝化反硝化工艺在处理高浓度氨氮废水时具有一些优势,包括:① 无需供氧,降低运行成本;② 适应高浓度氨氮废水的处理;③ 可产生沼气,实现能源回收;④ 减少硝化工程阶段,空间需求较小。

4.1.4 生物除磷技术

1. 生物除磷原理

(1) 聚磷菌(PAO)摄磷/释磷原理

在废水处理过程中,将厌氧/好氧交替运行导致厌氧释磷、好氧超量吸磷的一类异养菌称为聚磷菌(PAO),主要有不动杆菌属、气单胞菌属和假单胞菌属。PAO 生物除磷分为两个阶段:第一阶段为厌氧释磷,即 PAO 在厌氧条件下分解体内的多聚磷酸盐和糖原等产生

ATP，利用 ATP 吸收产酸菌产生的低分子脂肪酸合成聚 β-羟基丁酸(PHB)，同时释放无机磷 PO_4^{3-}；第二阶段为好氧摄磷，即在好氧条件下，PAO 氧化 PHB，除产生能量用于自身生长合成外，还把体外的 PO_4^{3-} 运输到体内合成 ATP 和核酸，过剩的 PO_4^{3-} 被聚合成多聚磷酸盐储存在体内，最后高磷污泥通过剩余污泥的方式排出，从而达到除磷的目的。

（2）反硝化除磷菌(DPB)摄磷/释磷原理

1993 年，荷兰 Delft 工业大学的 Kuba 在实验室观察到，在厌氧/缺氧交替的运行条件下，易富集一类兼有反硝化作用和除磷作用的兼性厌氧微生物，称为 DPB。这类细菌包括假单胞菌属、莫拉氏菌属、肠杆菌科细菌、气单胞菌属和部分棒状杆菌属等。DPB 基于细胞内 PHB 和糖原质的生物代谢作用与 PAO 相似，主要区别在于氧化细胞内贮存 PHB 时的电子受体不同(PAO 电子受体是 O_2，DPB 是 NO_3^- 或 O_2)，在吸磷的同时将硝酸盐转化为 N_2，即在反硝化的同时将磷吸收入细胞，达到脱氮和除磷的双重目的。

2. 生物除磷工艺

（1）Dephanox 工艺

Dephanox 工艺是 Wanner 在 1992 年开发的以厌氧污泥中 PHB 为反硝化碳源的工艺，脱氮除磷效果良好。其工艺流程如图 4-22 所示。

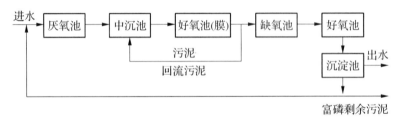

图 4-22　Dephanox 工艺流程

该工艺中，进水和回流污泥完全混合的混合液进入厌氧池后，DPB 吸收易降解小分子有机物，进行 PHB 的合成与贮存，同时释放磷；随后在中沉池中，从厌氧池出来的混合液进行泥水分离，富含氨氮的上清液进入好氧固定生物膜进行消化反应，而富含大量有机物的 DPB 沉淀污泥则直接进入缺氧池，以 NO_3^- 为电子受体，氧化贮存的 PHB 进行反硝化除磷；反应后的混合液进入好氧池，DPB 利用其中充足的 O_2 作为电子受体继续除磷，以达到较好的除磷效果。经过两级除磷，DPB 中贮存的 PHB 得到充分氧化，从而在回流进入下一循环时可以继续发挥最大的释磷和 PHB 贮备功能。最后，混合液进入沉淀池中完全泥水分离，上清液排出，部分含有大量 DPB 的污泥回流进入厌氧池，进入下一循环，其余剩余污泥则排出。

（2）Phostrip 除磷工艺

Phostrip 除磷工艺(图 4-22)过程将生物除磷和化学除磷结合在一起，在回流污泥过程中增设厌氧释磷池和上清液的化学沉淀处理系统，称为旁路。一部分富含磷的回流污泥送至厌氧释磷池，释磷后的污泥再回到曝气池进行有机物降解和磷的吸收，用石灰或其他药剂对释磷上清液进行沉淀处理。Phostrip 除磷效率不像其他生物除磷系统那样受进水的易降解 COD 浓度的影响，处理效果稳定。

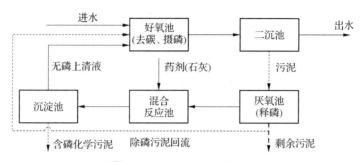

图 4 - 22　Phostrip 除磷工艺

4.1.5　生物同步脱氮除磷技术

1. 厌氧/缺氧/好氧工艺(A²/O)

厌氧/缺氧/好氧(Anaerobic/Anoxic/Oxic，A²/O)工艺是在脱氮系统(A/O)的基础上增设一个厌氧池，使微生物可以进行厌氧释磷，而好氧池则由不同的微生物完成硝化及吸磷过程。A²/O 工艺是美国在 20 世纪 70 年代开发的同步脱氮除磷污水处理工艺，其基本原理是基于生物脱氮和生物除磷的原理。常规的工艺流程如图 4 - 23 所示。

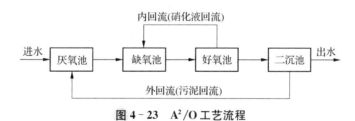

图 4 - 23　A²/O 工艺流程

运行良好的 A²/O 工艺具有良好的脱氮除磷能力，其脱氮除磷过程如下：

(1)厌氧池：从初沉池流出的污水首先进入厌氧池，系统回流污泥中的兼性厌氧发酵菌将污水中的可生物降解有机物转化为挥发性脂肪酸(VFA)等小分子发酵产物，聚磷菌也将释放菌体内储存的多聚磷酸盐，同时释放能量，其中部分能量供专性好氧的聚磷菌在厌氧抑制环境下生存，另一部分能量则供聚磷菌主动吸收类似 VFA 等污水中的发酵产物，并以 PHA 的形式在菌体内贮存起来。这样，部分碳在厌氧区得到去除。在厌氧区停留足够时间后，污水污泥混合液进入缺氧区。

(2)缺氧池：在缺氧池中，反硝化细菌利用从好氧区中经混合液回流而带来的大量硝酸盐（视内回流比而定），以及污水中可生物降解的有机物（主要是溶解性可快速生物降解有机物）进行反硝化反应，达到同时去碳和脱氮的目的。含有较低浓度碳氮和较高浓度磷的污水随后进入好氧区。

(3)好氧池：在好氧池聚磷菌在曝气充氧条件下分解体内贮存的 PHA 并释放能量，用于菌体生长及主动超量吸收周围环境中的溶解性磷，这些被吸收的溶解性磷在聚磷菌体内以聚磷盐形式存在，使得污水中磷的浓度大大降低。污水中各种有机物在经历厌氧、缺氧环境后，进入好氧区时其浓度已经相当低，这将有利于自养硝化菌的生长繁殖。硝化菌在好氧的环境下将完成氨化和硝化作用,将水中的氮转化为 NO_2^- 和 NO_3^-。在二次沉淀池之前,大量的回流混合液将把产生的 NO_x^- 带入缺氧区进行反硝化脱氮。二沉池絮凝浓缩污泥,一部分浓缩污泥回流至厌氧区继续参与释磷并保持系统活性污泥浓度,另一部分则携带超量吸收磷的聚磷菌体以剩余污泥形式排出系统。

为了进一步提高脱氮、除磷效果和节约能耗,后期又开发了改进型 A^2/O 工艺。例如,同济大学研发的倒置 A^2/O 工艺(如图 4-24),该工艺的特点是采用较短停留时间的初沉池,使进水中的细小有机悬浮固体有相当一部分进入生物反应器,以满足反硝化细菌和聚磷菌对碳源的需要,并使生物反应器中的污泥能达到较高的浓度;整个系统中的活性污泥都完整地经历过厌氧和好氧的过程,因此排放的剩余污泥中都能充分地吸收磷,避免了回流污泥中的硝酸盐对厌氧释磷的影响;由于反反应器中活性污泥浓度较高,从而促进了好氧反应器中的同步硝化、反硝化,因此可以用较少的总回流量(污泥回流和混合液回流)达到较好的总氮去除效果。由于具有明显的节能和提高除磷效果等优点,在我国一些大、中型城镇污水处理厂的建和改造工程中得到较为广泛的应用。

图 4-24　改良 A^2/O 工艺

有研究在改进型 A^2/O 工艺基础上,针对脱氨除磷对碳源依赖性较高的实际情况,在具体工程实例中探讨了初沉池优化运行对脱氮除磷效果的影响,初沉池优化运行是指将原水部分或全部超越初沉池,充分利用原水中的碳源进行厌氧释磷与反硝化脱氮,从而达到仅依靠进水碳源实现氮、磷稳定去除的目的。原水进入初沉池与超越初沉池直接进入生物池流量分配比对出水总氮浓度和生物除磷率具有显著影响,而对出水氨氮浓度影响较小。改进型 A^2/O 工艺中存在反硝化除磷现象,且反硝化除磷率与原水超越初沉池直接进入生物池流量分配比呈正相关。在实际生产运行中,如何对初沉池的运行进行合理优化,以实现水质与效益的双赢,是工程技术的一大难题。

2. Bardenpho 工艺

Bardenpho 工艺是以高效率同步脱氮、除磷为目的而开发的一项技术,其工艺流程如图 4-25。原水混合第一好氧反应器内循环水(含硝态氮)进入第一厌氧反应器进行脱氮,同时污泥释放磷,含磷污泥来自沉淀池回流污泥;经第一厌氧反应器处理后的混合液进入第一好氧反应器,在此处去除由原污水带入的有机污染物(BOD),同时进行硝化反应,但由于 BOD 浓度仍较高,因此硝化程度较低,产生的 NO_3^--N 也较少,此外,在此处同时进行一定程度的聚磷反应;混合液进入第二厌氧反应器后,主要发生脱氮和污泥释磷;到达第二好氧反应器后,则主要进行聚磷菌吸磷、进一步硝化和进一步脱除 BOD;最后,在沉淀池中进行泥水分离,上清液作为处理水排放,含磷污泥的一部分作为回流污泥,回流到第一厌氧反应器,另一部分作为剩余污泥排出系统。

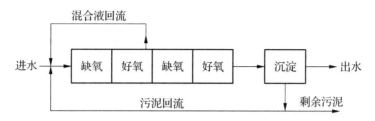

图 4 - 25 **Bardenpho 工艺**

可以看到,无论哪一种反应,在系统中都反复进行两次或两次以上。各反应单元都有其首要功能,并兼行其他项功能。因此,本工艺脱氮、除磷效果较好,脱氮率达 90%～95%,除磷率为 97%。但工艺复杂,反应器单元多,运行烦琐,成本高是其主要缺点。

3. University of Cape Town (UCT)工艺

UCT 工艺(图 4 - 26)由南非开普敦大学研究开发,其基本思想是减少回流污泥中的硝酸盐对厌氧区的影响,所以与 A²/O 不同的是,UCT 工艺的回流污泥是回到缺氧区而不是厌氧区,从缺氧区出来的混合液硝酸盐含量较低,回流到厌氧区后为污泥的释磷反应提供了最佳的条件。由于混合液悬浮固体浓度较低,故厌氧区停留时间较长。

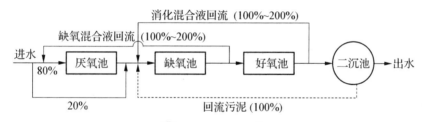

图 4 - 26 **UCT 工艺**

改良 UCT 工艺中污泥回流到分隔的第一缺氧区,不与混合液回流到第二缺氧区的硝酸盐混合,第一缺氧区主要是回流污泥中的硝酸盐反硝化,第二缺氧区是系统的主要反硝化区(图 4 - 27)。该工艺可通过提高好氧池至第二缺氧池混合液回流比来提高系统脱氮率,由第一缺氧池至厌氧池的回流则强化了除磷效果。

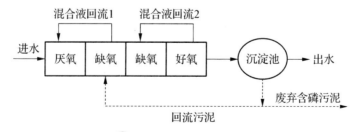

图 4 - 27 **改良 UCT 工艺**

4.2 废气生物处理技术

随着现代工业的迅速发展,大气中的废气污染物越来越多。这些废气主要来自化工厂、印刷厂、冶炼厂等在生产过程中排放各种有机废气和无机废气,还有污水处理厂和垃圾处理厂产生的臭气,以及汽车尾气等。这些废气通常带有恶臭,并且可能含有强腐蚀性和易燃易爆成分。此外,其中许多有机化合物具有一定毒性,进入环境后对人体和环境都造成巨大危害。废气治理是大气污染控制的一个重要环节。工业废气的处理方法包括物理法、化学法和生物法。其中,生物处理法具有处理效果好、投资和运行费用低、安全性高、无二次污染、易于管理等优点。尤其在处理低浓度(小于 3 mg/L)和具有良好生物降解性的有机废气时更具优势。

4.2.1 废气生物处理的原理

废气生物处理技术主要利用微生物的净化、氧化和分解原理。与废水的生物处理不同,由于微生物很难直接在气相中转化废气中的有害物质,因此在废气的生物净化过程中,气态污染物首先要从气相转移到液相或固相表面的液膜中,然后才能被液相或固相表面的微生物吸附并降解。荷兰学者提出的"吸收-生物膜"理论被广泛应用,即废气经过水吸收,逐渐扩散到生物膜上的浓度梯度下,与微生物接触并被降解吸收,污染物通过代谢分解为简单的小分子物质、CO_2 和 H_2O。常见的废气污染物包括挥发性有机污染物(volatile organic compounds,VOCs)、含硫恶臭污染物和氮氧化合物。

1. 挥发性有机污染物(VOCs)

(1) VOCs 概述

VOCs 主要是指沸点处于 50~200℃,同时室温下饱和蒸汽压超过 72 Pa 的物质。根据其化学性质和来源的不同,VOCs 主要分为以下几类:烷烃类(alkanes),如甲烷、乙烷等,主要来自石油和天然气的开采、加工和运输过程;烯烃类(alkenes),如乙烯、丙烯等,主要来自炼油、化工生产以及汽车尾气排放等;芳香烃类(aromatic hydrocarbons),如苯、甲苯、二甲苯等,主要来自汽车尾气、工业生产、印刷等;醇类(alcohols),如甲醇、乙醇等,主要来自溶剂、清洗剂、涂料等的使用过程;酮类(ketones),如丙酮、甲基乙酮等,主要来自溶剂、染料、塑料、油漆等的使用过程;醛类(aldehydes),如甲醛、乙醛等,主要来自家具、建筑装修、木制品等的挥发;酯类(esters),如乙酸乙酯、苯甲酸乙酯等,主要来自溶剂、涂料、油墨等的使用过程。VOCs 特点是污染来源多、传播范围广。这些 VOCs 中有许多具有毒害作用,进入大气后可对人体健康和生态安全造成巨大威胁。例如,当大量 VOCs 释放到大气环境中,在阳光照射作用下,VOCs 中的有机化合物,如烷烃类、烯烃类、醛类、酮类等会与氮氧化物发生化学反应,最终生成大量的臭氧并会转化为光化学烟雾,可对人眼和呼吸道产生不良刺激。除此之外,VOCs 会对人的细胞代谢产生一定影响,如加速细胞老化,导致神经系统出现不同程度的异常,还会对人体内的维生素

E 造成破坏,导致面部形成皱纹或者色斑。同时,VOCs 还会影响胎儿的正常发育。

(2) VOCs 生物处理原理

VOCs 生物处理是一种利用微生物代谢能力来降解和转化 VOCs 的方法,其原理基于微生物能够利用 VOCs 作为碳源进行生长和代谢。利用微生物处理 VOCs 通常包括以下步骤:

① 选择合适的微生物:根据废气中存在的 VOCs 种类和浓度,选择适应性强、具有高代谢能力的微生物菌株,例如细菌、真菌或酵母等。

② 生物附着:处理前需将 VOCs 通过气流或其他方式引入生物反应器中,通常反应器内的生物质载体会提供一个较大的表面积,以增加微生物的附着量。

③ 底物降解:微生物通过产生特定的胞内或胞外酶将 VOCs 底物降解为简单化合物,如 CO_2 和 H_2O。

④ 微生物生长:在 VOCs 底物被降解的同时,微生物利用底物中的碳源进行生长和繁殖。

⑤ 条件控制和监测:为了确保生物处理的有效性,需要对反应器中的温度、湿度、氧气供应等环境进行控制和监测,同时对废气中挥发性有机物的浓度进行在线或离线监测,以调整反应条件。

2. 含硫恶臭污染物

(1) 含硫恶臭污染物概述

含硫化合物是恶臭物质的主要来源之一,《恶臭污染物排放标准》(GB 14554—1993)规定的八种限制排放物质中,含硫恶臭污染物占据五种,包括无机硫化物硫化氢,以及挥发性有机硫化物(volatile organic sulfur compounds,VOSCs)甲硫醇、甲硫醚、二甲二硫和二硫化碳。可见在恶臭污染中,硫系恶臭的影响较大。含硫恶臭污染物中的硫为还原态元素,所以其一般又称其为还原性硫化物(reduced sulfur compound,RSC)。

含硫恶臭污染物来源一般分为自然排放源和人为排放源。典型的自然源为火山喷发、海洋与湖泊藻类微生物的释放和动、植物遗体的腐烂过程。甲硫醚是海洋排放的主要VOSCs,约占海洋硫排放的 90%,为大气天然硫排放源的一半。值得注意的是,人为破坏近岸海域生态环境造成水质恶化和藻类疯长会加剧自然硫化物的释放。相对于自然源释放来说,人类活动所产生的人为排放更为重要,约占总硫化物排放的 76%。含硫恶臭污染物主要的人为排放源包括化石燃料燃烧、橡胶再生、石油及化学工业排放、造纸工业、城市污水处理、垃圾填埋与焚烧、堆肥、禽畜养殖和食品加工工业等。

H_2S 和 VOSCs 中的还原性硫在大气中被氧化成硫酸根或亚硫酸跟,对酸雨的形成有重要贡献。VOSCs 及其氧化产物可形成云凝结核,其数量变化将影响云层反照率,直接或间接影响太阳辐射平衡及地球气候变化。另外,含硫恶臭污染是一种感知污染,它不仅给人的感觉器官以刺激,使人产生厌恶感,而且它的毒性、腐蚀性直接危害人体健康,即使在低浓度水平也可损害人体呼吸系统和神经系统,使人产生头晕和呕吐等不良症状,长期暴露于高浓度 H_2S 或 VOSCs 环境下可使人产生意识模糊甚至死亡。

（2）含硫恶臭污染物生物处理原理

自然界中的硫循环如图 4-28 所示，其中硫的生物循环是硫循环中最为重要的环节。

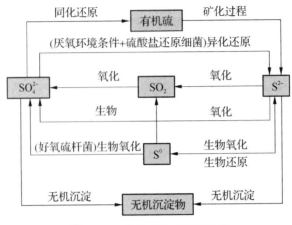

图 4-28　自然界中硫循环过程

生物处理气体污染物中含硫化合物主要依赖微生物的代谢过程，其中包括硫氧化和硫还原反应。在好氧环境下，部分硫氧化细菌能够将硫化氢氧化为硫酸盐，这样有助于减少恶臭污染物的释放。然而，硫还原细菌则将硫酸盐还原为硫化氢，这反而会增加硫化氢的浓度，因此在处理含硫恶臭污染物时，这一反应是不希望的。

生物法处理含硫恶臭是微生物将溶解水中的含硫恶臭污染物质吸收于自身体内并以之为碳源或能源，通过新陈代谢将恶臭污染物降解，达到除臭的目的。还原态的无机硫在液相及微生物的作用下氧化成硫酸根离子的具体过程为：$S^{2-} \rightarrow S \rightarrow S_2O_3^{2-} \rightarrow S_4O_6^{2-} \rightarrow S_3O_6^{2-} \rightarrow SO_3^{2-} \rightarrow SO_4^{2-}$，而有机硫，如二甲基亚矾、二甲基二硫醚及二甲基硫醚的微生物代谢则比较复杂，其工艺过程也相对困难很多。

3. 氮氧化物（NO_x）

（1）NO_x 概述

NO_x 是主要大气污染物之一，主要来自化石燃料燃烧和硝酸、电镀等工业排放的废气以及汽车尾气。通常所说的 NO_x 包括 N_2O、NO、NO_2、N_2O_3、N_2O_4、N_2O_5 等几种。其中，N_2O 是一种重要的温室气体，其温室效应约为 CO_2 的 300 倍；NO、NO_2 等可与大气中的其他气体和颗粒物质反应形成硝酸，以降水形式落到地面；长期暴露于高浓度的 NO_2 可导致呼吸道疾病、心血管问题和其他健康问题。伴随我国经济的持续高速发展，能源消耗逐年增加，大气中 NO_x 的排放量也迅速增长，随之产生的对人和动植物的毒害作用、酸雨、酸雾、光化学烟雾、臭氧层破坏等问题也日益严重。

（2）NO_x 生物处理原理

生物法净化含 NO_x 废气是在已成熟的采用微生物处理废水的基础上发展起来的。生物净化实质上是一种由附着在多孔、潮湿介质上的活性微生物利用自身的生命活动将废气中 NO_x 在合理的控制条件下转化为简单的无机物（H_2O、NO_3^-、N_2）和新的细胞组成物质的过程。

NO_x 的生物处理通常涉及使用特定类型的微生物来降解和转化这些化合物。生物处理 NO_x 的原理包括以下几个关键步骤：

① 氨氧化：氨氧化是一种关键的生物处理步骤，用于将 NO 氧化成亚硝酸盐（NO_2^-）。这一氧化过程通常由氨氧化细菌（如尼特罗细菌 *Nitrosomonas* sp.）执行。这些细菌将 NH_4^+（氨离子）和 O_2 用作底物，产生 NO_2^-。

② 亚硝氧化：在第一步氨氧化之后，NO_2^- 会被进一步氧化成硝酸盐（NO_3^-），这一过程由亚硝氧化细菌（如亚硝细菌 *Nitrobacter* sp.）执行。

③ 硝还原：硝还原细菌（如硝还原细菌 *Pseudomonas* sp.）以 NO_3^- 为电子受体，有机物或其他底物为电子供体，通过还原反应将 NO_3^- 还原成 N_2。

④ 氮气释放：在 NO_3^- 被还原成 N_2 的过程中，N_2 会释放到大气中，从而将 NO_x 去除。

这些步骤组成了一个生物处理系统，可以将 NO_x 转化为 N_2，从而减少 NO_x 的排放。这种生物处理方法通常在污水处理厂、废水处理设施和其他需要控制 NO_x 排放的环境中应用。通过优化微生物群落和操作条件，可以实现有效的 NO_x 生物处理。

4.2.2 废气生物处理的微生物

参与废气生物处理的微生物种类繁多，接种微生物、处理底物和工艺运行条件等因素都会影响废气生物处理反应器中微生物群落构成。废气处理微生物按种类可分为异氧细菌、化能自养细菌和真菌，与待处理的废气污染物类型具有一定对应关系。

1. 异养细菌

异养菌通过有机物的氧化来获得营养物和能量，因此多用于 VOCs 有机废气的净化处理。在适宜的温度、酸碱度和有氧条件下，此类微生物能较快完成污染物的降解，在绝大多数包含未知混合微生物的生物反应器中，异养细菌通常是占据优势的类群。常见的能够处理 VOCs（包括 VOSCs）的异养细菌包括甲烷氧化菌（*Methanotrophs*）、溶藻菌（*Algae*）、硫化物氧化细菌（*Sulfur-oxidizing bacteria*）、醋酸菌（*Acetobacter*）、产甲基化细菌（*Methyotrophs*）等微生物类群。此外，在一些 VOCs 生物处理反应器中常见的异养细菌及其污染物去除能力如表 4-1 所示。

表 4-1 用于废气生物处理的异养细菌

污染物	菌种	反应器类型	反应器体积/L	反应器填料	最大去除能力/$g \cdot m^{-3} \cdot h^{-1}$
苯	*Alcaligenes xylosoxidans*	生物滤池＋曝气柱	0.76＋0.5	玻璃纸	196
	Achromobacter xylosoxidans	两相生物洗涤塔	5	—	62±6
苯乙烯	*Pseudomonas* sp.SR-5	生物滤池	0.3	泥炭和陶粒	43
	Pseudomonas Achromobacter	生物滴滤池	1.7	熔岩石	537

污染物	菌种	反应器类型	反应器体积/L	反应器填料	最大去除能力/$g \cdot m^{-3} \cdot h^{-1}$
正己烷	*Mycobacterium* ID-Y	生物滤池	2	堆肥	
甲苯	*Pseudomonas putida type* A1	膜生物反应器	0.5	—	—
乙醇	*Pseudomonas putida* (KCTC 1768)	生物滤池	0.8	颗粒活性炭和堆肥	100
乙烯	*Pseudomonas*	生物滤池	0.9	颗粒活性炭	1
二氯甲烷	*Pseudomonas* GD11	生物滴滤池	0.8	聚丙烯	—
乙苯	*Staphylococcus*	生物滤池	4.7	陶粒	—
丙酸	*Enterobacter*，*Moraxella*，*Pseudomonas*	生物滤池	6.3	木片	230
丁酮	*Acinetobacter*，*Pseudomonas*，*Burkholderia*，*cepacia*，*baumannii*	生物滤池	6.3	有机玻璃和椰子纤维	96

从表 4-1 中可以看出，异养细菌在 VOCs 的处理中应用较多，特别是假单胞菌和不动杆菌等，对于同一污染物处理，可以有不同种类的异养细菌参与。

NO_x 处理中的反硝化过程通常涉及异养细菌，这些细菌在代谢过程中使用有机底物或其他还原剂将硝酸盐还原为氮气或一氧化氮，常见的反硝化异养细菌包括 *Pseudomonas* 属、*Paracoccus* 属和 *Alcaligenes* 属等。

2. 化能自养细菌

化能自养菌可在无有机碳、氮源条件下依靠氨、硝酸盐、硫化氢或铁离子等无机物的氧化获得能量，以二氧化碳为碳源进行生长繁殖。化能自养菌适于进行无机废气污染物物转化，但由于新陈代谢活动较慢，其生物负荷相对较小，只适于对较低浓度无机废气进行处理，常见的用于废气处理的化能自养细菌包括：

（1）亚硝化细菌和硝化细菌

这两类细菌是含氨废气生物处理过程中常见的自养微生物，专性好氧，能够分别从氧化 NH_3 和 NO_2^- 的过程中获得能量，产物分别为 NO_2^- 和 NO_3^-。其中亚硝化菌包括亚硝化单胞菌属（*Nitrosomonas*）、亚硝化螺杆菌属（*Nitrospira*）和亚硝化球菌属（*Nitrosococcus*）等，硝化菌包括硝化杆菌属（*Nitrosospira*）和硝化球菌属（*Nitrosolobus*）等。

（2）硫氧化菌

根据获取能量方式的不同，可将硫氧化菌分为两类：光合硫细菌和化能自养硫细菌。前者在自然界硫的转化过程中起着重要作用，但在废气处理中应用较少。后者是硫化物废气处理过程中常见的类型,主要包括氧化硫硫杆菌(*Thiobacilus thiooxidans*)、排硫硫杆菌(*Thiobacilus thioparus*),氧化亚铁菌(*Thiobacilus ferrooxidans*)和脱氮硫杆菌(*Thiobacilus denitrificans*)等。根据代谢的最适 pH 不同,又可将化能自养硫细菌分为嗜酸性硫细菌和中性硫细菌。其中嗜酸性硫细菌在低 pH 下有较强的微生物活性,又可有效避免除硫化物滤池运行过程中引起的酸化问题,在含硫化物废气的处理中应用越来越广泛。

3. 真菌

真菌在低湿、低 pH 下生存能力明显高于细菌。对于疏水性或水溶性差的有机物,真菌菌丝生长形成丝网状结构,与气相污染物在三维的空间内接触,传质过程加快,降解效率提高。许多研究表明,真菌降解许多废气组分的速率和去除能力高于或至少与细菌相当。目前,分离和应用于废气生物处理的真菌以青霉(*Penicllium*)、外瓶霉(*Exophiala*)以及黑曲霉(*Aspergillus niger*)等为主,另外,足放线病菌属(*Scedosporium*)、拟青霉(*Paecilomyces*)、枝跑霉(*Cladosporium*)和白腐真菌(*white-rot fungi*)等也有一定应用。表 4-2 列举了一些用于 VOCs 废气生物处理的真菌。

表 4-2　用于废气生物处理的真菌

污染物	菌种	优势菌	反应器类型	反应器体积/L	反应器填料	最大去除能力 /g·m^{-3}·h^{-1}
苯乙烯	*Exophiala* sp.	*Exophiala* sp.	生物滤池	7.8	珍珠岩	62
甲苯	*Pseudomoas puda*	*Exophiala* sp.	生物滤池	14.4	硅酸盐小球	270
	Exophiala Paecilomyces	*Exophiala Paecilomyces*	生物滤池	3.5	珍珠岩	166
	Scedosporium apiospermum TB1	*Scedosporium apiospermum*	生物滤池	2.9	蛭石、活性炭	100
	Cladophialophora	*Cladophialophora*	生物滤池	2	海绵	100
乙硫醇	—	*Penicillium*, *Paecilomyces*, *Asperillus*, *Cephalosporium*	生物滤池	5		
己烷	*Aspergillus niger*	*Aspergillus niger*	生物滤池	1.8	膨胀粘土	200

4.2.3　废气生物处理工艺

根据微生物在有机废气处理过程中存在的形式,可将处理方法分为生物洗涤法(悬浮态)和生物过滤法(固着态)两类。在生物洗涤法中,废气首先通过喷淋塔或床层等装置,与含有微生物的液滴或液体接触,微生物可以附着在液滴表面或悬浮在液体中,当废气中的有害气体与微生物接触时,微生物利用这些有害气体作为氧化剂或底物进行代谢反应。

生物过滤法则是利用附着生长于固体介质（填料）上的微生物吸收废气中的污染物，废气通过由介质构成的固定床层时被吸附或吸收，最终被微生物降解。两种方法常见的工艺装置包括生物洗涤池、生物滤池和生物滴滤塔等。

1. 生物洗涤池

生物洗涤法的反应装置为生物洗涤池，由传质洗涤器及生物降解反应器组成，形成了具有活性的悬浮处理系统，如图 4 - 29。

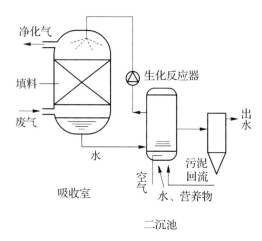

图 4 - 29　生物洗涤法装置示意

生物洗涤器本质是一个悬浮活性污泥处理系统，洗涤器内存在呈悬浮状态的微生物群，生物相和水相均以循环方式流动。生物悬浮液自吸收室顶部喷淋而下，使废气中的污染物和氧转入液相，实现质量传递，液相中的大部分有机物进入生化反应器，通过悬浮污泥的代谢作用被降解，处理后的气体从塔顶排出。生化反应器的出水进入二沉池进行泥水分离，上清液排出，污泥则回流到生化反应器中，而新鲜的物料也会被反吸回吸收室的喷淋位置，进而构成喷淋—作用—收集—反吸—喷淋的循环回路。常用的洗涤悬浮液是活性污泥，处理废气后反应器通入空气充氧再生需要一定的时间。

生物吸收法中气、液两相的接触方法除采用液相喷淋外，还可以采用气相鼓泡。一般情况下，若气相阻力较大可用喷淋法，反之液相阻力较大则用鼓泡法。鼓泡与污水生物处理技术中的曝气相似，废气从池底通入，与新鲜的生物悬浮液接触而被吸收。由此，许多文献中将生物吸收法分为洗涤式和曝气式两种。

2. 生物滤池

生物滤池是一种装有生物填料的滤池，生物滤池处理有机废气的工艺流程如图 4 - 30 所示。

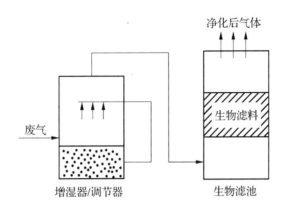

图 4-30　生物滤池法装置示意图

生物滤池具体由滤料床层(生物活性填充物)、砂砾层和多孔布气管等组成。多孔布气管安装在砂砾层中,在池底有排水管排出多余的积水。生物滤池处理废气是通过过滤器去除废气中的颗粒物,再经调湿调温后进入生物滤池中,生物滤池中填充了有生物活性的介质,一般为天然有机材料,如堆肥、泥煤、骨壳、木片、树皮和泥等,有时也混用活性炭和聚苯乙烯颗粒。填料均含有一定水分,填料表面生长着各种微生物。通过生物填料层时,废气污染物和氧气从气相扩散至载体外层的水膜,有机物被微生物作为碳源氧化分解为无害简单的有机物、H_2O 和 CO_2 等。微生物所需的营养物质则由介质自身供给或外加。净化后的气体从滤池顶部排出。生物滤池的进气方式可采用升流式或下降式,前者容易造成深层滤料干化,后者则可避免,并可防止未经填料净化的可流性有机物排出。为防止气体中颗粒物造成滤池堵塞,废气进入滤池前必须除尘。生物滤池因其较好的通气性和适度的通水和持水性,以及丰富的微生物群落,能较好地处理单环芳烃、醇、羧酸、醛、酮、酯类等 VOCs 废气。

生物滤池所用填料的特性是影响其处理效果的关键因素。填料的选择要考虑比表面积、机械强度、化学稳定性、持水性及价格等。例如,在持水性方面,因为过滤层的均衡润湿性制约着生物滤池透气性和处理效果,若润湿不够,过滤器的物料会变干并生成裂纹,破坏空气均匀通过过滤层,但是过分湿润却会形成高气动阻力的无氧区,从而会减少被净化的空气与过滤层的接触时间,生成带有气味的挥发物。生物滤池适用于质量浓度低于 1 000 mg/m³ 的 VOCs 废气处理,具有无水相,设备简单易操作,生物膜固定比表面积大,二次污染小等优点。但滤池面积大,基质浓度增大会直接引起微生物快速繁殖而堵塞滤料,影响其传质效果。

3. 生物滴滤塔

生物滴滤塔是一种介于生物洗涤法和生物滤池之间的有机废气处理工艺,其工艺流程如图 4-31 所示。

生物滴滤塔主体部分为一层或多层填料的填充塔,填料表面附有驯化培养的生物膜。它与生物滤池最大的区别是在填料上方喷淋循环水,设备中除传质过程外还存在很强的

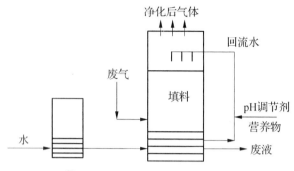

图 4-31　生物滴滤塔装置示意图

生物降解作用。生物滴滤塔和生物滤池使用的填料不同。滴滤塔使用的填料如粗碎石、塑料蜂窝状填料、塑料波纹板填料等,不具吸附性,填料之间的空隙很大,填料的表面是微生物区系形成的几毫米厚的生物膜,填料比表面积一般为 $100\sim300$ m^2/m^3。一方面为气体通过提供了大量的空间;另一方面,也使气体对填料层造成的压力以及由微生物生长和生物膜疏松引起的空间堵塞的危险性降到了最低限度,为微生物的生长、有机物的降解提供了条件。可溶性无机盐营养液于塔上自上而下均匀地喷洒在填料层之上,后由塔底排出循环利用。回流水由生物滴滤池上部喷淋到填料床层上,并沿填料上的生物膜滴流而下。通过水回流可以控制滴滤池水相的 pH,也可以在回流水中加入 K$_2$HPO$_4$ 和 NH$_4$NO$_3$ 等物质,为微生物提供 N、P 等营养元素。启动初期,首先要在填料表面挂上生物膜。具体做法为在循环液中接种经被试有机物驯化的微生物菌种,微生物利用溶解于液相中的有机物进行代谢繁殖,并附着于填料表面,形成微生物膜。滴滤塔的进气方式可以分为水气逆流和并流两种。废气经塔底进入塔内与湿润的生物膜接触而被微生物分解净化,处理后的气体由塔顶释放,代谢产物随废液排出。应当注意的是,废气进入塔之前要除尘。

在处理卤代烃、含硫、含氮等通过微生物降解会产生酸性代谢产物及产能较大的污染物时,生物滴滤池比生物滤池更有效,且适于处理高浓度有机废气,具有操作简单、易控制反应条件、能耗低、生物相与液相循环流动、压降小、净化效率高等优点,但是生物滤塔系统需要外加营养物,其填料比表面积小,运行成本较高,不适合处理水溶性差的化合物。

4.3　固体废物生物处理技术

4.3.1　固体废物的好氧堆肥技术

1. 好氧堆肥基本原理

堆肥是在人为控制条件下,利用各种植物残体、生活垃圾、污泥、人畜粪尿等各类有机废弃物,根据不同原料的营养成分差异,调节堆料中碳氮比、颗粒大小、水分含量和 pH,将不同堆肥原料按一定比例混合堆积,在适宜的水分及通气条件下,使微生物繁殖并将结构复杂的有机物降解为小分子营养物质,期间会产生高温,杀死其中的病原菌及杂草种子,使堆肥无害化、矿化和腐殖化的过程,其实质是微生物的发酵过程。

在堆肥过程中,可溶性有机物首先透过微生物的细胞壁和膜被微生物吸收。而固体和胶体有机物则首先附着在微生物体外,然后由微生物分泌胞外酶将其分解为可溶性物质再渗入细胞。微生物通过自身机制将无法利用的大分子有机物氧化成可利用的无机物养分,同时释放出 CO_2、H_2O 和热量,如图 4-32 所示。与此同时,在微生物的作用下,有机物质的理化性质也会发生改变,最终达到成分稳定,并形成状态稳定的有机肥。

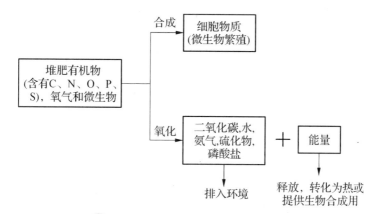

图 4-32　好氧堆肥工艺基本原理示意

好氧堆肥过程中有机物氧化分解总的关系可以表示为:

$$C_sH_tN_uO_v \cdot aH_2O + bO_2 \longrightarrow C_wH_xN_yO_z \cdot cH_2O + dH_2O(气) + eH_2O(液) + fCO_2 + gNH_3 + 能量$$

好氧堆肥过程中有机物氧化和合成可表示为:

(1) 有机物的氧化:

$$C_xH_yO_z + (x + 0.5y - 0.5z)O_2 \longrightarrow xCO_2 + 0.5yH_2O + 能量$$

(2) 细胞质的合成(包括有机物的氧化,以 NH_3 为氮源):

$$n(C_xH_yO_z) + NH_3 + (nx + ny/4 - nz/2 - 5x)O_2 \longrightarrow C_5H_7NO_2(细胞质) + (nx - 5)CO_2 + 0.5(ny - 4)H_2O + 能量$$

(3) 细胞质的氧化:

$$C_5H_7NO_2(细胞质) + 5O_2 \longrightarrow 5CO_2 + 2H_2O + NH_3 + 能量$$

堆肥过程大体分为 4 个阶段(图 4-33):

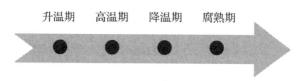

图 4-33　堆肥过程

① 升温期:有机废弃物在好氧堆肥初期由于微生物自身新陈代谢,逐渐分解,吸收堆体中易利用养分,在此过程中释放出大量的热,堆体内温度不断提高,适宜的温度使微生物活动更加剧烈,糖类、淀粉等易分解有机物被逐步分解,产生 CO_2 和 H_2O,继续产生大量的热,堆体温度随之上升,当堆体温度超过 50℃时,普遍认为堆肥进入高温期。

② 高温期:当堆体温度升到 50℃以后,在嗜热菌群的作用下,半纤维素、纤维素、木质素等也分解,为进一步的腐殖化奠定了基础,此时高温可杀死病菌、虫卵、杂草种子等。

③ 降温期:持续的高温阶段中,大量有机物被分解,微生物生存所必需的养分消耗殆尽,导致微生物活动不再剧烈,无法产生大量热量以维持堆内高温。

④ 腐熟期:当堆体温度降至 50℃以下时,大部分有机质被分解,腐殖质进一步增加,直至堆体温度与室温持平,堆体颜色呈灰褐色或深褐色,无刺激性气味,堆肥产品达到最终的稳定腐熟状态。

2. 好氧堆肥过程的影响因素

(1) 堆肥物料的 C/N 值

在堆肥发酵过程中,碳素是堆肥微生物的基本能量来源,也是微生物细胞构成的基本材料。堆肥微生物在分解含碳有机物的同时,还利用部分氮素来构建自身细胞体,氮素是构成细胞中蛋白质、核酸、氨基酸、酶、辅酶的重要成分。堆肥原料中 C/N 值过高则微生物生长过程氮素不足,会导致微生物不能正常繁殖和作用,进而影响堆肥过程的快速进行,延长堆肥周期。若是将 C/N 值过高的堆肥产品施入土壤中,会提高土壤的 C/N,导致土壤中微生物和农作物竞争需求氮素的现象。C/N 值过低则碳素不足氮素比例高,此时过量的氮素已不能单纯用于微生物自身物质合成,氮素极易转变成氨气挥发引起氮素损失。所以通过向堆肥体系中合理添加木屑、锯末、树皮、稻草、稻壳、米糠等可以有效调解堆肥原料中的碳氮比,进而为微生物的剧烈活动提供基础,有利于加快堆肥腐熟,提高堆肥效率。

(2) pH

由于微生物剧烈活动导致堆体中氨化作用加强,且有机酸成分逐渐分解,加之不断的 NH_3 挥发,使 pH 持续升高,高温阶段氨化作用的快速进行及高温对硝化反应的抑制,使堆肥物料 pH 进一步上升,堆肥中固态铵态氮逐渐被转化为氨气挥发出去,并随着温度的持续升高,这种转化作用不断加剧,随着堆肥中可供微生物生存和活动的营养物质的消耗,微生物作用的剧烈程度不断减弱,随着进入堆肥低温段后,持续下降的温度使铵态氮转化为氨气的作用减弱,而铵态氮转化为硝态氮的硝化作用增强,堆肥整体 pH 也有所下降。可以看出 pH 在堆肥发酵各个过程中的标志性变化,是堆肥腐熟程度的一项指标。研究表明在堆体的 pH 为 7~8 时,微生物增长速率和蛋白质分解速率最佳。pH 超过 8 时氨气开始挥发损失,且氨气挥发量随 pH 的上升而增加。合理调整 pH 不仅能提高堆肥化效率,而且能提高最终有机肥的氮含量。

(3) 温度

堆肥温度是微生物活动状况的标志,堆体温度的高低决定堆肥进程的快慢。堆肥发酵目的是使堆体温度快速上升,致使有机物降解且杀死其中的病原菌。由于堆体温度与微生物新陈代谢的相关性,堆肥化过程中堆体内物质的转化速率可以用温度数据直观显示。不同种类微生物对温度有不同的要求,嗜温菌发酵最适温度为 30～40℃,嗜热菌发酵最适合温度是 45～60℃。温度太低,微生物活动被抑制,使腐熟时间大大延长,而当温度超过 70℃,过高的温度会对微生物的正常新陈代谢活动产生抑制作用,从而导致堆肥产品质量的下降。根据我国《粪便无害化卫生标准(GB7959287)》规定,堆肥温度在 50～55℃以上维持 5～7 d 才能达到要求。

（4）含水率

水分在堆肥化过程中扮演着重要角色。首先,水分是微生物正常新陈代谢所必需物质;其次,水溶性营养物质溶于水中,有利于微生物的吸收和利用;再有,水分作为菌群和营养物质的载体,使堆肥整体均匀发酵;最后,水分过高可以增强堆体气闭性,水分的蒸发也会带走一部分热量。含水率过低影响微生物正常新陈代谢作用,不利于有机物的分解和堆体温度的提升。堆肥初始原料的含水量在 40％～70％能保证堆肥的顺利启动和进行,最适宜含水量为 50％～60％。

（5）通风

通风是影响高温堆肥进程的重要因素之一。然而,通风在起到供氧、去除水分和消除二氧化碳以及调节温度作用的同时也可引起堆肥物料的 NH_3 挥发损失。大量研究显示,堆体中的氧含量保持在 5％～15％有利于堆肥正常进行。但也有研究发现,在堆体氧浓度小于 1.5％的微好氧条件下,与传统好氧堆肥过程相比,堆肥材料中的木质纤维类物质的分解量和分解速度明显高于好氧处理,腐熟时间提前,可以免去二次发酵。通风量和通风方式的不同也会影响堆肥氮素损失,堆肥过程特别是高温阶段,降低空气流动可降低氨的挥发。与连续性通风比较,间歇式通风能够更有效地降低堆体的氮素损失和氨气挥发。堆肥通风方式主要有翻堆和强制通风。翻堆是自然通风即通过翻动堆体,使内部物料暴露在空气中,然后重新堆置将空气中的氧带入堆体中,不但可以使堆体物料混合均匀,还能促进堆体水分挥发和干燥堆肥的作用,但高温期需氧量大,需要频繁进行翻堆处理。强制通风则是通过机械设备对堆体机械通风供氧。这种通风方式在堆肥开始阶段能充分供给堆体升温期微生物新陈代谢所需的氧,在高温阶段也能更好地维持微生物剧烈活动所需的氧含量,从而可以更好地控制堆体温度,在发酵结束阶段则起到去除多余水分和加快堆肥产品成型的作用。

（6）微生物多样性

堆肥过程中,有多种细菌、酵母菌和真菌等可以降解有机物质。堆肥过程最常用的微生物接种方式:一是加入上次堆肥反应后的保留堆料;二是接入纯的商业菌株。接种保留堆料有利于增加堆肥过程中高温细菌和高温放线菌的数量,从而提高堆肥降解效率。在堆肥初期,堆肥物质的变化情况是在好氧条件下,那些容易被微生物分解的有机物质,如蛋白质、淀粉类物质、简单的糖类等迅速分解,产生大量热量。在这一阶段中分解这些有机物的微生物以中温好氧性物种为主,常见的有细菌和丝状真菌。当堆肥的温度超过 50℃后,除少部分残留下来的和新形成的水溶性有机物继续分解转化外,复杂的有机物,如半纤维素、纤维素等开始得到强烈的分解,同时开始了腐殖质的形成过程,出现了能溶解于弱碱的黑色物质。这一阶段中高温微生物最为活跃,常见的有好热真菌,如

Thermomyces，好热放线菌，如 *Actinomyces thermofuscus*、*Actinomyces thermooidiosporus* 等。这两类菌中，放线菌占优势。当温度上升到 60℃ 以上时，好热丝状真菌几乎全部停止了活动，好热放线菌和芽孢杆菌的活动占优势。到 70℃ 以上，只有好热芽孢杆菌在活动，微生物大量死亡或进入休眠状态。

（7）调理剂

通过添加调理剂来调节好氧堆肥堆体的物理、化学性质是好氧堆肥过程中一种常用方式。可以利用调理剂的特性来调节堆体孔隙度、堆体的通风供氧能力、含水量、养分含量、C/N 等，从而提高堆肥速度，提高堆肥质量。最适宜的调理剂根据堆体特性的不同而不同。在牛粪堆肥过程中，与添加稻草、玉米秸秆调理剂处理相比，添加玉米芯的堆体效果更好，这是由于玉米芯结构疏松，并且粒径较大，能更好调节牛粪堆体结构。

3. 好氧堆肥工艺分类

常见的好氧堆肥工艺主要有条垛式堆肥、槽式堆肥和反应器堆肥。

（1）条垛式堆肥

条垛式堆肥是一种典型的开放式堆肥，其特征是将混合好的原料排成条垛，并通过机械周期性地翻抛进行发酵（图 4-33）。翻堆频率大约为每周 3～5 次，整个发酵过程大约需要 30～60 天。

图 4-33 条垛式堆肥

条垛式堆肥工艺的主要优点有工艺简单、操作简便、投资少。主要缺点是无法精确控制堆体的温度和氧气含量，发酵时间长，占地面积大，臭气不易控制，产品质量不稳定。

（2）槽式堆肥

槽式堆肥一般在长而窄的被称作“槽”的通道内进行，槽壁上方铺设有轨道，在轨道上安装翻堆机，可对物料进行翻搅，槽的底部铺设有曝气管道可对堆料进行通风曝气，是一类将强制通风与定期翻堆相结合的堆肥系统（图 4-34）。发酵槽的尺寸一般根据处理物料量的多少及选用的翻抛设备型号来决定。翻抛机搅拌的过程是对堆体进行破碎、混匀的过程，避免了发酵过程中堆体过分密实，提高了堆体的疏松度，有利于对堆体进行充氧；同时通过翻抛的作用，可以使最底部物料和最上部物料都能经过高温过程，堆出的产品更加均匀。发酵槽底部安装有通风管道系统,通过强制通风来保证发酵过程所需的氧气。物料一般在入槽后1~2天即可达到45℃,发酵周期为15~30天。

图4-34　槽式堆肥

槽式堆肥工艺的主要优点是处理量大、发酵周期较短、机械化程度高,可精确控制温度和氧气含量,臭气可收集易处理,不受气候影响,产品质量稳定。主要缺点是设备较多,操作较复杂,土建成本较高。

（3）反应器堆肥

反应器堆肥指将有机废弃物置于集进出料、曝气、搅拌和除臭为一体的密闭式反应器内进行好氧发酵的一种堆肥工艺(图4-35)。以筒仓式密闭反应器为例,反应器高度一般4~6 m,物料从仓顶加入,仓底出料,用高压涡轮风机强制通风供氧,以维持仓内物料的好氧发酵。物料发酵周期约为7~10天。密闭式反应器堆肥工艺主要用于中小规模养殖场的有机固体废弃物就地处理。

图4-35　反应器堆肥示意

该工艺的主要优点是发酵周期短,占地面积小,无需辅料,保温节能效果好,自动化程度高,密闭系统臭气易控制。主要缺点是单体处理量小,大规模项目需要布置较多设备。

通常条垛式堆肥适用于土地相对充裕,远离居民区,固定投资少的西北、东北等地区的中小型养殖场;槽式堆肥适用于土地面积较小,环保要求较高,固定投资高的大中型养殖场;反应器堆肥适用于土地面积小,环保要求高,立足就地处理的中小型养殖场。

4. 好氧堆肥强化技术

（1）超高温好氧发酵技术

由于传统堆肥工艺升温速度慢（中温期持续时间过长）、高温期最高发酵温度被限制在 50~70℃，从而导致堆肥周期过长（一般 30 d 以上），大量研究关注如何使堆肥温度快速上升并使高温阶段持续时间更长。有学者提出一种全程高温好氧堆肥工艺，可显著加速有机物的降解和促进堆肥腐熟，但要维持该工艺中的全程高温需要外加热源，运行成本较高。另有研究发现在堆肥中添加极端嗜热菌，使堆肥温度能够自发地不依靠外界热量上升至 90℃ 以上。这种工艺由于能够显著提升堆肥温度、提高堆肥处理效率、缩短发酵周期、有效杀灭病原菌及防止臭气污染等优势，明显区别于传统高温堆肥工艺。

（2）高温分解菌种接种技术

堆肥化过程实际上就是微生物的发酵降解过程。有机固废中添加外源微生物如枯草芽孢杆菌（*Bacillus subtilis*）、地衣芽孢杆菌（*Bacillus licheniformis*）和环状芽孢杆菌（*Bacillus circulans*）等嗜热菌，能够快速增加堆体温度，加速固废降解，提高堆肥品质。研究发现牛粪和蘑菇渣为原料的堆肥体系中接种外源菌剂，可增加堆肥中微生物数量，以及脲酶、纤维素酶和转化酶含量，加快堆肥中有机质分解和转化，促进腐熟。

（3）功能性微生物接种技术

功能性有机肥是利用传统的堆肥原理，通过添加一些功能性菌株（如固氮、解磷、解钾菌或抑制作物病原菌），使这些微生物能够在堆肥中良好繁殖生长，增加堆肥的肥效，调节作物生长，增强作物的抗病能力。有研究利用城市生活垃圾制备高效生物有机肥料，应用于小麦、黄瓜或玉米等作物后发现，该肥料对作物生长有明显的促进作用，可增强作物抗病能力，增加农作物产量，还可以提高土壤肥力，改善土壤结构。

5. 好氧堆肥的工程化应用

 应用案例：福清市畜禽粪便废弃物资源化利用整县推进项目

4.3.2 固体废物的厌氧消化技术

1. 厌氧消化工艺基本原理

厌氧消化（anaerobic disgestion，AD）是指在厌氧环境中，微生物对有机废弃物进行生物降解，同时伴有 CH_4 和 CO_2 产生的一系列复杂的生物化学过程，是实现有机废弃物资源化的一种高效方式，其实质是厌氧微生物的物质代谢和能量转换过程，消化过程总反应式如下：

$$C_aH_bO_cN_d + (4a-b-2c+3d)/4H_2O \longrightarrow (4a+b-2c-3d)/8CH_4 + (4a-b+2c+3d)/8CO_2 + dNH_3$$

关于厌氧消化理论，目前最为广泛接受的是 Bryant 和 Zeikus 等提出了"三阶段四菌群"说,其示意图如图 4-36 所示。

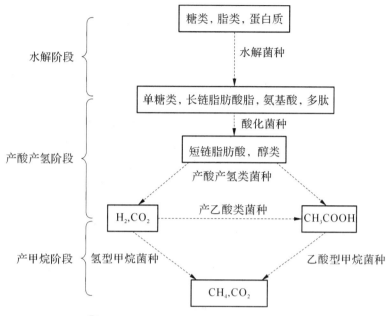

图 4-36 厌氧消化的"三阶段四菌群"理论

(1) 水解阶段

水解阶段是水解细菌将大分子有机物和不溶的固体有机颗粒物转化为小分子有机物和溶解性有机物,比如多糖、多肽、氨基酸、甘油、长链脂肪酸等的过程,由于大分子有机物不能通过微生物细胞壁,所以这类代谢大多是由胞外酶的水解完成。该阶段主要参与的细菌包括梭菌属(*Clostridium*)、纤维菌属(*Cellulomonas*)、拟杆菌属(*Bacteroides*)、琥珀酸弧菌属(*Succihivibrio*)、普氏菌属(*Prevotella*)、厚壁菌属(*Firmicutes*)、瘤胃球菌属(*Rumihococcus*)、纤维杆菌属(*Fibrobacter*)、小双孢菌属(*Microbispora*)等。水解细菌大多数是异养菌,对环境变化适应能力很强,其生化反应受到底物组成及浓度的影响。不同底物水解后会产生不同的代谢产物,直接影响物质流向,而底物浓度越大,生化反应速率越快,另一方面代谢产物的积累会阻碍水解细菌生化反应的正常进行。

(2) 产酸产氢阶段

该过程是第一阶段产生的水溶性化合物在酸化细菌及产酸产氢菌的作用下转化为小分子挥发性有机酸(VFAs)、氢气、CO_2 和醇类等有机物的过程。如表 4-3 所示,VFAs 在产乙酸菌的作用下进一步转化为乙酸,该过程称为乙酸化。该阶段中参与的细菌主要包括梭菌属(*Clostridium*)、乳酸菌(*Lactobacillus*)、脱硫弧菌属(*Desulfovibrio*)、地杆菌属(*Geobacter*)、拟杆菌属(*Bacteroides*)、真细菌(*Eubacterium*)等。水解酸化是整个厌氧消化过程中最快的反应阶段,其参与菌群的生长速率较快,大约是产甲烷菌的 10 倍左右。

表 4-3　有机酸及乙醇、二氧化碳的乙酸化过程

有机酸	反应方程式
丙酸	$CH_3(CH_2)COOH + 2H_2O \longrightarrow CH_3COOH + CO_2 + 3H_2$
丁酸	$CH_3(CH_2)_2COOH + 2H_2O \longrightarrow 2CH_3COO^- + 2H_2$
戊酸	$CH_3(CH_2)_3COOH + 2H_2O \longrightarrow CH_3COO^- + CH_3(CH_2)COOH + 2H_2$
异戊酸	$(CH_3)_2CHCH_2COO^- + HCO_3^- \longrightarrow 2CH_3COO^- + H^+ + H_2$
乳酸	$CH_3CHOHCOO^- + 2H_2O \longrightarrow CH_3COO^- + HCO_3^- + 2H_2$
乙醇	$CH_3(CH_2)OH + H_2O \longrightarrow CH_3COOH + 2H_2$
二氧化碳/氢气	$2CO_2 + 4H_2 \longrightarrow CH_3COO^- + 2H_2O$

在系统酸化的过程中,有种细菌可将部分 CO_2 和 H_2 转化为乙酸,该细菌被称为同型产乙酸菌,同型产乙酸菌的正常代谢对于稳定厌氧消化系统中氢气分压和避免对甲烷菌的抑制具有重要意义。同型产乙酸菌是严格的厌氧菌,生长相对缓慢,对系统有机负荷变动和环境因素变化敏感,因此在负荷波动明显或环境因素快速变化的系统中,其容易成为系统稳定的限制因素。水解酸化菌、产氢产乙酸菌、同型产乙酸菌的最适生长 pH 为 $5.0 \sim 7.0$,属弱酸性环境。

(3) 产甲烷阶段

甲烷菌的甲烷化过程是厌氧消化的最后一步,该过程中甲烷菌将第二阶段中的小分子 VFAs 和 H_2 转化为 CH_4 和 CO_2,其中大约 70% 的 CH_4 是由乙酸型甲烷菌转化乙酸所得,约 30% 的甲烷是由氢型甲烷菌转化 H_2 和 CO_2 所得。标准状态下,乙酸发酵型途径的吉布斯自由能(ΔG)为 -31 kJ/mol,CO_2 还原 H_2 生成甲烷的氢型路径则较低,为 -135.6 kJ/mol,因此后者较于前者更易发生。目前已知的可利用乙酸的甲烷菌包括甲烷八叠链球菌目的甲烷鬃毛菌属(*Methanosaeta*)和甲烷八叠链球菌属(*Zymosarcina methanica*),前者仅能利用乙酸进行甲烷化和细胞增殖,后者除可利用乙酸外还可利用 H_2、甲醇和甲胺类物质。因此,在厌氧消化中,甲烷菌对乙酸的代谢起到质子调节的作用,去除了有毒的质子,使环境不致酸化,将 pH 稳定在各种厌氧微生物适宜生存的范围内。氢型甲烷菌种类远多于乙酸型甲烷菌,分布于甲烷杆菌目(Methanobacteria)、甲烷微菌目(Methanomicroflora)、甲烷球菌目(Methanococcus)、甲烷胞菌目(Methanocytogenes)、甲烷八叠球菌目(Methanosarcina)、甲烷火菌目(Methanopyrales)等六个目。产甲烷菌的氢代谢在系统内起到了电子调节作用,为其他水解酸化细菌的代谢创造了适宜的条件。与水解酸化细菌 $10 \sim 30$ 分钟的倍增时间相比,甲烷菌的增殖速度则慢得多,其实现倍增往往需要 $4 \sim 6$ 天。不同于第一阶段和第二阶段细菌,甲烷菌偏好弱碱性环境,其生长最适 pH 为 $6.8 \sim 8.0$,且甲烷菌对于生长环境内 pH 的适应性较差,环境 pH 过高或过低都将直接抑制甲烷菌的代谢和生长,进而导致消化系统内发生有机酸积累、酸碱平衡失调,甚至运行失败。

如上所述,厌氧消化系统的平稳运行主要依赖于水解酸化菌和产甲烷菌的稳健协同作用。相较于水解酸化细菌,产甲烷菌对环境内的变化更敏感,极易受到高负荷、VFAs、

氢气、氨氮、重金属、表面活性剂、纳米材料、抗生素等多种因素的抑制作用,Vavilin等基于此提出了甲烷化中心的概念,如图4-37所示。该理论认为,在高浓度抑制物,如上述因素存在的厌氧消化系统中,产甲烷化过程是通过各局部区域的甲烷化代谢中心而启动的,这些代谢中心由于具有稳定的VFAs向甲烷转化的代谢流通量,可促进厌氧消化代谢流各节点上的初始电子供体(即溶解性有机物及颗粒态有机物)、中间代谢产物(即VFAs、H$_2$、CO$_2$、醇类等)和最终电子受体(即甲烷)的依次传递和快速流通,加速厌氧消化平衡状态的建立,使厌氧消化可以高效率地稳定进行,并继而使甲烷化区域持续扩展,直至使整个反应空间达到厌氧消化平衡状态。即在无抑制物胁迫的环境中,甲烷化中心的微生物向外扩散降解VFAs的速率快于VFAs生成并向甲烷化中心扩散传播的速率,甲烷化过程进一步扩张。但当甲烷菌因某种因素受到限制时或初始甲烷化中心过少时,VFAs生成并向甲烷化中心扩散传播的速率超过甲烷化中心的微生物向外扩散降解VFAs的速率,系统VFAs发生积累并引发消化系统失衡。基于该理论,当厌氧消化系统受到抑制因素胁迫出现失衡时,甲烷化中心的快速建立和重新启动是恢复消化系统稳定的关键。

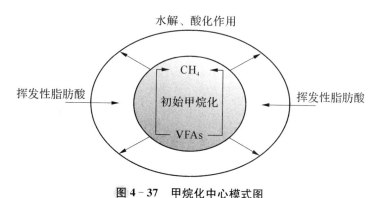

图4-37 甲烷化中心模式图

2. 厌氧消化过程的影响因素

在厌氧消化系统中,参与各阶段的功能菌种类繁多,各种细菌、古菌相互协作也相互竞争,共同构成了一个复杂且动态变化的群落。该群落的组成与多样性对厌氧消化系统运行的稳定性意义重大。反过来,功能菌群对厌氧消化系统的运行参数非常敏感,各种运行参数的变化都可能影响其参与厌氧消化的进程。因此,为了提高厌氧发酵运行效率,使其达到最大化,有必要深入探究不同运行参数对厌氧消化微生物的影响。在此基础上,对运行参数进行优化,使得各厌氧消化反应阶段达到最佳平衡。现有研究已知的重要运行参数有温度、碳氮比(C/N)、有机负荷率、pH、水力停留时间(HRT)和营养素与微量元素等。

(1)温度

温度是厌氧消化系统中最重要的运行参数之一。温度通过调节微生物群落组成、多样性、活性及其相互作用,改变生化转化途径和生化反应的热力学平衡进而影响厌氧消化的性能。根据产甲烷菌对温度的适应性,厌氧消化可分为两种:嗜中温厌氧消化(35~40℃)和嗜高温厌氧消化(50~55℃)。其中,嗜中温厌氧消化耗能相对较少,且稳定性好,是最常见的消化方式。嗜高温厌氧消化系统中,有机物分解速度快、产气率高、病原体杀灭效果好,但耗能较大且对设备要求高,因此实际应用与研究较少。参与厌氧消化反应的菌种,特别是产甲烷菌对温度的变化非常敏感,温度能够影响其在消化过程中参与产氢、产甲烷及有机底物的降解等生化过程。研究表明,随着温度从 37℃ 上升到 55℃,氢营养产甲烷作用的重要性逐渐增加,这一结论是基于在高温系统中,醋酸甲烷菌(*Acetoclastic Methanosaeta*)减少,而氢营养甲烷热杆菌(*Hydrogenotrophic Methanothermobacter*)和氢营养型甲烷菌(*Hydrogenotrophic Methanoculleus*)增加。

(2) 碳氮比(C/N)

厌氧消化基质的碳氮比是判定该系统营养水平的重要参数,影响着细菌的生长代谢过程。碳水化合物和蛋白质在分解时分别产生碳元素和氮元素,较高的碳氮比会降低可溶性蛋白的溶出效率,进而降低厌氧消化系统中铵态氮和自由铵的浓度,由此避免了厌氧消化系统出现氨抑制现象。然而,过高的碳氮比会因为氮源不足导致微生物生物量下降。研究表明,碳氮比在 20～30 或者 20～35 时,消化基质具备良好的营养比例,可以促进健康多样的菌群形成,从而使得厌氧系统能够对不同运行参数所产生的环境压力做出调节。

(3) 有机负荷率(organic loading rate, OLR)

有机负荷率是指连续厌氧消化反应中,每日加入厌氧消化系统的挥发性固体的量。在适当范围内,沼气产量随着有机负荷率的提高而增加。超过该范围后,若持续提高系统的有机负荷,会造成系统内补充的新物质过量,引起消化环境发生变化导致微生物无法适应。一旦微生物无法自我调节适应高负荷率,其活性会受到抑制。另一方面,产酸菌和水解菌的生物活性会因此被激发,大量消化基质被快速分解为挥发性有机酸,引发系统发生酸化现象,导致系统崩坏。

(4) pH

厌氧消化系统中参与不同反应阶段的功能微生物有着对应的最适 pH 范围。水解产酸菌的最适 pH 范围在 5.5～6.5,产甲烷古菌的最适 pH 范围在 6.5～7.5。因此,当厌氧消化中所有的功能菌群共处于最常见的单项式厌氧消化系统中,就要求整个厌氧消化过程保持住稳定平衡的状态,厌氧消化系统既不能过酸(pH<6.0)也不能偏碱(pH>8.0)。在反应器运行过程中,调整 pH 可以在一定程度上改善因氨积累或挥发性脂肪酸累积对消化造成的不利影响。

(5) 水力停留时间(HRT)

水力停留时间指的是底物在厌氧消化系统内停留与反应时间。水力停留时间越久意味着有机质消化得越充分,但相对应的系统运行速率也就越低。将水力停留时间压缩也会造成系统内挥发性有机酸发生积累,最终导致消化底物的利用率变低。厌氧消化系统水力停留时间通常由微生物生长指数、消化底物的生物降解性、系统温度、反应器构型等综合因素决定。一般来说,嗜中温厌氧消化系统的 HRT 为 10～40 天;嗜高温厌氧消化系统为 10～20 天;两相式消化系统中水解-酸化相为 3～14 天,产甲烷相约为 10～14 天,这是因为水解细菌的生长速率快于产甲烷古菌。

(6) 营养元素与微量元素

碳、氮、磷和一些微生物必需的微量元素在厌氧消化过程中作为不可或缺的营养物质,在微生物代谢活动中扮演着重要角色。在厌氧消化反应器中,由于消化底物在组分上存在差异,上述几种营养物质应根据实际需求来添加,以保证厌氧消化系统能够正常运行。一些微量元素可参与构成微生物骨架,提高生物酶活性及生物反应过程。例如,厌氧消化反应器中添加的铁元素,可与 H_2S 反应生成 FeS,由此减轻因硫积累而造成的抑制作用。

3. 厌氧消化工艺分类

(1) 按温度分类

根据运行温度不同,厌氧消化系统可以分为低温厌氧、中温厌氧和高温厌氧,分别以嗜寒型甲烷菌、嗜温型甲烷菌和嗜热型甲烷菌为主要功能甲烷菌,最佳温度分别为 $15\sim20℃$,$35\sim37℃$,$52\sim60℃$。当温度从 $38℃$ 升至 $55℃$ 时,一些丰度较低的甲烷热杆菌属(*Methanothermobacter*)、甲烷细菌(*Methanobacterium*)、甲烷八叠球菌(*Methanosarcina*)的丰度增加。甲烷杆菌是一类在中高温厌氧消化系统内均为优势菌的嗜氢型甲烷菌,但高温条件下它们更具竞争优势,丰度相对更高,提高厌氧消化的温度能促进有机废弃物的转化速率,高温厌氧系统微生物代谢速率快,但快速的水解酸化也易发生 VFAs 积累,与中温厌氧比过程控制相对困难。一些学者将其原因归结于高温消化系统内微生物群落多样性相对较低。此外,高温厌氧消化中高温高湿环境对设备腐蚀性更强,而中温厌氧消化过程控制相对简单,加热能耗少,消化容器散热较少,目前世界范围内大多数商业化的厌氧消化厂都是在中温条件下运行。

(2) 按含固率分类

根据消化系统含固率(total solids,TS),厌氧消化系统可分为湿式消化(TS < 10%)、半干式消化(10% < TS < 20%)和干式消化(TS > 20%)。湿式消化是发展历史最长且应用最广的方式。半干式和干式消化是近 30 年来在欧洲首先兴起的用于处理固体有机废弃物的技术,其含固率高,缩小了反应罐体积,且易于后续的沼液处理。目前,国外开发的半干式或干式厌氧消化技术包括 Dranco 工艺、Volorga 工艺、Kompagas 工艺、Bioformlbekon 工艺、Linde-KCA/BRV、Transpaille 工艺等,且国外新建沼气工程中半干式或干式消化占比达 50% 以上,并逐步形成产业化,但其依然存在较明显的缺点,即传质传热困难,运行能耗较高,大多工程不能连续稳定运行。

(3) 按运行方式分类

根据是否连续运行,厌氧消化系统可分为序批式消化系统和连续式消化系统。序批式消化系统即在消化初阶段一次性投入消化底物,消化过程中不再投加新的底物,待消化完毕后全部排出或部分排出后重新投加底物。目前开发的半干式或干式厌氧多以序批式消化为主。其优势在于设备设计简单、投资相对连续式较低,但缺点在于一次性进料体积大,因此配套处理系统占地面积大,产气速率不稳定。连续式消化即消化物料保持连续流出和连续流入的平衡状态,也可放宽至每天或定时定量地排出沼液和添加新物料,目前运行的湿式厌氧消化工程是以连续式消化技术为主,连续运行更易于自动化控制,产气流量稳定,过程控制比较平稳。

(4) 按相数分类

根据是否将水解酸化与甲烷化阶段分开进行,厌氧消化系统还可分为单相和两相消化工艺。单相消化技术即所有菌群共处同一反应器内,水解酸化菌和甲烷菌之间共生互营,目前约70%的消化工艺采用的是单相技术。两相厌氧消化是基于水解酸化菌和甲烷菌较大的生长差异特性而建立的,产酸相中水解酸化细菌倍增速度快,代谢能力强,抵抗进料负荷波动冲击能力强;甲烷菌增殖速度慢,对环境要求苛刻,产甲烷相中可以通过控制其较长的停留时间和其他生长条件以获得甲烷菌较好的增殖和代谢能力。因此,两相系统相对于单相系统稳定性和处理效率均有所提升。但尽管两相厌氧有上述优势,某些学者认为该方式也阻碍了水解酸化菌和甲烷菌之间的协同关系,其应用需结合基质特性及成本等因素综合考虑。

4. 厌氧消化强化方法

固废中存在细菌占主导的微生物种群,这些细菌细胞具有较难以降解的细胞壁,且消化底物的有机质中还含有纤维素、木质素、腐殖质及其他影响有机物水解的大分子物质,这使得厌氧消化过程中有机质转化为沼气的效率很低,一般在30%～45%以下。其次,我国市政污水中有机物的含量普遍较低,所产生的剩余污泥量(尤其是高有机质含量的污泥)相对较少,因而厌氧消化产沼气量相应较低。此外,不合理的厌氧消化工艺参数、消化底物中有毒物质的积累、底物分解利用率受限、功能性微生物群落结构波动等,也是导致低厌氧效率的原因。为了提高厌氧消化沼气产量并保证工艺的稳定性,可采取不同的强化策略。这些方法包括对难降解底物进行预处理、使用不同底物进行共消化、优化反应器内菌群结构、高温厌氧发酵和添加有机或无机外源物质等。

(1) 有机固废预处理

为了打破污泥中微生物细胞壁和木质纤维素等难以被生物利用的物质造成的水解限制,通常会在厌氧消化之前对有机固废进行预处理。预处理的目的是击破固废中细胞壁和胞外聚合物,从而使细胞内的有机物质从固相向液相转移。同时破坏污泥絮体和木质纤维素的结构,提高其溶解性,最终实现固废被厌氧消化系统中的功能微生物高效利用。

厌氧消化常用的预处理方式包括:机械方法、物理方法、化学方法和生物方法。机械方法适用于处理结构简单的固废,处理过程中不会产生难降解有机物,一般包括高压均质法、旋转球磨法、溶胞离心法等。物理法研究较多的有热解法、微波法、超声法和聚焦脉冲法等。其中热解法最为常用,固废中的微生物细胞壁受热膨胀而破裂,大量细胞质释出。化学方法则大致分为碱处理法、臭氧氧化、电化学氧化、亚硫酸盐法、过氧化氢、芬顿试剂等。其原理也是导致污泥中有机颗粒溶胀、溶解纤维素以及菌群细胞破裂。生物法主要指的是生物酶法。酶作为生化反应的高效催化剂,具有特异性、高效性,因此少量加入即可取得良好效果。通常加入蛋白酶、淀粉酶、纤维素酶等对消化基质中相关成分进行水解。

(2) 共消化

厌氧消化系统中,单一的消化基质往往存在营养成分失衡的问题。例如,国内的剩余污泥中有机质含量较低,导致产气效率低下;而畜禽粪便中则有机负荷量过高,容易导致系统出现氨抑制。研究发现氨氮浓度增加到4 051～5 734 mg/L时,会对剩余污泥中几乎所有的产酸微生物菌群造成影响,尤其是产甲烷菌群,例如亨氏产甲烷螺菌(*Methanospirillum hungatei*)、巴氏甲烷八叠球菌(*Methanosarcina barkeri*)、甲烷杆菌属嗜热碱甲烷杆

(*Methanobacterium thermoautotrophicum*)等,会失掉56.5%的活性。共消化强化技术是克服碳氮比不理想或养分利用率有限等限制因素最直接的方法。当厌氧消化系统中引入两种或以上的消化底物进行共消化,能够直观的调节物料间的营养平衡,改善系统内的有机质含量,供给多种营养元素,提升系统的缓冲能力,调节系统酸碱度和碳氮比等。

（3）功能菌群驯化与富集

由于厌氧消化过程是由各类功能微生物参与完成的,因此,有目的性地对厌氧消化体系中一些功能菌群(如水解细菌、产甲烷古菌等)在特定的条件下进行筛选和驯化,可以定向强化厌氧消化系统的水解和产甲烷过程。例如,纤维素降解瓶颈在于大分子物质转化为小分子糖,单一菌株降解纤维素能力有限,复合菌系在降解纤维素上更显优势。有研究以蔬菜厌氧消化液作为菌株来源在嗜高温厌氧消化反应器中(55℃)以滤纸为碳源进行继代培养,最后获得一组可高效分解纤维素的产甲烷菌群,该菌群对滤纸相对分解率可达67.3%。此外,研究发现,通过向厌氧消化反应器中持续通入外源氢气,可富集获得较高丰度的嗜氢产甲烷古菌,然后利用其作为接种物对粪便进行厌氧发酵处理,可解除粪便造成的氨氮抑制现象,最终增强甲烷产量。

（4）高温厌氧消化

消化基质中有机物的生物降解速率通常与温度成正比,这是因为微生物中的相关蛋白酶在高温条件下转化效率更高,生长代谢更快,可在较短的水力停留时间内实现更高的有机质降解率。从厌氧消化系统运行参数来看,高温厌氧消化的酸碱度、挥发性脂肪酸、氨氮含量和游离氨更高。由于高温可提高蛋白质的水解酸化速率,从而加快了有机氮转化为氨氮的速率,因此在嗜高温厌氧消化系统中的碱度会更高,能够对生成的挥发性脂肪酸起到有效的中和作用。高温还可以增加底物的溶解度,降低液体的本体粘度,从而提高消化液的混合性能,进一步增加纤维素对单体的水解。其次,嗜高温反应器中的木质纤维素降解速率高于嗜中温反应器。从系统微生物来看,嗜高温反应器中木质纤维素降解菌和放线菌的丰度也明显高于嗜中温反应器。与中温菌群相比,嗜热菌群对复合多糖的水解率更高,且温度每增加10℃,酶的速度就会提高两到三倍。因此普遍认为高温厌氧消化系统中微生物活性更高,这是导致嗜高温消化性能更好的主要原因。但是高温厌氧消化技术消耗的能耗也较高,并且高温系统启动较为缓慢。

（5）添加外源物质

在厌氧消化系统中加入有机/无机外源添加剂,会对系统中的微生物活性造成刺激,进而影响厌氧消化性能。无机添加剂可细分为宏观营养素、微观营养素和碳酸物质。以盐的形式向厌氧消化工艺的消化基质中添加磷(P)、氮(N)、硫(S)等宏观营养物质,提高系统的缓冲能力。一些微量元素,如镍(Ni)、钴(Co)、铁(Fe)、钼(Mo)等,是厌氧消化反应中参与的众多生物反应的辅助因子和酶的重要组成部分。微量元素添加到厌氧生物反应器中已被证明可以刺激厌氧消化反应器的沼气生产。这些微量元素可以以盐、纯金属和金属氧化物(大块材料)的形式添加到厌氧消化工艺中,还可以以纳米结构材料的形式添加。研究人员利用纳米材料形式的无机添加剂研究了纳米材料对厌氧消化过程的催化作用,其中一些具有导电性能的纳米材料被添加到厌氧消化器中是目前研究的重点,研究结果表明,这些导电纳米材料可作为微生物间直接种间电子传递的电子通道,提高生物甲烷的产量和速率。厌氧消化工艺中使用的添加剂如图4-38所示。

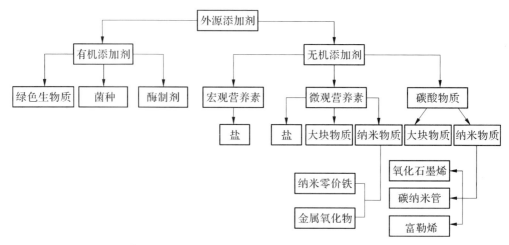

图4-38 厌氧消化过程中使用的添加剂的总体分类

5.厌氧消化工艺的工程化应用

应用案例:长沙市某污水厂污泥集中处置工程

4.3.3 固体废物的其他生物处理技术

1.固体废弃物填埋技术

固体废弃物的土地填埋是从传统的垃圾填埋发展起来的一项最终处置技术,如图4-39所示。研究证明,将垃圾埋入地下会大大减少因垃圾敞开堆放所带来的滋生害虫、散发臭气等问题。但是这种传统垃圾填埋技术也引起一些其他的环境问题,如由于降雨的淋洗及地下水的浸泡,垃圾中的有害物质溶出并污染地表水和地下水;垃圾中的有机物在厌氧微生物的作用下产生以CH_4为主的可燃性气体,从而引发填埋场的火灾或爆炸等。

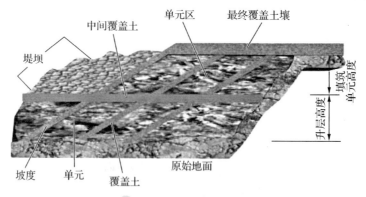

图4-39 垃圾填埋技术

随着技术研究的深入,当前城市生活垃圾填埋技术已从传统的以贮留垃圾为主向多功能方向发展,即一个垃圾填埋场应同时具有贮留垃圾、隔断污染、生物降解和资源恢复等多个功能。近年来,改进后的垃圾填埋场以生物降解和资源恢复功能为主。"生物反应器型"垃圾填埋技术代表了这方面的最新发展,它通过独特的设计和合适的控制,把垃圾填埋场变成了"生物反应器",可明显提高垃圾的生物降解速度和效率,提高垃圾的资源化、无害化和减量化水平。城市生活垃圾生物反应器填埋技术根据填埋垃圾被微生物降解的机理和过程,利用填埋场这一天然的微生物活动场所,通过一系列手段优化填埋场内部环境使其成为一个可控生物反应器,为微生物大量繁殖提供一个最优的生存空间。生物反应器填埋技术不仅可以对填埋场产生的渗滤液实现很大程度的场内就地净化,还为填埋场的提前稳定创造了良好条件。

城市生活垃圾生物反应器填埋场根据填埋场内降解垃圾优势菌群的不同,可以分为城市生活垃圾厌氧生物反应器填埋场、城市生活垃圾半氧生物反应器填埋场、城市生活垃圾好氧生物反应器填埋场。其中城市生活垃圾厌氧生物反应器填埋技术能够实现垃圾有机质快速微生物降解,主要产物为甲烷、二氧化碳和水蒸气,明显提高垃圾的生物降解速度和效率,从而提高垃圾的资源化、无害化水平。

当前我国大、中城市生活垃圾量大(一般每天产量在 1 000 吨到 13 000 吨不等),组分中有机质含量高。通过对国外城市生活垃圾生物反应器填埋技术的研究及运用现状调研,以及结合我国垃圾大、中城市生活垃圾处理现状,发现城市生活垃圾厌氧生物反应器填埋技术能在较短时期内消解填埋垃圾的危害和污染特性,并且可以减少填埋场产气时间,提高产气量和产气速率,比较适合我国大、中城市生活垃圾处理。近几年,许多城市垃圾填埋场的建设,正朝积极的方向发展。为提高填埋场的防渗水平,采用高密度聚乙烯膜(HDPE)作为防渗材料;为提高填埋作业效率,大型的填埋场采用了填埋压实机;一些城市已开始用填埋气体进行发电,变废气为宝。据报道,我国杭州、广州、深圳等城市的填埋场早已开始对填埋气体进行回收利用。1998 年 10 月,中国第一个垃圾填埋气体发电厂在杭州天子岭建成发电。1999 年 6 月,广州大田山利用填埋沼气气体发电的一台机组投入运行,对废气进行资源化利用,日发电 23 000 kW·h,年售电收入 470 多万元。这些项目的实施,为中国垃圾填埋场气体的开发利用奠定了基础。

2. 固体废弃物的微生物浸出技术

固体废弃物中含有大量重金属对人类和环境都造成了灾难性影响。从固体废弃物中回收金属经济效益低,并且容易对环境造成污染,这些原因严重限制了我国固体废弃物的产业化,大部分的固体废弃物由小规模乡镇企业进行处理,但是它们的主要回收目标为铜、金、银,剩余的部分则与普通生活垃圾一起丢弃,对当地生态环境造成了严重污染,同时使宝贵的资源流失。因此,对固体废弃物中重金属资源化不仅可以防止环境退化,同时也有助于向循环经济过渡。

微生物浸出法处理固体废弃物是利用某些微生物或其代谢产物与固体废弃物中的金属相互作用,产生氧化、还原、溶解、络合等反应,从而实现回收其中的有价金属。近年来,绿色、高效的微生物浸出技术得到了广泛关注。微生物浸出法处理固体废弃物为解决环境问题提供了一种自然方法,在处理回收固体废弃物重金属中发挥着重要作用。

(1) 浸出固体废弃物中重金属常用微生物

从固体废弃物中回收金属的微生物类型主要有嗜酸微生物、产氰微生物和真菌等。天然微生物普遍存在浸出周期长、浸出效率不高、容易受环境影响等问题,所以在微生物浸出前,需通过诱变、驯化、基因工程等方法对菌种进行改良,以提高其浸出率以及对环境的耐受性。

① 嗜酸微生物

氧化亚铁硫杆菌(*Thiobacillus ferrooxidans*,*T.f* 菌)、氧化硫硫杆菌(*Thiobacillus*,*thiooxidans*,*T.t* 菌)和氧化亚铁微螺菌(*Leptospirillum ferrooxidans*,*L.f* 菌)等嗜酸菌在 Cu、Mg、Ni 等基本金属的浸出过程中发挥重要作用。自微生物浸出技术出现以来,氧化亚铁硫杆菌一直是该领域研究和应用最为广泛的菌种之一,它是典型的嗜酸菌。目前,已有将氧化亚铁硫杆菌应用于固体废弃物中有价金属的回收。浸出常涉及的其他一些细菌如图 4-40 所示。

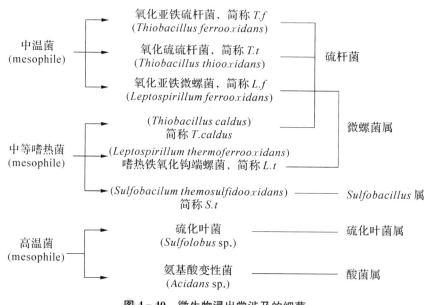

图 4-40 微生物浸出常涉及的细菌

② 产氰微生物

紫色色杆菌(*Chromobacterium violaceum*,*C.v* 菌)、荧光假单胞菌(*Pseudomonas fluorescens*)、铜绿假单胞菌(*Pseudomonas aeruginosa*)以及恶臭假单胞菌(*Pseudomonas putida*)等产氰微生物多用于贵金属的提取,它们都属于异养细菌,需要额外提供碳源和氮源才能稳定生长,在富含甘氨酸的环境中,可以代谢产生 CN^-,从而对金属进行浸出。产氰微生物多存在于土壤微生物区系,包括产氰细菌、真菌和藻类。浸出固体废弃物中金属常用的产氰微生物如表 4-4 所示。由于产氰微生物产生氰化物的量有限,固体废弃物中又存在大量基本金属与之竞争,导致了贵金属的提出效率偏低,若想提高贵金属的浸出效率,应该先将大量的基本金属去除。

表4-4 常用的产氰微生物

种类	微生物	应用程度
细菌	紫色色杆菌(*Chromobacterium violaceum*)	＊ ＊ ＊ ＊ ＊
	巨大芽孢杆菌(*Bacillus megaterium*)	＊ ＊ ＊
	荧光假单胞菌(*Pseudomonas fluorescens*)	＊ ＊ ＊
	铜绿假单胞菌(*Pseudomonas aeruginosa*)	＊ ＊ ＊
	绿针假单胞菌(*Pseudomonas chloraphis*)	＊ ＊
	变性假单胞菌(*Pseudomonas plecoglossicida*)	＊
	恶臭假单胞菌(*Pseudomonas putida*)	＊
	大肠杆菌(*Escherichaia coli*)	—
	丁香假单胞菌(*Pseudomonas syringae*)	—
	金色假单胞菌(*Pseudomonas aureofaciens*)	—
	多色假单胞菌(*Pseudomonas polycolor*)	—
	豆科根瘤菌(*Rhizobium leguminosarum*)	—
	去磺弧菌(*Desulfovibrio desulfuricans*)	—
真菌	硬柄小皮伞菌(*Marasmius oreades*)	—
	杯伞菌属(*Clitocybe* sp.)	—
	匐柄霉菌(*Stemphylium loti*)	—
	高粱胶尾胞菌(*Gloeocercospora sorghi*)	—
藻类	组囊藻(*Anacystis nidulans*)	—
	灰色念珠藻(*Nostoc muscorum*)	—
	鲍氏织线藻(*Plectonema boryanum*)	—
	小球藻(*Chlorella vulgari*)	—

（1）微生物浸出固体废弃物机理

① 氧化亚铁硫杆菌浸出铜原理

氧化亚铁硫杆菌浸出固体废弃物中金属的方式主要包括直接浸出、间接浸出和协作浸出三种。直接浸出是指细菌附着于固体废弃物表面,通过直接作用引起固体废弃物的氧化。间接浸出是通过细菌将培养基中大量的 Fe^{2+} 氧化成 Fe^{3+}（如下面方程所示）,随后 Fe^{3+} 与金属发生氧化还原反应,并生成 Fe^{2+},将其作为上述反应的反应物,以此循环,实现对金属的浸出。在实践过程中,常涉及直接浸出和间接浸出的组合应用,称为协作浸出。

$$2Fe^{2+} + 0.5O_2 + 2H^+ \longrightarrow 2Fe^{3+} + H_2O$$

$$2Fe^{3+} + Cu \longrightarrow 2Fe^{2+} + Cu^{2+}$$

② 紫色色杆菌浸出金原理

紫色色杆菌通过利用有机物甘氨酸产生次生代谢产物氢氰酸,氢氰酸与金发生化学反应生成氰金络合物,实现对金的浸出。

$$4Au + 8CN^- + O_2 + 2H_2O \longrightarrow 4Au(CN)_2^- + 4OH^-$$

紫色色杆菌自身含有 6 种 HCN 合酶,在代谢中利用甘氨酸产生的氰化物能力更高,而其他产氰微生物大都缺少其中的一种或多种酶。除了有机成分外,将一些适宜浓度的金属盐添加到培养基中,可以加强产生氰化物酶的催化作用,进而增强紫色色杆菌产生氰化物的能力。

3. 蚯蚓床技术

蚯蚓床技术是指利用蚯蚓强大的吞食能力,以及对完全腐熟的有机物的偏好性,来去除有机物的一种处理固废的新型生态处理方法。蚯蚓是土壤中的重要生物,具有促进物质分解转化的特点,在固体废弃物的资源化利用处置和土壤重金属污染生态修复及其生态风险评价中发挥重要作用。

蚯蚓属环节动物门寡毛纲(Oligochaeta),是土壤中生物量最大的无脊椎动物,它的身体由许多彼此相似的体节组成,属于环节动物。蚯蚓生活在土壤中,昼伏夜出,以腐败有机物为食,连同泥土一同吞入,也摄食植物的茎叶等碎片。蚯蚓可使土壤疏松、改良土壤、提高肥力,促进农业增产。蚯蚓的消化道能分泌出一系列具有分解有机质性能的酶,这些酶和蚯蚓体内的微生物共同作用使得蚯蚓表现出极强的消化能力,能够将大分子有机物质分解成一系列低分子化合物,水解成易于同化的碳水化合物、脂肪、蛋白质以及较稳定的纤维素和几丁质,然后进一步分解并部分矿化,使之转化为氨、尿素、碳酸、尿鸟嘌呤以及速效性的易吸收的磷钾矿质养分,其结合固废中的矿物质后作为蚯蚓粪便而排入环境中。研究发现,蚯蚓粪便含有大量有机质、腐植酸,氮、磷、钾等养分,而且酶、微量元素和氨基酸含量也较高,是理想的土壤改良剂和肥料添加剂,有些甚至还可以作为畜禽饲料添加剂。

早在 20 世纪 90 年代初期,美国、法国、澳大利亚等发达国家就建立了利用蚯蚓处理城市垃圾的工厂,通过运行证明,利用蚯蚓处理城市垃圾是一种可行的方法。蚯蚓的吞食量很大,1 亿条蚯蚓一天吞食 40～50 吨垃圾,排出 20 吨蚯蚓粪,且蚯蚓还能将垃圾中的重金属富集于体内,从而去除垃圾中的重金属。由于蚯蚓体内含有 10%～14% 的蛋白质和多种氨基酸,可作为家禽、动物的蛋白添加饲料或通过酸水解法从其体内分离制备复合氨基酸,用于制药或化工等行业,有较好的市场前景。由于蚯蚓有这样的消化特点和资源化优势,使得其在固体废弃物处理及资源化利用中发挥着越来越大的优势。

思考题

1. 活性污泥的"活性"体现在哪里? 评估活性污泥性能优劣的指标有哪些?

2. 生物膜法和活性污泥法的区别是什么?

3. 污水处理的常见工艺有哪些,如何根据污水水质选择合适的处理工艺?

4. 简述氨化、硝化和反硝化反应过程,各反应分别由哪些微生物参与?

5. 常见的生物除磷工艺有哪些?

6. 阐述采用生物法进行废气处理的原理。

7. 什么是化能自养菌? 常见的化能自养菌有哪些?

8. 常见的废气生物处理工艺有哪些? 各工艺间有哪些异同点?

9. 阐述固体废弃物厌氧消化经历的阶段,以及每个阶段的特点和发生的主要反应。

10. 观察你的生活周围有哪些固体废物,可以采用哪些生物处理法进行处理。

参考文献

[1] 张自杰.排水工程下册(第五版)[M].北京:中国建筑工业出版社,2015.

[2] 高廷耀.水污染控制工程[M].北京:高等教育出版社,2023.

[3] 郑爱泉.现代生物技术概论[M].重庆:重庆大学出版社,2016.

[4] 孟令波,孙婷婷,郑苗苗,等.应用微生物学原理与技术[M].重庆:重庆大学出版社,2021.

[5] 李涛.资源枯竭型城市投资环境研究[M].北京:新华出版社,2015.

[6] 戴晓虎.我国城镇污泥处理处置现状及思考[J].给水排水,2012,38(2):5.

[7] Yang G, Zhang G, Wang H. Current state of sludge production, management, treatment and disposal in China[J]. Water Research, 2015, 78:60-73.

[8] Qu J, Wang H, Wang K, et al. Municipal wastewater treatment in China: Development history and future perspectives [J]. Front Env Sci Eng, 2019, 13(6):7.

[9] 李洪远.生态恢复的原理与实践[M].北京:化学工业出版社,2005.

第 5 章　环境污染生物修复技术

环境污染生物修复技术是利用生物体来清除或中和污染现场内污染物的方法。它通过植物、动物或微生物的代谢活动来清除环境中的污染物，或使其无害化。修复环境的范围包括水体、土壤和相关生态系统。根据所使用的生物种类，环境污染生物修复可分为植物修复、动物修复和微生物修复；根据实施方法，可分为原位生物修复和异位生物修复。本章将从水体、土壤生物修复和生态工程的角度介绍环境污染生物修复技术的原理、技术类型和应用。

5.1　水体生物修复技术

5.1.1　水生植物修复技术

1. 水生植物修复概念及原理

水环境面临着各种污染风险。相较于传统水体物理化学修复技术，生物修复技术具有操作简单、成本低廉、能耗低、生态友好等优点。其中，水生植物是水体生物修复的关键要素。水生植物能够在水中生长，通过种植水生植物，并依靠其自身生理机制以及与根系微生物协同作用，可以实施原位修复技术，去除水环境中的污染物或降低其毒性。修复机理主要包括植物提取、植物固定、根系过滤和降解、植物降解等。

（1）植物提取

植物提取（phytoertraction）是指通过植物根系吸收污染物，将污染物转移到茎和叶，积累在如液泡、细胞壁、细胞膜等植物组织以及其他代谢不活跃的部分，通过收割植物从而去除环境污染物。超累积植物被广泛应用于重金属污染治理中，利用超积累植物对重金属的较强耐性和富集能力，通过植物提取将高浓度的有毒金属沉积在其根和茎组织中。

（2）植物固定

植物固定（phytostabilization）是指通过植物根部和根际区域的生物化学过程来减小污染物的迁移性和生物可利用性，从而降低其对环境和生物系统的风险。植物根系分泌的化学物质可将污染物固定在根际中，或者通过转运蛋白将污染物捕获在根表面上，或者将污染物吸收并转运隔离在根细胞的液泡内，这就使得有毒污染物被固定在植物根部，无法进一步传播。植物固定作用并没有将环境中的污染物去除，只是暂时将其固定，使其对环境中的生物不产生毒害作用，但环境条件发生变化，污染物的生物可利用性也可能随之发生改变。除此之外，一些植物代谢物或分泌物也能够与有毒污染物结合，形成无毒的化合物,以此降低污染物的生物毒性。

（3）根基过滤和降解

根际过滤（rhizofiltration）和**根际降解**（rhizodegradation）是指借助植物羽状根系具有的强烈吸持作用,通过吸附、浓缩、沉淀等方式截留污染物,同时植物中超过20%的营养成分如糖分、氨基酸、有机酸等都聚集在根部,因此会生长大量微生物,根际区域的微生物能够对这些污染物进行生物降解。以植物去除氮营养元素为例,植物根际区域常发生根际硝化作用和反硝化作用,从而减少环境中的氨氮含量。

（4）植物挥发

植物挥发（phytovolatilization）是指通过植物将环境中的污染物吸收,并将低挥发性化学物质转化为高挥发性形态,随后通过挥发过程将污染物释放到大气中的修复机制,如Se、As和Hg元素可通过甲基化挥发。这一过程涉及不同化合物的挥发方式:部分化合物直接从茎和叶子中挥发,另一部分化合物则通过根部与土壤相互作用后才挥发。此外,疏水性有机化合物通过植物的疏水屏障（如切口、表皮、木栓质和其他真皮层）进行挥发,而一部分化合物则通过蒸腾作用在植物系统中向上移动,并在蒸腾过程中释放到大气中。植物挥发的应用需要根据转化后挥发性污染物的毒性水平来决定。如果转化产物具有较低毒性,那么可以考虑利用植物修复技术进行治理;如果转化产物的毒性较高,则不适宜采用植物修复方法。植物挥发多用于有机污染物的去除过程。

（5）植物降解

植物降解（phytodegradation）是利用某些植物特有的转化和降解作用去除水体和土壤的有机污染物的一种方式。修复途径主要有两个方面:一方面是有机污染物通过被动吸收进入植物体,之后通过植物代谢或者分解成为较小碎片的化合物储存在植物组织中;另一方面,根分泌的物质直接降解根际圈内的有机污染物,如漆酶可降解TNT（三硝基甲苯）。

2. 用于水体污染修复的植物种类

水生植物根据其适应水位高低的不同,可分为挺水植物、浮水植物、沉水植物等。利用特定技术,还可以将浮游藻类、陆生植物应用于富营养化水体修复中。不同水生植物在富营养化水体修复中具有不同的效果,其生活习性各异,对环境因子要求不同,水生植物吸附、吸收、消减、富集水体中营养物质能力和其对藻类化感作用能力各异。了解水生植物的这些差异,对于水体修复中植物的选择具有重要参考价值。

（1）常见植物种类

① 挺水植物

挺水植物的根、根茎生长在水的底泥之中,茎、叶挺出水面,常分布于0～1.5 m的浅水处,其中有的种类生长于潮湿的岸边。这类植物在空气中的部分,具有陆生植物的特征;生长在水中的部分（根或地下茎）,具有水生植物的特征。常见的用于水体修复的挺水植物有千屈菜、菖蒲、水葱、梭鱼草、花叶芦竹、香蒲、旱伞草、芦苇等。

② 浮水植物

浮水植物可分为漂浮植物和浮叶植物两类。漂浮植物指那些完全或部分漂浮在水面上的植物,它们通常没有真正的根系,而是通过气囊、气腔或者茎部的浮力来维持在水面上的位置。常见的漂浮植物包括凤眼莲、水浮莲等。漂浮植物容易打捞,但繁殖能力很强,例如,凤眼莲能够在很短的时间里占领整个水域,将其他植物种类排挤掉成为优势种,使整个水生生态系统的物种多样性大大降低,同时阻隔水体与外界的阳光、空气交换,降低水体中溶解氧,不利于生态系统的健康发展。如果应用漂浮植物进行水体生态修复,必须严格注意控制其过度繁殖。

浮叶植物指根部生长在水底,叶片或花朵则浮在水面上的植物,这类植物气孔通常分布于叶的上表面,叶的下表面没有或极少有气孔,叶上面通常有蜡质。常见的浮叶植物有睡莲、水鳖和荷花等。

③ 沉水植物

沉水植物是指植物体全部位于水层下面营固着生存的大型水生植物,它们的根有时不发达或退化,植物体的各部分都可吸收水分和养料,通气组织特别发达,有利于在水中缺乏空气的情况下进行气体交换。水生态修复常见的沉水植物有苦草、黑藻、狐尾藻、金鱼藻、轮藻、菹草、微齿(禾叶)眼子菜和马来眼子菜等。

沉水植物能够从底质沉积物中补充营养,在水生植物群落中占据营养竞争优势。这种营养资源使得沉水植物在水体中营养浓度很低的情况下仍能生长,这使得沉水植物对浮游植物具有竞争优势。沉水植物有效地减缓湖泊内源性营养物负荷的储备速度,使输入与输出的营养盐趋于平衡,以机械化方式收割沉水植物转移氮、磷营养盐,是水体富营养化适度控制的一项实用技术。沉水植物是水体生物多样性赖以维持的基础。作为生物环境,沉水植物通过有效增加空间生态位,抑制生物性和非生物性悬浮物,通过光合作用增加水体溶解氧,为形成复杂的食物链提供了食物、场所和其他必需条件,也间接支持了肉食和碎食食物链。

(2)抑制藻类蔓延的植物

在水体环境中,有些藻类的过度生长会对水体平衡造成极大危害,同时还会释放毒素,一些腐烂的藻类植物体和其他植物体会对水体造成污染。通过水生植物的有效应用,能够促使多样化的水生植物和藻类在水生环境中形成一定程度的竞争关系,例如藻类和水生植物在光的利用上就存在一定竞争,个体大的植物会遮蔽更多的阳光,一定程度上抑制光合作用,从而抑制藻类的疯狂生长。同时,在对于营养物质的吸收上,水生植物由于个体大、生长周期长、营养物质需求大,在对于各类水生营养物质的吸收和储存方面也比藻类具有明显优势,能在一定程度上抑制藻类获取更多营养物质。另外,有些水生植物还可以分泌化感物质,能在一定程度上破坏藻类正常的生理代谢功能,抑制藻类的生长,从而有效控制一些藻类毒素造成的水体污染。化感物质主要通过抑制藻类叶绿素合成、破坏光合系统和抗氧化系统、裂解藻细胞结构、影响酶的活性、诱导基因异常表达等方式抑制藻细胞分裂或杀死藻细胞,达到减少水中藻类的目的。研究发现,荷花对铜绿微囊藻有化感抑制作用;菖蒲对小球藻、水华鱼腥藻、斜生栅藻、羊角月牙藻等有化感抑制作用;马来眼子菜分泌脂肪酸类物质抑制斜生栅藻的生物氧化过程;穗花狐尾藻分泌焦性没食子酸抑制铜绿微囊藻、水华鱼腥藻的生长;金鱼藻、大茨藻对铜绿微囊藻有明显抑制作用;芦竹和睡莲的组织和提取液对铜绿微囊藻也有生长抑制效应。水生植物通过对藻类的抑制,可提高水体的透明度,增加水体活性,实现水体环境的优化。

(3)修复氮磷营养元素污染的植物

目前,我国水体富营养化现象已经较为普遍,水体富营养化不仅会导致水环境质量下降,还有可能引起藻类过度增长,导致水体黑臭。大量研究表明水生植物可以有效吸收、富集富营养化水体中的氮磷元素。挺水植物对水体中的 TN 有较好的去除效果,如美人蕉、芦苇、芦竹的 TN 去除率能够达到 99.1%。NH_4^+-N 是水生植物优先利用的无机氮形态,研究表明沉水植物对 NH_4^+-N 有较高的去除率,如粉绿狐尾藻的 NH_4^+-N 去除率可达 98.6%;此外,挺水植物也多用于研究 NO_3^--N 的去除,90% 以上的挺水植物可用于净化水中 NO_3^--N,如芦苇、水葱和慈姑对 NO_3^--N 都有较高的去除率。

不同生活类型的水生植物中都有对 TP 去除率较高的植物,漂浮植物和挺水植物的 TP 去除率一般高于其他类型的水生植物。挺水植物中的泽泻、芦苇、香蒲、菖蒲、芦竹和旱伞藻,漂浮植物中的凤眼莲、槐叶萍、满江红和大薸,浮叶植物中的睡莲、菱,沉水植物中的金鱼藻、粉绿狐尾藻、苦草和轮叶狐尾藻,对 TP 去除率可达 90% 以上,其中泽泻的 TP 去除率最高可达 99.2%。

近年来,我国对水体生态综合治理越来越重视,水生植物治理水体富营养化也有较多的相关研究。例如,在富营养化的五里湖中利用水生植物伊乐藻、菱和凤眼莲组建半封闭式围隔实验区,发现试验区可以常年保持较好水质,并能够抵抗外来污染的冲击。大量研究表明,多种水生植物组合其治理效果要优于单一植物。例如,在单一栽培和混合栽培蔗草、芦苇和菰的对比研究中发现,混合栽培对水中 NH_4^+-N 去除率更高。

(4)修复水体重金属污染的植物

许多污水含有大量重金属,如果不经特殊处理直接排放,会严重污染环境,对人体健康和生态安全造成巨大威胁。通过水生植物的应用能够更好地去除污水中的有害重金属。例如,挺水植物中的宽叶香蒲对锌、铜的富集能力分别为 1 231.7 mg/kg 和 1 156.7 mg/kg,狭叶香蒲对铅的富集能力为 7 492.6 mg/kg;漂浮植物中的大薸对汞的富集能力为 800~1 600 mg/kg,细叶满江红对镉的富集量为 2 600~9 000 mg/kg,凤眼莲对铬(4 000~6 000 mg/kg)、铜(6 000~7 000 mg/kg)、锌(10 000 mg/kg)、镍(1 200 mg/kg)都有较好富集能力;沉水植物中黑藻对铜的富集能力为 770~30 830 mg/kg,龙须眼子菜对锰的富集量为 16 000 mg/kg。水生植物对重金属的吸收积累能力与植物的生活类型有关,通常表现为沉水植物>浮水植物>挺水植物,同时根系发达的水生植物,其吸收积累能力强于根系不发达的水生植物。此外,水生植物对重金属处理效率还受光照、温度、pH以及水体中重金属浓度等因素的影响。

(5)修复水体有机污染物的植物

水生植物对水体有机污染物的去除主要依靠植物本身及相关微生物对污染物的吸收、固化和降解。一方面,植物可以直接将有机污染物吸收,再通过相关酶作用降解,形成次生产物或彻底分解为 CO_2 和 H_2O。研究表明,植物体内的过氧化物酶、羟化酶和糖化酶均可对有机污染物进行分解与转化。另一方面,植物与根际微生物可协同降解有机污染物,在此过程中,植物通过根系向环境中释放大量糖类、醇类和酸类等分泌物,从而提高已存在根际微生物的数量和活性,促进有机污染物的降解。植物根际分泌物还可改变根际微生物的群落丰度,影响其生长,加速根际有机污染物的降解。此外,根系释放的分泌物还可以提高有机污染物的生物可获得性。

COD可用来表征水体中有机物的浓度水平,芦苇、美人蕉、香蒲、旱伞草、凤眼莲等具有较强的COD去除能力。此外,大量研究表明,水生植物可降解去除水体中的杀虫剂、多环芳烃、多氯联苯和多溴联苯醚等有机污染物。例如,伊乐藻对水体中的农药甲基内吸磷的去除率可达90%(5 mg/L,2 d);轮叶黑藻在200 h内对滴滴涕(80 mg/L)的去除率为60%;芦苇对芘和苯并[a]芘的去除率为55%和50%(50 mg/kg,28 d),其中根际微生物起主要降解作用;紫萍可在40 h内完全去除水中的苯酚和苯胺,主要机制为根际分泌物改变微生物群落促进多环芳烃的降解。此外,菖蒲、苦草也可去除水体中的多环芳烃。

3. 水生植物修复的影响因素

 延伸阅读:水生植物修复的影响因素

5.1.2　水生动物修复技术

1. 水生动物修复概念及原理

水生动物修复是利用适宜的水生物种来减少或清除受污染水体中的有害物质,以促进水体生态系统恢复和提高水质。其基本原理是水生动物通过生物过滤、吞食和贮存等机制,降解有机物和去除悬浮颗粒,从而净化水体环境。常见用于净化水质的水生动物包括鳙鱼、鲢鱼、田螺和河蚌等。许多学者就水生动物在吸收和利用水体有机污染物和无机污染物方面进行了大量研究。尤其是利用湖泊生态系统中的蚌螺、草食性浮游动物和鱼类等直接吸收富营养化水体中的营养盐、有机碎屑和浮游植物,取得了显著的效果。

2. 用于水体污染修复的动物种类

水生动物修复主要在实验室研究较多,大水体中试研究较少,主要是由于水生动物难以人为控制。目前,应用于水生动物修复的动物种类包括大型水生动物(如鲢鳙鱼、罗非鱼等)、贝类以及原生动物。

针对氮磷污染较为严重的水域,一种有效的方法是提高食草和浮游植物鱼类的数量,以控制和消耗过度繁殖的藻类,从而改善水质。自1985年起,荷兰在治理诸多浅型湖泊时发现,即使通过工程措施削减了50%以上的磷负荷量,湖泊仍难以自动实现生态恢复。但是,通过调控湖内鱼类群体数量和种类组成,成功地实现了由浑浊水状态向水生植物丰富状态的转变。同样,芬兰的Vesijarvi湖在1976年削减了90%以上的磷负荷量,但10年后蓝藻水华仍未减少。后来,对以大型浮游动物为食的河鲈鱼进行了高强度捕捞,保护了这些浮游动物,通过它们摄食藻类取得了显著效果。由于食鱼性鱼类对生态系统产生了重要影响,使其成为自20世纪80年代末以来的研究热点。Drenner等把鱼类调控分为5种类型,即放养食鱼性鱼类、放养食鱼性的鱼类+捕获部分鱼类、捕获部分鱼类、减少鱼类数量和鱼类数量减少然后重新放养。通过评估水质改善情况,如透明度增加和叶绿素含量下降等指标,发现 61%的调控措施在提高水质方面是成功的。其中,放养食鱼性鱼类可以减少食浮游动物的鱼类数量,并增加摄食藻类的浮游动物数量,从而控制浮游藻类并改善水质。

鲢和鳙以浮游生物为食,由于食物链较短,能够有效地利用水体中的营养物质。目前,大量研究已经将鲢和鳙鱼用于富营养化水体的修复,发现在浅水湖泊中,鲢鱼尽管主要栖息在上层水体,但它可以通过觅食活动和食物加工来增加沉积物中的养分释放。因此,鲢鱼具有刺激浮游植物生长的潜力,并通过增加水体中的营养物质来增加水的浑浊度。也有研究者认为,鲢鱼通过掠食活动可以减少浮游植物的生物量和降低碎屑含量,从而提高水体透明度。类似地,一些研究者认为贻贝与鲢鱼具有相同的作用,可以改善水质并提高水体透明度。然而,由于水生动物修复水体可能带来的负面影响,这种修复方法仍然存在争议。

除了利用鲢和鳙鱼,其他一些动物也逐渐受到研究关注,例如底栖软体动物能够较好地净化水体中的低等藻类、有机碎屑、无机颗粒物。有研究表明,投放 1 kg/m² 的铜锈环棱螺可使自来水中的铵盐、硝酸盐、亚硝酸盐、化学耗氧量的去除率分别达到 11.23%、50%、39.79%、17.14%,使养鱼池水中铵盐、硝酸盐、亚硝酸盐、化学耗氧量的去除率分别达到 33.32%、58.33%、32.26%、24.24%。铜锈环棱螺通过絮凝作用使太湖五里湖湾水体的透明度从 0.5 m 左右提高到 1.3 m,总磷去除率达到 50%。此外,有研究利用田螺、河蚌和泥鳅组合对富营养化水体进行修复,TN、TP、NH_4^+-N、COD 的去除率分别高达 84.9%~90.5%、75.9%~87.3%、91.9%~96.6%、69.9%~84.9%。

在重金属污染水体修复中,水生动物通过对水体中重金属进行富集,从而去除重金属污染。海洋无脊椎动物,尤其是生活在水底层的动物,具有很强的重金属积累能力,因此采用海洋无脊椎动物特别是贝类来修复重金属污染水体具有很好的效果。其体内重金属含量与水环境中重金属浓度特别是底泥中重金属浓度呈相关性,可以用来当作水环境重金属污染的监测生物。目前,牡蛎和贻贝已得到应用,它们对有机氯农药、重金属、放射性元素都具有相当高的积累能力。1975 年,美国开启贻贝计划,利用贻贝和牡蛎检测沿海水域重金属污染的时空变化趋势。

3. 水生动物修复的影响因素

 延伸阅读:水生动物修复的影响因素

5.1.3 微生物修复技术

1. 微生物修复概念及原理

微生物修复是生物修复的一种方法,基本原理是通过微生物的作用,将有机污染物转化为简单的化合物,以改善水质环境,并对整个水体生物修复过程产生影响。微生物修复的基本思想是在适当的条件下促进修复过程,例如提供氧气,添加氮、磷营养盐,以及接种经过驯化培养的高效微生物等,以迅速去除污染物质。在这个过程中,微生物主要参与碳循环、氮循环、磷循环和硫循环等物质转化过程。例如,微生物通过氧化和发酵作用参与碳循环,将有机物如纤维素、淀粉和几丁质分解并最终产生 CO_2。此外,许多细菌、放线菌和霉菌等微生物含有植酸酶和磷酸酶,可以分解含磷的有机物(异化作用),产生的无机磷化物可被植物吸收利用。当前,微生物修复在学术界受到广泛关注,并正处于积极发展阶段。

成功的微生物修复需要满足以下条件:首先,目标化合物必须能够被微生物利用,而且污染场地不应含有抑制降解菌种生长的物质,否则需要先进行稀释或处理该抑制物。其次,必须存在具有代谢活性的微生物,这些微生物在降解或转化化合物时必须以一定的速率进行,同时不产生有毒物质。第三,污染场地或生物反应器的环境条件必须有利于微生物的生长或保持其活性。最后,技术费用必须尽可能低廉。

2. 用于水体污染修复的微生物种类

微生物修复技术是一项综合性技术,具有广阔的发展前景。用于水体污染修复的微生物种类众多,根据微生物的来源,可分为土著微生物、外来微生物以及基因工程菌。

(1)土著微生物

微生物的种类多、代谢类型多样、"食谱"广,凡是自然界存在的有机物几乎都能被微生物利用、分解。对目前大量出现且数量日益上升的众多人工合成有机物,虽说它们对微生物是"陌生"的,但由于微生物有巨大的变异能力,这些难降解甚至是有毒的有机化合物,如杀虫剂、除草剂、增塑剂、塑料、洗涤剂等,都已陆续地找到了能分解它们的微生物种类。

天然水体是微生物的大本营,存在着数量巨大的各种各样微生物,在遭受有毒有害的有机物污染后,可出现一个天然的驯化选择过程,使适合的微生物不断增长繁殖,数量不断增多。另外,有机物的生物降解通常是分步进行的,整个过程包括了多种微生物和多种酶的作用,一种微生物的分解产物可成为另一种微生物的底物,在有机污染物的净化过程中可以看到生物种群的生态演替,并可据此来判断净化的阶段和进程。目前在生物修复工程中大多应用土著微生物,其原因一方面是由于土著微生物降解污染物的巨大潜力,另一方面是接种外来微生物在环境中难以保持较高的活性,此外工程菌因其安全性等原因应用受到较严格的限制,引进外来微生物和工程菌时必须注意这些微生物对该地土著微生物的影响。

(2)外来微生物

在受污染的环境中,当合适的土著微生物生长过慢,代谢活性不高,或者由于污染物毒性过高造成微生物数量下降时,可人为地投加一些适宜该污染物降解的外来高效菌,如应用珊瑚色诺卡氏菌来处理含氰废水,用热带假丝酵母菌来处理油脂废水等。

目前,用于生物修复的高效降解菌大多系多种微生物混合而成的复合菌群,其中不少已被制成商业化产品。如光合细菌。这是一类在厌氧光照下进行不产氧光合作用的原核生物的总称,它在厌氧光照及好氧黑暗条件下都能以有机物为基质进行代谢和生长,因此对有机物有很强的降解转化能力,同时对硫、氮素的转化也起了很大的作用。美国公司开发的复合菌制剂,内含光合细菌、酵母菌、乳酸菌、放线菌、硝化菌等多种微生物,经对成都府南河、重庆桃花溪等严重有机污染河道的试验,发现其对水体及底泥的有机质均有一定的降解转化效果。日本公司研制的生物制剂,由光合细菌、乳酸菌、酵母菌、放线菌等共约10个属80多种微生物组成,已被用于污染河道的生物修复。

（3）基因工程菌

自然界中的土著菌,通过以污染物作为其唯一碳源和能源或以共代谢等方式,对环境中的污染物具有一定的净化功能,有的甚至达到效率极高的水平,但是对于日益增多的大量人工合成化合物,就显得有些不足。采用基因工程技术,将降解性质粒转移到一些能在污水和受污染土壤中生存的菌体内,定向构建高效降解难降解污染物的工程菌的研究具有重要的实际意义。20世纪70年代以来,发现了许多具有特殊降解能力的细菌,这些细菌的降解能力由质粒控制,例如假单胞菌属中的石油降解质粒,能编码降解石油组分及其衍生物如樟脑、辛烷、水杨酸盐、甲苯等的酶类。利用这些降解质粒已研究出多种能降解难降解化合物的工程菌。为了消除海上溢油污染,将假单胞菌中不同菌株的四种降解性质粒接合转移至一个菌株中,构建成一株能同时降解芳香烃、多环芳烃、菇烃和脂肪烃的"超级细菌"。该菌能将天然菌要花一年以上才能消除的浮油缩短为几小时。尼龙寡聚物在化工厂污水中难以被一般微生物分解。已发现黄杆菌属、棒状杆菌属和产碱杆菌属具有分解尼龙寡聚物的质粒,但上述属的细菌不易在污水中繁殖,而污水中普遍存在的大肠杆菌又无分解尼龙寡聚物的质粒。最后,研究人员成功把分解尼龙寡聚物的质粒基因移植到大肠杆菌内,使后者获得了该遗传性状。

在将这些基因工程菌应用于实际环境污染治理时,须解决工程菌的安全性问题。目前在研制工程菌时,一般采用给细胞增加某些遗传缺陷的方法或是使其携带一段"自杀基因",使该工程菌在非指定底物或非指定环境中不易生存或发生降解作用。

（1）富营养化水体修复

目前,主要通过原位技术并向水体中投加有效微生物群以改善水体富营养化现状。1992年,一家美国公司成功地分离并研制出了名为 Clear-Flo 系列的微生物修复剂,专门用于湖泊、池塘等水体的生物清淤、养殖水体净化和水体修复。当时美国某个水渠使用了 Clear-Flo 1 200 约3个月的时间,结果显示其氨氮浓度由 0.02 mg/L 降至0,COD 去除率为84％,BOD_5 去除率为74％,且没有检测到毒性。此外,美国生态实验室开发了一种名为液可清（Aqua Clean ACF32）的微生物制剂,它由32种活性菌混合而成。这种微生物制剂已经得到美国环保局等部门的认可,并在多个国家取得了许多成功案例。从这些实例中可以看出,微生物生态修复剂在降低水体营养盐浓度、降解有机污染物和控制水体富营养化方面取得了显著成果。在西班牙的某个城郊,一处富营养池塘水体在使用 Clear-Flo 系列修复剂后,BOD 去除率达到97％,COD 去除率为85％,总悬浮固体（SS）下降了98％,磷酸盐浓度下降了69％。

（2）重金属污染水体修复

目前,在重金属污染水体治理中,复合菌剂显示出良好的应用前景。例如,有研究发现,由电镀污泥、电镀废水和下水道铁管中分离出的 SR 系列复合功能菌,在净化回收电镀废水和污泥中铬等重金属的示范工程中,对 Cr^{6+}、Cr^{3-}、Ni^{2+}、Zn^{2+}、Cu^{2+} 和 Cd^{2+} 等金属离子的一次性净化率超过 99.9％。此外,英国 ICI 公司采用固定化细胞技术处理含氰废水,成为生物技术在环境保护领域实际应用的先例。美国宾夕法尼亚大学培养了从活性污泥中分离出的优势菌丝孢酵母(*Frichospomn Cutatmum*)和假单胞菌(*Pseudomonas sp.*),并提取了具有高酶活性的氧化酶,通过化学方法将其结合到玻璃珠上,用于处理冶金工业废水,并取得了良好的效果。

此外,还可利用生物吸附剂治理重金属水体污染。生物吸附剂以一些如细菌、真菌、藻类具有重金属吸附作用的微生物为主要原料,通过明胶、纤维素、二氧化硅、海藻酸盐、聚丙烯酰胺、二异氰酸苯酯、胶原、金属氢氧化物沉淀等材料固定化颗粒制得。固定化技术可以提高微生物的稳定性和生存率,降低微生物对环境因素的依赖性,并且使微生物更易于分离和回收,从而适应大规模处理工艺的需要。固定化颗粒具有类似其他商品吸附剂的颗粒度、强度、孔径、亲水性和对腐蚀性化学品的抵抗力。采用固-液接触式反应器如固定床反应器、流化床反应器等都能得到良好的处理效果。生物吸附在重金属废水处理中的应用已被证明是可行的,在技术上表现出极大的优越性和竞争力。相比于其他处理方法,生物吸附剂在吸附性能、pH适应范围以及运行成本等方面都表现出更好的性能。因此,生物吸附剂已经成为处理重金属废水的理想体系之一,并具有广泛的应用前景。

(3)难降解有机污染物水体修复

目前,基因工程菌主要被应用于处理难降解的有机污染物水体。有学者将具有降解甲苯能力的恶臭假单胞菌质粒转移到*Pseudomonas sp. Clong A*中,使其能够氧化和去除三硝基甲苯(TNT)苯环上的硝基,并利用其作为氮源进行生长。这种基因转移后的工程菌能同时降解甲苯和TNT,使TNT得到完全矿化。此外,有学者将抗型库蚊的酯酶基因克隆并在大肠杆菌中表达,通过固定化这些大肠杆菌工程菌,可以在短时间内实现对有机磷农药的高效降解。然而,在构建基因工程菌时,存在某些不相容基因无法共存于同一宿主细胞的问题,这导致部分降解性状无法完全表达。针对此问题,需要进一步研究和优化,从而提高基因工程菌在环境修复中的应用效果。

3. 微生物修复的影响因素

 延伸阅读:微生物修复的影响因素

5.2 土壤生物修复技术

土壤污染是指人类活动或自然过程产生的污染物进入土壤并积累到一定程度,超过了土壤原有含量和土壤的自净能力,从而引起土壤环境质量恶化的现象。土壤污染比大气污染和水体污染更为复杂,也更具危害性,它的主要特点:

(1)具有隐蔽性和滞后性。土壤污染问题难以通过感官发现,往往需要对样品进行分析化验或研究农作物对人畜健康状况的影响才能确定,这也导致土壤污染从产生到发现会滞后较长时间。

（2）具有累积性。污染物在土壤中并不像在大气和水体中那样能够快速扩散和稀释，从而容易在土壤中不断累积而超标，并且可通过食物链吸收和富集。

（3）难以治理。土壤一旦遭到污染便极难仅通过控制或切断污染源而恢复，不少污染物能够长时间残留在土壤中，难以被降解消除。

目前，随着人口增长和经济发展，土壤环境安全问题越发突出，主要包括重金属污染、农药和持久性有机化合物污染、化肥施用污染等，因此土壤修复不容忽视。

土壤修复技术是指采用化学、物理学和生物学的技术与方法以降低土壤中污染物的浓度、固定土壤污染物、将土壤污染物转化为低毒或无毒物质、阻断土壤污染物在生态系统中的转移途径的技术总称。从根本上说，污染土壤修复的技术原理包括：① 改变污染物在土壤中的存在形态或同土壤的结合方式，降低其在环境中的可迁移性及生物可利用性；② 降低土壤中有害物质的浓度。

土壤生物修复技术是指一切以利用生物为主体的土壤污染治理技术，包括利用植物、动物和微生物转移、吸收、降解和转化土壤中的污染物，使污染物的浓度降低到可接受的水平，土壤恢复其原有功能，也包括将污染物固定或稳定，以减少其向周围环境的扩散。与其他土壤修复方法相比，生物修复因具有经济简便、处理效果好、避免二次污染产生等优点而被广泛使用，也常与其他修复方法联合使用，以更有效地分解和去除污染物质。从修复场地来分，土壤生物修复技术主要分为两类，即原位生物修复技术（in situ）和异位生物修复技术（ex situ）。

5.2.1　土壤原位生物修复技术

1. 土壤原位生物修复技术概念

土壤原位生物修复技术是指不经挖掘，直接在污染场地就地采用生物工艺修复污染土壤的方法。这种技术具有投资少、对环境影响小和污染扩散风险低的特点，因此一直是土壤修复领域的研究热点。在进行原位生物修复时，需要根据实际情况灵活结合工期、污染情况、地质条件和地面设施等因素，以找出最经济实用的修复方法。同时，还需进行辅助提高技术的研究，以使原位修复技术更加经济有效。总体而言，原位生物修复技术适用于处理土壤中浓度中低、分布广泛且位于较深位置的污染物，可以分为原位动物修复法、原位植物修复法和原位微生物修复法三种类型。

2. 原位动物修复法

原位动物修复法是利用土壤中的某些低等动物（如蚯蚓、线虫、甲螨等）的直接作用或间接作用来降低污染和改良土壤的方法。

直接作用是指动物通过被动扩散作用和摄食作用对污染物的富集。研究发现，蚯蚓对有机氯农药的生物富集因子为 1.4～3.8，对六六六和滴滴涕的富集作用明显；此外，蚯蚓和蜘蛛对重金属元素有很强的富集能力，其体内 Cd、Pb、As、Zn 与土壤中相应元素含量呈明显的正相关。土壤动物除了可以对农药、矿物油类和重金属进行富集，还可以把生活垃圾及粪便污染物作为食物，通过破碎、消化和吸收作用，把这些污染物转化为颗粒均匀，结构良好的粪肥。土壤动物将原污染物中的有害微生物吞噬或杀灭,产生的粪肥含有大量有益微生物和其他活性物质,可以加速微生物处理剩余有机污染物的能力。

间接作用是指动物通过代谢、活动、取食降解菌等行为改善土壤物理、化学及生物学性质,提高污染物的生物有效性,促进植物和微生物对污染土壤的修复作用。其中,土壤动物主要通过三个方面影响土壤中的微生物。首先,土壤动物可以通过直接取食土壤微生物,使其始终保持高活性状态,而且通过取食降低微生物对生存空间的竞争,使微生物更好地生长;其次,土壤动物通过自身分泌物刺激微生物生长繁殖;再次,通过土壤动物的活动,使得土壤通气透水,改善土壤生态环境,有利于土壤微生物的生长,从而实现共同修复污染土壤的目的。由此可见,土壤动物不仅自己能够直接富集土壤中的污染物,还能够和周围的植物和微生物共同富集,并在其中起到一种类似"催化剂"的作用。

目前,我国对于动物修复技术的研究不多,尚处于起步阶段,土壤动物更多是被用于生物指示及污染土壤的风险评价。蚯蚓是动物修复中最常用的土壤动物,有学者对蚯蚓富集污染物的规律及污染物对蚯蚓的影响等内容进行相关研究,但由于土壤动物不能像收割植物那样轻易从土壤中移除,因此目前国内仍鲜见利用动物的直接作用修复污染土壤的案例,大多数是利用土壤动物的间接作用强化植物、微生物的修复效果。例如,研究发现,在温室盆栽中接种蚯蚓可有效地提高南瓜苗从土壤中吸收 3～5 环 PAHs 化合物的效率;利用蚯蚓-甜高粱复合系统修复镉污染土壤,发现蚯蚓可显著提高甜高粱的生物量及其对 Cd 的吸收量,并使土壤有效镉提高 9.8%。因此,土壤动物修复技术未来的发展方向是将土壤动物作为一种"催化剂",将其放入被污染的土壤中,提高传统生物土壤修复技术的修复速度和效率。

3. 原位植物修复法

20 世纪 80 年代以来,利用植物修复环境污染物的技术迅速发展。**植物修复技术**是指以清除环境植物忍耐和超量富集某种或某些化学元素的理论为基础,利用植物及其共存微生物体系清除环境中污染物的一门环境污染治理技术,即利用自然生长植物根系(或茎叶)吸收、富集、降解或者固定污染土壤、水体和大气中的污染物的环境技术总称。

原位植物修复法是一条从根上解决土壤污染的重要途径。一般来说,植物对土壤中的有机和无机污染物都有不同程度的降解、转化和吸收等作用,但修复植物的特点是在某一方面表现出超强的修复功能。根据修复原理,主要将植物修复方式分为植物固定、植物挥发、植物提取、植物降解(转化)、植物促进和根部过滤,其主要针对的污染物、修复机理以及存在的不足见表 5-1。

表 5-1 植物修复的方式、机理与不足

修复方式	主要针对的污染物	修复机理	存在不足
植物固定	重金属	利用植物根际分泌的特殊物质将根系周围的重金属转化为相对无害物质使其稳定化的过程	暂时将土壤中的重金属元素固定,减少了污染物的生物有效量,但并未减少污染物总量,若土壤性质发生变化,重金属离子可能再度活化造成危害

修复方式	主要针对的污染物	修复机理	存在不足
植物挥发	汞、硒、有机物	利用植物的吸收和蒸腾作用,将污染物质从土壤中去除挥发到大气中去	挥发到大气中的污染物的处理技术不完善,存在污染大气环境的风险
植物提取	重金属、铀、有机物	以植物的耐性为基础,植物吸收土壤中污染物并在地上部分或根部累积	超富集植物生长缓慢,往往植株矮小,修复速度缓慢;修复范围局限于根系所能伸展的范围;积累污染物的超富集植物处置不当会造成二次污染
植物降解(转化)	重金属、有机物	植物通过体内代谢活动降低重金属的毒性;将有机污染物代谢分解,经木质化作用使其成为植物的一部分,如木质素;或通过矿化作用将有机物彻底分解为 CO_2 和 H_2O;通过根系分泌物(包括一些酶类)加速土壤的生化反应,促进有机污染物的修复	只对结构简单、分子量低的有机污染物起作用,对结构复杂、分子量高的有机污染物无效
植物促进	有机物、重金属	植物根系分泌氨基酸、糖类、有机酸及可溶性有机质等供微生物代谢利用,为根际微生物提供营养物质,促进根际微生物对土壤的修复作用	不详
根部过滤	重金属	耐性植物根系对重金属进行吸收并将其保持在根部	目前发现的此类耐性植物多为水生和半水生植物,陆生耐性植物种类较少

植物根部附近的土壤被称为植物根际,该区域土壤微生物活性特别旺盛。植物根系在微生物降解过程中起着重要作用,它不仅提供了微生物的生长环境,同时将地面氧气转移至植物根际,使根际的好氧分解作用能够正常进行,还可以不断分泌小分子化合物,这些化合物作为极易利用的碳源和能源供微生物生长,提高微生物降解和矿化有机物的速率。另外,植物根系有丰富的菌根菌生长,菌根菌与植物共生可以带来更为特殊的代谢途径,使自生细菌不能降解的有机物得以降解。在植物根际内,污染物的降解过程实际上包含了植物-微生物的联合作用,它包括:① 微生物好氧代谢过程。单一的专性好氧菌对芳烃类、苯磺酸类等污染物的降解作用并不明显。若将这些单一的好氧菌与根际内其他微生物群落混合,组成共栖关系,即可显著提高对这些难降解污染物的矿化能力,防止有机污染物中间体的生成与积累。② 微生物厌氧代谢过程。一些有机污染物(苯和其相关污染物)在厌氧条件下可完全矿化成 CO_2。③ 腐殖化作用过程。土壤的腐殖化作用过程也是一种有效的污染物解毒方法。用同位素标记法实验证明,腐殖化作用可以影响 PAHs 在土壤-植物系统中的归宿。根际微生物可以加速腐殖化进程,减少污染物的暴露时间,从而减轻有害物质对植物的潜在毒性。以微生物作用为主要方式的生物修复对治理土壤中有机污染较为有效,但也有其局限性,特别是对重金属污染的清除效率较低。近年来不

断发展的植物-微生物联合修复技术,利用植物的独特功能,并与根际微生物的协同作用,从而发挥更大效能。

植物修复法具有以下优点:① 成本低廉,操作简单,容易在大面积污染土壤上应用。② 对环境扰动少,不会破坏土壤结构和景观生态,植物修复土壤的过程反而会增加土壤中有机质含量和土壤肥力,同时绿化地表,减少水土流失,有利于改善生态环境。③ 二次污染少,可以通过植物冶炼技术回收修复植物中所累积的重金属。但是,植物修复法也存在一定的局限性:① 一种植物往往只能吸收 1~2 种重金属,对于多种重金属复合污染的土壤,植物修复作用有限,甚至可能会表现出中毒现状。② 植物修复过程周期长、效率低,还受到土壤类型、本土植物、气候、营养条件、排水与灌溉系统等自然条件和人工条件的影响和限制,不易于机械化作业。③ 用于吸收重金属的修复植物会通过腐烂、落叶等途径使重金属重新污染土壤,在植物落叶前收割植物器官并进行无害化处理是必须的。④ 缺乏有效手段用于筛选修复植物,同时对筛选出的修复植物缺少生活习性地认识,这一定程度上限制了植物修复法的应用。

针对上述植物修复法的优势与不足,近年来关于植物修复法的研究内容及取得的进展表现为以下 4 个方面:

(1)修复植物物种库的丰富。众多学者不断研究发现可用于修复污染土壤的植物种类,如金丝草和柳叶箬为 Pb 的超富集植物,忍冬、水葱、杂交狼尾草、串叶松香草、黑籽雀稗为 Cd 的超富集植物,玉米对土壤有机氯农药具有清除修复能力。此外,一些学者开始研究转基因植物的构建以提高植物修复效果,例如,将低生物量的砷超富集植物蜈蚣草植物螯合肽合成酶基因 *PvPCSI* 转入高生物量的南芥中,构建能修复砷污染土壤的工程植物;此外,利用基因工程技术研究发现谷胱甘肽巯基转移酶基因可以调节植物氧化应激效应,提高植物对汞的富集能力。

(2)修复植物的处理和污染物的回收。传统的修复植物产后处置方法包括焚烧法、堆肥法、压缩填埋法、高温分解法、灰化法、液相萃取法等,但这些处理方法存在二次污染环境、重金属回收率低、资源化利用率低等缺点。在不断探索更加环保、高回收率、强经济性的处理方法上,有学者提出超富集植物的"焚烧→湿法提取与净化→电化学沉积/化学沉淀法→金属/化工产品"处理方法,并用此方法处理镍超富积植物 *Berkheya coddii*,最终得到了高纯镍板(99.999%);此外,有学者发现超富集植物的"水热液化"处理方法可将绝大部分(超过 95%)有害重金属分离到水溶液中,并将超过 80% 的生物质转化为粗生物油,可实现修复植物的无公害处理和资源化利用。

(3)植物修复附加效益的提高。在重视植物生态效益的同时,学者开始重视修复植物的附加效益。例如,有学者通过湖南重金属污染田间试验证实了能源作物甜高粱修复重金属污染土壤的可行性,将重金属从粮食链转入能源链,在修复重金属污染土壤的同时生产清洁能源产品,兼顾了植物修复的生态和经济效益;此外,在 Cd、Zn 污染土壤中间套种东南景天和玉米,在利用东南景天修复污染土壤的同时可生产出符合饲料卫生标准的玉米籽粒,为污染土壤的修复与利用提供了新的途径;花卉植物紫茉莉、紫花玉簪和鸭跖草对 Pb 具有较高的富集系数,利用观赏植物和花卉植物可以在治理污染的同时达到美化环境的目的。

（4）植物修复效率的提高。植物修复受污染物生物有效性、水溶性限制，且具有修复速度慢、修复时间长、作用范围局限于根部延展区域等不足，强化植物修复效果、提高植物修复效率的措施一直是生物修复的研究热点。目前，常见的强化措施主要有微生物强化修复（功能菌株、根际微生物等）、动物强化修复（蚯蚓、线虫）、诱导修复技术（表面活性剂、螯合剂等）、农艺措施强化技术（施肥、套作等）、基因工程技术等。

4. 原位微生物修复法

微生物是土壤生态系统的重要生命体，它不仅可以指示污染土壤的生态系统稳定性，而且还有巨大的潜在的环境污染修复功能。**原位微生物修复**是指在不经搅动、挖出的情况下，通过向污染土壤中提供氧气、添加营养盐、提供电子受体、接种经驯化培养具有高效降解作用的微生物等方法就地进行处理，以达到污染去除效果的生物修复工艺。原位微生物修复法利用的微生物包括土著微生物、外来微生物和基因工程菌三大类，其中最基础的是土壤中的土著微生物，土壤受到污染后，污染物会对土著微生物产生自然驯化和选择作用，结果是一些特异微生物在污染物的诱导下产生分解污染物的酶体系，具备新的代谢功能以适应新的环境，进而将污染物降解、转化。土著微生物在清除污染物方面有巨大潜力，因此目前绝大多数实际的生物修复工程中所应用的都是土著微生物。

土著微生物虽然在土壤中广泛存在，但其生长速度较慢，代谢活性不高，或由于污染物的存在造成它们的数量下降，不能构成优势菌群，致使其降解污染物的效率降低。因此，污染土壤有时需接种经过驯化和培养的外来微生物，以提高受污染环境的生物修复能力。外来微生物的主要作用是补充环境中缺乏的污染物降解菌、与土著微生物产生协同作用和发挥催化作用启动生物修复过程，从而提高生物修复的速度和效率，但需要注意生物安全性问题。

考虑到土著微生物和外来微生物降解能力的不足，科学家在实验室中利用基因工程技术将特定的或多种降解基因转入某一微生物中，人工培养制成具有广泛降解能力的基因工程菌，使得一种微生物具有降解多种污染物的功能，或使微生物具有快速降解转化某种特殊污染物的能力。尽管基因工程菌可提高污染物的降解能力，但在实际应用中面临诸多限制：① 大多数引入环境中的基因工程菌在无外加碳源的条件下难以生存与繁殖，需要向环境中添加适当的选择性基质促进其增殖。② 基因工程菌引入环境后会与土著微生物产生激烈的竞争，土著微生物面临被淘汰的风险。③ 基因工程菌引入环境后是否会引起生物安全隐患还待商榷。

当前，污染土壤微生物修复工作主要涉及农药和石油类污染环境的修复，已经筛选出大量可用于相关有机污染物修复的专利菌株（见表5-2）。如在农药污染环境微生物修复方面，有学者分离到多种农药降解菌株，其中有机氯农药降解菌株鞘氨醇单胞菌 *Sphingomonas* sp. BHC-A 和 *Sphingomonas* sp. DB-1 可以分别降解六六六和滴滴涕，降解菌产品可以直接施用于土壤中，其中六六六残留量可以降低95%以上，滴滴涕残留量降低90%以上，能够有效地消除土壤污染，缓解植株受农害症状，解决农业生产中有机氯农药残留超标问题。石油污染物修复方面，有学者从环境中分离到了许多可降解石油烃类菌株，其中洋葱伯克霍尔德氏菌 *Burkholderia cepacia* GS3C 能够在 4 d 内将 750

mg/L 的正十六烷烃降解至 200 mg/L 以内,以柴油为唯一碳源时,该菌株能够很好地降解柴油中的烷烃组分(C12－C30),且具备良好的环境适应性,在石油类污染的生物修复中具有很好的应用前景。在多环芳烃微生物修复方面,赤红球菌 Rhodococcus ruber Em1菌株能够降解十六烷等烷烃及蒽、菲、芘等多环芳烃,并且该菌株在降解的同时产生脂类生物乳化剂,能够明显降低水溶液的表面张力,从而提高烷烃和多环芳烃在水中的溶解度,促进活性菌株对烷烃和多环芳烃的降解。该菌株可用于含油废水的处理和石油污染土壤的生物修复中。此外,有学者发明了一种适用于修复石油污染盐碱土壤的微生物复合菌剂及其制备方法,其主要由复合微生物菌液、营养物质和表面活性剂 3 种成分组成,其中复合微生物包含 3 株石油烃降解菌:巨大芽孢杆菌 Bacillus megaterium P9,假单胞菌 Pseudomonas sp. P4,木糖氧化无色杆菌 Achromobacter xylosoxidans P2。将 3 株菌通过液体培养与营养物质混合,按照 1% 的施加量将其加到石油污染盐碱土壤中,10 d 后,烷烃含量由 3 870 mg/kg 降低至 2748 mg/kg,芳烃由 793 mg/kg 降低至605 mg/kg。

表 5－2　我国筛选出的部分土壤有机污染物修复专利菌株

污染物	品种
呋喃丹(cavbofuran)	*Sphingomonas agrestis* CDS－1
阿特拉津(atrazine)	*Exiguobacterium* sp. BTAH1
六氯环己烷(hexachlorocyclohexanes)	*Sphingomonas* sp. BHC-A
辛硫磷(phoxim)	*Ochrobactrum* sp. X－12
甲磺隆(metsulfuron-methyl)	*Methylopolus* sp. S113
滴滴涕(DDT)	*Sphingomonas* sp. DB－1
烟嘧磺隆(nicosulfuron)	*Pseudomonas* sp. YM3
阿维菌素(avermectins,or abamectin)	*Burkholderia* sp. AW64
对硝基氯苯(p-Chlor-nitrobenzene)	*Comamonas testosteroni* CNB－1
多环芳烃(polycyclic aromatic hydrocarbon)	*Rhodococcus* ruber Em1
石油组分(composition of oil)	*Mycobacterium gilvum* CP13
原油(crude oil)	*Pseudomonas aeruginosa* MZ01
矿物油(oil hydrocarbon)	*Bacillus licheniformis* PS5
邻苯二甲酸盐(phthalates)	*Rhodococcus globerulus*
苯并[a]芘(benzo[a]pyrene)	*Brevundimonas* sp. CGMCC No. 2746

上述内容表明原位微生物修复法可以广泛用于有机污染土壤微生物修复的研究与应用,如石油烃、PAHs、PCBs 等,但目前关于重金属污染的微生物修复方面的研究和应用较少。重金属不像有机污染物可以被微生物吸收和矿化,主要是依靠微生物降解土壤中重金属的毒性,或通过微生物来促进植物对重金属的吸收等其他修复过程。微生物修复污染土壤的方式、针对的污染物类型、修复机理和存在的不足见表 5－3。

表 5-3 微生物修复的方式、机理与不足

修复方式	主要针对污染物	修复机理	存在不足
降解	有机物	微生物通过胞外酶和胞内酶对有机污染物进行氧化、还原、基团转移、水解或其他反应(氨化、乙酰化、酯化、缩合、双键断裂及卤原子移动等),使污染物降解	污染物浓度过高时会抑制微生物活性;微生物代谢有机物的产物可能具有毒性,造成二次污染
转化	重金属	通过氧化/还原、甲基化/脱甲基化等作用,将金属污染物转化为无毒或低毒形态	并未将重金属污染物从土壤中彻底移除,存在重金属活化再次造成污染的风险
吸附	重金属 有机物	微生物通过胞外吸附、细胞表面吸附、胞内积累的方式吸附固定污染物	操作难度大,存在二次污染风险,修复效率低
生物淋滤	重金属	利用产酸微生物的新陈代谢过程或间接利用产酸微生物新陈代谢的产物的氧化、还原、络合、吸附或溶解作用,使重金属污染物从土壤中溶出	溶出的重金属可能对微生物产生毒害效应,生物淋滤会造成土壤中营养元素的流失,修复周期长
强化修复	重金属 有机物	微生物通过产生络合基团、螯合基团、表面活性剂等物质增加污染物的生物有效性,强化生物修复效果;根际微生物可以促进植物根系生长,改善根际环境,促进植物对营养元素的吸收等强化植物修复作用	污染物溶解度增加可能会扩大污染面积,下渗污染地下水

原位微生物修复法与许多环境因子密切相关,如温度、pH、溶解氧、土壤湿度、氧化还原电位和营养状况等,还受到微生物种群、活性、数量和代谢特征等微生物学特征的影响,这些因素影响微生物对污染物的转化速率,也影响降解产物的特征和持久性。因此,在土壤微生物修复过程中优化与调控微生态环境因子、增强微生物酶活性水平,建立高效的生物修复模式是实现土壤有效治理的重要措施。在实际工程上,除了通过投加营养物和具有分解活性的外源微生物或基因工程菌,原位微生物修复法常采用各种工程化措施来强化污染土壤处理效果,包括生物通气法、翻耕法和泵处理法等。

(1) 生物通气法

在一些受污染的土壤中,有机污染物会降低土壤中氧的浓度,进而抑制污染物的生物降解。**生物通气法**是一种强化污染物生物降解的修复技术,即在受污染土壤中强制通入空气,将易挥发的有机物一起抽出,然后排入气体处理装置进行后续处理或直接排入大气中。生物通气法的主要设备是鼓风机和真空泵,首先应在受污染的土壤上打两口以上的井,通过鼓风机将新鲜空气强行通入土壤中以补充氧气,同时用真空泵抽气,排出土壤中的二氧化碳等气体,如图 5-1 所示。在通入空气时,可以加入一定量的氮气作为降解菌生长的氮源,强化微生物的生命活动,提高处理效果。值得注意的是,增加氮素营养虽可以加快污染物的降解速度,但氮不宜太多,氮素补充过多可能会阻止生物降解。

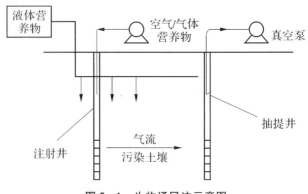

图5-1　生物通风法示意图

生物通气法常用于地下水层上部透气性较好而被挥发性有机物污染土壤的修复,也适用于结构疏松多孔的土壤,以利于微生物的生长繁殖。研究发现,应用生物通气法修复被石油污染的土壤,当加入高效降解菌后可使石油烃浓度降解至检出水平以下。美国犹他州针对被航空发动机油污染的土壤,采用污染区打竖井及竖井抽风的原位生物降解,经过13个月后土壤中油平均含量从410 mg/kg降至38 mg/kg。然而该方法也有一定的局限,如被处理污染物的蒸汽压太大,挥发太快,可能尚未降解即挥发了;并不适用于渗透性太差的土壤,难以保证好氧微生物的氧需求;通入空气可能将挥发性有机物组分携带到未污染的土层。

(2)翻耕法

翻耕法是指通过在受污染土壤上进行耕耙、施肥、灌溉等活动来增加土壤中的有效营养物和氧气,增加物质流动,从而尽可能为微生物代谢污染物提供一个良好环境,使其有充分的营养、水分和适宜的pH,保证生物降解在各个层次都能发生,从而使受污染土壤得到修复的一种方法。有学者利用该方法处理土壤中的焦油,结果土壤中微生物生长活跃,土壤菌数高达10^9个/g,PAHs浓度从1 000 mg/L降至1 mg/L。翻耕法主要适用于土壤渗滤性较差、土层较浅、污染物较易降解的污染土壤。

(3)泵处理法

泵处理法主要应用于地下水污染引起的土壤污染,将污染的地下水回收,进行地表处理后与营养液混合,由注入井/地沟回注入土壤。由于处理后水中有驯化的降解菌,因而对土壤有机污染物的生物降解有促进作用。该工艺需要在受污染的区域钻两组井:一组是注入井,用于将接种的微生物、水、营养物和电子受体等注入土壤;另一组是抽水井通过向地面上抽取地下水,造成地下水在地层的流动,促进微生物和营养物质的迁移与分布,保持氧气供应。有学者用泵处理法向被石油污染的土壤注入适量的N、P及H_2O_2等电子受体,经过两天的运转后,分离得到70多种细菌。其中,大多数为烃降解细菌,石油烃的浓度有明显下降。

泵处理法一般只需水泵和空压机,流程较为简单,费用较低,一般情况下采用工程强化措施较少,会延长处理时间。所以在有的系统中,地面上建有活性污泥法生物处理装置,将抽取的地下水处理后回注地下。在长期的生物修复过程中,污染物可能会扩散到深层土壤和地下水中。因此,泵处理法适用于处理污染时间较长,状况已基本稳定的地区或受污染面积较大的地区。

5.2.2 土壤异位生物修复技术

1. 土壤异位生物修复技术概念

土壤异位生物修复技术是指将受污染的土壤从原位置挖掘或抽取出来,搬运或转移到其他地方,与降解菌接种物、营养物和支撑材料混合,进行集中的生物降解。土壤异位修复涉及挖土和运输土壤,这破坏了原土壤结构,治理深度污染区域较为困难,且操作成本较高。然而,异位处理更易于控制处理过程,以达到最佳反应条件,并且处理时间相对较短。此外,也更容易和安全地引入特定微生物以提高处理效果。因此,异位生物修复适用于土壤表面污染相对集中、浓度中高的情况。常用的土壤异位生物修复技术包括土壤耕作法、生物堆肥法、预制床法和生物反应器。

2. 土壤耕作法

土壤耕作法是在非透性垫层和砂层上,将污染土壤以 10~30 cm 的厚度平铺其上并淋洒营养物、水及菌种,定期翻动充氧,以满足微生物生长发育的需要。处理过程中产生的渗滤液回淋于土壤,以彻底消除污染物。目前,该方法已用于处理受五氯酚、杂酚油、焦油和农药污染的土壤。土壤耕作法是一种高效率、低成本、安全、无污染的石油污染土壤生物修复技术,相比于焚烧法处理污染土壤,土壤耕作法可节约大量费用,可实现修复后土壤的再利用,环境、社会和经济效益可观。

3. 土壤堆肥法

土壤堆肥法是将污染土壤与有机废物(如木屑、秸秆、树叶等)、粪便等混合起来,依靠堆肥过程中多种微生物(包括细菌、放线菌、真菌和原生动物等)的作用来降解土壤中难降解的有机污染物。堆肥法可以为微生物提供一个良好的环境条件,使土壤中污染物与堆制原料及微生物彻底混合,提供了微生物所需的有机能源和营养物质,使其充分发挥降解有机污染物的能力和作用,从而得到良好的处理效果。良好的堆肥需要有合适的碳源(如稻草、木屑)和 C/N(一般为 25~30)、pH(6~8)、足够的 O_2、温度、湿度、微生物等。提供 O_2 的方法主要有定期机械翻堆、鼓风机强制通气和在堆放物料底部设布气系统,可配入一定量的膨松剂以保持堆体的疏松通气。如果曝气会引起挥发有毒气体释放,则必须设置气体吸收装置,防止污染空气。保持高温(50~60℃)比低温有宜于生物降解的进行。有些学者从污染区土壤中筛选出降解效果好的菌株,在堆制前将其接入同类污染物污染的土壤中,或选用已有降解能力强的微生物菌株接种到堆肥中,污染物质的降解效果更为显著。

4. 预制床法

预制床法是从污染地域挖出土壤,为防治污染物向地下水或者更大地域面积扩散,将土壤运到一个经过工程化准备的地方堆砌,形成上升的斜坡,进行生物处理,处理后的土壤运回原地。预制床主要包括了供水及营养物喷淋系统、土壤底部的防渗衬层、渗滤液收集系统及供气系统等(图 5-2),还采用有机块状材料(如新鲜的草、木屑、树皮或牲畜窝的垫草)补充土壤,以改善土壤结构。预制床法可以使污染物的迁移量降到最低,因为其具有控制、排放和收集滤液系统从而进一步处理。另外,如果处理过程中可能产生有害气体,预制床可用塑料篷封闭起来。

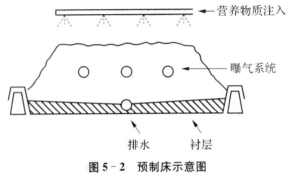

图 5-2　预制床示意图

有研究采用该方法对油田含油污泥进行处理,在搭建的温室中放置了预制床,在处理过程中,根据需要将有机肥料、调理剂添加到含油污泥中,向污泥中接种石油烃降解菌。结果表明,经过半年的处理,不同修复条件下油脂含量降低率达到 $28.5\%\sim46.3\%$,而在对照处理中仅为 16.3%。此外,有学者在实用规模的预制床上处理多种原油污染土壤,通过投加菌剂、肥料、控制 pH 和水分,经过 60 d 的运行,石油总量的去除率达到 $38.36\%\sim57.74\%$。该方法工艺条件易控制、修复效果较好,同时可以有效限制污染物的扩散和迁移,但该方法具有成本高、操作较复杂以及油污土壤运输困难等缺点,且不适用于大面积土壤污染的修复。

5. 生物反应器法

生物反应器法是将受污染的土壤挖掘出来,和水混合后,在接种了微生物的生物反应器装置内进行处理,处理完后进行固液分离,土壤经脱水处理后运回原地,处理后出水视水质情况直接排放或送入污水处理厂继续处理。生物反应器法一个重要特征是以水相为主要处理介质,污染物、微生物、溶解氧和营养物的传质速度快,而且避免了复杂和不利的自然环境变化,各种环境条件(如 pH、氧化还原电位、氧量、营养物浓度、盐度等)便于控制在最佳环境状态,因此具有快速、易于控制、技术成熟等特点,但其工程复杂,处理费用高,当用于处理难生物降解的污染物时还需注意避免让污染物从土壤转移到水中。该方法的反应器可以分为泥浆反应器和厌氧反应器。

(1) 泥浆反应器

泥浆反应器是将受污染土壤与 $3\sim5$ 倍的水混合,使其成泥浆状,同时加入营养物和菌种,在充氧条件下剧烈搅拌对污染土壤进行处理的一类反应器。泥浆反应器可以是具有防渗衬层的简单水塘,也可以是精细设计制造的反应器(如图 5-3),污染物在其中充分混合,与活性污泥法反应器相似,都涉及通气、充分混合以及对影响微生物降解的多因子进行调控。

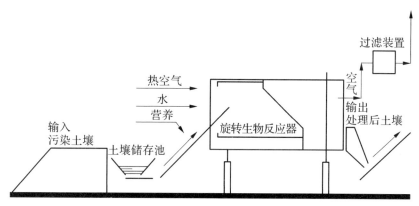

图 5-3 泥浆反应器

许多实验研究表明,泥浆反应器可以有效地分解 PAHs、杂环化合物、杂酚油中的酚(停留时间 3~5 d)等,但相对分子质量高的 PAHs 降解较慢。在一项实际处理中,将一个7.5 万升的移动式反应器运至现场,加入 23 m³ 三硝基甲苯(trinitrotoluene,TNT)污染的土壤,加入等体积的水制成泥浆,加入淀粉使土著微生物分解淀粉时消耗溶解氧形成厌氧环境,经处理后 TNT 浓度从 3 000 mg/kg 降至低于 1 mg/kg。有学者用生物反应器法对斯德哥尔摩中部石油污染土壤进行治理,与治理前相比,土壤中 PAHs 浓度降低了 70%。另外,在泥浆反应器中有时也会添加表面活性剂,以促进微生物与污染物的充分接触,加速污染物的降解。

泥浆反应器容易人为控制各种工艺条件,因此该方法处理效果好、处理时间短。反应器修复实际是堆肥法的重新构造,它们具有相同的污染物降解途径和微生物之间的作用,只是在过程中增强了电子受体、营养物及其他添加物的效力,因而降解率和降解速率提高。

(2)厌氧反应器

由于许多污染物无法被好氧菌降解,目前厌氧微生物修复土壤污染受到越来越多的重视。SABRE(simplot anaerobic biological remediation)工艺是一种典型的生物修复厌氧反应器处理工艺,由美国爱达荷大学和 J. R. Simplot 公司联合开发的,可用于降解硝基的芳香族化合物,如地乐酚(硝基丁酚)和 TNT 等。该方法处理污染土壤的过程是将挖掘出的污染土壤先经过振动筛,将直径较大的岩石和碎片从土壤中分离出来。用水洗涤出污染物后回填,洗涤液进入反应器处理。筛分过的土壤经均匀化处理后也置于反应器中处理。反应器中投加磷酸盐作为缓冲溶液,使泥浆 pH 始终保持中性。由于硝基酚类物质好氧分解的产物仍然有毒,反应必须在绝对厌氧的条件下进行,因此在反应器中添加淀粉以消耗反应器中的氧气,创造绝对厌氧环境,同时添加一定量氮素。此外,还需接种一定数量的异氧菌和分解淀粉的菌类。水、土壤和培养基混合后的体积占反应器容积的75%,反应器末端有搅拌器,使混合的高浓度泥浆一直处于搅动状态。

5.3 生态工程

5.3.1 生态工程概念

生态工程概念首次由 Odum 于 1962 年提出,指通过运用少量辅助能源,对依赖自然能源的系统进行环境控制。马世骏于 1984 年提出我国生态工程的概念,即应用生态系统中物种共生和物质循环再生原理,结合系统最优化方法设计的分层多级利用物质的生产工艺系统。Mitsch 于 2012 年基于多年研究提出,生态工程是为了实现对人类和自然的双赢效果,结合人类社会与自然环境的需求,设计可持续生态系统的学科。总之,生态工程利用生态系统中的物质循环原理,结合不同物种之间的相互作用、能量转换和环境自净作用,以及环境工程等多学科原理、技术和经验,促进良性循环的同时,充分发挥物质的生产潜力,防止环境污染,实现经济与生态效益同步发展,多层次和循环利用资源的目标。

5.3.2 生态工程基本原理

1. 生态工程的生态学原理

(1) 生态位原理

生态位是指处于特定生态系统中的某个种群,在时间和空间上所占据的位置,以及其与相关种群之间的功能关系和作用。它表示了生态系统中每种生物生存所必需的最小阈值。生态位是一种普遍的生态学现象,在自然界中,每种生物都有其特定的生态位。生态位是生物在生存和发展过程中所依赖的资源和环境的基础。在生态工程设计和调控过程中,合理运用生态位原理可以建立一个多样化、稳定且高效的生态系统。

(2) 限制因子原理

通过最小因子原理和耐性定律的结合,我们可以得出综合的**限制因子原理**。即生物实际上受到需要最小量的物质数量、变异性以及处于临界状态的理化因子的控制,同时也受到生物自身对这些因子和环境其他成分的耐性限度的控制。

(3) 食物链原理

食物链和食物网是重要的生态学原理。在自然生态系统中,食物链由生产者、消费者和分解者组成,它代表着能量的转化和物质的循环过程(见图 5 - 4)。生产者(通常为植物)通过吸收太阳能进行光合作用,初级消费者(植食动物)以生产者为食,次级消费者(肉食动物)以初级消费者为食,以此类推。最终,生产者和消费者都被分解者所分解。在食物链中,每个个体都通过呼吸作用与环境的非生物物质进行交换。

食物链并非单一简明的关系,自然界中往往多条链相互交叉,组成复杂的食物链网,如图 5 - 5 的湖泊生态系统食物网,湖泊生态系统营养流动主要有两条途径:一是从水生植物开始的牧食食物链,如:浮游植物—浮游动物—底栖动物—鲤鱼—食鱼性鱼类;二是从碎屑开始的碎屑食物链,如:碎屑—浮游动物—鲫鱼—食鱼性鱼类。在生态工程中科学地运用食物链原理,对提高人工生态系统的功能十分重要。

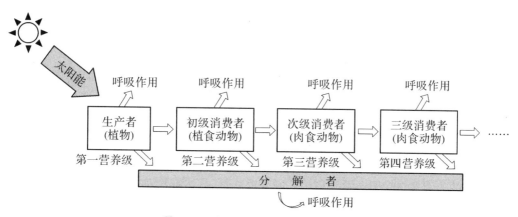

图5-4 食物链物质能量流动示意图

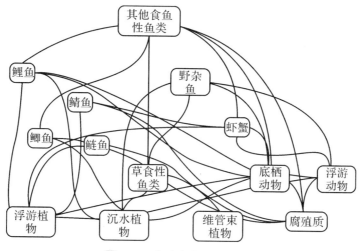

图5-5 湖泊生态系统食物网

(4) 整体效应原理

系统是由多个相互作用的部分结合而形成的整体,具有特定功能。各个组成部分之间相互联系、作用、制约,共同构成一个不可分割的整体。各个组成部分不能单独表现或发展,同时系统也影响着每个部分的表达、特征和功能等。例如,在稻鱼共生系统(图5-6)中,稻田养鱼能够充分利用稻田水体,无需额外成本。同时,养鱼还能够利用鱼类摄食稻田害虫和杂草,排出废物,从而降低农药和化肥的使用量。这种生态农业模式兼顾了生产效益和环境友好,大大减少了系统对外界环境的依赖,增加了系统的生物多样性。通过丰富群体遗传多样性、奇妙的稻鱼共生、生态学功能以及丰富的农业生物多样性,展示了水稻与田鱼之间的互利互惠和资源互补利用。这种互动达到了稻、鱼、虫、草、菌之间的相生相克,以及稻田生物与水、土、气之间的物质循环。从而构建了一个绿色、生态、可持续的农业典范。

图 5-6 稻鱼共生系统

（5）生物与环境相适应、协同进化原理

生物的生存和繁殖需要从环境中不断获取能量，并进行物质交换和信息传递。因此，生物的生长发育极大程度上受到环境的影响。同时，生物的进化和主观行为也会对环境产生影响。这两者之间不断相互作用并协同进化，构成了生态系统。生态系统要求生物适应其生存环境，同时也伴随生物对环境的改造作用。现有研究已经利用了生物和环境的协同进化原理来解决环境问题。例如，在矿区土地复垦中，可以利用环境对生物的影响作用来改造矿区土壤，以适应植物的生长。通过土壤培肥、微生物技术等多种方法，改善矿区内土壤基质，并加速土壤培肥进程，使矿区内土壤更适合植物快速生长和繁殖。同时，也可以利用生物对环境的影响作用，通过合理的选种和种植，来适应土地改造的目的。根据露天矿区的实际条件，应选择或引进限制因子较少的先锋植被、草灌品种，以实现复垦地快速固土封坡和保持水土的目标。随着植物的生长和繁殖，矿区生态环境逐步得到改善。

（6）效益协调统一原理

生态系统是社会-经济-自然组成的复合体系（图 5-7），既有自然的生态效益，又有社会的经济效益，只有生态、经济相互协调，才能发挥整体综合效益。生态工程的建设是以追求生态和社会经济的整体效益为目标，是自然有机体和社会有机体的综合。

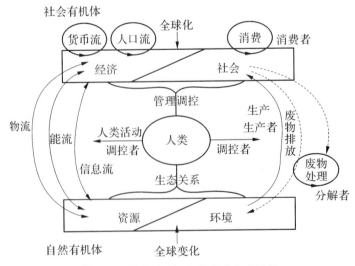

图 5-7 社会-经济-自然复合生态系统

2. 生态工程的经济学原理

(1) 可持续发展原理

可持续发展理论是一种注重长远发展的经济增长模式,实现生态可持续发展,需遵循预防原则和代际公平原则。预防原则要求即使有严重的或是不可逆转的环境威胁,也不能以缺乏确凿的科学依据作为推迟预防环境恶化措施的原因。代际公平原则要求应该为下一代的利益着想,保持环境的健康、多样性和生产力。可持续发展是科学发展观的基本要求之一。

(2) 自然资源价值原理

自然资源是社会及人类文明进步的重要物质基础,其主要内容有以下几个方面:① 自然中的价值是中立的;② 自然的客观价值是一种不依赖他者之目的的内在价值;③ 自然具有工具性价值、内在价值和系统价值。自然资源的本质不在于价值观的争论和分歧上,而是真正实现人与自然的和谐统一,面对危机我们不会像自然界其他生物一样只是被动地"被自然选择",而是以积极的方式——实践将自然和人的关系纳入人可调节的范围。人是自然的一部分,也是生态系统中的一员,一旦生态系统遭到破坏,人类的生存也会受到威胁,人为了自身的发展,应该把自然界和生态系统保全在良好状态下,如今出现的很多自然的破坏和生态失衡是由于人类活动引起的,所以人类需要控制自身的行为,通过人的实践活动使整个社会发展进程朝着有序的人类所希望方向前进,既符合人的利益的价值要求,也可以达到自然价值理论所要求的保护生态环境的目标。

(3) 生态经济原理

人类的一切活动都是在有生态系统交织渗透结合而成的生态经济系统中进行的,受到生态平衡自然规律和客观经济规律的双重制约。**生态经济**是指在生态系统承载能力范围内,运用生态经济学原理和系统工程方法改变生产和消费方式,挖掘一切可以利用的资源潜力,发展一些经济发达、生态高效的产业,建设体制合理、社会和谐的文化以及生态健康、景观适宜的环境。该理论具有时间性、空间性和效率性,资源利用在时间维度、空间维度上应该有持续性,当代人不能以牺牲后代的利益换取自己的舒适,区域的资源开发利用和发展也不应损害其他区域,以技术为支撑,低耗、高效的资源利用方式才是发展的长久之道,不断提高资源的产出效率和社会经济的支撑能力,确保经济持续增长的资源基础和环境条件。

3. 生态工程的工程学原理

生态工程的工程学原理主要包括系统工程理论、整体协调理论和层次结构理论。系统结构决定功能,改变和优化系统结构可以提高系统功能,保持系统的高生产力,比如桑基鱼塘生态系统(图5-8),它是典型的水陆物质和能量交换型生态工程,充分利用土地面积,经济效益高,生态效益好,桑基鱼塘内部食物链中各个营养级的生物量比例适量,物质和能量的输入和输出相平衡,并促进动植物资源的循环利用,生态维持平衡。

系统各组分之间要有适当的比例关系,只有这样才能顺利完成物质能量的循环和信息的传递,实现总体功能大于各部分功能之和的促进作用,比如根瘤菌和豆科植物的共生固氮作用,造礁珊瑚体内的共生虫黄藻为珊瑚制造养料,清除代谢废料。

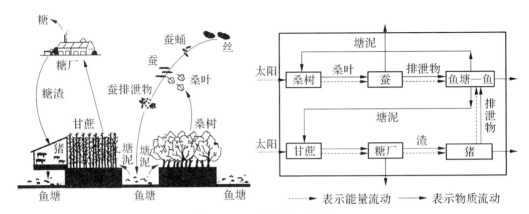

图 5-8 桑基鱼塘生态系统

5.3.3 生态工程类型

1. 水环境生态工程

水环境生态工程主要包括湖泊、河流生态工程,为解决湖泊、河道治理过程中存在的问题,水利工程和生态工程的结合是水环境管理工作的发展趋势。在水环境治理过程中,应注重其生态恢复,并通过科学、持续的技术来加强治理。

(1)湖泊生态工程

① 湖泊的结构

湖泊包括湖盆及其承纳的水体,湖盆是地表相对封闭可蓄水的天然洼池。垂直方向上,湖泊从上至下主要为表水层、斜温层、静水层和底泥层(图 5-9),太阳光直接照射表水层,斜温层的温度和其他理化因素随水深变化显著,静水层环境冷暗且溶解氧含量低,每层都有特定的理化性质和生物种类,但浅水湖泊一般不具有温度分层结构。

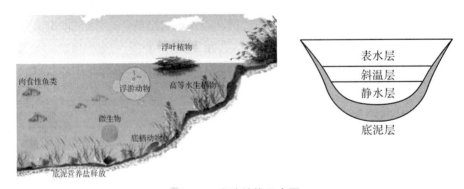

图 5-9 湖泊结构示意图

② 影响湖泊生态系统的理化因素

a. 光照:湖泊的颜色主要取决于光照,正常情况下,阳光基本能穿过表水层,如果周围环境向湖泊大量输入营养盐,湖泊的初级生产力高,浮游植物大量生长,阻碍阳光的投射,此时湖泊常显出深绿色。湖泊中存在的溶解性有机化合物会增加水体对蓝光和绿光的吸收,从而使湖泊呈现黄色或褐色。当外界环境与湖泊的物质交换少,营养盐和溶解性有机物少的深型湖泊中,初级生产力一般较低,湖水清澈,阳光较易通过,能投射到较深的深度,这种湖水一般显现出深蓝色。

b. 温度:湖泊的水温一般有垂直分层现象,尤其热带地区的湖泊。温带湖泊在夏季也会产生垂直方向的温度分层,但在秋季往往会因为气温和表水层温度的下降而进入温度不分层时期,在严寒地区,冬季湖泊结冰,湖泊水温会出现温度逆转现象,冰下的温度大约为 $0℃$,湖泊底层的水温反而较高。表层水温一般变化较快,与空气接触面积大,富含较多溶解氧,中层区域水质一般较好,底层水层受底泥影响较大,也是整个水域无论鱼体还是垃圾的承受区域,就整个水体来说,底层的水质是最差的,底层的溶氧也是最差的。

c. 水体运动:湖泊虽然属于流动缓慢的滞流水体,但是在风力、水力坡度力和密度梯度力及气压突变等的作用下,湖泊中的水总是处在不断运动的状态中。湖水运动具有周期性升降波动和非周期性水平流动两种形式。前者如波浪、波漾运动;后者如湖流、混合、增减水等。通常波动与流动往往是相互影响、相互结合同时发生的。湖水运动是湖泊最重要的水文现象之一,它影响着湖盆形态的演变、湖水的物理性质、化学成分和水生生物的分布与变化,因此,研究湖水的运动是有重大意义的。

d. 盐度:湖水按含盐度可分为淡水湖(含盐度小于 $1 \ g/L$)、咸水湖(含盐度为 $1\sim35$ g/L)和盐湖(含盐度大于 $35 \ g/L$)。湖泊的盐度相对于海洋较低,但湖泊的盐度变化较大,受降水量、蒸发量、径流量、溶解度等影响。一般降水量越大,盐度越低;蒸发量越大,盐度越高。河口地区陆地径流注入越多,盐度越低;暖流流经湖区蒸发量偏大,盐的溶解度也偏大,则盐度偏高。

e. 氧气:氧气对湖泊的化学性质影响较大,生物活动弱而混合作用强的湖泊称为贫营养湖,氧含量高;有机质在静水层累积,生物分解活动产生耗氧,但复氧过程被阻碍,导致氧缺乏。尤其富营养化的湖泊,表水层在夜晚极易产生缺氧现象,因为夜晚呼吸作用较强,几乎没有光合作用。温带湖泊在冬季也可能出现缺氧,尤其在冰覆盖的情况下。热带湖泊的静水层几乎一致处于永久缺氧的状态。

f. 生物:湖泊孕育着丰富的生物多样性和资源,主要包括浮游植物(藻类)、浮游动物、底栖动物、水生植物(水草)、水产经济动物和各种类型的微生物。不同生物对环境有不同的需求,贫营养和富营养湖泊中存在不同的生物群落,温带贫营养湖泊通常浮游植物和底栖生物的多样性较高,富营养湖泊由于周期性缺氧,鱼类主要为耐低浓度氧的品种,底栖无脊椎动物则为耐低氧的摇蚊幼虫等,这种生物体内富含血红蛋白,有利于在溶解氧含量低的环境中存活。

③ 人类活动对湖泊生态的影响

随着流域内人类活动的加剧,湖泊的生态系统受损退化、湖泊富营养化严重,蓝绿藻水华等灾害频发,生态服务功能持续下降,严重影响了居民的健康及生存,制约了经济的发展。湖泊生态系统破坏的直接原因是人类活动造成的污染超过了湖泊的自然承载力,污染入湖量超过了湖泊的水环境容量,湖泊生态系统遭到严重破坏,主要体现在三方面:水量失衡、水化学失衡及水生态失衡。

a. 水量失衡主要与气候变化、人涉水产业的急剧发展及水资源的不合理利用有关,水量失衡将直接影响到湖泊的面积及容积,进而影响水环境容量及承载能力。

b. 水化学失衡是指 N、P 等营养物的排入量远大于湖泊的自净能力,引起湖泊的地球化学循环失衡。

c. 湖泊水生态失衡体现在富营养化加剧,蓝藻水华频发。富营养化问题的出现在本质上是淡水生态系统物质交换和能量流动平衡失调,是湖泊生态系统结构与功能发生退化和受损,是生态元之间的链接断裂或弱化。

④ 湖泊生态工程常见技术

a. 湖中生态工程常见技术

湖中生态工程常见技术主要包括生物调控技术、大型水生植物调控技术、植物浮床或浮岛调控技术。

生物调控系指通过人为或工程手段,使水体的初级生产力维持在合理的水平范围内,藻型湖泊初级生产力的主要控制方法包括大型水生植物调控技术、生物操纵技术。草型湖泊初级生产力调控主要包括平衡收割与资源化利用技术。

大型水生植物依其生活型不同可分为浮叶植物、挺水植物、沉水植物及湿生植物。大型水生植物是湖泊生态系统中最主要的生产者,也是将光能转化为有机能的实现者,是食物链能量的最主要来源。水生植物在水污染治理中的净化机理包括:① 吸收作用,通过根茎叶对水中污染物的吸收达到净化效果;② 物理作用,形成植物屏障,减少风浪扰动,稳固土壤;③ 传输及释放氧气作用,植物吸收阳光进行光合作用,为根部区域提供氧气。利用不同的水生植物,研发出了多种水生植物调控技术,比如以浮叶植物为主的植物滤床技术,以挺水植物为主的浮床、浮岛技术,以及大型沉水植物群落控藻技术。

浮床或浮岛由基板、水生植物及锚组成,主要由植物、根际微生物的协同作用吸收转化水体的营养物质、抑制藻类的生长。基板的主要材料包括竹片、塑料花盆、生态砖、PVC管等。浮床或浮岛中常用的水生植物主要包括美人蕉、再力花、香蒲、菖蒲、芦苇、千屈菜、鸢尾及黑麦草等,不同的水生植物有不同的种植密度,对于丛生的水生植物因规格不同而异,规格大一些的,密度可适当小一些,反之则密度大一些,常见的范围一般为 6~25 株/m^2。

锚主要起固定浮床或浮岛的作用。研究表明,挺水植物的释氧效果显著,芦苇光合作用传递氧气效率高达 2.1 g/($m^2 \cdot$ d)。芦苇释放出的化感物质 2-甲基乙酰乙酸乙酯可降低铜绿微囊藻的光合作用速率,促进铜绿微囊藻叶绿素 A 的降解,可以有效地抑制藻类的生长。

b. 湖滨生态工程常见技术

湖滨带是水陆生态交错带的一种类型,是健康湖泊生态系统的重要组成部分。狭义的湖滨带是指护堤外 1~2 km 范围内浅滩及浅水区域。随着对湖滨带认识的不断加深,将湖滨带范围进一步扩大到还包括湖内的敞水区及沿岸带湿地系统。

湖滨带的理化环境(光照、氧气及营养条件)、生物种群及数量极为丰富,是湖泊最主要的生产地带之一。湖滨带是水生和陆地生态系统间的过渡带或生态交错区。湖滨湿地在涵养水源、蓄洪防旱、促淤造地、维持生物多样性、生态平衡、生态旅游以及缓解污染等方面均有十分重要的作用。同时湖滨带也是受人类干扰最大的区域,由于长期以来人类的剧烈活动(如围湖造田、破坏植被、围湖养殖、过度旅游开发),使湖滨带逐渐退化受损,严重威胁了湖泊生态系统的健康。因此,湖滨带的修复对于湖泊系统的水质改善和生态恢复具有重要的意义。

湖滨生态工程通常采用前置库形式。前置库是利用湖滨带内天然的水塘、水库、废弃鱼塘或矿坑,通过生态修复或工程强化的一种效果好、建设运行费用低的工程措施。前置库在我国的滇池、太湖、巢湖等湖泊均有成功的案例,为削减流域内的污染物起到了重要作用。传统的前置库主要是对来水中的 SS 及污染物进行初步的沉淀与净化,出水自流入湖泊中,净化效率较低,不能满足流域污染物削减与总量控制的要求。随着该技术的不断发展与演化,逐渐形成了多样式的前置库系统,如生态深度净化塘、曝气型前置库、多塘组合系统等。

i. 生态深度净化塘

生态深度净化塘主要用于低浓度水的深度净化,通常设置于入湖前,对入湖水的水质进一步净化。生态净化塘主要是将废弃的鱼塘进行改造、重建或恢复生态净化系统,大幅提升塘系统的净化能力及缓冲能力,使其成为入湖前湖泊最有力的屏障。该系统具有净化效果好,氮磷削减能力强,投资省、运行费用低的特点。

ii. 曝气型前置库

曝气型前置库主要针对来水水质有机物浓度高,氮、磷负荷大而设计。我国部分湖泊流域内存在大量生活污水或工业废水未经处理而直排入湖的情况,短期内如果由于经济、技术等原因限制,不能将污水收集进行集中处理,可采取曝气型前置库对来水进行深度处理。曝气型前置库对有机物和氨氮的削减能力强,但其一次性投入较高,运行费用较高,一般太阳能曝气机或风光互补的曝气方式是曝气型前置库的首选。

iii. 多塘组合系统

多塘净化工艺主要利用湖库边的自然或人工塘,对水体进行净化。多塘系统是利用具有不同生态功能的稳定塘处理来水,属于生物处理工艺,其原理与自然水域的自净机理相似,利用塘中细菌、藻类、浮游动物、鱼类等形成多条食物链,构成相互依存、相互制约的复杂生态体系。水中的有机物通过微生物的代谢活动而被降解,从而达到净化水质的目的。其中微生物代谢活动所需要的氧由塘表面复氧以及藻类光合作用复氧,也可通过人工曝气供氧。按塘内充氧状况和微生物优势群体,将稳定塘分为好氧塘、兼性塘、厌氧塘和曝气塘。由于使用环境不同多塘系统的组成也有所不同,典型的多塘工艺如图 5-10 所示。

进水 → 格栅 → 沉砂池 → 厌氧塘 → 好氧塘 → 人工湿地 → 出水

图 5-10 多塘系统工艺流程简图

(2)河流生态工程

① 河流生态系统结构

河流从河源至河口构成一个完整的河流系统,它是由许多部分构成,各组成部分间通过水流、生物活动等形成了河流系统的复杂结构。河流系统的组成部分既包括物质的,如河岸带、河床、水体、生物、建筑物等,也包括非物质的,如历史、文化。其中,河岸带、河床、水体构成了河流系统的自然结构;生物群落构成了河流系统的生态结构;历史和文化构成了河流系统的文化结构;建筑物构成了河流系统的调节工程。即河流系统主要包括自然结构、生态结构、文化结构、调节工程。

水流是河流系统最重要的组成要素,是河流系统的动力所在和功能源泉,没有流动的水体,河流系统就无从谈起。水流中的悬浮物和边界是河流系统的另外两大要素。河流一般携带有泥沙、生物等悬浮物,具有二相性,水流挟沙量受降雨条件、水土保持措施、河道采砂等影响;水中生物受水流状态、温度、营养物质和水质等影响。河流系统边界对水体以及水体中的悬浮物起约束作用,常见的有河槽、河漫滩、河堤、河岸带等,主要由自然的沙石、泥土、植被或者由混凝土等人工构筑物构成。河流系统内各要素间主要依靠泥沙等物质流、能量流以及信息流的运动相互联系、相互作用,使得河流系统具有整体性,规定了河流系统的质。

地球上的河流系统大小不等、形态各异、生物和非生物因子叠加作用各不相同、物质能量及信息流动千差万别,因此造就了丰富多样的河流系统。从系统角度看,河流系统具有系统的一切特征。物理结构表现为纵向、横向、垂向和时间维度上四维连续体(图5-11),生态结构表现为细菌、藻类、大型植物、原生动物、无脊椎动物、脊椎动物(如鱼类、两栖动物、爬行动物以及哺乳动物)等生物在个体、物种、种群、群落、生态系统5个等级上组织并构成复杂的生态系统,在结构层次上包括河流产水产沙子系统、中下游河流输水输沙子系统、河口三角洲沉积子系统,外观形态上表现为面状和线状要素的耦合。

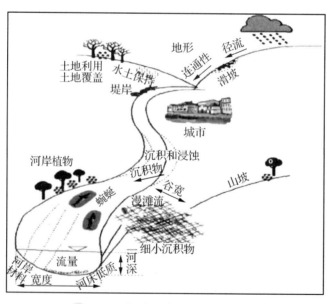

图5-11　河流系统物理结构示意图

河流的组成要素主要包括非生物环境、生产者、消费者、分解者,生产者主要有藻类、大型水生植物等,消费者主要有食草无脊椎动物、食肉无脊椎动物,分解者主要有各种微生物等(图5-12)。河流生态系统基本属于异养型系统,其能量、有机物质主要来源于相邻陆地生态系统产生的枯枝落叶和动物残体及地表水、地下水输入过程中所带的各种养分。

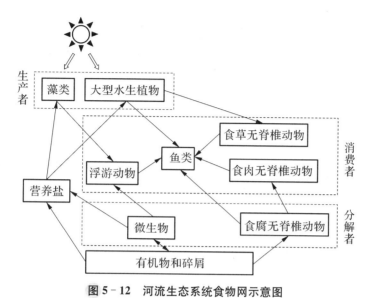

图 5-12　河流生态系统食物网示意图

② 影响河流生态系统的理化因素

与湖泊生态系统类似,河流生态系统也包括物理性质和化学性质,物理性质主要包括光照、温度和水流,化学性质包括盐度和氧气。与静态的湖泊不同,河流相对动态,所以理化性质有所差异。

a. 光照:河流光照条件主要包括到达水表的光强和光投射的深度。河流的透明度差别很大,一般最清澈的溪流比清澈的湖泊浑浊,河流透明度较低主要因为河流总是与周围环境保持紧密联系,因此各种无机物、有机物不断洗刷、冲入或掉入河流中,而且河水的湍流对河床沉积物的侵蚀作用以及保持其处于悬浮状态的作用。河岸附近常有大量植被,河水被岸边植物遮阴,某些情况下,遮阴可以几乎完全阻止水中光合作用,但随着河流宽度增加,这种遮阴程度会减小。

b. 温度:河流温度与气温紧密联系。河流年平均水温都略高于当地平均气温,但差值不大,一般只有 1~2℃,但在封冻期很长、冬季气温很低的地区,差值就增大了。河流水温年变化主要受季节影响,春季河水热量收入比支出大,因而河水温度升高,最高水温多出现在盛夏;秋冬河水热量收入比支出小,温度降低,最低水温多出现在冬季气温最低的时候。不同地理位置水温的年变幅不同。

c. 水流:河流最显著的特征是不断流动的水。河流流速变化大,深潭中的水流流速可以低至每秒几毫米,而洪水急流中的流速可达到每秒 6 米。从环境方面来看,河流不仅是简单的水的运动,因为河流中含有大量生物,河流充当了运送食物、去除废物、更新氧气的媒介。

d. 盐度:水流经过土壤进入河流前会捕获溶解性物质,河水中溶解性盐分反映了流域土壤性质。热带地区雨量充足,土壤中含有可溶性物质早已被淋洗殆尽,因此河水盐分一般含量较低;相反,温带尤其是沙漠河流常常含有很高的盐度,其差异可达几十甚至几百倍。由于河流不断流动,所以盐分不会累积,江河不产生也不累计盐分,它们主要充当盐分的携带者和搬运工。

e. 氧气:河水的氧气含量与温度成正比。河流中氧气的主要来源是水中植物以及空气中氧气在水中溶解,在寒冷且因搅拌产生的复氧作用强的河源氧含量最高,而在温度高的河流下游最低,因为一般河流下游水质较差有大量细菌或水生动物,它们可能会过度繁殖,大量消耗溶解氧。

河流生态的其他特征还包括:① 具纵向成带现象,即物种的纵向替换并不是均匀的连续变化,特殊种群可以在整个河流中再出现;② 生物大多具有适应急流生境的特殊形态结构;③ 与其他生态系统相互制约关系复杂;④ 自净能力强,受干扰后恢复速度较快。

③ 河流生态系统功能

河流生态系统是河流内生物群落与河流环境相互作用的统一体,是一个复杂、开放、动态、非平衡和非线性系统。河流生态系统由生命系统和生命支持系统两大部分组成,两者之间相互影响、相互制约,形成了特殊的时间、空间和营养结构,具备了物种流动、能量流动、物质循环和信息流动等生态系统服务和功能。其中河流生态系统的服务功能与人类活动密切相关,主要包括:淡水供应、水能发电、物质生产、生物多样性维持、生态支持、环境净化、灾害调节、休闲娱乐和文明孕育等。

④ 人类活动对河流生态系统的胁迫

大量的人类活动正在导致河流生态系统的失衡,这些活动诸如水利、农业、城市发展、矿业开发、畜牧、旅游、林业生产等,对河流生态系统从结构到功能都不同程度地产生影响,不少影响甚至已经超出了河流生态系统本身的调控能力。在我国的不少流域都已经出现了流域性洪涝灾害加剧、水污染加剧、生物多样性丧失等严重局面,包括:工农业生产及人类生活对河流造成污染;饮水造成河流无法满足自身的水量;围垦造成水土流失,河流退化;生物入侵造成河流生物多样性退化;水利工程,如河道渠化、拦河筑坝等均会损害河流生态系统。

⑤ 河流生态工程常见技术方法

a. 物理净化法

物理净化法是采用物理的、机械的方法对污染河流进行人工净化,该类方法的突出特点是工艺设备简单、易于操作,处理效果明显。缺点是工程量大,需附加其他措施辅助处理,否则净化后的水体不久又会恢复到原来状态,即治标不治本。因此,物理净化法只适用于突发性水体污染的应急措施或工程修复整体中的一个小环节,主要形式包括引水稀释和底泥疏浚。

i. 引水稀释

引水稀释是指通过工程调水对污染水体进行稀释,使水体在短时间内达到相应的水质标准。该方法能激活水流,增加流速,使水体中溶氧增加,水生微生物、植物的数量和种类也相应增加,从而达到净化水质的目的。引水稀释对引水水域和引入水水域有一定的负面影响,会导致两水域生态体系发生变化。因此,引水稀释只能是一种救急方法或水体污染治理的辅助手段。引水工程基本模式包括潮汐引水、水泵抽水引水和联合引水模式。

污染水体是否适合引水稀释净污,主要考虑以下条件:① 水功能区类型。引水稀释主要适用于调输水区、渔业用水区、人类直接接触和非接触的景观娱乐及生态环境用水区。② 水体污染物类型。若水域污染是由重金属或难降解、可积累的有毒有害物质等造成的,则不宜采取引水稀释的方法。③ 水域水力特征。一般情况下,引水稀释只适用于较小的河流、深度较浅的湖泊,以及城市中的某些污染水域。

ii. 底泥疏浚

底泥疏浚指对整条或局部沉积严重的河段、湖泊进行疏浚、清淤,恢复河流和湖泊的正常功能。我国许多湖泊及中小河流,如上海的苏州河、南京的秦淮河、云南的滇池及长江三角洲的太湖等,都使用过该技术。但从治理效果来看,许多河流和湖泊的水质未见明显改善,有的还出现继续恶化的现象。

常见的疏浚方式有:① 干法清淤。原理:先设置临时围堰,之后将水完全排出后进行干地清淤。在具体的清淤过程中,主要借助挖掘机和水力冲挖来完成清淤工作。采用挖掘机干式清淤法,优势在于便捷、灵活性高、技术要求不高、有较强的适应能力以及不会增加底泥含水率,缺点为容易受天气的影响。水力冲挖的清淤方式,主要是利用高压水枪来对淤泥进行冲刷,使淤泥成为泥浆,之后再通过泵送的方式将泥浆传送至岸边的堆场或聚浆池中。这一方法的优势在于施工成本较低,且施工操作简单,但也有增加底泥含水率及底泥处理成本的局限性。② 水下清淤。原理:在船上安装清淤机,以船为施工平面进行水面上的清淤,之后再通过泵送的方式将水下底泥传送至岸上的堆场。水下清淤主要包括绞吸式挖泥船和耙吸式挖泥船两种形式。其中,在绞吸式挖泥船操作中,先是借助绞刀进行河道底泥的松弛,并使底泥成为泥浆,之后通过泵送的方式将泥浆转送至排泥区;而在耙吸式挖泥船的具体操作中,主要是通过大型自航、装仓式挖船来清淤,这种类型的船中装有耙头挖掘机具和水力吸泥装置,先是将耙吸管放至河底,然后借助泥浆泵的真空作用,通过耙头和吸泥管将河底淤泥泵送至船泥仓中,这种清淤方式的效率相对较高。

b. 生物净化法

i. 直接投加微生物技术

直接投加微生物技术是通过向水环境中引入净化能力强的微生物菌种(土著微生物或外来微生物),以提高对污染水体中有机物氧化降解效率的一种净化方法,适用于污染比较严重的水体。该方法有效果好、投资省、不需耗能或低耗能等特点,更重要的是该法能使污染水体的自净能力逐渐恢复。

ii. 生物膜法

生物膜法是一种通过充填填料来强化净化污染河流的方法,其原理是利用填料比表面积较大,附着微生物种类多、数量大的特点,人为加大河流中可降解污染物的微生物种类和数量,从而使河流的自净能力增长。附着在填料上的生物膜降解污染物的过程可分为4个阶段:① 污染物向生物膜表面扩散;② 污染物在生物膜内部扩散;③ 微生物分泌的酶与催化剂发生化学反应;④ 微生物的代谢物排出生物膜。该方法由于没有引入外来物种,且相对于河床内天然的生物膜更加稳定,同时未改变河流原有的生态系统,有利于污染河流的自我恢复,是一种可持续的治理方法。

生态砾石接触氧化法是一种常用的生物膜法。该方法是在砾石表面形成生物膜,在污水和生物膜接触时,利用生物膜中微生物的氧化分解作用使污水得到净化。具体为利用砾石接触氧化法构建生态护岸和生态河床,在河道浅滩处或河床内填充滤料,利用河道内已存在的底泥微生物或接种微生物,在滤料表面形成生物膜,通过滤料的截留、过滤、吸附作用,生物膜的降解作用,使污水得到净化的过程。更进一步的恢复河流生态系统,可以在河道旁种植植物,强化河流内的微生态环境的形成,使河流生态系统能在一定程度上得到恢复。构建生态河床,可以防止河床被冲刷维持河床稳定以及底泥污染物向水体释放的作用,还能增加孔隙率和湖底的比表面积,有利于恢复河道的自净能力及生态系统。

砾石以选择河川等水域的鹅卵石等天然石块为最佳,取于自然更具有生态学意义,且砾石应有合适的硬度、足够的表面积,以保证其高处理效率,一般选择粒径为 10～20 cm,大粒径相对于小粒径砾石有更大的孔隙率(表 5-4),对污染物也有更大的吸附性能,具体可根据水质情况进行调整。

表 5-4 不同粒径砾石孔隙率对比

砾石大小	尺寸/mm	孔隙率/%
小	25～63	40～50
大	100～125	50～60

iii. 自然净化法

自然净化法是按照天然水体自身规律去恢复水体本来的功能,进而通过恢复水体的自净功能去降解污染物质的方法。该方法强调人与自然的和谐统一,主要方法有植物修复技术、人工湿地净化技术、多水塘技术和人工生态浮岛等。

① 植物修复技术

植物修复技术是以水生植物转移和超量积累某种或某些化学物质的理论为基础,利用植物及其共生生物体系清除水体中污染物的环境污染治理技术。植物和植物根系附着的微生物同时降解水体中的氮、磷等有机质,达到水体水质净化、降低水体污染负荷、提高水体透明度的效果,实现了河涌水资源的利用,美化生态景观的生态景观功能(如图 5-13)。

图 5-13 梁平丁家槽饮用水源地修复实例

② 人工湿地净化技术

人工湿地技术主要是根据流域的特点和水体的污染状况,在水域的周围建设人工湿地,通过人工湿地的保护,对流域进行有效的保护,使流域能够通过人工湿地的生态营造,打造适合生态修复的基本环境,为水体的生态修复打好基础。人工湿地技术主要通过湿地植物的种植和生长提高修复效果。目前,人工湿地修复技术主要依靠种植水生植物来实现修复目标。

③ 人工浮岛技术

人工浮岛技术运用了生态学的概念,在受污染的河道中用木头、泡沫等轻质材料搭建浮岛,以浮岛作为载体,按照自然规律在水面上种植高等水生植物,通过植物的根部吸收吸附水中的污染杂质,通过水生植物的自然生长,改变水体环境,并通过人工浮岛建造,实现多种生物繁衍栖息的环境。这种技术是一种重要的水域水体生态修复技术,由于投入少,治理效果明显,在实际的河流生态修复中得到了有效的应用。

2. 土壤环境生态工程

(1) 农田生态工程

① 农田生态系统的结构与特征

农田生态系统又称农业生态系统,是人类为了满足生存需要,积极干预自然,依靠土地资源,利用农田生物与非生物环境之间以及农田生物种群之间的关系,来进行人类所需食物和其他农产品生产的半自然生态系统。

农田生态系统是以作物为中心的,由农田内的生物群落和光、二氧化碳、水、土壤、无机养分等非生物要素构成。系统内的生物群落结构相对简单,优势群落往往只包括一种或几种作物,而伴生生物包括杂草、昆虫、土壤微生物、鼠类、鸟类和其他一些小动物。大部分经济产品在收获后会被移出系统,留下的残渣供食物链利用的比例较小。养分循环主要依赖系统外的输入来维持平衡。

农田生态系统是一个人工管理下的生态系统,其生物种类单一且多样性较低,因此缺乏自我调节能力,稳定性较差,容易受到风蚀、水蚀和病虫害的侵袭。此外,在作物收获后,农田往往一直裸露着,直到下一季作物种植前。这种裸露状态下,一旦下雨,没有作物来截留和吸收雨水,土壤中的无机盐和营养成分等会随着渗滤水淋洗到根部以下的地方。这使得农作物难以吸收和利用这些养分,并可能导致水体富营养化和地下水污染。

农田生态系统主要分布在中国东北平原、华北平原、长江中下游平原、珠江三角洲和四川盆地等区域。它包括耕地、田埂、园地、农田林网和灌渠等,总面积为 179.29 万平方千米,占中国陆地面积的 18.68%。从空间分布来看,水田和旱地大致以淮河为界,淮河以北主要是旱地,北方农田主要集中在几个大平原区域,而少量的水田主要分布在东北三江平原、松花江河道两侧和辽东湾地区。淮河以南,水田占主导地位,而旱地主要分布在西南地区。灌木和乔木园地主要分布在南方,其中一些有代表性的类型包括西双版纳的橡胶园、云南的茶园、海南岛的热作园和宿州砀山的梨园等。

② 农田生态系统营养物质流失抑制技术

德国化学家李比西最早提出的关于植物营养元素理论"最低因子定律"——对于植物的营养元素来说,产量决定于各营养元素中含量最低的那个因子,同时产量可以随着这个因子的增加而提高,在这个因子未补给以前,任何其他因子的加入都将是无效的,只有各种因子处于最适当的情况下,产量才是最高的。这一理论为化肥的施用提供了科学依据,能大大促进粮食生产量的提高。但化肥的大量使用也造成了水体富营养化和地下水硝酸盐污染等环境问题。

在化肥施用的同时防止水质污染的基本原则有 3 条：① 源头上不排放含有污染物的水；② 过程中减少含污染物质的原材料和水的使用，并提倡循环利用；③ 不得已需要排放时，应提前尽量去除排水中的污染物质。常见措施如下：

i. 减少农业排水

一般在一年中，平整水田并施用基肥后为利于栽秧而人为排放浊水时，水田污染负荷排放量最大，因此有必要以浅水状态犁田，保持即使栽秧前发生降雨，水位不至于变得太深，从而造成肥水外流现象。水田淋失也是影响作物生长的一大原因，且淋失的水浸入地下对地下水造成污染，并会因地下水与地表水的联通，引起地表水污染。对于渗透性能过强的水田有必要采取填压和客土等方法适当降低其渗透性。

ii. 农业排水再利用

农田排水是指将农田中过多的地表水、土壤水和地下水排除，改善土壤的水、肥、气、热关系，以利于作物生长的人工措施。农田排水对于作物生长具有和灌溉同等重要的作用，没有适当的排水条件和设施，就不能保证良好的作物生长环境。但是不适当的排水不仅会造成农田养分流失和水环境污染，还会造成农田地表水、地下水或土壤水的流失。由于农田排水中含有作物所需的氮磷等养分，在水资源短缺地区，可以作为一个重要的水源加以合理的再利用，从而缓解水资源短缺矛盾，同时减轻对下游水体的污染。需要注意的是，由于农田排水中往往含有较高的盐分，若利用不当不仅会导致作物产量和品质下降，土壤和地下水环境恶化，而且会产生土壤次生盐碱化问题。一般可采用淡水灌溉盐分敏感的作物，随后收集排出水灌溉耐盐作物，依次循环使用，再灌溉更耐盐的作物，最后将水排入蒸发池。排水水质受气候、土壤类型和土壤盐分、农业措施、管理水平等多因素影响，受排水沟所处地理位置和人类活动条件的影响，不同地区沟水含盐量不同，排水再利用的模式也不同，适应不同排水水质的耐盐作物选择、灌溉模式、土壤盐分控制、排水再利用的工程模式、排水再利用的环境效果评价等应是今后研究的重点。

iii. 提高肥料利用效率

肥料的正确使用是提高粮食产量的重要措施，肥料利用率低会导致严重的土壤污染问题，所以提高肥料利用效率是一种既能节约成本又能保护环境的可持续发展方式。肥料利用率与土壤有机质含量密切相关。土壤有机质越高，保肥保水的能力越强，种植的农作物在同样管理条件下更易获得高产、高品质。有机质广泛存在于农家肥和各种农作物秸秆腐熟后的残渣中。在众多农技人眼中，土地要想达到高产增收，最有效的办法之一就是大量施用充分腐熟的有机肥、农家肥，坚持秸秆还田，对增加土壤有机质含量和培肥地力十分有效。

使用能提高肥料利用率的新型施肥技术，利用土壤诊断和作物营养诊断技术进行合理施肥。根据目标产量合理施肥的方法之一为养分平衡法，该法运用计划产量指标、农作物需肥量、土壤供肥量、肥料有效养分含量与肥料利用率等 5 个参数构成推荐施肥量，计算公式为：

$$推荐施肥量 = \frac{(计划产量 - 无肥区产量) \times 形成\,100\,kg\,产量所需养分}{肥料中有效养分含量 \times 肥料利用率}$$

此外,采用滴灌喷灌技术也能提高肥料利用效率。大水漫灌的农作物,土壤中的水溶性速效肥料最容易顺水流失,导致施用的化肥无法得到充分利用。采用滴灌喷灌技术可使农田里的水不多也不少,从而在保证作物充足水量的同时避免土壤肥力流失。

iv. 提高土壤保水保肥能力

提高土壤保水保肥能力即改良土壤,具体做法有增加土壤吸附能力和使用不同种类的土壤改良物质。土壤改良物质包括蒙脱石、沸石等,以及经加工合成的粉煤灰沸石,这种材料具有强大的阳离子交换能力、大比表面积、多孔结构和高吸附能力。粉煤灰沸石对 NH_4^+-N、有机分子和磷都有很强的吸附能力。同时,增施有机肥料可以增加土壤有机质含量,改善土壤物理、化学和生物性质,提高土壤保水保肥能力,并促进化肥利用率的提高。

为了提高土壤保水保肥能力,还要注意防止土壤侵蚀。土壤侵蚀包括水蚀和风蚀,都会带走土壤并破坏农田。防止水蚀可以采取两种方式:① 建立拦沙坝,控制细沟侵蚀和沟壑冲蚀。可以利用水坝或类似的构筑物阻止水流,降低水速,使其渗入土壤,而不是从土壤表面迅速流失。对于细沟侵蚀和沟壑冲蚀,设置小型拦沙坝是一种简单有效的方法。② 采用等高种植和梯田种植(图5-14)。这指在山坡同等高度的地块上种植农作物,坡度与山坡等高线一致,可以控制片状侵蚀。控制风蚀的方法是种植防风林或覆盖植被。具体来说,可以在农田田埂种植一排排乔木和灌木,形成稠密的防风林,可以有效减缓风速,稳固土壤,减少流失。在我国北方平原实行的农田林网化建设,将河流、沟壑和道路两侧环绕建设基干林带,可以大大改善农田的生态环境,改善局部的小气候。

图5-14　等高种植梯田

v. 水田水质净化功能及其应用

减少农田营养物污染负荷排放的另一个措施是采用生态工程学技术,使肥料在进入水体之前被净化。生态系统对氮的自然净化功能主要是植物吸收和脱氮作用,脱氮作用需经两个微生物作用过程:首先由硝化细菌将 NH_4^+-N 氧化为 NO_3^--N,然后再由脱氮细菌将 NO_3^--N 还原为 N_2。这样的自然生态系统有水田或湿地生态系统,以及潮滩生态系统等。研究发现,在应用水田生态系统进行水质净化时,氮的去除量与田面水中的氮浓度呈正相关;此外,植物的生长时期和状态也是影响氮去除量的重要因素,水田实验中夏季氮的去除量最大,这除了高的水温促进了脱氮作用外,生长旺盛的水稻吸收量大也做出贡献。

vi. 地下水对策

农田区域的地下水修复十分重要,地下水与附近河流连通,而农田灌溉水常取于临近河流,为从源头上提高农田灌溉水质量,防止污染土壤、地下水和农产品,农药、肥料的施用量应适量。农田地下水的成分十分复杂,最常见成分为硝酸盐,以及难降解的农药、除草剂和重金属等污染物。常用的农田土壤或地下水修复技术有原位或异位固化/稳定技术、原位化学氧化/还原技术、土壤植物修复技术、地下水抽出处理技术和原位生物通风技术等。

(2)森林生态工程

 延伸阅读:森林生态工程

思考题

1. 哪些生物可被用于水污染修复?生物修复的优缺点是什么?

2. 水生植物修复效果受哪些因素影响较大?

3. 简述什么是土著微生物、外来微生物和基因工程菌。

4. 采用基因工程菌进行污染修复时需注意什么?

5. 简述土壤原位生物修复技术和异位生物修复技术的概念及特点。

6. 土壤原位动物修复过程中的直接作用和间接作用分别指什么?

7. 什么是土壤堆肥法?其与固废厌氧生物处理有什么异同?

8. 简要概述生态工程的概念与基本原理。

9. 湖泊生态工程常见技术有哪些?

10. 你身边有哪些生态工程的案例?它们采用了哪些生态工程技术?

参考文献

[1] 周刚,周军.污染水体生物治理工程[M].北京:化学工业出版社,2011.

[2] 王家玲.环境微生物学[M].北京:高等教育出版社,2004.

[3] 卢昌义.现代环境科学概论[M].厦门:厦门大学出版社,2014.

[4] 徐炎华.环境保护概论[M].北京:中国水利水电出版社,2009.

[5] 李飞鹏,徐苏云,毛凌晨.环境生物修复工程[M].北京:化学工业出版社,2020.

[6] 孙承泳,韩威.环境科学概论[M].北京:中国人民大学出版社,2009.

[7] 王红旗.土壤环境学[M].北京:高等教育出版社,2007.

[8] 周少奇.环境生物技术[M].北京:科学出版社,2003.

[9] 贾建丽.环境土壤学(第二版).北京:化学工业出版社,2016.

[10] 吴启堂,陈同斌.环境生物修复技术[M].北京:化学工业出版社,2007.

[11] 常学秀.环境污染微生物学[M].北京:高等教育出版社,2006.

[12] 王建龙.现代环境生物技术[M].北京:清华大学出版社,2008.

[13] 和文祥,洪坚平.环境微生物学[M].北京:中国农业大学出版社,2007.

[14] 马世骏.生态工程-生态系统原理的应用[J].生态学杂志,1983(4):20-22.

[15] Mitsch W J.What is ecological engineering[J]. Ecological Engineering,2012,45:5-12.

[16] 陈阜,隋鹏.农业生态学(第三版)[M].北京:中国农业大学出版社,2019.

[17] 郑华.中国生态系统多样性与保护[M].郑州:河南科学技术出版社,2022.

[18] 陈菲菲."天人合一"生态智慧下的唐诗宋词英译研究[M].北京:中国水利水电出版社,2020.

第6章 生态环境监测生物技术

在当前全球环境问题日益严峻的背景下,生态环境监测对于维护生态平衡、保护人类健康具有重要意义。本章着重介绍了生态环境监测中的生物技术,包括对环境中病原微生物和污染物的监测,以及生态系统的监测方法和技术。

6.1 病原微生物的监测技术

长期以来,环境监测的主要对象往往集中在物理、化学类污染物,比如氮磷等营养盐指标、重金属、农药等持久性有机污染物、辐射等,对病原微生物的监测较少。例如,《地表水环境质量标准》规定的 24 项基本项目中,物理、化学类控制项目达到 23 项,仅包含粪大肠菌群 1 项微生物控制指标;《环境空气质量标准》中仅含有 6 项物理、化学类控制项目,不涉及微生物控制指标。而生物安全是国家安全体系的重要组成部分,对环境中普遍存在的病原微生物开展及时、准确地监测,有利于控制病原微生物的环境传播带来的人体健康风险,对于保障人民的生命健康安全具有重要意义。

6.1.1 环境中的病原微生物

病原微生物在水环境、大气环境、土壤环境等几乎所有环境介质中均广泛存在而水环境与大气环境中的病原微生物与人类活动具有更为直接、更为密切的接触,造成的健康风险也最为突出。本章重点介绍水环境与大气环境中的主要病原微生物。

1. 水环境中的病原微生物

全球范围内介水传染病的暴发已经严重危害各国人民生命健康。据世界卫生组织报道,每年因介水传染病死亡人数超过二百万,其中 58% 的死亡人数与缺乏安全饮用水、恶劣的环境卫生和个人卫生状况有关。水环境中常见的致病菌主要包括铜绿假单胞菌、沙门氏菌、志贺氏菌、梭状芽孢杆菌、军团菌和分枝杆菌等,其可通过呼吸道、消化道和皮肤进入人体并引起结核病、伤寒、霍乱和痢疾等多种疾病。与此同时,耐药致病菌如金黄色葡萄球菌、肺炎克雷伯菌和结核分枝杆菌等也在水环境中大量检出。这些致病菌一般不是水体土著微生物,大部分来自外源污染。携带大量致病菌的污水直接排放或未经彻底处理进入受纳水体,易扩散至水源水,进而进入饮用水处理与管网系统。由此可见,水环境已成为致病菌传播的重要媒介。水环境中致病菌通过饮水和直接接触等途径感染人体,存在传播各类疾病的风险。在资源匮乏的国家甚至在发达国家的欠发达农村地区,受致病菌污染的水体已经导致了多种介水疾病的暴发与流行,并且介水传染病存在巨大的发病率和死亡率,严重威胁着公众健康和生态安全。导致介水传染病的典型致病菌包含:① 霍乱弧菌,其产生的肠毒素是一种剧烈的致泄毒素。该毒素作用于肠壁促使肠黏膜细胞极度分泌从而使水和盐过量排出,导致严重脱水虚脱,进而引起代谢性酸中毒和急性肾功能衰竭;② 沙门氏菌,菌体通过毒力岛、黏附素、鞭毛等毒力因子入侵肠上皮细胞,可导致全身扩散感染,典型症状包括发热、恶心、呕吐、腹泻及腹部绞痛等;③ 产肠毒素性大肠杆菌,人和多种动物的感染性腹泻的重要病原,会引起胃肠道感染、尿道感染、关节炎、脑膜炎以及败血型感染等。

病毒是介水传染病的重要组成部分,与细菌、原生动物和寄生虫相比,病毒具有更强的传播能力和感染能力,对常规水处理工艺的耐受性更强,对人体健康的威胁更大。因此,加强对水环境中病毒的监测,开发强化去除病毒的水处理新技术,对于控制病毒的环境传播,降低疾病暴发风险,保障人民的健康,具有重要意义。水环境中常见的病毒主要包括诺如病毒、甲型肝炎病毒、戊型肝炎病毒、腺病毒、星状病毒、肠病毒和轮状病毒等。从核酸类型上看,常见的病毒包括 DNA 病毒(如腺病毒)和 RNA 病毒(如诺如病毒、肠病毒等)。从引起的疾病来看,介水传染病病毒主要与胃肠道疾病特别是急性肠胃炎的关系较为紧密,这主要与病毒的粪—口传播途径有关,而感染症状主要包括腹泻、发热和呕吐等。此外,介水传染病病毒也会引起其他系统的疾病。比如,腺病毒可以引起眼部的滤泡性结膜炎,肠病毒 71 型会引起婴幼儿的手足口病,脊髓灰质炎病毒则会引起小儿麻痹症等。从已报道的各种病毒在水环境中的检出情况来看,绝大部分病毒均能在医疗废水和市政污水中检出。而部分病毒,比如诺如病毒、戊型肝炎病毒等,在河湖等地表自然水体、饮用水源地甚至是自来水和桶装水中都有检出。

2. 大气环境中的病原微生物

气溶胶是一种由微小悬浮颗粒组成的复杂系统,其中可能存在各种类型的病原微生物。这些微生物可以包括细菌、病毒、真菌和其他微生物。在空气中,它们可以以气溶胶的形式存在,并通过空气传播到人类和动物的呼吸道中,可能引发各种疾病。

细菌是最常见的气溶胶中的病原微生物之一,可能源自气溶胶中的尘埃和飞沫等微粒,途径多样,能够在空气中传播。一些常见的细菌病原体包括:① 结核分枝杆菌,一种革兰氏阳性的细菌,具有高度的耐酸性和耐干性,在外部环境中能够长时间存活,通过空气中的飞沫传播,进入人体呼吸道后可引发潜伏期长达数年的结核病;② 百日咳杆菌,是一种革兰氏阴性杆菌,是引起百日咳的主要致病菌之一。百日咳是一种高度传染性的呼吸道疾病,主要通过空气中飞沫传播。百日咳杆菌感染通常表现为剧烈的咳嗽发作,可能伴有吸气时出现的特有的鸡鸣样哮鸣声,其名字"百日咳"即源自咳嗽发作的长期持续。

除了细菌外,病毒也是气溶胶中的重要病原微生物之一。病毒是一种非细胞的生物,它们依靠寄生在宿主细胞内进行复制。一些常见的气溶胶传播的病毒包括流感病毒、冠状病毒、呼吸道合胞病毒等。这些病毒通常通过空气中的飞沫或微粒传播,进入人体后可能引发呼吸道感染或其他系统感染。

此外,真菌也可能存在于气溶胶中,并具有一定的病原性。真菌是一类生长在潮湿环境中的生物,它们可以通过空气中的微粒传播。一些常见的气溶胶中的真菌包括曲霉、酵母菌等,它们可能引发呼吸道过敏反应或真菌感染病。

总的来说,气溶胶中可能存在多种类型的病原微生物,包括细菌、病毒、真菌等。它们通过空气传播到人类和动物的呼吸道中,可能引发各种呼吸道感染、传染病或过敏反应。因此,对气溶胶中病原微生物的研究和监测具有重要意义,可以帮助预防和控制相关疾病的传播。

6.1.2 环境中病原微生物的采样与富集技术

与临床样品相比,环境中病原微生物含量较低,因此,实现环境中病原微生物的检测对样品的采集与前处理提出了更高的要求。通常来讲,对环境中病原微生物的富集,往往是利用病原微生物的物理尺寸,通过微孔滤膜过滤的方法进行富集。致病菌、病毒以及病原性原虫尺寸之间存在较大的差异,因此,需要选择不同尺寸孔径的微孔滤膜。比如,在富集致病菌的时候,往往采用孔径为 $0.45~\mu m$ 或者 $0.22~\mu m$ 的微孔滤膜。相比于细菌,环境中病毒的尺寸更小,其平均尺寸一般不超过 $100~nm$。因此,环境中细菌富集常用的微孔滤膜过滤法,对病毒的富集效果不佳。下述内容主要以水环境和大气环境为例,介绍环境中病原微生物尤其是病毒的采样与富集技术。

1. 水环境中病原微生物的采样与富集技术

相比于物理尺寸更大的致病菌和病原性原虫,病毒的尺寸较小,富集难度较大,下面重点介绍水环境中病毒的富集方法,主要包括过滤法、吸附法、离心法和混凝法等。

(1) 过滤法

过滤法的主要原理是利用孔径小于病毒颗粒尺寸的滤膜对病毒颗粒进行截留,类似于使用孔径为 $0.22~\mu m$ 的微孔滤膜富集水体中细菌。例如,有研究利用孔径分别为 0.45、0.2 和 0.1 μm 的微孔滤膜对污水处理厂污水进行分级过滤,仅保留 0.1 μm 的微孔滤膜用于病毒分析。该方法原理清晰,所需实验器材较少,然而,由于微孔滤膜过水面积和孔径均较小,极易出现滤膜堵塞的现象。此外,该方法仅获得尺寸介于 $0.1\sim0.2~\mu m$ 的病毒颗粒,对于尺寸$>0.2~\mu m$(如埃博拉病毒、烟草花叶病毒等)或尺寸$<0.1~\mu m$(如轮状病毒、甲肝病毒和寨卡病毒等)的病毒颗粒无法有效富集。

切向流过滤技术能有效克服垂直过滤法过水面积小、滤膜易堵塞的缺点,用于处理较大体积的水环境样品。使用 0.2 μm 和 100 kDa 孔径的两级滤膜,分别实现水样中细菌等大尺寸颗粒物的去除和病毒颗粒的富集,滤膜过水面积达 $1~m^2$,一次性可处理 100 L 水样。目前,该方法已用于海水和回用水等样品的处理,能较好富集病毒颗粒。但切向流过滤系统较为复杂,使用成本高,样品处理耗时较长,单个样品处理时间需 10 h 以上。此外,切向流过滤处理后的水样体积仍超过 50 mL,需依赖密度梯度离心等浓缩方法进行后续处理。

(2) 吸附法

吸附法是利用水中病毒颗粒携带一定的电荷,能吸附于荷电滤膜表面的特点,对水样中病毒颗粒进行富集的方法。吸附于滤膜表面的病毒颗粒可通过较小体积缓冲液洗脱,从而达到富集的目的。根据滤膜表面携带电荷的差异,滤膜主要包括正电荷滤膜和负电荷滤膜。

病毒颗粒的等电点一般介于 3.5～7,因此,在弱酸、中性或者碱性的水样中,病毒颗粒携带负电,能直接吸附于正电荷滤膜表面。常用的正电荷滤膜包括 NanoCeram 滤膜和 1 MDS滤膜。1 MDS 滤膜最早用于水样中病毒颗粒的富集,在河水和饮用水中均得到广泛应用,对饮用水中埃可病毒 1 型的平均回收率为 33%,而对河水和饮用水中脊髓灰质炎病毒的加标回收率分别为 36% 和 67%。1 MDS 滤膜使用方便,不需要对水样进行预处理,处理水样体积大(可处理水样超过 1 000 L),且不易堵塞,但是该滤膜价格高昂,单个滤膜价格超过 1 400 元,日常监测使用成本过高。

NanoCeram 滤膜是一种材质为氧化铝纤维的正电荷滤膜,价格低于 1 MDS 滤膜,并且能取得不亚于 1 MDS 滤膜的病毒回收效果。通过向污水处理厂出水中添加脊髓灰质炎病毒,分别使用 1 MDS 滤膜和 NanoCeram 滤膜对病毒进行富集,两种滤膜对病毒的截留效率分别超过 97% 和 89%,而 NanoCeram 滤膜的洗脱效率和洗脱液二次浓缩回收率要高于 1 MDS 滤膜,1 MDS 滤膜和 NanoCeram 滤膜的整体回收率为 23% 和 57%。有研究比较了两种滤膜对饮用水和河水中脊髓灰质炎病毒和诺瓦克病毒的回收效率,同样发现 NanoCeram 滤膜对病毒的回收率不低于 1 MDS 滤膜。NanoCeram 滤膜对不同病毒的回收率也存在一定差异。例如,对柯萨奇病毒、埃可病毒、诺如病毒、轮状病毒和腺病毒 41 型的回收率分别为 41%～67%、22%～90%、23%～44%、24%～46% 和 24%～35%。

正电荷滤膜可直接用于吸附病毒颗粒,而负电荷滤膜用于吸附病毒颗粒时需对水样进行一定的处理。一般情况下,病毒颗粒携带负电荷,可以通过向水中添加一定浓度 Mg^{2+} 或 Al^{3+} 等多价阳离子,通过阳离子架桥作用使病毒颗粒吸附于负电荷滤膜表面。当病毒颗粒吸附于滤膜表面后,使用一定浓度的稀硫酸淋洗滤膜去除阳离子,同时将 pH 降低至病毒颗粒等电点以下,此时病毒颗粒携带正电荷,从而直接吸附于滤膜表面。最后,通过较小体积的 NaOH 溶液洗脱病毒颗粒完成富集过程。或者直接将水样 pH 调节至 3.5 左右,低于病毒颗粒等电点,使得病毒颗粒携带正电荷,从而直接吸附于滤膜表面,再直接使用 NaOH 溶液洗脱病毒颗粒。通过使用添加 Mg^{2+} 的方法处理水样,负电荷滤膜对病毒加标后的 250～500 mL 超纯水、自来水、瓶装水、河水以及池塘水中的诺如病毒回收率分别为 186%、80%、167%、15% 和 39%,高于对脊髓灰质炎病毒的回收率。与正电荷滤膜相比,负电荷滤膜对大部分病毒的回收率更高,并且使用更为便捷,价格更为便宜,而其最大的劣势在于负电荷滤膜很难处理大体积水样,其处理能力一般不超过 10 L。有研究人员设计了一种筒式混合纤维酯材质的负电荷滤膜,其处理体积可达 1 000 L,对河水和自来水中病毒的回收率可达 10%～54%。

除滤膜外,一些特殊材质的填料也可被用于病毒的吸附,比如硅胶、硅藻土、玻璃纤维和活性炭等。例如,使用玻璃纤维对饮用水中病毒进行富集,对脊髓灰质炎病毒、柯萨奇病毒、埃可病毒 18 型、腺病毒 41 型和诺如病毒的回收分别为 70%、14%、19%、21% 和 29%。

（3）离心法

使用过滤法和吸附法对病毒进行富集后,可得到体积较小的病毒浓缩液,但体积仍在 10～500 mL,需进一步浓缩。对于体积较小的样品,可以直接使用超高速离心法进行处理,例如,可以分别使用 35 000 g 离心 3 h 对病毒进行有效分离。超高速离心法富集适用于体积较小的样品,且依赖于超高速冷冻离心机。

（4）混凝法

混凝法是通过添加混凝剂,使水中的胶体粒子与病毒颗粒结合,再通过离心沉降富集病毒颗粒的方法。常见的混凝剂可分为有机混凝剂和无机混凝剂,有机混凝剂如 PEG8000、脱脂奶粉、牛肉膏等,无机混凝剂如氯化铁、氯化铝。通过添加絮凝剂,可以在较低离心转速下实现病毒颗粒的沉降和分离,摆脱对超高速冷冻离心机的依赖。

2. 大气环境中病原微生物的采样与富集技术

大气中的病原微生物一般以气溶胶的形式存在,因此,大气环境中病原微生物的采样往往是利用大气采样器采集生物气溶胶样品进行,主要包括以下几种。

（1）撞击式采样:利用惯性作用,通过喷嘴、喷口或裂隙的加速作用把生物气溶胶粒子采集到固体介质表面的气溶胶采集方式。

（2）冲击式采样:能够使具有足够大惯性的生物气溶胶粒子撞击液体并进入液体介质中的气溶胶采集方式。

（3）滤膜采样:生物气溶胶粒子通过各种滤材时,滤材小孔对粒子的阻留或/和滤材对粒子的静电吸引阻留作用,将粒子捕获在滤材上的采集方式。

（4）离心式采样:一种让气体以高速旋转所产生的离心力将生物气溶胶粒子与气流分开并撞击到固体介质表面上或富集到液体介质里的采集方式。

（5）大流量采样:以 200 L/min 以上的采样流量把生物气溶胶采集到液体里或固体介质上的采样方式。

（6）静电吸附采样:用多种方法使生物气溶胶粒子带上电荷,在电场的作用下通过静电吸附收集生物气溶胶粒子的采集方法。

（7）自然沉降采样:生物气溶胶粒子在重力作用下自然下沉降落到采样面(即微生物营养琼脂平皿表面)的采集方式。

6.1.3　病原微生物的分子生物学检测技术

传统的环境中病原微生物检测方法包括细菌培养和生化鉴定法,这些方法操作繁琐,检测周期长,且可能受到样品中干扰物的影响而导致检出率降低。粪便指示菌检测方法虽然易于应用且成本较低,但与病原微生物之间的相关性不足,无法准确反映环境中病原微生物的水平。相比之下,分子生物学检测技术具有高灵敏度、强特异性、快速简便、节省时间和精力等优势,在环境中病原微生物的鉴定和检测中扮演着重要角色。接下来将介绍几种常见的环境中病原微生物的分子生物学检测技术及其应用。

1. 聚合酶链式反应(PCR)技术

PCR 是目前病原微生物检测中应用最广泛的分子生物学方法之一,其通过扩增特定的靶基因序列来完成致病菌检测。中华人民共和国出入境检验检疫行业标准(SN/T 1896—2007)中采用 PCR 技术对食品中的多种致病菌(沙门氏菌、志贺氏菌、金黄色葡萄球菌、小肠结肠炎耶尔森氏菌、单核细胞增生李斯特氏菌、空肠弯曲菌、肠出血性大肠埃希氏菌 O157：H7、副溶血性弧菌、霍乱弧菌和创伤弧菌）进行快速定性检测。除了普通 PCR/RT-PCR，还包括巢式 PCR（nested PCR）、多重 PCR（multiplex PCR）、实时定量 PCR（quantitative real-time PCR，qPCR）、细胞联合培养 PCR（integrated cell culture RT-PCR，ICC-PCR）和数字 PCR（digital PCR，dPCR）等。

（1）定量 PCR 技术

普通 PCR 只能实现对病原微生物的定性检测，而 qPCR 通过对 PCR 扩增反应中每一个循环产物荧光信号的实时检测从而实现对起始模板定量的分析。定量 PCR 技术检测实际环境样品病毒含量时，检测灵敏度极易受 PCR 抑制剂的影响。病原微生物检测前的富集过程致使大量 PCR 抑制剂同时被富集。PCR 抑制剂可能造成样品裂解，目标核酸片段降解，并干扰目的基因扩增。例如，在进行大体积水样病毒检测时，天然有机物的存在会降低 PCR 扩增效率，导致加标水样中鼠诺如病毒的回收率普遍不足 10%。因此，需要在实验过程中添加特定的对照实验菌株设置实验对照，从而对实验的各个流程进行质量控制，包括富集、核酸提取和 PCR 过程。根据对照实验菌株添加阶段不同，实验对照包括全流程对照（样品富集前加入内标）、分子过程对照（核酸提取前加入内标）和 PCR 对照（PCR 前加入内标）。

此外，定量 PCR 技术无法识别活菌或死菌，会产生假阳性结果。目前，一般采用叠氮溴化丙锭（propidium monoazide，PMA）对样品进行前处理，从而避免假阳性结果的产生。PMA 是一种高度光敏的 DNA 结合染料，不能透过完整的活细胞膜，却能选择性地透过不完整的死细胞膜。PMA 能与 DNA 结合形成不可逆共价键，抑制死细胞 DNA 的扩增以达到区分死、活细胞的目的。

（2）数字 PCR 技术

数字 PCR 是一种基于单分子 PCR 来进行计数的核酸定量方法，主要采用当前分析化学热门研究领域的微流控或微滴化方法，将大量稀释后的核酸溶液分散至芯片的微反应器或微滴中，每个反应器的核酸模板数少于或者等于 1 个。这样经过 PCR 循环之后，有一个核酸分子模板的反应器就会给出荧光信号，没有模板的反应器就没有荧光信号。根据相对比例和反应器的体积，就可以推算出原始溶液的核酸浓度。与 qPCR 技术相比，dPCR 对目的基因片段的定量不依赖于标准曲线，并且具有更低的检测限和更高的灵敏度。比如，在检测生菜和饮用水中甲型肝炎病毒和诺如病毒时，dPCR 对病毒的检测灵敏度不低于 qPCR，并且在 PCR 抑制剂存在的情况下能够得到更为稳定的定量结果。

2. 等温扩增技术

等温扩增技术，无论是实际操作还是仪器要求方面都比 PCR 技术更为简单方便，在临床和现场监测中具有良好的前景，其中，环介导等温扩增（loop-mediated isothermal amplification，LAMP）已经得到一定的应用。该技术是一种新型的核酸扩增方法，其主要原理是使用 4～6 条特异性引物分别识别靶基因的 6 个特定区域，通过链置换反应实现等温条件下基因的快速扩增。该方法的优点是灵敏度高（检测限比传统的 PCR 方法低 2～5 个数量级）、反应时间短（30～60 min）、使用不需要特殊仪器和操作简单（反应液、酶和模板的混合液置于 63 ℃左右水浴锅或恒温箱中 30～60 min）。LAMP 技术基于 4～6 条引物的结合，所以比 qPCR 扩增效率低，也常常因非特异性扩增出现假阳性结果。目前常用的防止假阳性结果出现的方法主要包括:(1) 使用特定结构的 PCR 管,该管中有一个固定的小隔板将管分成两个区域,分别加入反应液和 DNA 染料,但这种方法增加了加液次数,不适用于大批量检测;(2) 将染料包埋在石蜡中,反应结束后高温熔化石蜡进而释放染料,但该方法增加了前处理时间。

此外,重组酶聚合酶扩增(recombinase polymerase amplification,RPA)、滚环扩增(rolling circle amplification, RCA)、核酸依赖性扩增(nucleic acid sequence-based amplification,NASBA)等技术也在不断发展与完善之中。(1) RPA 技术:主要原理是重组酶与引物结合形成的蛋白-DNA 复合物,其能在双链 DNA 中寻找同源序列。一旦引物定位了同源序列,就会发生链交换反应,形成并启动 DNA 合成,从而对模板上的目标区域进行指数式扩增。该方法属于常温扩增,其灵敏度高、特异性强且检测时间短,可实现致病菌的现场检测。但是 RPA 反应中的一些物质会干扰试纸上的抗体,不充分稀释样品会出现非特异性结合和假阳性信号。(2) RCA 技术:以环状 DNA 为模板,利用较短的 DNA 引物(与部分环状模板互补)在酶催化下将三磷酸脱氧核苷酸(dNTPs)转变成包含成百上千个重复的与模板片段互补的单链 DNA。其具有很强的拓展性,可以进行原位扩增,但是容易受到复杂溶液体系的干扰。(3) NASBA 技术:原理是利用定量 mRNA 确认目标生物的存在和生存能力。由于 NASBA 仅扩增 RNA,样品中 DNA 的存在不会导致假阳性结果。

3. 生物传感器技术

病原微生物检测不仅对灵敏度、特异性、检测限、检测时间、操作复杂程度和人员培训等关键问题具有较高要求,对经济高效的现场监测设备的需求也越来越高,因此生物传感器逐渐应用于致病菌的快速检测。生物传感器是一种将生物物质浓度转换为电信号进行检测的仪器,有多种分类方式:(1) 根据分子识别元件可分为酶传感器、微生物传感器、细胞传感器、组织传感器和免疫传感器;(2) 根据信号转换器可分为生物电极传感器、半导体生物传感器、光生物传感器、热生物传感器、压电晶体生物传感器和声学生物传感器;(3) 根据输出电信号的测量方式可分为电位型生物传感器、电流型生物传感器和伏安型生物传感器;(4) 根据被测目标与分子识别元件的相互作用方式可分为生物亲和型生物传感器、代谢型或催化型生物传感器。

在复杂水质检测中,不可逆性化学反应可能导致识别元件的识别能力降低,进而影响传感器的灵敏度。为了有效提升致病菌检测的敏感性,适配体的引入和广泛应用变得至关重要。核酸适配体是经过体外筛选获得的寡核苷酸序列或短多肽,具有高亲和力和强特异性结合的特点。研究者们成功开发了一种基于纳米粒子和适配体结合的生物传感器,用于检测大肠杆菌 ATCC 8739,其检测范围为 $5 \sim 1 \times 10^6$ CFU/mL,检测限为 3 CFU/mL,检测时间短于 20 分钟。另外,基于微流体的全自动电化学生物传感器在磷酸盐缓冲液中对大肠杆菌进行定量检测时,检出限降至 50 CFU/mL,且具有高特异性。然而,在分析地表水样品时,检测限与模拟实验结果相符,但传感器信号略有降低。总的来说,生物传感器在致病菌的收集和检测过程中几乎没有时间延迟,但仍然存在着一些问题,例如细菌细胞导致薄膜阻抗增加、革兰氏阴性菌检测限较高以及光流控传感器的灵敏度不够等。

4. DNA 微阵列技术

微流体技术起源于 20 世纪 80 年代,该技术可以精确控制流体性能,并将流体限制在一个小尺度(通常为亚毫米)内,从而衍生出芯片实验室和 DNA 微阵列技术。DNA 微阵列技术,也称为 DNA 芯片或 DNA 阵列,通常用于检测不同生长条件下细胞基因的表达、DNA 序列的特异性突变以及环境样品中微生物特征的表征。DNA 微阵列是一个高密度固定核酸(基因组 DNA、cDNA 或寡核苷酸)的二维矩阵,能够通过核酸杂交同时检测单个样品中的数百个基因,也可以快速检测多个生物体的多个基因。这种方法可以筛选大量序列,具备很强的自动化能力,同时检测时间短、操作简便、设备便于携带。例如,某些研究者开发了一种能够检测 12 种食源致病菌的芯片,具有良好的特异性并且检测限低至 1 CFU/mL。此外,基于实时 PCR 原理的高通量芯片可以将传统的 qPCR 反应体系缩小至纳升级别。还有研究者设计了基于实时 PCR 的微阵列芯片,可以同时检测 4 种水生致病菌(铜绿假单胞菌、肺炎克雷伯菌和金黄色葡萄球菌)。然而,目前这种方法成本较高,无法区分待检样品中的活菌和死菌,且需要大量样品。此外,还存在非特异性杂交的问题,会降低检测的特异性和敏感性。结合 DNA 微阵列和靶基因 PCR 扩增可以提高致病菌检测的灵敏度,即将 PCR 扩增的目标基因产物杂交到低密度的 DNA 芯片上进行检测,信号灵敏度可提高约 1×10^6 倍。

5. 高通量测序技术

高通量测序技术的开发与应用促进了宏基因组学的发展。高通量测序技术可以读取数十亿的环境样品 DNA 序列,分析微生物群落组成及功能。第二代测序技术是最主流的测序技术,得到了最为广泛的应用,最主要测序平台为 Miseq 和 Hiseq(Illumina 公司)。高通量测序流程一般分为检测实验过程(包括样品处理、文库构建、文库质控和上机测序)和生物信息学的数据分析流程(包括数据质控、序列比对、注释和变异识别),其中文库质控是提高测序准确率的关键。此外,高通量测序技术存在一定的系统误差,可通过增加测序深度进行校正;另一方面,测序深度在一定程度上与基因组覆盖度正相关,即测序深度增加,基因组覆盖度也会提高。

高通量测序技术主要利用特异性标记基因、毒力因子和 16S rRNA 基因鉴定致病菌。(1) 特异性标记基因:使用特异性标记基因的代表工具是 MetaPhlAn2,数据库含有 17 000 多个参考基因组(包括 13 500 个细菌和古菌、3 500 个病毒和 110 种真核生物)和多达 100 万类群特异的标记基因,可以实现快速、精准的分析。此方法已经在环境致病菌研究中得到了广泛应用。例如,有研究者通过高通量测序技术分析了供水系统中细菌物种的多样性,发现变形杆菌(40%~97%)是优势菌且检测到梭状芽孢杆菌属和肠杆菌科致病菌。(2) 毒力因子:基于毒力因子的鉴别方法广泛应用于致病菌鉴别,应用较多的是利用细菌毒力因子数据库(VFDB)中毒力因子确定致病菌,但是 VFDB 数据库中致病菌种类较少,且大多数毒力因子在致病菌中不作为特异性基因存在。(3) 16S rRNA基因:目前基于 16S rRNA 基因鉴定致病菌的应用最广泛,16S rRNA 是细菌上编码 rRNA 相对应的 DNA 序列,包含约 50 个功能域,存在于所有原核微生物的基因组中,具有高度的保守性和特异性。将细菌 16S rRNA 序列测序结果与不断更新完善的数据库比对可以获得致病菌在属和种水平的分类信息,从而快速准确地判断致病菌的归趋。但该方法过度依赖引物的质量,导致 PCR 过程中存在固有的扩增偏差。此外,由于同一属内的 16S rRNA 基因拷贝数不尽相同,定量结果和实际数量会有差异。由于序列长度,尽管使用很严格的筛选条件,高通量测序技术也可能存在序列比对上的错误。总体来说,采用基于第二代高通量测序的宏基因组学方法检测致病菌存在精度和准度不高的问题,但是其数据通量高。

与细菌不同,病毒中不存在类似于 16S rRNA 基因片段的分子进化标志,无法通过使用特定的引物扩增保守区域实现病毒多样性的解析,必须对病毒全部基因片段进行测序。病毒宏基因组学,也被称为宏病毒组学,是通过提取环境样品中病毒的核酸(DNA 或 RNA),结合高通量测序技术对全部核酸片段进行测序的技术,主要包括病毒颗粒分离、核酸(DNA 或 RNA)提取、RNA 反转录为 cDNA、核酸片段化和测序等流程。在完成高通量测序后,如何从海量数据中识别病毒序列成为制约宏病毒组学技术发展和应用的关键问题。通过对高通量测序的生物信息学分析,研究者们开发出了一系列免费的生物信息学软件。各软件在病毒序列识别的原理、准确性和对计算机性能的依赖存在较大的差异。目前常用的宏病毒组学中病毒序列识别生物信息学软件见表 6-1。

表 6-1　宏病毒组学中病毒序列识别生物信息学软件

软件名	主要功能
VirMAP	同时利用核酸和蛋白序列信息,实现对序列的物种注释
ViromeScan	通过将短序列直接与病毒基因组比对,得到病毒群落的物种组成
VirFinder	利用病毒序列与其他序列的 k-mer 特征差异,通过机器学习的方法识别重叠群中的病毒序列
VirSorter	将重叠群中预测到的开放阅读框与多种蛋白数据库比对,从而识别病毒序列
CheckV	评估组装后病毒基因组的质量和完整性

宏病毒组学技术已经在医疗诊断、传染病暴发和环境病毒的检测中得到了广泛的应用。临床诊断是目前宏病毒组应用最为广泛的领域。病毒的临床诊断通常依赖于严格的培养和诊断测试,而宏病毒组学技术可用于罕见病毒或新型病毒的快速鉴别。如 2009 年甲型流感(H1N1)暴发期间,高通量测序技术在新型流感病毒的鉴别和分型中发挥了重大作用。在 2019 年底出现的新型冠状病毒肺炎疫情中,中国科学家于 2020 年 1 月 11 日即在 NCBI 数据库公布新型冠状病毒基因组序列,为后期疫情防控提供了重要依据。复杂环境中病毒的多样性由于研究手段的限制一直被严重低估,基于高通量测序技术的宏病毒组学技术在病毒检测中的应用,揭示了不同环境病毒丰富的多样性。宏病毒组学技术已被广泛应用于水环境、土壤环境、大气环境中病毒的检测。其中,包括市政污水、养殖废水、医疗废水、娱乐水体、海水在内的水环境中均发现了多种已知和未知的病毒。

随着第二代测序技术的发展和应用,其弊端正在显现,而第三代测序技术在一定程度上可以弥补其在应用中的一些不足。第三代测序技术是指单分子测序技术,不需进行 PCR 扩增也能实现每一条 DNA 分子的单独测序,其实现了 DNA 聚合酶自身的延续性,一个反应就可以测几千个碱基的长序列。技术平台主要有 Heliscope/Helicos（Helicos 公司）、SMRT（Pacific Biosciences 公司）、MinION/GridION/PromethION（Oxford Nanopore Technologies 公司）。由于长度长的特点，测序平台在基因组测序中能降低测序后的重叠群数量，明显减少后续的基因组拼接和注释的工作量，节省大量的时间，因此第三代测序在鉴定新的病原体和细菌基因组测序方面得到了广泛的应用。有研究者利用 MinION 设备对河流中存在的水传播疾病病原体进行宏基因组分析，检测到大肠杆菌血清型 O104：H4 和 O1 群 El Tor 型霍乱弧菌等人类致病菌。单分子测序一般存在测序错误率比较高且随机的问题，但可以通过多次测序进行有效纠错，例如，MinION 测序方法优化后的准确率达到 95% 以上，可以满足致病菌的检测需要。

6.2　污染物生物毒性的监测技术

　　废水中的污染物种类繁多，包括未知污染物和化学混合物，对生物体的潜在影响尚未完全明确。因此，废水生物分析作为化学分析的重要补充手段，在水质评估中扮演着关键角色。废水毒性评价的主要目标是量化废水对生物体的毒性程度，可采用多种方法进行评估，其中，体内试验是常用方法之一，通过将生物体暴露于废水，观察其生物毒性反应来评估废水对生物体的影响。另一种常见方法是体外试验，利用细胞培养或生物化学试验等手段直接评估废水对细胞或生物分子的毒性影响。鉴于生物测试方法的多样性，选择合适的方法应根据具体实验目的和对象，每种方法都有其特定的适用范围和优缺点，因此需要根据实际情况进行筛选和组合。

6.2.1　体内毒性监测

　　体内生物测试法是一种利用完整生物体及群落作为试验对象，以评估化学物质对生物体毒性效应的方法。该方法通过检测生物体毒性效应的严重程度、时间以及剂量依赖性，旨在全面评估化学物质对生物体的"综合"或"顶端"效应，包括死亡率、发育、生长、繁殖及行为等多个方面。体内试验的设计涵盖从急性到慢性，乃至生命周期试验的多个给药方案。急性试验暴露时间短，一般为 96 小时；慢性试验则涉及更长时间的暴露，以模拟真实环境中可能发生的长期暴露情况。生命周期试验则更为全面，能够评估化学物质对生物体整个生命周期的影响。

　　1. 单一物种体内毒性监测技术

　　单一物种体内毒性试验用于评估受试物对特定物种的毒性影响。在评估废水处理过程中有毒物质的形成和去除时，测试物种的选择需考虑其对氮、盐度或悬浮有机物的敏感性，以避免非预期的干扰。此外，在选择测试物种时，还需要考虑物种的生态学特征以及区域特征。最常用的测试生物体包括藻类、大型潘和鱼类（表 6 - 2），它们分别代表生产者、初级消费者和次级消费者。

表6-2 废水生物测试常用物种及标准方法

营养级	生物	物种	标准测试方法
生产者	藻类	淡水: Desmodesmus subspicatus Pseudokirchneriella subcapitata 海水: Skeletonema costatum Phaeodactylum tricornutum	Fresh water algal growth inhibition test with unicellular green algae (ISO 8692) Marine algal growth inhibition test with Skeletonema sp. and Phaeodactylum tricornutum (ISO 10253) Scientific and technical aspects of batch algae growth inhibition tests (ISO/TR 11044)
初级消费者	水蚤类	Daphnia magna straus	Daphnia magna reproduction test (OECD 211) Determination of the inhibition of the mobility of Daphnia magna straus (Cladocera, Crustacea)—Acute toxicity test (ISO 6341) Determination of long term toxicity of substances to Daphnia magna straus (Cladocera, Crustacea) (ISO 10706)
次级消费者	鱼类	淡水: 斑马鱼(Danio rerio) 虹鳟(Oncorhynchus mykiss) 黑头呆鱼(Pimephales promelas) 青鳉(Oryzias latipes) 银河鱼(Menidia sp.) 三刺鱼(Gasterostreus aculeatus) Common carp Cyprinus carpio) 金鱼(Carassius auratus) 蓝鳃太阳鱼(Leponis lacrochirus) 海水: 潮水银边鱼(Menidia peninsulae) 鲱鱼(Clupea harengus) 鳕鱼(Gadus morhua) 羊头鱼(Cyprinodon variegatus)	Fish, early-life stage toxicity test (OECD 210) Fish short term reproduction assay (OECD 229) Fish sexual development test (OECD 234) 21-day Fish assay: A short-term screening for oestrogenic and androgenic activity, and aromatase inhibition (OECD 230) Fish, juvenile growth test (OECD 215) Fish, acute toxicity test (OECD 203) Fish, prolonged toxicity test: 14-day study (OECD 204) Bioaccumulation in fish: Aqueous and dietary exposure (OECD 305) Fish, short-term toxicity test on embryo and sac-fry stages (OECD 212) Determination of the acute lethal toxicity of substances to a freshwater fish (ISO 7346) Biochemical and physiological measurements on fish (ISO/TS 23893) Determination of toxicity to embryos and larvae of freshwater fish (ISO 12890)

与化学品环境风险评估一样,废水毒性测试依赖于标准化但具有一定灵活性的测试指南,包括经合组织和国际标准化组织的标准。一般来说,大多数方法都测量废水对特定受试生物体生存、生长和繁殖能力的影响。此外,一些亚致死作用模式(MoA),如内分泌干扰等,在废水排放的监管评估中也越来越受到重视。

在许多发达国家,废水的毒性测试是强制性的。废水毒性评估方案中通常包括一个多营养级测试组合,其中包含藻类、无脊椎动物或鱼类。例如,在美国大多数排污企业须获得 NPDES 许可证,该许可证规定了针对三个营养级(即鱼类、无脊椎动物和植物)的多种体内急性、短期或慢性水生毒性测试,以控制有毒物质的排放;在加拿大,根据制浆造纸环境影响监测条例,每年需进行 2~3 次亚致死毒性测试,测试对象包括海洋或淡水植物和无脊椎动物,测试终点包括存活、生长和/或繁殖;根据金属采矿环境影响监测条例,还需进行类似的亚致死毒性测试。

2. 微/中宇宙多物种体内毒性监测技术

微宇宙/中宇宙是人工模拟的简化生态系统,旨在受控条件下模拟并预测自然生态系统的行为。微宇宙通常设计为开放或封闭的设备,在实验室中设置;中宇宙则多在户外进行,以纳入自然变异,如昼夜周期,从而在野外调查与实验室高度受控实验之间搭建桥梁。根据测试设计,水生微宇宙/中宇宙由含有自然/人工水源、沉积物及多个营养级生物群落的水体构成,其容量范围在 1~10 000 L 不等。

采用自然群落进行的微宇宙/中宇宙测试,为生态系统的复杂性与实验室实验的高度人工化之间提供了平衡。此类测试的一大优势在于能够捕捉生物系统中的多种潜在反馈,特别是可能改变污染物毒性效应的物种相互作用。通过纳入具有不同生活特征和敏感性的多个物种组成的群落,微宇宙/中宇宙方法保留了物种间的相互作用,并考虑了物理化学环境以及多样的暴露途径。因此,微宇宙/中宇宙测试能够整合多个直接和间接效应的数据,相较于单一物种测试,更具生态学意义。

然而,这些测试通常成本较高,限制了其在大量样本评估中的应用。此外,方法的标准化以及实验室间结果的可重复性也是亟待解决的问题。尽管如此,微宇宙/中宇宙测试作为更高层次风险评估程序的一部分,有助于更深入理解毒理学对生态过程的影响。

6.2.2 体外毒性监测

体外测试指的是在脱离正常生物环境(常置于微孔板中)的条件下,对微生物、细胞或分子进行培养,进而进行各类生物体影响的科学分析。其应用范围广泛,涵盖从简单的细胞毒性评估,到复杂的工程化报告基因检测,再到基于图像的高通量筛选以及细胞培养生物传感等多个方面。体外测试以其简单、快速的特性,实现对大量样本的高效评估,显著节省时间和成本。与体内测试相比,体外测试因其在物流、成本、时间及伦理等方面的优势而备受青睐。需要注意的是,从体外测试结果推断生物体和生态系统中的毒理学相关性存在诸多不确定性。由于体外测试无法全面考虑生物体内的系统性反调节过程,这可能导致对真实环境影响的理解受到一定限制。因此,在应用体外测试时,需充分考虑其局限性,并结合其他测试手段进行综合评估。

1. 常规单指标体外毒性监测技术

常规单指标体外测试是通过标准的细胞培养、给药和测量程序来评估特定终点的方法。这些测试主要聚焦于细胞活力或数量,作为评估细胞毒性的关键指标,包括代谢型测试和非代谢型测试。

代谢型测试是通过评估细胞在接触毒性物质后还原能力减弱或丧失的特性来评估细胞活力的一种方法。常用的氧化还原指示染料包括四唑盐(例如 MTT、MTS 和 XTT)和含刃天青配方(例如阿拉玛蓝),它们可通过酶促还原过程产生与细胞活力直接相关的比色或荧光信号。此外,ATP 测试也被视为一种基于代谢的活力测试,因为 ATP 是活细胞的主要能量来源,其水平与活细胞数量呈正比,可通过萤火虫荧光素酶反应进行测量。

非代谢型测试通常通过评估细胞膜完整性来评估细胞活力,其原理是当细胞膜完整时,细胞可以选择性地排除不透过的染料,而当细胞受损时,可以测量与活细胞或非活细胞相关的酶活性来判断细胞状态。甘-苯丙氨酸- AFC 和台盼蓝是常用的染料,前者用于测量细胞内蛋白酶活性以排除非活细胞,后者则可通过与死细胞 DNA 结合来区分活细胞。另一种方法是利用非活细胞释放的乳酸脱氢酶(LDH)作为毒性标志物,其可与二氢喋啶还原酶偶联产生显著的检测信号。

值得注意的是,上述测试方法主要适用于脊椎动物(如哺乳动物或鱼类)细胞系。在评估细菌或藻类细胞毒性时,常采用发光细菌的发光抑制测试(如费氏弧菌)、藻类生长抑制测试(如羊角月牙藻)以及藻类细胞光系统 II 抑制测试等方法。

2. 基于报告基因的体外毒性监测技术

暴露于有毒化学物质后,细胞行为特别是基因表达的变化,成为毒性反应的关键指标。报告基因技术通过融合报告元件(编码易检测蛋白或酶的基因)与目标基因的传感元件,实现对环境刺激下目标基因激活的实时监测。这种技术为快速评估环境样品对细胞基因表达的潜在毒性影响提供了有效手段。

报告基因具备易于测量的表型,且能在内源性蛋白背景下轻松区分。在环境毒理学领域,多种报告基因已被广泛应用,如 β -半乳糖苷酶(*LacZ*)、萤火虫荧光素酶(*Luc*)、细菌荧光素酶(*Lux*)和绿色荧光蛋白(*GFP*)。这些报告基因在可靠性方面表现出色,但各自在灵敏度、动态范围和测量便利性上存在差异。研究表明,废水中的化学物质能刺激细胞表达多种基因。通过精细调控传感元件和报告元件,报告基因系统可针对毒性通路中的关键步骤进行定制,包括异源物质代谢、特定分子作用机制、应激反应通路的激活等。表 6 - 3 列出了常用的相关生物测定法,其中大多数基于哺乳动物细胞,并采用 96 孔板或 384 孔板形式,便于高通量筛选。

表 6-3 基于报告基因技术的生物测试方法

毒性通路	生物测试	细胞	报告基因
异源物质代谢:PXR	HG5LN PXR	Hela(哺乳动物)	*Luc*
异源物质代谢:PPARα	HG5LN PPARα	Hela(哺乳动物)	*Luc*
	CALUX-PPARα	U2OS(哺乳动物)	*Luc*
异源物质代谢:PPARγ	HG5LN PPARγ	Hela(哺乳动物)	*Luc*
	CALUX-PPARγ2	U2OS(哺乳动物)	*Luc*
	PPARγ-GeneBLAzer	HEK 293T(哺乳动物)	*β-lactamase*
异源物质代谢:AhR	CAFLUX	H1G1.1c3(哺乳动物)	*GFP*
	H4IIEluc	H4IIE(哺乳动物)	*Luc*
	DR CALUX	H4IIE(哺乳动物)	*Luc*
	AhR-yeast	*Saccharomyces cerevisiae*(酵母)	*LacZ*
特定分子作用机制:ER	T47D-KBluc	T47D(哺乳动物)	*Luc*
	ERα-CALUX	U2OS(哺乳动物)	*Luc*
	HELN-ERα	Hela(哺乳动物)	*Luc*
	HELN-ERβ	Hela(哺乳动物)	*Luc*
	ERα-GeneBLAzer	HEK 293T(哺乳动物)	*β-lactamase*
	YES	*Saccharomyces cerevisiae*(酵母)	*LacZ*
	BLYES	*Saccharomyces cerevisiae*(酵母)	*Lux*
特定分子作用机制:AR	AR-CALUX	U2OS(哺乳动物)	*Luc*
	PALM	PC-3(哺乳动物)	*Luc*
	MDA-kb2	MDA-MB-453(哺乳动物)	*Luc*
	YAS	*Saccharomyces cerevisiae*(酵母)	*LacZ*
	BLYAS	*Saccharomyces cerevisiae*(酵母)	*Lux*
特定分子作用机制:GR	GR-CALUX	U2OS(哺乳动物)	*Luc*
	GR-MDA-kb2	MDA-MB-453(哺乳动物)	*Luc*
	GR-GeneBLAzer	HEK 293T(哺乳动物)	*β-lactamase*
特定分子作用机制:PR	PR-CALUX	U2OS(哺乳动物)	*Luc*
	PR-GeneBLAzer	HEK 293T(哺乳动物)	*β-lactamase*
特定分子作用机制:TR	TR-CALUX	U2OS(哺乳动物)	*Luc*
应激反应通路激活	umuC TA1535/pSK1002	*Salmonella. Typhimurium* TA1535(细菌)	*LacZ*

毒性通路	生物测试	细胞	报告基因
适应性应激反应：Nrf2	Nrf2-CALUX	U2OS（哺乳动物）	*Luc*
	ARE-GeneBLAzer		
适应性应激反应：p53	P53-CALUX	U2OS（哺乳动物）	*Luc*
	P53-GeneBLAzer	HEK 293T（哺乳动物）	*β-lactamase*
适应性应激反应：NF-kB	NF-kB-CALUX	U2OS（哺乳动物）	*Luc*
	NF-kB-GeneBLAzer	HEK 293T（哺乳动物）	*β-lactamase*
系统反应：cytotoxicity	Cytotox-CALUX	U2OS（哺乳动物）	*Luc*
	HEK293-lux	HEK 293T（哺乳动物）	*Lux*

3. 生物传感器技术

生物传感器是一种分析设备，通过将生物传感元件（如酶、抗体、微生物或 DNA）与传感器（如电化学、光学、比色或压电传感器）相结合，产生与分析物浓度成比例的信号。生物传感器根据信号传输方式和生物识别原理通常分为不同的基本组。其中，基于转换元件可分为电化学传感器、光学传感器、压电传感器和热传感器；基于生物识别原理的有免疫化学、酶促、非酶促受体、DNA 和全细胞生物传感器。

生物传感器中的生物识别元件可以是来自高等生物的酶、辅助因子、抗体、微生物细胞、细胞器、组织或细胞。其中，酶因其特异性和敏感性在生物传感器中得到广泛应用。然而，纯化酶的过程非常耗时，且通常需要严格的条件来维持酶的完整性。相比之下，基于全细胞的生物传感器更容易制备，只需要培养适当的细菌菌株，且往往比纯化的酶更具活性和稳定性。大多数酶促生物传感器的研究都集中在目标化合物的定量检测上，因此，灵敏度和特异性是研究重点关注的两个关键参数。然而，对于毒性测定，特别是在线测量废水生物毒性的情况下，通用性和合理的灵敏度是重要指标。

全细胞生物传感器是一种利用活体作为传感元件的生物传感器，可将生物信号通过电化学或光学手段转换为可测量的响应，如电流、电势或光吸收，以便进一步处理和分析。这些传感器通过基因编码的报告基因产生可测量的基因产物进行信号输出，最常用的报告基因包括 $β$-半乳糖苷酶基因（*LacZ*）、生物发光基因（*Lux*）和绿色荧光蛋白基因（GFP）。在全细胞生物传感器中，常用的微生物包括细菌、藻类、酵母、真菌和植物细胞，其优点是生长速率较快，易于培养。

（1）基于细菌的全细胞生物传感器

细菌在全细胞生物传感器开发中的高度适应性使其备受研究者青睐，尤其是对于高温、高盐度、不同 pH、高浓度重金属污染等极端条件的适应性。在各类细菌中，大肠杆菌被广泛应用于全细胞生物传感器的开发，用于对有毒化学品、金属、农药、有机污染物等进行毒性评估。Baumstark 等人于 2007 年开发了一种利用生物发光和荧光的组合报告系统，通过克隆海洋光细菌的完整 *Lux* 操作子，并将其置于 SOS 启动子的控制之下；此外，还将 GFP 基因融合到了一个独立启动子上,从而形成了一种平行检测方法,可避免一般的细胞毒性,通过这种方法,可以检测出由于急性毒性的掩蔽效应而导致的基因毒性假阴性检测结果。此外,研究人员还开发了一种基于固定转基因大肠杆菌生物芯片的在线流式生物发光装置,发光信号由单光子雪崩二极管探测器探测,生物芯片上固定了三个效应特异性(DNA 损伤、氧化应激、重金属)"光开启"启动子菌株和一个组成型"光关闭"启动子菌株,在 10 天的连续运行中,该装置成功检测到了所有测试过的模型毒物,包括萘啶酸、百草枯、砷和工业废水样本。

（2）基于藻类的全细胞生物传感器

藻类对环境污染物具有高度敏感性,因此为科学家开发用于毒性测定的生物传感器提供了极佳的选择。藻类在生物传感器应用中具有体积微小、易于培养和固定化、繁殖率高等优点,因此被广泛使用。在生物传感器开发中,普通小球藻是最常见的藻类物种之一。Shitanda 等人开发了一种安培藻类生物传感器,利用小球藻评估水样的毒性。该生物传感器通过还原电流的抑制比来评估对有毒化学物质的反应,如 6 -氯- N -乙基- N -异丙基- 1,3,5 -三嗪- 2,4 -二胺(阿特拉津)、3 -(3,4 -二氯苯基)- 1,1 -二乙基脲(DCMU)、甲苯和苯,与传统的基于克拉克氧电极的藻类生物传感器相比,该生物传感器的制造速度更快,成本更低。基于藻类的全细胞生物传感器的方法多用于研究废水中的重金属、除草剂和农药等的毒性。

4. 高内涵筛选技术

高级显微镜及其图像分析技术的飞速发展为研究细胞和组织中的分子与形态事件提供了强大工具。高内涵筛选(high content screening,HCS)技术,作为细胞成像技术与高通量技术的融合,已成为探究细胞过程及其在各种扰动下变化的新兴方法。

HCS 的关键操作涵盖实验设计、样本制备、图像采集、存档、处理与分析,以及细胞知识挖掘。与传统基于目标的高通量筛选方法相比,HCS 利用表型筛选方法从单个细胞集合中捕获功能和形态计量信息。这有效地避免了在细胞群体中存在异质性时产生的假阴性结果,如在异质或共培养的细胞培养物中,不同细胞系对同一刺激可能产生不同反应。

HCS 技术的显著优势在于其能够在完整细胞中同时进行多项独立测量,从而获取多个数据集以指示化学品/样本的毒性。荧光图像中毒性指标的提取依赖于先进的图像分析和数据挖掘技术。这些技术旨在对荧光图像中的对象进行精确分割和分类。因此,HCS 的毒性指标不仅来自荧光标记目标的位置和荧光强度,还涵盖了细胞和亚细胞的形态与结构信息。这使得 HCS 能够定量测量其他毒性评估方法难以表征的指标,如凋亡体的形成、信号通路中转录因子的核转位、细胞趋化以及菌落形成等。

5. 指示毒性的化学测试技术

毒性检测的一种特殊方法是利用体外酶活性或特定生物分子的反应活性作为毒性指标。所使用的酶或生物分子通常是特定作用机制(MOA)过程中的关键组成部分。最著名的化学体外毒性测试是乙酰胆碱酯酶(AchE)抑制实验,该实验基于以下前提:AchE 是体内神经信号传递的关键酶,可以通过体外测量 AchE 的抑制活性来确定受试物的神经毒性。另一种得到验证的化学体外毒性测试是基于 N -乙酰- L -半胱氨酸

（NAC）的巯基反应性分析，用于预测水样对哺乳动物细胞的细胞毒性。该测定基于谷胱甘肽中的半胱氨酸巯基是抵抗活性有毒物质的主要还原剂，如果巯基池被过度消耗或耗尽，则可能引发不良生物反应。与基于细胞培养的毒性测试相比，化学体外测试更加省时省力，因此是在进行基于细胞的体外或体内生物测定之前进行初步筛选的快速高通量分析的理想选择。

6.3 生态监测技术

随着人类活动的不断扩张和生态环境的日益恶化，生态监测（ecological monitoring）的重要性愈发显现。**生态监测**以生态学原理为基础，综合运用物理、化学、生物化学及生态学等多学科成熟且可比的技术手段，对生态环境中的各个要素、生物与环境间的相互作用、生态系统的结构与功能进行持续的监控与测试。这一技术活动旨在获取具有代表性的生态环境信息，进而评估生态环境的状态及其发展趋势。生态监测不仅为资源的合理利用提供科学依据，同时也为改善生态环境、制定相关决策提供了重要支撑。本节将深入探讨生态监测的各个方面，从分类到具体的监测指标体系、技术方法，以及生物多样性监测。通过对生态系统各项指标的监测与评估，能够及时了解生态环境的变化趋势，制定相应的保护与修复措施，保障生态系统的稳定与健康发展。

6.3.1 生态监测的分类

生态监测根据生态系统的特性，可细分为城市生态监测、农村生态监测、森林生态监测、草原生态监测、荒漠生态监测、淡水生态监测及海洋生态监测等多个类别。在监测持续时间的维度上，又可分为长期监测、中期监测与短期监测。其中，长期监测致力于连续观测数十年甚至数百年，旨在揭示受监测生态系统的演化规律与趋势；短期监测则关注生命周期内或开发利用后的一段时间内的生态系统现状，或进行一次性监测。此外，按照监测的空间尺度，生态监测还可以划分为宏观生态监测与微观生态监测。

宏观生态监测，其核心在于研究区域内各类生态单元的组合方式、镶嵌特征、动态变化及空间分布格局，并深入探讨人类活动对这些生态单元的影响。此项工作以原有的自然本底图和专业图件为基础，通过先进的遥感技术和生态图技术，将所获取的空间几何信息以图件形式直观展现。在宏观生态监测中，虽然区域生态调查与生态统计法是最常用的手段，但"3S"技术，即遥感（remote sensing）、全球定位系统 GPS（global position system）和地理信息系统（geographic information system），以其高效、精准的特性，成为最为有效的监测手段。

微观生态监测则侧重于通过物理、化学或生物学的方法，深入探究某一特定生态系统的自然环境、结构与功能，以及这些要素在人类活动影响下的变化。其主要内容包括对生态系统基本结构和功能的监测、人类特定社会经济活动对生态环境的影响评估、生态平衡的恢复过程观察以及环境污染的监测等。通过微观生态监测，我们能够更加精细地了解生态系统的运行规律，为生态保护与可持续发展提供科学依据。

6.3.2 生态监测的内容

根据生态监测的具体目标,其主要内容可以细化如下:

(1)针对生态环境中非生命成分的监测。主要涵盖了各类生态因子的监测与测试工作,具体包括自然环境条件的观测,如气候、水文、地质等要素的变动情况。同时,还包括对物理、化学指标异常现象的监测,如大气污染物、水体污染物、土壤污染物、噪声、热污染以及放射性污染等的检测与评估。

(2)针对生态环境中生命成分的监测。主要聚焦于生命系统的个体、种群、群落的组成、数量及动态变化,通过对这些要素的统计与监控,以揭示生态系统的生物多样性与生态平衡状况。此外,还包括对污染物在生命体内含量的测试,以评估污染物对生物体的潜在影响。

(3)对生物与环境构成的生态系统的监测。涉及对一定区域范围内生物与环境之间相互作用所构成的生态系统的组成方式、镶嵌特征、动态变化及空间分布格局等的全面观测。这部分内容相当于宏观生态监测的范畴,旨在揭示生态系统在宏观尺度上的结构与功能特征。

(4)对生物与环境相互作用及其发展规律的监测。包括对生态系统的结构、功能进行深入研究,既包括对自然条件下(如自然保护区内)生态系统结构、功能特征的监测,也包括对受到干扰、污染或处于恢复、重建、治理过程中的生态系统的结构和功能进行监测。通过这部分内容的研究,有助于揭示生态系统在不同条件下的演变规律与机制。

(5)社会经济系统的监测。人类在生态监测中扮演着多重角色,既是监测活动的执行者,又是监测的主要对象之一。由人类构成的社会经济系统是生态关系变化的重要驱动力,因此,对社会经济系统的监测也是生态监测不可或缺的一部分。通过对社会经济系统的监测,可以更好地理解人类活动对生态系统的影响方式与程度,为制定科学合理的生态保护与可持续发展策略提供有力支持。

6.3.3 生态监测的指标体系

生态监测指标体系是由一系列能够敏感且清晰地反映生态系统基本特性及生态环境演变趋势的、相互印证的项目所构成。在选择生态监测指标时,首要考虑的是生态类型的多样性和生态系统的完整性。这意味着针对不同的生态类型,指标体系的构建会有所差异。

对于陆地生态系统,如森林、草原、农田、荒漠以及城市等,其指标体系应由气象、水文、土壤、植物、动物和微生物这六大要素共同构成。而对于水域生态系统,包括淡水和海洋生态系统,其指标体系则应由气象、水文、水质、底质、浮游动物、浮游植物、底栖生物以及微生物等要素组成。

除了上述自然指标外,指标体系的选择还需充分考虑生态站的具体特点、生态系统类型以及生态干扰方式。同时,指标体系应兼顾人为指标(如人文景观、人文因素等)、一般监测指标(包括常规生态监测指标和重点生态监测指标)以及应急监测指标(如自然或人为因素导致的突发性生态问题)。表6-4和表6-5分别列出了常规生态监测指标和不同类型生态系统在监测过程中需要重点关注的监测指标。

表 6 - 4　常规生态监测指标

要素	常规监测指标
气象	气温、湿度、主导风向、风速、年降水量及其时空分布、蒸发量、土壤温度梯度、有效积温、大气干湿沉降物及其化学组成、日照和辐射强度等
水文	地表水化学组成、地下水水位及化学组成、地表径流量、侵蚀模数、水温、水深、水色、透明度、气味、pH、油类、重金属、氨氮、亚硝酸盐、酚、氰化物、硫化物、农药、除莠剂、COD、BOD、异味等
土壤	土壤类别、土种、营养元素含量、pH、有机质含量、土壤交换当量、土壤团粒构成、孔隙度、容重、透水率、持水量、土壤 CO_2、CH_4 释放量及其季节动态、土壤微生物、总盐分含量及其主要离子组成含量、土壤农药、重金属及其他有毒物质的积累量等
植物	植物群落及高等植物、低等植物种类和数量、种群密度、指示植物、指示群落、覆盖度、生物量、生长量、光能利用率、珍稀植物及其分布特征以及植物体、果实或种子中农药、重金属、亚硝酸盐等有毒物质的含量、作物灰分、粗蛋白、粗脂肪、粗纤维等
动物	动物种类、种群密度、数量、生活习性、食物链、消长情况、珍稀野生动物的数量及动态、动物体内农药、重金属、亚硝酸盐等有毒物质的富集量等
微生物	微生物种群数量、分布及其密度和季节动态变化、生物量、热值、土壤酶类与活性、呼吸强度、固氮菌及其固氮量、致病菌和大肠杆菌的总数等
底质要素	有机质、总氮、总磷、pH、重金属、氰化物、农药、总汞、甲基汞、硫化物、COD、BOD 等
底栖生物	动物种群构成及数量、优势种及动态、重金属及有毒物质富集量等
人类活动	人口密度、资源开发强度、生产力水平、退化土地治理率、基本农田保存率、水资源利用率、有机物质有效利用率、工农业生产污染排放强度等

表 6 - 5　不同类型生态系统的重点监测指标

生态系统类型	重点监测指标
湿地生态系统	大气干湿沉降物及其组成、河水的化学组分、泥沙及底泥的颗粒组成和化学成分、土壤旷质含量、珍稀生物的数量及危险因子、湿地生物体内有毒物质残留量等
森林生态系统	全球气候变暖所引起的生态系统或植物区系位移的监测，珍稀濒危动植物物种的分布及其栖息地的监测
草地生态系统	沙漠化面积及其时空分布和环境影响的监测，草原沙化退化面积及其时空分布和环境影响的监测，生态脆弱带面积及其时空分布和环境影响的监测，水土流失、沙漠化及草原退化地优化治理模式生态平衡的监测
农田生态系统	农药化肥施用量、残留量所造成的食品安全监测
湖泊生态系统	水体营养物质、藻类等对湖泊、水库和海洋生态系统结构和功能影响的监测
河流生态系统	污染物对河流水体水质、河流生态系统结构和功能影响的监测
矿业工程开发对生态环境的影响	地面沉降、SO_2、CO_2、烟尘、粉尘、氰化物、总悬浮颗粒物含量、采矿废物产生量、排放量、回填处置量、堆存量、采矿废物的化学成分对周围土壤、地表水、地下水、空气环境的影响、地面震动频率、速率、振幅等

6.3.4　生态监测技术方法

生态监测技术方法旨在精确测量和评估生态系统中的各项指标,以获取其特征数据。通过对这些数据进行统计分析,能够深入了解指标的当前状况以及变化趋势。在选择具体的生态监测技术方法时,必须充分考虑现有条件,并结合我国当前的生态监测技术路线,以确保制定出最佳的监测方案。

方案的制定主要包括以下几个关键步骤:首先,明确生态问题的焦点,确保监测工作能够有针对性地展开;其次,合理选择生态监测台、站的选址,以确保监测数据的代表性和可靠性;接着,确定监测的具体内容、方法以及所需的设备,确保监测过程科学、准确;同时,明确生态系统要素及监测指标,为数据收集和分析提供明确方向;此外,还需详细描述监测场地、监测频度及周期,以确保监测工作的连贯性和系统性;在数据整理方面,应全面包括观测数据、实验分析数据、统计数据、文字数据、图形及图像数据等,以便进行综合分析;最后,建立数据库,实现信息的有效管理和利用,如编制生态监测项目报表,建立模型进行预测预报、评价规划以及制定相关政策等。

生态监测方法主要包括地面监测、空中监测和卫星监测三种。

1. 地面监测

地面监测是通过在监测区域内建立固定站点,由专业人员徒步或使用越野车等交通工具,按照预定的路线进行定期测量和数据收集。尽管地面监测所能覆盖的范围相对较小,通常仅限于几千米到几十千米的区域内,且成本相对较高,但它是获取"直接"数据的关键手段,不可或缺。地面监测的数据为空中监测和卫星监测提供了重要的校核依据,并且某些特定数据只能通过地面监测获取。

2. 空中监测

空中监测通常采用 4～6 座的轻型单引擎飞机,配备驾驶员、领航员以及两名观察记录员。在执行任务前,首先绘制详细的工作区域图,并使用坐标网格覆盖整个研究区域,通常每个小格的尺寸为 10 km×10 km。飞行计划安排在上午或下午光线条件较好的时间段,以避免不良光线对监测结果的影响。飞行过程中,飞机以约 150 km/h 的速度,在约 100 m 的高度上飞行,观察员通过前方的观察框,以约 90°的视角,观察地面宽度约 250 m 的区域。需要注意的是,飞行高度的准确性对观察结果的准确性具有重要影响。

3. 卫星监测

卫星监测已广泛应用于天气、农作物生长状况、森林病虫害、空气和地表水污染等方面的监测。例如,运行在地球上空 900 km 轨道上的资源卫星,每 18 天就能覆盖地球表面的同一地点一次。通过传感器获取的照片或图像,其分辨率可达 10 m。通过对这些图片进行解析,我们可以获取所需资料,如分析油轮倾覆后油污染的扩散情况、牧场草地随季节的变化以及大范围内季节性生产力的评估等。卫星监测的最大优势在于其覆盖范围广泛,能够获取人工难以到达的高山、丛林等地区的资料。随着资料来源的不断增加,卫星监测的成本也相对较低。然而,卫星监测对地面的细微变化难以准确捕捉,因此,需要地面监测、空中监测和卫星监测相互配合,才能获取完整、准确的生态数据。

6.3.5 生物多样性监测

生物多样性涵盖了生物种类的丰富性、种内遗传变异的多样性、生物生存环境的多样性以及生态过程的复杂性和变化性。生物多样性研究可细化为多个方面,包括遗传多样性、物种多样性、生态系统多样性和景观多样性。遗传多样性主要关注种内遗传物质和信息的多样性,其形成主要受到复杂生存环境和多种生物起源的影响,对物种的生存、繁衍、环境适应和灾害抵抗具有关键作用。物种多样性反映了生物类型及种类的丰富性,体现了物种演化的空间范围和对特定环境的生态适应性,是研究生物多样性的重要层次。生态系统多样性侧重于生境类型、生物群落和生态过程的多样性,植物、动物、微生物群落以及非生物环境均呈现出丰富多样性。生态过程包括物质循环、能量流动以及生物之间的相互关系,如竞争、捕食、共生等。景观多样性关注与环境和植被动态相关的景观斑块在空间上的分布特征。众多生态学过程与多样性概念紧密相连。生物多样性的增加往往意味着食物链的延长和共生现象的增多,如互利共生、寄生、偏利作用等,有助于减少群落结构的波动,增加生态系统的稳定性。因此,深入研究生物多样性及其与生态学过程的关系,对于理解生态系统的结构和功能、维护生态平衡具有重要意义。

1. 生物多样性的测度

群落的种类数、种在群落中的重要值(数目、生物量、生产等)可作为测度生物多样性的指标。物种多样性是群落物种数、个体总数及均匀度的综合概念,可用以下公式来描述。

(1) 物种丰富性:群落中全部物种数(S)或变异指数(有 d_1、d_2、d_3 三种形式):

$$d_1 = \frac{S-1}{\log_2 N}; \quad d_2 = \frac{S}{\sqrt{N}}; \quad d_3 = \frac{S}{N} = 1\,000(每\,1\,000\,个体的\,S) \tag{6-1}$$

式中:S 为物种数;N 为个体数。

(2) Shannon-Wiever 指数(H):

$$H = -\sum_{i}^{s} \frac{N_i}{N} \log_2 \frac{N_i}{N} \quad (i=1,2,3,\cdots,S) \tag{6-2}$$

式中:N_i 为群落中某一个种的重要值(个体数目、生物量或生产力等);N 为所有种个体重要值之和(如数目、生物量和生产力之和)。

(3) Simpson 指数(D):

$$D = \frac{N(N-1)}{\sum\limits_{i=1}^{s} N_i(N_i-1)} \quad (i=1,2,3,\cdots,S) \tag{6-3}$$

(4) 种的均匀度(E 或 J):

$$E = \frac{H}{\log_2 S} \tag{6-4}$$

$$J = \frac{D}{D'} = \frac{N(\frac{N}{S} - 1)}{\sum_{I=1}^{s} N_i(N_i - 1)} \quad (i = 1, 2, 3, \cdots, S) \tag{6-5}$$

式中：D' 为调查样方的总个体数（N）和种数（S）相同的情况下，可能出现的最高多样性指数（Simpson 指数）。

可运用以上多样性指数计算群落中全部生物种的多样性，也可单独计算某些特定类群，如乔木、灌木或草本，以及鸟类等的多样性。

2. 环境 DNA（eDNA）技术在生物多样性监测中的应用

eDNA 作为生物在环境中释放的 DNA 碎片，蕴含了丰富的生物存在信息。eDNA 片段可能源自动物的排泄物如粪便、尿液等，或来自植物的花粉、叶片等组织。通过对水样、土壤或空气中的 eDNA 进行收集和分析，能够非侵入性地监测特定区域内的物种组成，覆盖从微生物到大型动物的广泛生物类群。由于传统的生物多样性调查方法往往依赖于直接观察、捕捉和物种鉴定，不仅耗时耗力，而且成本高昂，还可能对目标物种造成不必要的干扰。相比之下，eDNA 技术以其高效、无损、低成本的特点，为生物多样性研究开辟了新的途径。

利用 eDNA 技术研究生物多样性时，主要依赖于以下原理和方法：

（1）样品收集：收集环境中的样品是 eDNA 研究的第一步。样品可以是水体、土壤、沉积物、植被或空气等。采集样品的方法需要根据研究对象的不同而有所调整，比如使用水样采集器、土壤钻取器或捕捉器等。

（2）DNA 提取：从采集到的样品中提取 DNA 是 eDNA 分析的关键步骤。提取方法通常包括物理破碎、化学溶解和酶切等步骤，以释放 DNA 并去除样品中的潜在污染物。

（3）PCR 扩增：利用聚合酶链式反应（PCR）技术对提取得到的 DNA 进行扩增。在 PCR 过程中，针对感兴趣的 DNA 序列设计特定的引物，通过多轮循环反应将目标 DNA 序列扩增到可检测的水平。

（4）高通量测序：扩增得到的 DNA 片段可以通过高通量测序技术进行测序。测序数据可以提供关于样品中存在的各种 DNA 序列的信息，包括已知物种和未知物种的 DNA 序列。

（5）数据分析：对测序得到的数据进行分析是 eDNA 研究的最后一步。这包括序列比对、物种鉴定和多样性分析等过程。通过比对样品中的 DNA 序列与参考数据库中已知物种的序列，可以确定样品中存在的物种类型和丰度。

（6）定量分析：利用 PCR 扩增过程中的标准曲线或内参物质，可以对样品中的目标 DNA 含量进行定量分析，从而估计目标物种的丰度或数量。

通过这些原理和方法，eDNA 技术能够在不干扰生物栖息地或干预生物活动的情况下，快速、准确地获取关于生物多样性的信息。这种非侵入性的特点使得 eDNA 技术在生物多样性监测和保护方面具有重要的应用前景。

思考题

1. 开展环境中病原微生物检测为什么需要进行富集？常用的富集方法有哪些？

2. 环境中病原微生物检测的分子生物技术包括哪些？在实际应用中，如何根据各种技术优点和不足，进行合理地选择？

3. 城镇污水处理厂生物曝气池是造成气溶胶生物污染的潜在源。请利用本章知识，从采样点布置、采样方法、样品处理以及微生物检测等角度展开思考，应如何合理评估城镇污水处理厂周围气溶胶生物污染状况？

4. 污染物生物毒性测试方法有哪些？这些方法如何分类？

5. 废水生物测试常用物种有哪些？它们分别属于哪个营养级？

6. 什么是体外生物毒性测试？其优点和缺点分别是什么？

7. 常见的报告基因有哪些？它们通常用于哪些毒性终点的测试？

8. 什么是生物传感器？哪些生物适用于开发生物传感器？

9. 生态系统包含哪些类型？不同类型生态系统的重点监测指标分别是什么？

10. 生物多样性研究研究包含哪些内容？生物多样性测度的指标有哪些？

参考文献

[1] 刘鹏，车子凡，张徐祥.水环境中病毒检测技术研究进展[J].环境监控与预警，2021,13(3):1-7.

[2] 沈燕，贾舒宇，李紫涵，等.水环境中致病菌分子生物学检测技术研究进展[J].环境监控与预警，2020,12(5):1-13.

[3] Gu X, Tay Q X M, Te S H, et al. Geospatial distribution of viromes in tropical freshwater ecosystems[J]. Water Research, 2018, 137: 220-232.

[4] Hassan S H A, Van Ginkel S W, Hussein M A, et al. Toxicity assessment using different bioassays and microbial biosensors[J]. Environment International, 2016, 92: 106-118.

[5] Lei Y, W Chen, A Mulchandani. Microbial biosensors[J]. Analytica Chimica Acta, 2006,568(1-2): 200-210.

[6] Wang X J, Liu M, Wang X, et al. P-benzoquinone-mediated amperometric biosensor developed with Psychrobacter sp for toxicity testing of heavy metals [J]. Biosensors & Bioelectronics, 2013,41: 557-562.

[7] Baumstark-Khan C, Rabbow E, Rettberg P, et al. The combined bacterial Lux-Fluoro test for the detection and quantification of genotoxic and cytotoxic agents in surface water: Results from the "Technical Workshop on Genotoxicity Biosensing"[J]. Aquatic Toxicology, 2007,85(3): 209-218.

[8] Elad T, Almog R, Yagur-Kroll S, et al. Online Monitoring of Water Toxicity by Use of Bioluminescent Reporter Bacterial Biochips[J]. Environmental Science & Technology, 2011,45(19): 8536-8544.

[9] Shitanda I, Takada K, Sakai Y, et al. Compact amperometric algal biosensors for the evaluation of water toxicity[J]. Analytica Chimica Acta, 2005, 530(2):191-197.

[10] Islam M S, Sazawa K, Hata N, et al. Determination of heavy metal toxicity by using a micro-droplet hydrodynamic voltammetry for microalgal bioassay based on alkaline phosphatase [J]. Chemosphere, 2017,188: 337-344.

[11] 付运芝，井元山，范淑梅.生态监测指标体系的探讨[J].环境保护与循环经济，2002,22(2):27-29.

第7章 环境生物材料

材料作为社会进步的先导和基础,为人类带来巨大的物质财富。然而,材料制造、使用和废弃过程中同时也引发了能源资源过度消耗和环境负荷激增的问题。因此,开发可再生、易降解、危害低的环境友好型材料成为材料科学发展的重要组成部分。本章以生物塑料、生物农药、生物絮凝剂和生物吸附剂为例,介绍了典型环境生物材料的基本概念、生产工艺和环境应用。

7.1 生物塑料

7.1.1 生物塑料的基本概念

1. 生物塑料的概念

塑料工业的迅速发展和塑料产品的广泛应用,极大地方便了人们的生产和生活。然而,传统塑料的大量使用也带来了严重的废旧塑料"白色污染"问题。据统计,全球塑料年产量从2000年的2.34亿吨飙升至2019年的4.6亿吨,塑料垃圾从2000年的1.56亿吨增加至2019年的3.53亿吨。大量难降解的废物塑料对环境、生态系统和人类健康造成了严重污染和威胁,如海洋环境污染、危害野生动植物以及有毒物质释放等。因此,开发基于生物基、易降解的生物塑料对于缓解"白色污染"具有重要意义。

生物塑料和传统塑料可以从合成材料来源与可生物降解性两个维度进行区分(图7-1)。传统塑料是指石油基的、不易生物降解的高分子材料,即从石油工业中获得单体原料,经过聚合反映得到的高分子材料。常见的传统塑料包括聚乙烯(polyethylene,PE)、聚丙烯(polypropylene,PP)和聚对苯二甲酸乙二醇酯(polyethylene glycol terephthalate,PET)。与传统塑料相比,由生物基原料制成的塑料称为生物基塑料,具备可生物降解性的塑料称之为生物降解塑料。广义上来看,生物基塑料和生物降解塑料均可称为生物塑料,但对两者的概念应作一定区分。从图7-1中可以看出,生物基塑料不一定具备可生物降解性,例如,以甘蔗、甜菜、玉米等生物质材料为原料制造的生物基聚乙烯(Biobased Polyethylene,Bio-PE)以及生物基PET、生物基聚酰胺(biobased polyamide,Bio-PA)和生物基聚对苯二甲酸丙二醇酯(biobased polybutylene terephthalate,Bio-PTT);反之,可生物降解塑料的合成来源也不一定是生物基原料,例如,由来源石化产品的 ε-己内酯单体聚合而成的聚己内酯(polycaprolactone,PCL)具备良好的生物降解性能以及聚己二酸/对苯二甲酸丁二醇酯(poly(butyleneadipate-co-terephthalate),PBAT)。

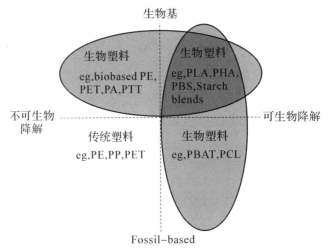

图 7-1 生物塑料与传统塑料的区别

生物基塑料是由生物体(动物、植物和微生物)或其他再生资源如 CO_2 直接合成的具有塑料特性的高分子材料。它们包括聚羟基烷酸酯(polyhydroxyalkanoates,PHA)等。此外,还可以从天然高分子或生物高分子(如淀粉、纤维素、甲壳素、木质素、蛋白质、多肽、多糖、核酸等)出发,或从它们的结构单元或衍生物出发,通过生物学或化学途径获得具有塑料特性的高分子材料。也可以制备以这些高分子材料为主要成分的共混物或复合物,例如聚乳酸(polylactic acid,PLA)、聚氨基酸、热塑性淀粉、淀粉基塑料、植物纤维模塑制品、改性纤维素、改性蛋白质、生物基聚酰胺、二氧化碳共聚物等。生物基聚合物直接从可再生的生物质或生物有机物中生成,缩短了从二氧化碳到聚合物的转化过程,从而使地球上的碳保持平衡。从可持续发展的角度来看,生物基塑料满足可持续发展的要求。

生物降解塑料是指在自然界如土壤和(或)沙土等条件下,特定条件下(如堆肥化),或厌氧消化条件下,或水性培养液中,由自然界存在的微生物作用引起降解,并最终完全降解成 CO_2 或(和)CH_4、H_2O 及其所含元素的矿物无机盐以及新的生物质塑料。生物降解塑料可根据其原料来源和合成方式分为三大类,即石化基生物分解塑料、生物基生物分解塑料和以上两类材料共混加工得到的塑料。生物分解塑料在一定条件下可以生物分解,不增加环境负荷,是解决白色污染问题的有效途径。与一般塑料垃圾相比,生物分解塑料可以与有机废弃物(如厨余垃圾)一起堆肥处理,省去了人工分拣的步骤,极大地方便了垃圾收集和处理,从而使城市有机垃圾堆肥化和无害处理成为现实。

2. 典型的生物塑料

目前,市场上商业化的生物塑料种类较多,占据较多的生物塑料主要包括聚乳酸(PLA)和聚羟基烷酸酯(PHA)。

(1) 聚乳酸(PLA)

PLA 是由乳酸单体聚合而成的生物可降解聚合物。早在 20 世纪初,PLA 已经作为一种聚酯纤维被应用于医学领域,用于生产缝合线。PLA 的结构为脱水乳酸单元(即开链丙交酯)的重复,其结构通式如图 7-2 所示。由于乳酸具有旋光性,因此 PLA 也存在三种主要的立构异构体:聚 L -乳酸、聚 D -乳酸和聚 DL -乳酸,不同异构体的 PLA 在固体结构、熔点和断裂强度等性质方面存在着一定的差异。在进入 21 世纪后,PLA 的生产技术和产品已经逐步实现了商业化,PLA 也被广泛用于食品包装、医疗用品、3D 打印和可降解塑料制品。

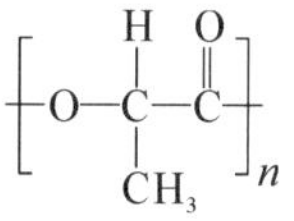

图 7 - 2　PLA 的结构式

（2）聚羟基烷酸酯（PHA）

PHA 是一类生物合成的塑料,由微生物合成的羟基脂肪酸聚合而成。PHA 的主要品种有聚 β -羟基丁酸酯（poly-β-hydroxybutyrate,PHB）、聚 β -羟基戊酸酯（poly（3-hydroxyvalerate）,PHV）,以及它们的共聚物聚 β -羟基丁酸/戊酸酯（PHBV）、聚 3 -羟基丁酸/聚 4 -羟基丁酸酯（P3HB4HB）等。PHA 一般由 100～30 000 个相同或不同的羟基烷酸单体聚合而成,其结构式如图 7 - 3 所示。根据其单体的碳原子数,可将 PHA 分为两类:短链 PHA,单体中含有 3～5 个碳原子;中长链 PHA,单体中含有 6～14 个碳原子。

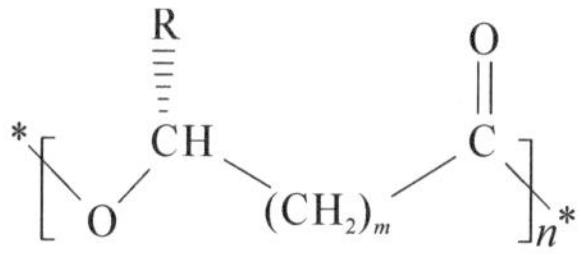

图 7 - 3　PHA 的一般结构

图 7 - 3 为 PHA 的一般结构,其中 R 可以为不同链长的正烷基,也可以是支链的、不饱和或带取代基的烷基。当 R 为甲基时,其聚合物为 PHB;R 为乙基时,其聚合物为 PHV。在一定条件下,两种或两种以上的单体可以形成共聚物,其典型代表是 3HB 和 3HV 组成的共聚物 PHBV。

PHA 既具有完全生物分解性、生物相容性、憎水性、良好的阻透性、压电性、非线性光学活性等独特的性质,又具有石油化工树脂的热塑加工性,可用注塑、挤出吹塑薄膜、挤出流延、挤出中空成型、压缩模塑等工艺方法进行加工,制造成型制品、薄膜、容器,也可以和其他材料复合,其应用遍及高档包装材料、可被人体吸收的药物缓释材料、植入型生物材料等包装、医药卫生、农业用膜等各个应用领域。

7.1.2　聚乳酸（PLA）的合成与降解

1. 聚乳酸（PLA）的合成

利用乳酸合成 PLA 的基本方法有两种:直接法和丙交酯开环聚合法。

乳酸的直接聚合是一个典型的缩聚反应,是制备 PLA 最简单的方法。直接法反应具有成本低、聚合工艺简单、不必使用催化剂等优点。但是,在反应过程中,直接缩聚存在着乳酸、水、聚酯和丙交酯的平衡,不易得到高分子量的聚合物,产物分子量一般不超过 5 000。

此外,直接聚合对原料纯度要求很高,极少量的杂质都会大大降低 PLA 的分子量。

丙交酯开环聚合法是从乳酸的多级浓缩开始,并同时发生预缩聚,所产生的预缩聚因受热发生解聚而形成丙交酯,丙交酯开环生成 PLA。间接聚合法因为是环状二聚体的开环聚合,不同于一般的缩聚,没有水生成,所以不需要进行抽真空排出水,聚合设备简单。利用丙交酯开环聚合法合成的 PLA 相对分子质量高达数万乃至数百万,产品机械强度高。

作为 PLA 合成的前体物质,乳酸的生产主要有化学合成法和微生物发酵法两种路线。

工业中乳酸的化学合成法主要有乳腈法和丙烯腈法。乳腈法是通过乙醛和氢氰酸反应生成乳腈,乳腈水解得到粗乳酸,粗乳酸与乙醇酯化得到乳酸脂,再经分解得到乳酸;丙烯腈法是利用丙烯腈和硫酸发生水解反应,得到的产物与甲醇发生酯化反应并进一步受热分解得到乳酸。化学合成法具有反应迅速、反应条件易控、产率高、废弃物较少等优点,但其合成成本较高,限制了其大规模的工业化生产。

微生物发酵法生产乳酸因其原料来源广泛、生产成本较低、产品光学纯度高和安全可靠等优点成为国内外生产乳酸的重要方法。下面就微生物合成乳酸的机理和微生物发酵工艺做简要介绍。

(1) 微生物合成乳酸的机理

根据合成乳酸过程中是否产生 CO_2、乙醇和乙酸等产物,可以将微生物合成乳酸的代谢过程分为同型乳酸发酵和异型乳酸发酵。

同型乳酸发酵是指葡萄糖经 EMP(Embden-Meyerhof-Parnas)途径分解为丙酮酸后,丙酮酸在乳酸脱氢酶的作用下还原生成乳酸的过程。理论上,经此途径,1 分子的葡萄糖可以生成 2 分子的乳酸,理论产率为 100%。乳杆菌属(*Lactobacillus*)和链球菌属(*Streptococcus*)的多数细菌进行同型乳酸发酵。在同型乳酸发酵过程中,乳酸脱氢酶是乳酸发酵的关键酶,其活性受到果糖-1,6-二磷酸(Fructose-1,6-Diphosphate,FDP)影响。当培养基中葡萄糖限量时,菌体细胞内 FDP 浓度低,乳酸形成少;当培养基中氮源限量时,菌体细胞内 FDP 浓度高,乳酸积累。

异型乳酸发酵是指在发酵终产物中除了乳酸外,还有 CO_2、乙醇和乙酸等产物,包括磷酸戊糖酮解酶途径和磷酸己糖酮解酶途径。

磷酸戊糖酮解酶途径是指葡萄糖经 HMP 途径生成木酮糖-5-磷酸(Xu-5-P)后,在磷酸戊糖酮解酶的作用下裂解为乙酰磷酸和 3-磷酸甘油醛。乙酰磷酸依次经磷酸转乙酰酶、乙醛脱氢酶和乙醇脱氢酶作用下生成乙醇;而 3-磷酸甘油醛经 EMP 途径最终生成乳酸。因此,在该途径中,1 分子葡萄糖可分解为 1 分子乳酸和 1 分子乙醇,乳酸对糖的理论转化率为 50%。采用该途径的微生物主要有肠膜明串珠菌(*Leuconostoc mesenteroides*)及葡聚糖明串珠菌(*Leuconostoc dextranicum*)。

磷酸己糖酮解酶途径,又称双歧途径,在反应过程中不发生脱氢反应,1 分子葡萄糖可分解为 1 分子乳酸和 1.5 分子乙酸,乳酸对糖的理论转化率为 50%。在此过程中,发挥重要作用的酶包括 6-磷酸果糖酮解酶和 5-磷酸木酮糖磷酸酮解酶两个磷酸酮解酶。采用该途径合成乳酸的代表微生物为双歧杆菌(*Bifidobacterium*)。

（2）微生物发酵工艺

应用于发酵法生产乳酸的最常见微生物有两大类，一类是乳酸菌，一类是根霉。根霉所产的乳酸光学纯度好，但是产酸量低，需氧，能耗高；乳酸菌产酸量大，厌氧，能耗低，但是产物中含有部分 D-乳酸。目前，用于乳酸生产研究的菌种，主要是米根霉、乳杆菌和乳链球菌。

微生物发酵生产乳酸的主要原料包括蔗糖、甜菜糖或其糖蜜，原料经糖化后接入乳酸菌株。发酵过程中 pH 控制在 5～5.5，在 50℃下发酵 3～4 天后，加入碳酸钙使生成的乳酸转化为乳酸钙，同时防止 pH 降低而影响发酵。趁热过滤分离存在于溶液中的固体碳酸钙和氢氧化钙等，精制得到乳酸钙。在此基础上，加入硫酸酸化生成乳酸和硫酸钙沉淀，过滤后滤液中约含有 10% 的粗乳酸，可进一步浓缩至 50%。再利用活性炭除去有机杂质，用亚铁氰化钠除去重金属和浓缩时凝聚的杂质。最后，用例子交换树脂去除微量杂质，再进一步浓缩过滤得到产品。

2. PLA 的降解

从结构上看，PLA 是由乳酸分子通过酯键连接而成的，因此 PLA 的降解核心在于酯键的水解断裂。酯键的水解断裂既可以由简单的水解降解完成，也可以由酶催化水解降解完成。在自然环境中，PLA 的水解往往起始于水的吸收，小分子的水移至 PLA 表面，扩散进入酯键或者亲水基团的周围，在介质中酸或碱的作用下，酯键发生自由水解断裂，PLA 相对分子质量有所降低，分子骨架出现一定程度的断裂，形成较低相对分子质量的组分。在此基础上，进一步发生酶催化降解过程。微生物驱动的酶催化过程也可以促进 PLA 酯键断裂。首先，微生物在 PLA 表面黏附定殖并形成生物膜，然后微生物分泌相应的降解酶将 PLA 降解为单体或者寡聚体，最后微生物吸收单体或寡聚体并通过物质代谢将其转化为 CO_2 和 H_2O，实现完全矿化。已有研究发现具备 PLA 降解能力的微生物有放线菌、细菌和真菌等，分布于土壤、堆肥、废水和昆虫肠道等环境（表 7-1）。

表 7-1　已发现的 PLA 降解微生物

种类	微生物名	分离/培养环境
放线菌	*Amycolatopsis* HT-32	土壤
	Kibdelosporangium aridum	堆肥
	Saccharothrix sp. MY1	丝绸废水
	Lentzea waywayandensis	垃圾填埋场
细菌	*Bacillus brevis*	土壤
	Pseudomonas sp.	土壤
	Rhodococcus sp.	土壤
	Stenotrophomonas pavanii EA33	聚合物废物
	Gordonia desulfuricans EA63	聚合物废物
	Chitinophaga jiangningensis EA02	聚合物废物

种类	微生物名	分离/培养环境
真菌	*Penicillium chrysogenum*	土壤
	Cladosporium sphaerospermum	土壤
	Serratia marcescens	土壤
	Rhodotorula mucilaginosa	土壤
	Trametes hirsuta	黄粉虫肠道

7.1.3　聚羟基丁酸(PHB)的合成和降解

在 PHA 的所有结构中,PHB 是最早被发现、结构最简单也是最常见的聚合物,本节以 PHB 为例,介绍其合成过程与降解过程。

1. PHB 的合成

(1) 合成 PHB 的主要微生物

1926 年,Lemoigne 首先从巨大芽孢杆菌(*Bacillus megaterium*)中分离纯化得到 PHB。20 世纪 50 年代末,Macrae.R.M.等发现菌体在 C、N 营养失衡条件下出现了 PHB 的积累,从而开创了微生物发酵生产 PHB 的先河。至今已发现包括光能自养、化能自养和异养菌在内的 300 多个种的微生物能够积累 PHB,其中发酵水平较高的生产菌株主要有棕色固氮菌(*Azotobacter*)、假单胞菌(*Pseudomonas*)和产碱杆菌(*Alcaligenes*)等,它们能分别利用不同的碳源产生不同的 PHB。

在众多合成 PHB 的微生物中,要选择工业生产 PHB 的菌种,应从以下几点加以综合考量,包括对廉价碳源的利用能力强弱、生长速度快慢、对底物的转化率高低、胞内聚合物含量高低以及聚合物的分子量大小。英国帝国化学公司(ICI)分别对固氮菌、甲基营养菌和真养产碱杆菌进行了考察,最终选择了真养产碱杆菌(*A. eutrophus*)作为 PHB 的生产菌株,因为该菌生长快、易培养、胞内 PHB 含量高、聚合物的分子量大以及能利用各种较经济的碳源。

(2) PHB 的生物合成途径

微生物代谢的多样性决定了合成聚羟基烷酸酯的路线也不尽相同,基质的变化也会使其合成路线出现差异。有些细菌在碳源丰富而缺乏某种营养成分如 N、P、K、Mg、O 或 S 时累积 PHB,如 *Alicaligenes eutrophus*,*Protomonas extorquens*,*Pseudomonas oleovorans* 等。有些细菌不需要限定某种营养成分就可以积累 PHB,如 *A.latus* 及含有 *A.eutrophus* PHAs 合酶的重组 *Escherichia coli*。

大多数微生物如 *A.eutrophus*,*Azotobacter bejerinkii*,*Zoogloea ramigera* 等通过三步代谢途径合成 PHB(图 7 - 4)。第一步,β-酮硫裂解酶催化乙酰 CoA 生成乙酰乙酰 CoA;第二步,在 NADPH 依赖型乙酰乙酰 CoA 还原酶的作用下把乙酰乙酰 CoA 还原成 D-(-)-3-羟基丁酰 CoA;第三步,单体的 D-(-)-3-羟基丁酰 CoA 由 PHB 聚合酶催化聚合生成 PHB。

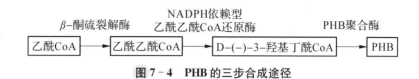

图 7-4 PHB 的三步合成途径

合成 PHB 的关键酶主要包括三种:催化两个乙酰 CoA 结合的 β-酮硫裂解酶;NADPH 依赖型,催化立体选择性反应,从乙酰乙酰 CoA 产生 D-(-)-3-羟基丁酰 CoA 的乙酰乙酰 CoA 还原酶;将 D-(-)-3-羟基丁酰 CoA 通过酯键连接成聚酯的 PHB 聚合酶。在营养平衡的条件下,细胞中的乙酰 CoA 按正常途径进入三羧酸循环,生成高浓度的游离 CoA,抑制了 PHB 合成的关键调控酶——β-酮硫裂解酶的合成,最终抑制了 PHB 的合成。当营养失衡而碳源过剩时,NADH 氧化酶活性降低,NADH 逐渐增多从而抑制了柠檬酸合成酶及异柠檬酸脱氢酶的活性,阻断了三羧酸循环。未被利用的乙酰 CoA 积累到一定浓度,CoA 对 β-酮硫裂解酶的抑制就被克服,乙酰 CoA 即可在该酶的作用下缩合成乙酰乙酰 CoA,并启动了 PHB 的合成。

2. PHB 的降解

存在于土壤和海水中的许多微生物具有降解聚羟基丁酸(PHB)的能力。一般来说,PHB 在厌氧污水中降解速度最快,在海水中降解速度最慢。降解过程可以分为两步:首先,PHB 表面的—OH 和—COOH 基团数量增加;其次,细菌通过解聚酶将高分子聚合物降解成单体。例如,假单胞菌的解聚酶可以将 PHB 降解为 3HB 单体、二聚体和三聚体,然后进入细胞进行代谢。3HB 二聚体进入细胞后,会诱导假单胞菌产生和释放更多的 PHB 解聚酶。色谱分析表明,PHB 降解产物主要包括 β-羟基丁酸、乙酰乙酸和少量乙酸。在有氧条件下,除了极少量的 β-羟基丁酸外,大部分被氧化成二氧化碳和水。

影响 PHB 降解速度的因素较多,包括环境类型、微生物种群及活力、水分、温度、塑料制品的厚度、表面组织形态、孔隙度、制品中的其他组分(如填充物、颜料等)。

(1)环境类型:降解速度受环境条件的影响,例如土壤、淡水环境或海水中的降解速度可能不同。微生物活动和氧气浓度在不同环境中有所不同,这会影响 PHB 的降解速度。

(2)微生物种群及活力:降解 PHB 的微生物种类和数量对降解速度起着关键作用。不同的微生物具有不同的 PHB 降解潜力,其降解速度可能因微生物群落的多样性和活性而异。

(3)水分:水分水平也是影响 PHB 降解的关键因素。适度的水分有助于微生物降解 PHB,但过多或过少的水分可能抑制降解过程。

(4)温度:温度是降解速度的重要因素。温暖的环境通常促进了微生物活动,从而提高了 PHB 的降解速度。

(5)塑料制品的厚度:PHB 制品的厚度会影响降解速度。较薄的制品通常降解更快,因为微生物能更容易地进入和分解薄型制品。

(6)表面组织形态和孔隙度:PHB 制品的表面结构和孔隙度也会影响降解速度。具有更多表面积和孔隙结构的制品可能更容易受到微生物侵蚀。

(7)制品中的其他组分:PHB 制品中的其他组分,如填充物、颜料和添加剂可能加速或抑制降解过程,导致对降解产生影响。

7.1.4 生物塑料的检测标准

1. 生物基含量评价

生物基含量是一些发达国家采购生物基制品时的一个重要技术要求,甚至变成一种技术壁垒。美国农业部能源政策和新应用办公室于 2003 年制定了联邦采购指定生物基产品的指导方针——农业安全和农村投资法第 9002 条,目的是建立一个指导方针,使生物基制品在联邦采购中具有优先地位。美国联邦采购法中对选用生物基制品的生物含量规定见表 7-2。

表 7-2　美国联邦采购法中对生物基制品生物基含量规定

制品	最小生物基含量/%
流体用移动设备	24
聚氨酯屋顶涂层	62
水槽涂层	62
采油燃料助剂	93
渗透润滑油	71
被褥、床单、枕套和毛巾	18

美国密歇根州立大学 Ramani. Narayan 教授在 2006 年召开的生物基聚合物国际研讨会中提出了生物基含量的定义,即聚合物中来源于现代碳的含量占整个聚合物碳总量的百分比。目前,聚合物的原料主要来源有两种:一是石化资源得到的原料,如聚乙烯等;二是可再生的天然材料,如淀粉、纤维素等。石化资源是许多生物死体经过几十万年后化学演变形成的产物,所以其碳元素中的 ^{14}C 同位素与现代的可再生天然材料中的 ^{14}C 同位素的含量是不一样的。因此,如果以现代含碳的标准物质中的 ^{14}C 为基准,并假定长期以来宇宙射线的强度没有改变(即 ^{14}C 的产生率不变),则只要测出该含碳物质中 ^{14}C 与现代含碳标准物质中 ^{14}C 的比例或减少程度,就可以来计算被测物质中碳元素中近代碳的含量,即求得其中生物基含量。如果被测含碳物质的 ^{14}C 与现代含碳标准物质中的 ^{14}C 的比例是 1,则说明该物质中的碳都是现代碳,因此生物基含量为 100%。如果被测含碳物质的 ^{14}C 与现代含碳标准物质中的 ^{14}C 的比例是 0,则说明该物质中的碳都是远古碳即这些碳均来自石化资源,因此生物基含量为 0。

 延伸阅读:聚合物生物基含量测定方法

2. 降解性能评价

在降解塑料的定义中未包括降解时间这一因素。若不考虑降解时间这一因素,任何材料最终总是会以某种方式分解,只不过有的分解时间很短,而有的分解时间很长。如何界定降解塑料的降解性能,需要依赖科学的评价指标与合理的降解实验。

降解塑料根据降解机理,可以分为光降解塑料、热氧降解塑料和生物分解塑料。按照目前的标准,一般情况下光降解塑料和热氧降解塑料的降解性能通过其降解前后的物理力学性能或微观结构的变化来表征;而生物分解塑料的降解性能往往是考核其所包含的有机碳在各种降解的条件下能否转化成小分子物质如 H_2O、CO_2 或 CH_4 以及生物死体等。因此,降解塑料种类不同,其评价方法也不一样。

下面介绍不同的降解试验以及评价方法。

(1) 试验方法

降解试验方法根据试验地点的不同可分为户外试验和实验室试验。户外试验方法是根据材料的用途和最终废弃途径来制定的试验方法,目前进行比较多的是户外光曝晒试验、户外土壤填埋以及水体系浸渍试验。实验室里采用较多的试验有人工加速光老化试验、特定微生物(或酶)侵蚀法、实验室水平垃圾填埋、受控堆肥化条件下降解试验、活性污泥降解试验、水体系降解试验、高固态介质下的降解试验等。

① 户外试验

户外光曝晒试验和户外填埋试验是户外实验中用来评估生物降解塑料在自然环境中的性能的两种重要方法。光曝晒试验通过将材料暴露在自然光、氧气、热和水等环境因素下,通过测定性能如力学性能、分子量、质量、表面性状的变化来评价材料的降解程度。这些试验以日光总辐射量作为试验周期的指标,用于相对比较不同材料在相同条件下的相对降解率。美国材料试验协会(ASTM)和中国国家标准 GB/T 17603 提供了相关标准。

户外填埋试验则将试样埋入土壤或浸泡在水中,模拟实际填埋或水下环境中的降解情况。这种试验能更真实地反映材料在实际环境中的降解性能,但需要较长的时间,并且受到多种因素的影响,包括材料结构、试验场所、时间、气候和生物活性等。国际标准化组织的 ISO 14851 是一个相关的标准,而日本的 JIS K 6590 是关于 GreenPla 等生物降解材料的标准。这两种试验方法在评估生物降解塑料的性能和环境友好性方面都起着重要作用。

② 实验室试验

用来评估塑料材料的生物降解性能的不同实验室方法包括:氙灯和紫外灯人工加速老化试验、土壤填埋试验、堆肥试验、水介质体系试验、酶的生物降解试验、微生物加速降解试验、实验室水平的垃圾处理装置的加速试验、放射性[14]C 跟踪测定法等多种方法。这些试验方法可以帮助确定塑料在不同环境条件下的降解性能,从而有助于产品质量控制和环保评估。但需要注意,这些方法各有优缺点,且在模拟自然条件方面存在一定差距。

(2) 结果评价方法

对生物降解试验后的样品进行评价和分析至关重要,有助于理解降解机理、确定降解程度以及调整材料配方。一种方法是观察微生物生长级别,使用标准如 ISO 846 和 ASTM G 21,直观地评估微生物的生长速率,但该方法不能提供定量数据。质量损失率是另一个关键指标,通过计算试验后样品的平均质量损失与原始样品的质量之比,来评估生物降解程度。力学性能的变化,如拉伸强度和断裂伸长率的保留率,提供了关于样品性能下降程度的信息。红外分析法用于检测结构中的含氧基团变化。此外,DSC 测定熔点、分子量变化测定、消耗氧气测定和释放二氧化碳测定等方法也为降解程度的评估提供重要数据。电镜观察可以直观分析表面结构的变化,而其他方法如 X 射线衍射、电子能谱、电子探针微量分析和气相色谱-质谱则有助于深入了解降解机理和因素。

综合利用这些方法,可以全面评估生物降解材料的性能,为进一步改进和调整材料提供重要信息。

7.2 生物农药

7.2.1 生物农药的基本概念

我国是农业大国,农作物生长过程中通常使用农药以防治病虫害和促进植物生长。自改革开放以来,我国农药行业取得了巨大进步,成为全球最大的农药生产国之一。我国可以生产超过 300 种原药和 1 000 多种制剂,农药(折百)产量由 1983 年的 33 万吨增至 2019 年的 225.39 万吨。化学农药的大量使用显著减少了劳动力投入,节约了成本,提高了产量,产生明显的经济效益。然而,与此同时,也带来了一系列的农业问题和人体健康问题。化学农药的使用导致有害生物产生耐药性,从而促使农业生产中化学农药的使用量和频率逐渐增加。长期和高频的化学农药使用极大地增加了人体的暴露风险。农药通过口服、皮肤吸收和呼吸吸入等方式进入人体后,可能对人体产生致癌作用。举例来说,草甘膦可能促进乳腺癌细胞的生长,而含有烷基脲和胺的农药与脑肿瘤相关。与落叶剂(包括 2,4 -二氯苯氧乙酸、2,4,5 -三氯苯氧乙酸、苦氯仑和二甲肿酸的混合物)接触会增加患前列腺癌的风险。另外,化学农药还可能干扰人体内分泌系统。几种化学农药,如有机氯、二苯醚、有机磷农药、拟除虫菊酯和氨基甲酸酯,被认为是内分泌干扰化合物(endocrine disruptor compounds,EDCs),它们可以干扰内分泌系统,对生物体的生长、发育和繁殖产生不利影响。此外,化学农药还可能导致神经系统失调,例如,一些杀虫剂(如百草枯和马内布)可能引起活性氧介导的应激和神经退行性疾病。

相比化学农药,生物农药作为一种潜力巨大的新型农药具有许多优点,并且发展速度很快。**生物农药**,也称为生物源农药,是指利用生物活体或其代谢产物来杀灭或抑制农业有害生物的制剂。在我国的农药登记系统中,生物农药的范畴包括生物化学农药、微生物农药、植物源农药和农用抗生素。此外,天敌生物和转基因生物也逐渐受到人们的关注。

在全世界范围内,第一代生物农药包括尼古丁、生物碱、鱼藤酮类、除虫菊酯类和一些植物油等,它们在人类历史上已有相当长的使用时间。自 1690 年起,烟草的水溶性成分就被用来对抗谷类害虫,而拟除虫菊酯也是常见的蚊香的主要成分。我国在生物农药的应用方面已有几十年的历史,是世界上生物农药生产和使用潜力最大的国家之一。

 延伸阅读:我国的生物农药发展历程

据统计,2020 年全球生物农药市场规模约为 50 亿美元。预计在 2020—2025 年,全球生物农药市场的复合年增长率将达到约 10%。到 2025 年,全球生物农药市场价值将超过 80 亿美元。与此同时,我国在生物农药研究方面始于早期,但一直进展缓慢。农业农村部农药检定所制定了《我国生物农药登记有效成分清单(2020 版)》,该清单共有 101 个产品处于登记状态,其中包括 47 个微生物农药、28 个生物化学农药和 26 个植物源农药。目前,我国农药产品的总体发展方向是开发高活性、高安全性、高效益和环境友好的品种。为此,需要增加农药科研开发的投入,并提高自主创新能力,支持生物农药的发展已成为我国农药行业发展的必然趋势。在农药品种登记注册方面,我国也对生物化学农药、微生物农药和植物源农药等给予了减免登记资料的优惠政策,并免除了天敌生物的登记要求。同时,鼓励企业优化产品结构,以加快生物农药的产业化进程。在市场需求、政策导向和科技发展趋势的共同推动下,我国已逐渐进入生物农药开发的快速轨道。近年来,新登记的农药品种中,生物农药数量逐年增加,已成为新农药品种的主要成分。2021 年新增登记的 22 个新有效成分中,三分之二为生物农药。

7.2.2　生物农药的主要类别与作用机制

生物农药通常按来源、活性成分或防治对象来进行分类。

按来源分类,可分为植物源农药、微生物农药、生物化学农药、抗生素农药、昆虫天敌和转基因生物等六大类。

按活性成分分类,可分为活体生物农药(包括病毒类、细菌类、真菌类和动物农药类)、生物代谢产物类生物农药(包括农用抗生素、植物激素)和生物体内提取农药(包括植物农药和激素等)。

按防治对象分类,主要可分为生物杀虫剂、生物杀菌剂、生物除草剂三大类。以下介绍一些典型的生物农药及其作用机制。

1. 生物杀虫剂

生物杀虫剂可以分为细菌类生物杀虫剂、真菌类生物杀虫剂和病毒类生物杀虫剂。

(1) 细菌类生物杀虫剂

细菌类生物杀虫剂应用范围最为广泛的品种为苏云金芽孢杆菌(*Bacillus thuringiensis*,Bt),可用于防治蔬菜、棉花、小麦、玉米、土豆水果和观赏植物及森林树木等各类植物的鳞翅目害虫,如菜粉蝶、小菜蛾、棉铃虫等,防治效果达到 80%～90%。Bt 约占微生物农药杀虫产品市场份额的 90% 以上,年使用量超过 3 万吨,防治面积超过 1.5 亿亩。

Bt 能产生 α、β、γ-外毒素和 δ-内毒素,其中主要的杀虫活性成分是 δ-内毒素,又叫晶体蛋白或伴孢晶体。已发现 Bt 的 δ-内毒素至少对无脊椎动物中 4 个门和节肢动物门中 16 个目 3 000 种的有害生物有活性。晶体蛋白进入昆虫中肠后,在碱性条件下可使肠道在几分钟内麻痹,昆虫停止取食,并很快破坏肠道内膜,使细菌易于侵袭和穿透肠道进入血淋巴,最后昆虫因饥饿和败血症而死亡。外毒素作用缓慢,在蜕皮和变态时作用明显,能抑制 DNA 和 RNA 的聚合酶。营养期杀虫蛋白(Vegetative insectical proteins,Vips)是另一类由 Bt 分泌产生的杀虫因子,分为 Vip1、Vip2、Vip3 三种。Vip1 和 Vip2 构成二元毒素,对鞘翅目叶甲科的昆虫具有杀虫特异性;而 Vip3 对鳞超目昆虫具有广谱的杀虫活性。害虫中毒后,对接触刺激反应失灵,厌食,呕吐,腹泻,行动迟缓,身体萎缩或卷曲,死亡幼虫身体瘫软,呈黑色。Vips 以与晶体蛋白相类似的方式产生致病作用,即主要是通过与敏感虫中肠上皮细胞受体结合,使中肠溃烂而使昆虫死亡。但二者作用机理不同,晶体蛋白是与受体结合,导致昆虫膜穿孔引起昆虫死亡;Vips 是与受体结合诱发细胞凋亡。Bt 药效较缓慢,一般在施用后 2~3 天起效,残效期 7~10 天左右,18℃以上才能发挥杀虫作用,温度愈高,害虫取食愈多,效果愈好。

球形芽孢杆菌(Bacillus sphaerieus)是另一种常见的细菌类生物杀虫剂,其对不同蚊幼虫的毒杀作用主要是由其产生的毒素蛋白实现的。球形芽孢杆菌在生长发育过程中能产生两类不同毒素蛋白,一类是存在于所有高毒力菌株中的晶体毒素蛋白;另一类是存在于低毒力菌株中部分高毒力菌株中的 Mtx 毒素蛋白。毒素蛋白被蚊类幼虫吞咽后,51 kDa 和 42 kDa 蛋白在碱性肠腔内分别水解为 43 kDa 和 39 kD 的蛋白,其中只有与 51 kDa 蛋白结合时 42 kDa 的蛋白才能表现出毒性。通过电镜观察表明毒害作用最初是发生在胃盲囊的细胞,然后中肠后部形成空泡,线粒体膨胀,而毒素作用的分子机制目前尚不清楚。球形芽孢杆菌中只有小部分菌株对蚊幼虫有致病性,且多从会死幼虫分离出来。

(2) 真菌类生物杀虫剂

常用的真菌类生物杀虫剂包括球孢白僵菌(Beauveria bassiana)、淡紫拟青霉(Paecilomyces lilacinus)和暗孢耳霉(Conidiobolus obscurus)等。

球孢白僵菌的杀虫作用是靠其分生孢子接触虫体后,在适宜条件下萌发,生出芽管,侵入虫体内,大量繁殖,分泌毒素(白僵菌素),影响血液循环,干扰新陈代谢,导致昆虫 2~3 天后死亡。球孢白僵菌在侵染黑尾叶蝉时有两种方式,一种是通过与昆虫接触从昆虫的体壁、气门、节间膜、气孔及伤口等外部途径侵入,另一种是在昆虫取食、呼吸时,通过消化道、呼吸道等内部途径侵入。在侵染约 24 小时中,萌发的分生孢子在虫体体壁几丁质较薄的节间膜处长出芽管,芽管顶端分泌出溶几丁质酶使几丁质溶解成一个小孔,萌发管进入虫体。萌发的芽管借助酶的作用,不断溶解体壁几丁质向前伸长,直至体壁上皮细胞生成的菌丝也进入体壁,然后侵入血淋巴组织。菌丝起初沿着细胞膜发育生长,再穿过细胞膜进入细胞内,于是细胞的原生质和细胞核失活,养料被耗尽,大量地解体消失。由于体腔内菌丝侵染,大量皮下细胞层被破坏,此时菌丝受到昆虫体内的血细胞的包围,血细胞出现空泡,着色力降低。同时菌丝产生许多芽生孢子,芽生孢子萌发后产生新的菌丝,以此反复不断增殖,冲破血细胞屏障进入体腔。在体腔内又以芽生孢子、分生孢子等方式繁殖,扩散到虫体所有组织,如消化道、马氏管、脂肪体等,这时约侵染 48~72 小时。在感染 96 小时后,昆虫组织器官大部分被破坏,菌丝成束穿出体表,形成气生菌丝并开始形成分生孢子梗和分生孢子。侵染 120~118 小时,虫体表长出大量气生菌丝,分生孢子梗和分生孢子便释放出来,此时除部分体壁处,其他组织皆被破坏,养料也被耗尽。

淡紫拟青霉常用于防治线虫,其机制一般认为是与线虫的孢囊或卵接触后,在菌丝机械压力及其分泌水解酶的作用下使卵壳表皮破裂,随后穿入并寄生在早期胚胎发育的卵中,最终致使整个胚胎被菌丝体取代、卵的内容物被破坏而死。淡紫拟青霉侵染卵过程中有几丁质酶、细胞壁裂解酶、葡聚糖酶和丝蛋白酶的参与,其中丝蛋白酶能杀死一部分卵。

几丁质酶不仅能降解线虫的几丁质层,而且能直接促进根结线虫卵的孵化,同时该酶对根结线虫幼虫有一定的致死作用。

暗孢耳霉侵染寄主过程是其与寄主甘蓝蚜相互作用的结果。在这个过程中,寄主组织病理变化伴随着体色及其他外部特征的变化而变化。接种后暗孢耳霉分生孢子在甘蓝蚜体壁上萌发出芽管侵入其体内,以原生质体形式利用寄主体内营养进行繁殖。当原生质体充满寄主血腔时,原生质体分化生出细胞壁成为菌丝段,寄主死亡。接种 36 小时,甘蓝蚜死亡率仅为 5%,48 小时后死亡率为 10%,144 小时后 43%虫死亡。刚死亡的虫体色为灰白色,随着时间的增加,体色转为白色,并在体壁上长满灰白色的绒毛。

(3) 病毒类生物杀虫剂

常用的病毒类生物杀虫剂包括核型多角体病毒(nuclear polyhedrosis viruses,NPV)、颗粒体病毒(granulosis virus)和浓核病毒(densonucleosis virus)等。

核型多角体病毒是病毒杀虫剂中最重要的一大类,具有高度的寄主专一性,可用于草原毛虫、棉铃虫、茶尺蠖、甜菜夜蛾、斜纹夜蛾和稻纵卷叶螟等害虫防控。以草原毛虫为例,其幼虫被 NPV 感染后,初期症状不明显,经 3～4 小时食欲减退,并呕吐,反应较迟钝不活跃,发育减慢。虫体逐渐变软,体节开始发肿,毒毛脱落。后期,因 NPV 在体内大量增殖破坏细胞,幼虫感到极度不安和难受,喜欢往高处爬,缓慢地爬向牧草茎端或叶端,腹足或尾部倒挂而死。一般 5～6 天开始死亡,有的延长到 12 天左右。虫体下垂的部分由于体液液化显得膨胀,刚死不久的幼虫体壁较脆,一触即破,体内组织完全液化解体,流出灰白色液体无臭味,但稍有腥味,取死虫汁液涂片镜检,可见有大量闪光的多角体颗粒。这些多角体可感染邻近幼虫,很快造成草原毛虫病毒病的流行。在草地上,可见幼虫成堆死亡,流出的黏液相互联结在一起。在自然状态下,虫尸逐渐呈干缩状。5～6 日龄幼虫感染后,多数身体缩短,不脱皮,不化蛹而死;症状较轻者虽能化蛹,但在蛹期死亡,有的化成畸蛹而死。

颗粒体病毒是另一类常见生物杀虫剂,多用于青菜虫和小菜蛾的生物防控。青菜虫颗粒体病毒由感染菜青虫颗粒体病毒死亡的虫体加工制成,其杀虫机理是颗粒体病毒经害虫食入后直接作用于害虫幼虫的脂肪体和中肠细胞核,并迅速复制,导致幼虫染病死亡。菜青虫感染颗粒体后,体色由青绿色逐渐变为黄绿色,最后变成黄白色,体节肿胀,食欲缺乏,最后停食死亡。死虫体壁常流出白色无臭味液体,在叶上常是倒吊或呈"人"字形悬吊,也有贴附在叶片上的。该病毒通过病虫粪便及死虫感染其他健康菜青虫,在田间引起"瘟疫",导致大量幼虫死亡。该病毒专化性强,只对靶标害虫有效,不影响害虫的天敌,不污染环境,持效期长。小菜蛾颗粒体病毒在小菜蛾中肠中溶解,进入细胞核中复制、繁殖、感染细胞,使其生理失调而死亡,对化学农药、苏云金杆菌已产生抗性的小菜蛾具有明显的防治效果,同时对害虫的天敌安全。小菜蛾幼虫经病毒感染后,3 天开始出现典型的幼虫期脓肿病症状,表现为食欲减退至不食,生长缓慢,发育延长而不整齐,行动迟钝,身体不易后退和扭动。至后期体节肥肿膨胀,发亮,轻触即破,流出黄白脓液,无臭味,内含有大量病毒颗粒体。病虫体色二令均为乳白色,三、四令有黄有绿。死前爬至叶片高处,多粘贴叶上或以腹足附着叶缘呈"人"字形,还有的倒挂而死。

蟑螂浓核病毒对黑胸大镰的前肠、后肠(不包括直肠)具有组织特异性,对前肠、后肠的上皮细胞肌肉细胞、气管基质细胞具有细胞特异性,而对胃盲囊、中肠、马氏管、直肠等组织不敏感细胞显微结构的变化在感病一周左右可以观察到。主要表现为细胞核显著膨大,核内染色质等物质浓缩成致密一团,并与核膜相分离。各种组织感染病毒的时间顺序为:后肠早于前肠,上皮细胞先于肌肉细胞和气管基质细胞。间接免疫荧光实验显示细胞核和细胞质内均存在病毒粒子,尤以核膜附近最多。利用电镜观察到细胞超微结构的变化,包括细胞质内的内质网退化,大量游离核糖体出现,核内异染色质浓缩并被推向核的边缘,同时病毒发生基质形成,核显著膨大,核仁分离并被推向边缘,最后完全消失。新的病毒粒子从病毒发生基质不断释放出来并逐渐取代病毒发生基质,最后核膜破裂,病毒粒子进入细胞质中。

2. 生物杀菌剂

从杀菌剂的防治机制来看,生物杀菌剂有多种多样的作用机制,如拮抗作用、寄生作用、竞争作用、诱导抗性等。

(1) 拮抗作用

拮抗作用是指在同一空间一种或多种微生物在生存过程中,通过同化作用分泌的抗菌物质(抗生素、细胞壁降解酶类、细菌素和其他抗菌蛋白及挥发性抑菌物质)改变其生存环境,从而抑制有害病原物的生长或发展或直接杀死另一种微生物的现象。

地衣芽孢杆菌(*Baillus licheniformis*)就能产生多种抗菌物质,对一些植物病原菌有较好的抑制作用。它所产生的抗菌物质主要是一些蛋白类抗菌物质,如几丁质酶、抗菌蛋白、多肽类等,其中以杆菌肽(Bacitracin)为代表。此外,地衣芽杆菌能调节动物肠道菌群平衡,改善肠道微生态环境,有效维持动物机体健康状况,提高动物对饲料的消化利用率并能提高机体免疫力、抗应激能力;减少使用或少用抗生素,是天然、经济的绿色饲料添加剂产品。

植物源杀菌剂小檗碱属于异喹啉类生物碱,它对真菌性病害显著的防治效果,主要是通过渗透作用干扰病原体的代谢而起到抑制生长和繁殖的作用,对细菌性病害也有一定的防效,可以破坏细菌表面结构,导致细胞内钙离子和钾离子外流,造成细菌内环境破坏,从而导致细菌生长被抑制。主要登记作物病害有猕猴桃褐斑病、番茄灰霉病、辣椒疫霉病等。

(2) 竞争作用

竞争作用是指一种或多种微生物群体间在共同生存条件下对资源不足而发生的争夺现象。主要包括空间竞争和营养竞争,其中,空间竞争是指可在植株体内定植生长繁殖快、对植株无害的生防菌株,使其布满植株容易感染病菌的位置形成保护膜,间接有效地抑制病原微生物的定殖与侵染,从而抑菌控病。营养竞争是指接种生长快、耗营养的生防菌,但不侵害健康部位,导致病原菌营养缺乏而受抑制。

枯草芽孢杆菌(*Bacillus subtilis*)主要通过竞争作用抑菌,通过在植物根际、体表或体内及土壤中快速、大量繁衍和定殖,有效地排斥、阻止和干扰病原微生物在植物上的侵染,从而达到抑菌和防病的效果。其次,枯草芽孢杆菌在生长过程中能产生多种具有抑菌、溶菌作用的物质,从而抑制病原菌的生长和繁殖,甚至破坏细菌结构,杀死病原菌。枯草芽孢杆菌主要登记作物病害有黄瓜白粉病、草莓白粉病和灰霉病、大白菜软腐病、柑橘溃疡病、水稻稻瘟病等,还可用于调节植物生长、诱导植物产生抗性,起到增强免疫和促进生长的作用。放射形土壤杆菌(*Agrobacterium radiobacter*)主要存在于土壤中,在土壤中有较强的竞争能力,优先定殖于伤口周围,并产生对根癌/根瘤病菌有专化性抑制作用的细菌素,预防根癌/根瘤病发生和危害。

(3)诱导抗性

诱导植物产生抗性是生防细菌发挥生防作用的一个重要方面,植物本身具有一定的抗病性,生防菌株可以激发抗病潜能增强植物抗病性,或通过自身合成多种不同的生长激素来促进植物其根系的生长,且在极低浓度下就可产生明显的生理效应并影响植物的生长态势,从而起到防止病害发生的作用,间接防治病害发生。

(4)寄生作用

寄生作用是指生防菌侵入病原菌体内,生防菌株分泌的某些活性物质被病原菌物识别后,会紧密缠绕病菌的菌丝生长,并产生形似吸盘的附着胞状分枝吸附于病原菌的菌丝上,通过分泌胞外水解酶(几丁质酶、葡聚糖酶、纤维素酶、半纤维素酶、脂酶和淀粉酶等)降解病原菌细胞壁,穿透病原菌菌丝吸取病菌的营养,或使菌丝断裂或解体,使其生长受阻或细胞死亡。除了几丁质酶和葡聚糖酶外,蛋白酶也能起到降解病原菌的和消解植物细胞壁的重要作用,使病原菌的酶钝化,阻止病原菌侵入植物细胞,从根本上抑制病原菌的侵染。

3. 生物除草剂

生物除草剂包括动物源除草剂、植物源除草剂和微生物除草剂。目前常见的生物除草剂品种以及开发的热点主要是微生物除草剂,其中,研究最多的为真菌类生物除草剂,其次为细菌类除草剂,病毒类除草剂产品很少。

首个成型的商品型微生物源除草剂是由从土壤中分离得到的链霉菌(*Streptomoyces viridochromogenes*)产生的,该链霉菌产生的双丙氨膦(bilanafos)是一种非选择性内吸传导型茎叶处理高效除草剂,对单、双子草及多年生杂草均有效。对哺乳动物低毒,可被土壤微生物很快分解。双丙氨膦并无除草活性,其作用机理是双丙氨膦在植物体内代谢草铵膦,草铵膦抑制植物光合作用从而导致植物死亡。

此外,还有能有效防控禾本科杂草、一年生莎草、阔叶杂草的双色平脐蠕孢菌、嘴突凸脐蠕孢菌、山田平脐蠕孢菌、派伦霉属真菌等。以双色平脐蠕孢菌为例,它通过气孔、伤口等部位侵入或形成附着胞吸附在叶片表面形成膨压使侵入钉直接穿透叶片表皮,在叶片下形成吸器吸取植物养分,造成植物组织坏死。这些菌株类型丰富、防控范围广、生物安全性高、作用效果明显,具有进一步开发成各种经济作物、油料作物等农作物除草剂的潜力。

7.2.3 生物农药剂型

生物农药的主要剂型有粉剂、可湿性粉剂、可溶粉剂、油剂、颗粒剂、乳油、水剂、悬浮剂、微乳剂、水分散粒剂等。有害生物表面都有一层蜡质,药剂不易润湿和粘在其体表,剂型加工有利于提高药剂在其有害生物体表的润湿和渗透,有助于药效发挥。

1. 粉剂

粉剂应用的历史最久,在新中国成立初期粉剂是农药制剂中产量最多、应用最广泛的一种剂型。粉剂容易制造和使用,用原药和惰性填料(滑石粉、粘土、高岭土、硅藻土、酸性白土等)按一定比例混合、粉碎,使粉粒细度达到一定标准。粉粒细度指标一般为98%通过200号筛目,水分含量一般要求小于1%,pH要求为6~8。粉剂在干旱地区或山地水源困难地区深受群众欢迎,因为它使用方便,不需用水,用简单的喷粉器就可直接喷撒于作物上,而且工效高,在作物上的粘附力小,残留较少,不易产生药害。除直接用于喷粉外,还可拌种土壤处理、配制毒饵粒剂等防治病、虫、草鼠害。但其缺点是,使用时直径小于10 μm的微粒因受地面气流的影响,容易飘失,浪费药量,还会引起环境污染,影响人们身体健康;加工时,粉尘多,对操作人员身体健康影响较大。但是用于温室和大棚的密闭环境进行喷粉防治病、虫害,可充分利用细微粉粒在空中的运动能力和飘浮作用,能使植物叶片正、背面均匀地得到药物沉积,提高防治效果,而且不会对棚室外面的环境造成污染。因此,使用粉剂是温室、大棚中的一个较好的施药方法。

2. 可湿性粉剂

可湿性粉剂是在粉剂的基础上发展起来的一个剂型,性能优于粉剂。它是用农药原药和惰性填料及一定量的助剂(湿润剂、悬浮稳定剂、分散剂等)按比例充分混合,机械粉碎后达到98%通过325目筛,即药粒直径小于44 μm,平均粒径25 μm,湿润时间小于2分钟,悬浮率60%以上质量标准的细粉。使用时加水配成稳定的悬浮液,使用喷雾器进行喷雾。可湿性粉剂具有较好的湿润性、分散性、流动性以及高的悬浮率和冷热储藏稳定性。喷在植物上的粘附性好,药效也比同种原药的粉剂好。可湿性粉剂如果加工质量差、粒度粗、助剂性能不良,容易引起产品粘结,不易在水中分散悬浮,或堵塞喷头,在喷雾器中形成沉淀等现象,造成喷洒不匀,易使植物局部产生药害,特别是经过长期贮存的可湿性粉剂,其悬浮率和湿润性会下降,因此在使用前最好对上述两项指标进行验证后再使用。

3. 可溶性粉剂

可溶性粉剂是指在使用浓度下,有效成分能迅速分散而完全溶解于水中的一种新剂型,其外观大多呈流动性的粉粒体。可溶粉剂一般含量较高,储存时化学性质稳定性好,加工和储运成本相对比较低;由于它是固体剂型,可用塑料薄膜或水溶性薄膜包装,与液体剂型相比,可大大节省包装费和运输费,它用过的包装容器也不像包装瓶那样难以处理,在储存和运输过程中不易破损;有效成分能均匀分散在水中,药效可以充分发挥;由于不含有有机溶剂,在储运过程中比较安全,不易燃烧,在使用时不会因溶剂而产生药害或污染环境。

4. 油剂

油剂是农药原药的油溶液剂型,必要时加入适量的助溶剂、表面活性剂等,以提高制剂的性能。油剂主要适用于超低容量喷雾,也有特殊需要的,如制成水面漂浮性油剂,用于防治水田中的病虫草害或者地沟、房间的蚊蝇害虫。超低容量喷雾为地面超低容量和飞机超低容量。使用时不需要水，油剂可直接喷或稀释至较低倍数。油雾滴在靶标物上黏着力强，耐雨水冲刷，表面渗透性强。与一般乳剂比较，药剂回收率高 50％ 以上，药效好，工效高，节省药成本低，减少环境污染。配制油剂，要求闪点大于 70℃（闭杯），毒性低，如日本飞防用的油剂要求小鼠口服 LD50 大于 300 mg/kg 以保证人、畜、植物的安全。为此，配制油剂选用的有机溶剂多为动植物油或其他低毒类的有机溶剂。

5. 乳油

乳油是不溶于水的农药原药按比例溶解在有机溶剂（甲苯、二甲苯等）中，加入一定量的农药专用乳化剂（如烷基苯碘酸钙和非离子等乳化剂）配制成透明均相液体，在我国是用量较大的一个剂型。它有效成分含量高，一般在 40％～50％，常温下密封存放两年一般不会浑浊、分层和沉淀。乳油使用方便，加入水中迅速均匀分散，稀释成一定比例的乳状液即可使用。其中含有乳化剂，有利于雾滴在农作物、虫体和病菌上粘附与展着。施药且沉积效果比较好，持效期较长，药效好。制作乳油使用的有机溶剂属于易燃品，储运过程中应注意安全。

6. 水剂

水剂为农药原药的水溶液剂型。主要是由农药原药和水组成，有的还加入少量防腐剂、湿润剂、染色剂等。其优点是生产成本低，不含有机溶剂，安全性好，喷雾使用后不污染环境。但是其黏附性较差，不耐雨水冲刷，储藏期怕冻。

7. 悬浮剂

悬浮剂又称胶悬剂，是将固体农药原药分散于水中的制剂，它兼有乳油和可湿性粉剂的一些特点，没有有机溶剂产生的易燃性和药害问题，悬浮剂有效成分粒子很细，一般粒为 $1～5\ \mu m$，粘附于植物表面比较牢固，耐雨水冲刷，药效较高；适用于各种喷洒方式，也可用于超低容量喷雾，在水中具有良好的分散性和悬浮性。加工生产时没有粉尘飞扬对操作者安全，不影响环境。干悬浮剂是一种 0.1～1 mm 粒状制剂，它具备可湿性粉剂与悬浮剂的优点，又克服了它们的缺点。欧美一些国家对干悬浮剂已经重视起来，并在生产中得到应用，我国目前已开始这方面的工作，颇有应用前景。

8. 微乳剂

微乳剂是农药有效成分和乳化剂、分散剂、防冻剂、稳定剂、助溶剂等助剂均匀地分散在基质水中，形成的透明或乳状体。能加工成水乳剂的活性物质理论上都能加工成微乳剂，但加工浓度一般不超过 20％。乳化剂和溶剂的选择非常关键，否则极易产生结晶和转相。

9. 浓乳剂

浓乳剂又称乳剂型悬浮剂或水乳剂。这种制剂不含有机溶剂，不易燃，安全性好，没有有机溶剂引起的药害、刺激性和毒性。浓乳剂是液体与溶剂混合制成的液体农药，以微小液滴分散在水中而以水为介质的制剂，制造比乳油、可湿性粉剂困难，成本高，国际上一些发达国家从对农药安全使用的角度出发首先进行了这方面工作，我国尚处于起步研究阶段。

10. 颗粒剂

颗粒剂是有效成分和惰性载体混合而得到的一种颗粒状产品。其特点是避免施药时药剂飞溅,减少施药者身体附着或吸入,可避免中毒事故,不污染环境;使高毒农药低毒化,减轻对人的毒害。如呋喃丹、涕灭威等均为高毒农药,制成颗粒剂后毒性降低;可控制有效成分释放速度,延长持效期;施药时具有方向性,使撒布的农药能准确到达需要的地点;不附着于植物的茎叶上,避免直接接触产生药害。

11. 水分散粒剂

水分散粒剂的外观呈颗粒状,放在水中能较快崩解、分散。其特点是没有粉尘飞扬,对作业者安全,减少了对环境的污染;有效成分含量高,产品相对密度大,体积小,给包装、储运、运输带来了很大的经济效益和社会效益;物理化学稳定性好,特别是在水中表现出不稳定性的农药,制成水分散粒剂比悬浮剂要好;水中分散性好,悬浮率高,当天用不完第二天再用时,只需搅动就可以重新悬浮起来成为均一的悬浮液,照样可以发挥药效;流动性好,易包装,易计量,不黏壁,包装物易处理;剧毒品种低毒化,提高了对作业者的安全性。

7.2.4 生物农药的优缺点与展望

1. 生物农药存在的主要优缺点

与化学农药相比,生物农药在农业生产活动中表现出诸多优点。

(1)选择性强,对人畜安全。市场开发并大范围应用成功的生物农药产品,它们只对病虫害有作用,一般对人、畜及各种有益生物(包括昆虫天敌、传粉昆虫及鱼、虾等水生生物)比较安全,对非靶标生物的毒性低,影响小。

(2)对生态环境影响小。生物农药控制有害生物的作用,主要是利用某些特殊微生物或微生物的代谢产物所具有的杀虫、防病、促生功能。其有效活性成分完全存在和来源于自然生态系统,它的最大特点是极易被日光、植物或各种土壤微生物分解,来于自然,归于自然正常的物质循环。因此,可以认为它们对自然生态环境安全、无污染。

(3)作用方式特异。生物体农药可通过捕食、寄生、拮抗等起到控制靶标害物的作用。信息素类生物化学农药主要通过引诱、忌避、聚集等方式起作用。蛋白或糖激发子等生物农药可通过诱导寄主植物产生抗性而避免或减弱有害生物的影响。植物源杀虫剂除具有与有机合成杀虫剂相同的作用方式(触杀、胃毒、熏蒸)外,还表现出拒食、抑制生长发育、忌避、忌产卵、麻醉、抑制种群形成等特异的作用方式,且往往同一种农药具有多种作用方式。

(4)不易产生抗药性。长期大量使用化学农药会导致害虫产生抗药性。大部分生物农药含有多种活性成分,其作用机理十分复杂。这些活性成分之间相互协同作用,使得靶标类生物对其抗性发展较为缓慢。举例来说,印棟素不仅能阻止蜕皮激素的合成,使害虫幼虫难以变成成虫,还能引起成虫的趋避和拒食,从而实现对作物的多层次、多角度保护。另外,活体生物农药中的活体生物在与宿主的共同生活中,通过共同进化能够适应植物病原体和害虫的防御机制。因此,这类生物农药本身能够在适应抗性的过程中不断发展。

比如,苏云金芽孢杆菌的主要活性成分包括杀虫晶体蛋白、苏云金素和营养期杀虫蛋白,这些毒素是细菌在生长过程中生成的,经过几十年的使用,该农药仍然被广泛应用于农业生产中。仅 2010 年它的使用面积就达到了 198 万公顷,2011 年更是超过了 230 万公顷。尽管有少数害虫对其产生了抗药性,但这种影响相对较小且容易克服。

(5)资源丰富,开发利用途径多种多样。随着现代农业和环境保护对农药的各项性能指标要求的日益提高,符合各国政府和市场要求的化学农药开发难度越来越大,周期越来越长,资金投入越来越多,使得发展中国家企业对化学农药的开发望而却步。生物农药则不然,由于自然界动植物、微生物资源极为丰富,通过科学的方法,不仅可以在自然界找到更多环境相容性好、活性高、安全的生物农药资源,还可以通过对原有资源的分离筛选,找到生物活性更强的品系。天敌类动物体农药可人工繁育,也可引种释放;微生物类生物农药可以发酵生产而直接利用,也可经基因重组后利用;生物化学类农药可直接利用或经人工完全合成后利用,也可采用生物工程技术定向培养,或采用基因重组转化为植物体农药。同时,由于生物农药生产大多利用的是农副产品或自然界生物,属于可再生生物资源,为产业的可持续发展提供了资源保障。

生物农药虽然有许多优点,但也存在一定的缺点。

(1)生物农药起效慢。

(2)控制有害生物的范围较窄,如微生物农药的最大缺点之一就是仅显示出对一种害虫的限制。

(3)易受温度、湿度等环境因素影响。例如,生物农药应用的主要限制因素之一是紫外线敏感性。

(4)活性成分比较复杂,往往有效期短、稳定性差。

(5)一些农用化学品也会对生物农药产生影响,需要进一步研究各种生物农药与常用农用化学品的体外相容性。

因此,有必要保护生物制剂或化合物免受外部环境影响,并使生物体在繁殖,接触或与目标生物体相互作用期间增加其活性。

2. 生物农药的发展展望

对于生物农药现存的问题,可以从以下几个方面来解决。

(1)生物农药的制剂需要保证其稳定性,即在制剂的生产、分配、储存、处理和应用过程中包含在制剂组合物中的化合物。

这通常通过添加适当的非农药化合物来实现。一些惰性成分可以增强生物农药活性,但考虑到此类配方必须满足许多目标,例如令人满意的效率、环境可接受性、施用后的稳定性以及在整个处理对象中的均匀分布,此类产品的配方具有一定挑战。通过添加大豆培养基,可以使用淀粉生产工业废水成功改进基于苏云金芽孢杆菌的生物农药配方。

(2)对于干燥、热、光和紫外线等环境因素会降低生物农药的活性这一问题,可以通过开发新的农药封装技术来解决。

基于微生物生产生物农药的新技术之一是生物封装技术。将微生物包封在微胶囊中具有显著的生存益处,同时还可以确保这些细菌在整个生长季节的受控释放。封装涉及将活性成分封闭在聚合物中。在植物保护产品施用后提供活性成分的控释胶囊的尺寸从 $2\sim50~\mu m$ 或 $1\sim2~\mu m$ 不等。为了包封微生物使用了各种材料,包括天然和合成聚合物,如琼脂和琼脂糖、淀粉、玉米糖浆、聚丙烯酰胺和人造材料的聚氨酯。胶囊在释放过程中不会腐蚀,当胶囊暴露于渗透应激或脱水时,毛孔再次关闭。胶囊可以在室温下储存,通过向胶囊中添加营养物质可以显著延长储存时间。

纳米技术是另一种新兴的生物农药封装技术。该技术使控释制剂的开发成为可能,例如,纳米乳液、纳米悬浮液、纳米胶囊悬浮液等。除了提高合成农药的生物活性外,使用纳米技术还可以克服生物农药不稳定的局限性。由于其独特的性质,纳米材料被认为是稳定肥料和杀虫剂的合适载体,以及促进营养物质的受控转移和增加植物保护。因此,稳定性、在环境中的持久性和对目标生物体的毒性将得到改善,而副作用和植物毒性将降低。同时,基于纳米技术的农药,特别是生物合成和生物启发材料,由于其活性成分的受控释放,为可持续发展做出了巨大贡献,确保了它们在长期使用中的功效,并有可能解决农药残留积累的问题。

此外,使用二氧化钛作为紫外线吸收剂可以克服生物农药的紫外敏感性。在基于杆状病毒作为活性成分的生物农药配方中,敏感的病毒 DNA 受到 ENTOSTAT 蜡胶囊的保护,该胶囊溶解在昆虫的碱性肠中以释放病毒。此外,这延长了生物农药的功效和稳定性,而对作物没有副作用。

(3)开拓新的生物农药发展方向也是一种策略。

比如以 RNAi 技术为核心的 RNA 生物农药,具有很大的应用前景,可用于有效控制有害微生物、害虫、螨虫和线虫。RNAi 是由双链 RNA(dsRNA)介导的基因沉默现象,可以通过阻碍昆虫中特定基因的翻译或转录来抑制靶基因的表达,最终达到杀死目标害虫的目的。RNA 生物农药主要在田间以两种方式作用于目标物种:宿主诱导的基因沉默和喷雾诱导的基因沉默。2017 年,孟山都公司在美国西部和北部开发了第一种基于 RNAi 的作物,以对抗西部玉米根虫(*Diabrotica virgifera*)。该产品是抗虫转基因玉米 SmartStax-PRO,已获得美国环境保护署的批准,用于控制玉米根虫。RNAi 技术尚未在市场上有成熟的产品,稳定的递送系统是制约这项技术的核心问题。

(4)加强生物农药的管理与控制。

在生物农药的管理方面,近年来,我国农业农村部持续组织开展对生物农药的市场专项抽查,一般每年抽检生物农药产品 600~700 种,生物农药的质量合格率一直比较低,一般在 50% 左右,但 2021 年有了显著提高。这与生物农药本身的特殊性密切相关,如一些稳定性较差的生物信息素类农药和微生物农药,不仅需要低温储存,且质量保证期也比较短;在市场上流通的这类产品,很容易分解或失活,致使检测不合格。因此,亟须建立生物农药产品的质量标准和方法标准体系,以加强对生物农药的管理与控制。

 延伸阅读:生物农药产品质量标准和方法标准

7.3 生物絮凝剂

7.3.1 生物絮凝剂的基本概念

絮凝沉降法是一种普遍用于提高水质处理效率的经济简便方法,在国内外得到广泛应用。絮凝剂是一类能使液体中的胶体和悬浮颗粒形成较大絮凝体并沉淀的物质,被广泛应用于给水处理、废水处理、食品和发酵等工艺中。研发高效无毒的絮凝剂成为环境科学与工程领域的重要内容。目前使用的絮凝剂根据构成和性质可分为三大类:无机絮凝剂、有机絮凝剂和微生物絮凝剂。

无机絮凝剂包括无机低分子絮凝剂、无机高分子絮凝剂和复合型无机高分子絮凝剂。无机低分子絮凝剂主要指铝盐和铁盐,包括硫酸铝、硫酸亚铁和三氯化铁等。目前,在水处理中仍然占据着很大的市场。然而,无机低分子絮凝剂在水处理过程中存在成本高和环境危害大的问题,逐渐被无机高分子絮凝剂所取代。无机高分子絮凝剂是一类新型的水处理药剂,目前主要有聚合氯化铝、聚合硫酸铝、聚合硫酸铁和聚合氯化铁等几种。复合型无机高分子絮凝剂的开发近年来呈现明显趋势,已有很多复合品种开发出来,包括聚合氯化硫酸铁、聚合铝硅、聚合铝磷和聚合铝铁等。复合型絮凝剂多具有多功能絮凝性能,除了具备优良的絮凝性能外,还具有杀菌、脱色、缓蚀等多种功能,是无机絮凝剂发展的方向。

有机絮凝剂主要包括天然高分子改性絮凝剂和合成高分子絮凝剂。天然高分子改性絮凝剂的类别包括淀粉、纤维素、含胶植物、多糖类和蛋白质等衍生物。由于天然聚合物易受酶的作用而降解,因此人们越来越倾向于使用成本更低的合成聚合物来取代它们。合成的有机高分子絮凝剂包括聚丙烯酰胺及其衍生物、聚乙烯亚胺、聚乙烯嘧啶和聚丙烯酸钠等。聚丙烯酰胺系列是应用最广泛的有机絮凝剂,在美国和日本市场的占有率超过80%。

尽管无机絮凝剂和有机絮凝剂在絮凝能力和经济性能方面具有诸多优点,但它们在环境方面存在二次污染问题和安全性方面的严重缺陷。常用的铝盐无机絮凝剂经常被应用于农业,导致土壤中铝含量升高,进而影响植物正常生长,甚至导致植物死亡。同时,这些农作物进入食物链后也会影响人体健康。临床上铝中毒主要表现为铝性脑病、铝性骨病和铝性贫血等,阿尔茨海默病即为铝性脑病的一种表现形式。目前较为常用的有机絮凝剂聚丙烯酰胺具有强烈的神经毒性,并具有较高的致癌风险。此外,有机絮凝剂的价格较高,投加量大,同时对化学反应条件较为敏感。因此,环境工作者对于开发高效、安全、无毒、无二次污染的絮凝剂非常重视。微生物絮凝剂作为一种安全、可生物降解且对环境和人类健康无害的新型水处理剂正受到越来越多的关注。

生物絮凝剂(bioflocculant)是一种利用微生物技术,通过细菌、真菌等微生物的发酵、提取和精制而获得的新型高效水处理剂。它具有絮凝活性,成分包括糖蛋白、多糖、蛋白质、纤维素和 DNA 等。微生物絮凝剂能有效地使液体中难以降解的固体悬浮颗粒、菌体细胞和胶体粒子凝聚并沉淀。此外,它还具有生物分解性、安全性以及无毒无二次污染的优点。

根据来源不同,生物絮凝剂可分为三类:

(1) 直接利用微生物细胞的絮凝剂,如某些细菌、霉菌、放线菌和酵母菌,它们大量存在于土壤、活性污泥和沉积物中。

(2) 利用微生物细胞壁成分的絮凝剂,如酵母细胞壁的葡聚糖、甘露聚糖、蛋白质和N-乙酰葡萄糖胺等成分均可用作絮凝剂。

(3) 利用微生物细胞代谢产物的絮凝剂,微生物细胞分泌到细胞外的代谢产物主要是细菌的荚膜和粘液质除水分外,其主要成分为多糖及少量的多肽、蛋白质、脂类及其复合物,其中多糖和蛋白质在某种程度上可用作絮凝剂。

根据化学组成的不同,生物絮凝剂可分为四类:

(1) 糖类物质,目前已发现的生物絮凝剂主要有效成分多数含有多糖类物质。

(2) 多肽、蛋白质物质,已知絮凝能力最好的生物絮凝剂 NOC-1 的主要成分即为蛋白质,而且分子中含有较多的疏水氨基酸,包括丙氨酸、谷氨酸、甘氨酸、天冬氨酸等,其最大相对分子质量为 75 万。

(3) 脂类物质,1994 年 Kurane 从 $R.\ erythropolis\ S-1$ 的培养液中分离出一种生物絮凝剂,其分子中含有葡萄糖单霉菌酸酯、海藻糖单霉菌酸酯和海藻糖二霉菌酸酯三种组分,霉菌酸碳链长度从 C32 到 C40 不等,其中以 C34、C36 和 C38 居多。

(4) DNA,高分子量的天然双链 DNA 是 $Pseudomonas\ C120$ 菌体细胞凝集的直接原因。光合细菌 $Rhodovulumsp\ PS88$ 的絮凝活性与该菌分泌到胞外的 DNA 也直接相关。

近年来,生物絮凝剂受到极大关注,有逐步取代传统絮凝剂的趋势,被称为第三代絮凝剂的微生物絮凝剂有以下优点。

(1) 消除废水处理的二次污染。目前为止,已报道的微生物产生的絮凝物质为多糖、纤维素、糖蛋白以及等高分子物质,其分子量多在 10^6 以上,具有可生化性,在自然界能够自行降解,因而不会给环境带来二次污染。微生物絮凝剂安全无毒,如微生物絮凝剂 MBFA9 的急毒试验结果表明,小白鼠一次性吞食 1 g/kg 的该絮凝剂后,体态、饮食、运动等均无异常反应。微生物絮凝剂是微生物的分泌物自然不会危害它自身,不会影响水处理效果,且絮凝后的残渣可被生物降解,对环境无害不会造成二次污染。

(2) 提高净化效果。主要是提高对油、无机超微粒子的净化效果及提高脱色效果。目前的除油方法主要集中于生物除油,一般的化学絮凝剂在不同程度上抑制微生物降解作用的发挥。微生物絮凝剂则不同,它不但具备絮凝作用,且有降解性能,可提高油的去除效果。在乳化液的油水分离实验中,用 $Acaligenues\ Latus$ 培养物,可以很容易地将棕酸从其乳化液中分离出来,在细小均一的乳化液中即形成明显可见的油滴,下层清液的COD 去除率达 48%,远高于无机絮凝剂和高分子絮凝剂的絮凝效果。此外,微生物絮凝剂对畜牧产业废水,瓦场废水均具有较好的净化效果。瓦厂废水主要有胚体废水和釉药废水,投加 NOC-1 微生物絮凝剂处理后,废水浊度大幅度下降,可得到几乎透明的上清液。在同等用量下,很多微生物絮凝剂的处理效率明显高于传统絮凝剂。

(3) 价格较低。首先,微生物絮凝剂为微生物菌体或有机高分子,是靠生物发酵产生的,而化学絮凝剂是人工合成的。从生产所用原材料,生产工艺能源消耗等方面考虑,微生物絮凝剂应是经济的,这一点为国内外普遍认同。其次,微生物絮凝剂处理技术总费用较化学絮凝处理技术总费用低。一般工业废水采用生物处理的技术费用低于化学处理技术的处理费用,前者约为后者的 2/3。以印染工业的漂洗水为例,达到二级排放标准,采用活性污泥法处理费用一般为 $0.3\sim0.5$ 元$/m^3$,采用化学混凝处理的费用一般为 $0.7\sim1.0$ 元$/m^3$。采用微生物絮凝剂处理废水,前面以生物吸附为主,后面以生物降解为主,其过程类似于 AB 法,其处理费用较目前的化学絮凝处理费用低,大约节约 1/3 的资金。

(4) 产业化前景光明。能产生絮凝剂的微生物种类多,生长快,采取生物工程手段实现产业化,前景比较光明。

尽管微生物絮凝剂与传统絮凝剂相比具有许多独特的优越性,并且显示了其广阔的应用前景,但到目前为止,微生物絮凝剂在实际生产中尚未得到大规模推广应用。国内外微生物絮凝剂的研究还存在很多问题。首先,微生物絮凝剂虽然种类繁多,但每种絮凝剂的应用范围较窄,无法实现处理对象的广泛性沉淀和降解;其次,微生物絮凝剂产品使用量巨大,但产量低、稳定性差、不易储存,增加了工业化生产的难度;第三,针对微生物絮凝剂的复配研究仍处于初级阶段,复配手段不成熟,产品运行不稳定。

7.3.2 生物絮凝剂的产生与分离纯化

1. 生物絮凝剂产生菌与菌种筛选

具有分泌絮凝剂能力的微生物称为絮凝剂产生菌。能形成絮凝剂的微生物种类繁多,有细菌、真菌、酵母菌、放线菌、霉菌以及某些藻类等。这些微生物分布也很广泛,大量存在于土壤、活性污泥、污水及沉积物中,资源极其丰富。目前国内外已发现 60 多种微生物絮凝剂产生菌(表 7-3)。

表 7-3 常见的生物絮凝剂产生菌

产絮菌种类	产絮菌拉丁文名称	产絮菌中文名称
细菌	*Pseudomonas mandelii*	假单胞菌
	Klebsiella pneumoniae	弗里德兰德氏杆菌
	Kocuria	库克菌属
	Agrobacterium	农杆菌属
	Bacillus	芽孢杆菌属
	Rhodopseudomonas spheroides	球红假单胞菌
	Stenotrophomonas	寡养单胞菌属
	Agrobacterium Conn	土壤杆菌属
	Aeromonas	气单胞菌属
	Arthrobacter	节细菌属
	Azomonas	氮单胞菌属

续　表

产絮菌种类	产絮菌拉丁文名称	产絮菌中文名称
细菌	*Bacillusmegaterium*	巨大芽孢杆菌
	Bacillus subtilis	枯草芽孢杆菌
	Lactobacillus	乳杆菌属
	Acinetobater	不动杆菌属
	Citrobacter Freundii	弗氏柠檬酸杆菌
	Streptococuus	链球菌
	Alcaligenes cupulus	协腹产碱杆菌
	Enterobacter aerogenes	产气肠杆菌
	Staphylococcus	葡萄球菌属
	Serratia	沙雷氏属
	Klebsiella	克雷伯氏杆菌属
	Pantoea agglomerans	成团泛菌
	Paneibacillus polymyxa	多粘类芽孢杆菌
	Paneibacillus	类芽孢杆菌
放线菌	*Streptomyces*	链霉菌属
	Nocardin	诺卡氏菌
	Aspergillus fumigatus	烟曲霉
	Aspergillus parasiticus	寄生曲霉
真菌	*Aureobasidium pullulant*	芽短梗霉
	White rot fungi	白腐真菌
	Aspergillus sojae	酱油曲霉间
	Cryptococcus albidus var aeriu	酵母菌
	Penicillium cyclopium	圆弧青霉
	Penicillium purpurogenum	产紫青霉
	Dematium	暗色孢属
藻类	*Gyrodinium impudicum*	螺旋藻

　　微生物絮凝剂产生菌的来源一般为污染场地。例如,有研究者从土壤和活性污泥样品中成功分离并鉴定了产生絮凝剂 MBF - B16 的克雷伯氏菌 B16,以及从河口红树林沉积物中成功分离并鉴定了可用于微藻回收絮凝剂生产的放线菌 *Streptomyces* sp.,均体现了从污染场地分离目标菌种的高效性。此外,基因工程技术也被用于赋予或加强特定菌种的絮凝能力。有研究发现,与非转化体相比,贝酵母紫外变种(*Saccharomyces bayanus* var. uvarum)对淡水微藻莱茵衣藻的絮凝效率提高了 2～3 倍,证实了以基因工程菌作为絮凝剂生产菌种来源的巨大潜力。

2. 生物絮凝剂的合成

(1)生物合成絮凝剂的阶段与位置

微生物絮凝物的形成与絮凝剂生产微生物的代谢活性有关。有的研究者认为,只有在微生物停止代谢之后或由于细菌的自解,才能释放絮凝剂形成絮体。例如 *Flavobacteruium* 属细菌的纯培养物只在对数生长后期和静止期早期才出现絮凝活性。*Brevibacterium*、*Coryebacterium*、*Pseudomonas* 和 *Staphytococcus* 属的微生物经过 3 天培养(30℃)才开始出现絮凝活性,之后絮凝能力维持不变。而在 *Streptomyces* 属中只有两株细菌在培养 2～3 天后才开始产生絮凝剂。但有些菌产生絮凝剂的过程并不如此,*Aspergillus* 属的微生物在培养(30℃)的第 1 天就表现出絮凝活性,第 2 天或第 3 天即达到最大,之后随着培养时间的推移,絮凝活性下降。在 *Rhodococcus erythropolis* 对数生长期的早期和中期,随着细胞的增长,同时产生絮凝物质,到了静止期,细胞开始分裂,不再产生新的絮凝物质。因此,收获微生物絮凝剂的最好时期为细菌对数生长期后期或静止早期,此后絮凝活性即使不下降也不会再增加。

微生物絮凝剂在培养物中主要是存在于培养液和微生物细胞表面,但不同微生物合成絮凝剂在培养液中的分布也存在一定差异,这不仅能够显示絮凝机制,也决定着絮凝剂的收获方法。*Pseudomonas* 属和 *Streptomyces griseus* 培养液和清洗后的细胞均具备絮凝能力,但对于 *Aspergillus* 属、*Corymebacterium brevicale*、*Staphylococcus aureus*、*Streplomyces vinaceus* 只在培养物滤液中明显存在絮凝活性。

(2)生物合成絮凝剂的影响因素

生物合成絮凝剂的性能受到诸多因素的影响,主要包括遗传生理因素以及培养基、培养条件(如 pH、温度、曝气量)等环境因素。

① 遗传生理因素

微生物絮凝剂产生是由基因调控的。利用啤酒酵母菌株为实验材料,人们发现了三个决定絮凝特性的显性基因(*Flo1*,*Flo2*,*Flo4*)及一个半显性基因(*Flo3*)。其中 *Flo1*、*Flo2* 和随后发现的 *Flo4*、*Flo8* 是等位基因,后来统称为 *Flo1* 基因,其位置在染色体Ⅰ上 3′端离染色体Ⅰ右端 24 kb。*Flo5* 基因是与 *Flo1* 不等位的显性基因,它的表达受某些传因素的控制。此外,还发现了隐性基因 *Flo6*、*Flo7*,可能是 *Flo1* 的等位基因显性基因 *Flo9* 位于染色体Ⅰ上,*Flo10* 位于染色体Ⅺ上。*Flo1* 基因可被位于其他染色体上的一些基因抑制而失去表达能力。*Sfl1* 是已知的 *Flo1* 的一个抑制基因,它编码一个含 767 个氨基酸的蛋白质,但 *Sfl1* 到底如何抑制 *Flo1* 的表达还不清楚。此外,还存在另一个絮凝抑制基因 *Sfl2*,编码含 669 个氨基酸的蛋白质。

② 培养基

碳源、氮源、能源、生长因子、无机盐及水是微生物营养的 6 大要素,影响程度最大的是碳源与氮源。碳源及氮源培养基的类型非常多样化,应该基于产生菌的类型选用最合适的培养基。

a. 碳源的影响。对微生物絮凝剂合成条件的研究结果表明,絮凝剂的合成和碳源有较大关系。在培养中,用 0.5% 的葡萄糖和 0.5% 的糖为碳源时,絮凝剂的产量要高于用 1% 蔗糖和 8% 废糖浆(含果糖、糖和葡萄糖)为碳源时的产量。当以鼠李糖、阿拉伯糖、乳糖、木糖、纤维二糖作为培养碳源时,要么不利于生长,要么不利于絮凝剂的合成。以果糖为碳源培养 *Alcaligenes latus* 的絮凝剂的产量超过其他所有受试碳源。还有研究证明,使用葡萄糖、半乳糖和果糖比用淀粉和麦芽糖对 *Alcaligenes cupileus* 分泌絮凝剂更为有效。此外,值得注意的是,对生长最合适的碳源并不一定就是对絮凝剂分泌最有利的碳源。例如,用 8% 的废糖浆培养 *Rhodococcus erythropolis* 时,虽然细菌生长较快,絮凝剂的产量却不高。用橄榄油为碳源时,虽有利于生长,却不利于絮凝剂的合成。另一个值得注意的现象是在 *A. sojae* 的培养基中加入过量的葡萄糖会抑制其絮凝物质的合成,这是由葡萄糖分解所造成的 pH 下降所致。同样原因,其他糖类对于 *A. sojae* 的絮凝剂合成也有类似的作用。

b. 氮源的影响。有研究表明,*A. sojae* 在各种受试氮源中以尿素和硫酸铵较为最佳;采用氯化铵和硝酸铵也可刺激生长,但絮凝剂的产量只有以尿素和硫酸铵为氮源时的 60%~70%。碳氮比(C/N)对于絮凝剂的合成同样有影响,比如在 C/N 为 0.6~11.4 时,*Zoogolea* sp.的絮凝活性较好,大于或小于此值时便迅速下降。

c. 其他物质的影响。在培养基中加入微量生长因子,如络蛋白氨基酸、蛋白陈、酵母膏、络蛋白、丙氨酸和谷氨酸等,可以促进絮凝剂的产生。因而采用营养培养基时微生物絮凝剂的产量要高于使用合成培养基时的产量。一些有机酸,包括 2-葡萄糖酮酸、5-葡萄糖酮酸和葡萄糖糖酸等可以较好地促进 *A. sojae* 合成絮凝剂,其中 2-葡萄糖酮酸的效果最好。钙离子有利于菌丝生长和絮凝剂分泌,但高浓度 Mg^{2+} 对微生物絮凝剂的合成不利。培养基中的其他物质,如 EDTA、苹果酸、柠檬酸、多聚赖氨酸、小牛血清蛋白等对微生物絮凝剂的形成也有不同的影响。这些物质影响微生物絮凝活性表现的原因主要有两个方面:一是通过调节絮凝基因的表达;二是对微生物产生的絮凝剂进行了物理或化学修饰。

③ pH

微生物絮凝剂的细菌培养具有最佳的 pH 范围。培养絮凝剂细菌的最佳 pH 与絮凝剂使用时的最佳 pH 略有不同。絮凝剂合成的最佳 pH 一般为中性到偏碱性,过酸或过碱均不利于絮凝剂的产生。菌体在发酵过程中,pH 发生较明显的升降变化,最后趋于稳定。例如,R. *erythropolis* S-1 发酵培养基的初始 pH 为碱性(9.5)时凝剂产量有明显提高。发酵过程中,培养液 pH 按指数关系由 9.5 降至 7.0,进入稳定期后重新上升至 8.0 左右。pH 超过 11,尽管菌体能生长,但细胞增长及絮凝活性都大大降低。

培养基的初始 pH 还影响絮凝剂的分布位置。例如,C-62 菌株产生的絮凝剂随培养基的初始 pH 不同在不同位置的分布比例出现明显差异。当培养基的初始 pH>7.0 时,发酵终了时絮凝剂主要被菌体细胞吸附,因此菌体细胞的絮凝活性高于发酵液的絮凝活性;当培养基的初始 pH 降至 6.0 时,絮凝剂被释放到培养基中游离于产生菌细胞之外,最终发酵液的絮凝活性高于菌体细胞。

④ 培养温度

温度对微生物絮凝剂的培养具有显著影响。通常来说,最佳温度在 25~35℃。温度对某些微生物絮凝剂的活性影响很大,因为高温改变了絮凝剂中包含的蛋白质或肽链的结构,导致变性。对 R. *erythropolis* 的研究表明,在 30℃时絮凝剂的产量要高于在 25℃和 37℃时絮凝剂的产量。不同絮凝剂产生菌有各自最适的培养温度,一般在 30℃左右。对某些菌来讲,絮凝剂合成的最佳温度与菌体生长的最适温度不同。*Asp. sojae* AJ7002于 25℃培养时菌体生长最快,而 30～34℃絮凝剂产量最高。

⑤ 曝气量

由于合成絮凝剂的细菌属于好氧菌,在早期培养中增加曝气量有利于微生物的生长,也可以防止大型絮凝物的形成,减少曝气后更适合生成大型絮凝物。例如,在 R. *erythrropolis* S-1菌体生长以及絮凝剂合成过程中,若发酵过程中停止曝气,仅仅维持搅拌,能使絮凝剂产量有所提高。可见,在特定的发酵条件下过大的曝气速率尽管对 R. *erythropolis* S-1菌体的生长影响不大却使絮凝剂产量大为降低。

（3）生物合成絮凝剂的性能表征

菌种的筛选是以絮凝效果来判定的,因此,准确评估生物絮凝剂的性能对于合成菌株的筛选和合成条件的优化具有重要意义。微生物絮凝剂的性能表征方法可分为两类,一类用于絮凝剂表层结构观测及絮凝能力初步评估,如扫描电子显微镜、场发射扫描电子显微镜、环境扫描电子显微镜等;另一类用于深度研究絮凝剂的稳定性及其组成、结构和絮凝能力,如热重量分析、示差扫描量热法、Zeta 电位、傅里叶变换红外光谱、气相色谱-质谱联用、能量色散 X 射线光谱、X 射线光电子能谱、三维荧光光谱等。

絮凝效果主要采用如下方法进行判定。将获得的菌株接入培养基中,置摇床培养,一定时间后取其培养液,加入 4 g/L 的高岭土悬浮液中,同时以不加培养液的高岭土悬浮液进行对照,以絮凝出现时间和程度作判断絮凝活性高低的标准。

3. 生物絮凝剂的分离纯化

微生物絮凝剂的化学成分主要是多聚糖和蛋白质以及一些金属离子,因而其提取方法与一般的多聚糖和蛋白质提取方法并无多大的差异,因絮凝剂的具体结构而异,也与最终要求达到的纯度和使用的方式有关,较常用的有以下三种。

（1）凝胶电泳

将细菌培养物过滤,取滤液用 6 mol/L 的 HCl 将 pH 调到 7.0,离心分离沉淀。取沉淀物加入 0.5 mol/L 的 NaOH 溶解,离心分离,取沉淀,用 1:1 的氯仿和甲醇混合液提取,之后离心。用 0.1 mol/L 盐酸将沉淀溶解,再加 6 mol/L 的 NaOH 溶液调 pH 到 7.0,离心后,用酸盐缓冲液（0.01 mol/L pH 为 4）溶解淀物。然后用 DEAE 琼脂凝胶柱（A-50)色谱和脂凝胶(G-200)色谱分离提纯。最后可以用获得的纯品进行化学分析。

（2）溶剂提取

用丙酮提取可以获得微生物絮凝剂的粗制剂,将细菌培养物过滤,取滤液,用丙酮以 1:1 的比例提取,然后离心。取沉淀物用 50% 的丙酮清洗,之后冷冻干燥,就可得到絮凝剂的粗制剂。粗制剂可以用于实验室的絮凝能力研究试验和工业用途。

（3）碱提取

用 NaOH 从活性污泥中提取微生物絮凝剂的方法如下。将经驯化的活性污泥静置,用水洗污泥 3 次,加入 NaOH 溶液,慢速搅拌数小时,离心后取上清液。加乙醇至 60%,4℃冰箱中放置过夜,离心后去上清液;加 60%乙醇,离心后去上清液;加 90%丙酮,离心后去上清液;加乙醚,离心后去上清液。将沉积物溶于少量蒸馏水中,在 2～3 d 内透析数次,在 50℃下减压浓缩,并冷冻干燥粉状,得到精制絮凝剂。对于 MFH 絮凝剂来讲,在使用过程中,不需要提纯,可直接使用,降低了生产成本。

7.3.3 生物絮凝剂的絮凝机理

1."桥联作用"机理

对于微生物分泌的游离于产生菌胞外的絮凝剂的絮凝机理,目前较为普遍接受的是"桥联作用"机理。该学说认为,大分子生物絮凝剂的絮凝过程是几个物理化学过程共同作用的结果,主要包括电荷中和、化学反应、卷扫(网捕)作用和吸附架桥(图 7-5)。

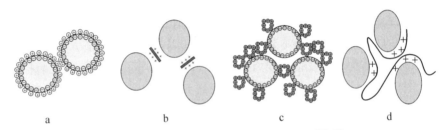

a—电荷中和;b—化学反应;c—卷扫作用;d—吸附架桥。

图 7-5 微生物絮凝机理

(1)电荷中和

水中的胶体一般都带负电荷,当加入微生物絮凝剂后,由于絮凝剂是表面带有正电荷的链状大分子,两者中和,减少了相互间的排斥力,胶体脱稳,使得胶体与胶体之间,胶体与微生物絮凝剂之间相互絮凝成大颗粒物质,最终依靠重力沉淀下来。这种吸附作用不但能压缩双电层,还能够降低 Zeta 电位,减少胶粒间的静电引力,从而发生胶粒凝聚现象。

(2)化学反应

化学反应是指微生物絮凝剂的活性基团与胶体颗粒的基团发生化学反应,形成较大的颗粒沉降,达到团聚的效果。

(3)卷扫(网捕)作用

卷扫作用的絮凝机理主要是机械作用,微生物絮凝剂在达到一定投加量时形成类似网膜状结构,再依靠重力对液体中的胶体颗粒进行卷扫、网捕,随着重量增加形成大颗粒而沉降。

(4)吸附架桥作用

吸附架桥作用是指微生物絮凝剂借助于离子键、范德华力、氢键等的作用,同时吸附多个胶体颗粒,在颗粒间形成"架桥"现象,从而形成链状组网结构将胶体颗粒沉淀下来。大分子的吸附架桥作用是桥联机理的核心内容,也是促使胶体物质絮凝沉淀的最主要的作用力。Levy 等以吸附等温线和电位测定证明环圈项圈藻 PCC-6720 所产絮凝剂对膨润土絮凝过程确以"桥联"机制为基础。电镜照片也显示聚合细菌之间有胞外聚合物搭桥相连,正是这些桥使细胞丧失了胶体的稳定性而紧密地聚合成凝聚状在液体中沉淀下来。

微生物絮凝剂的絮凝机理较为复杂,需要同时借助 Zeta 电位、红外光谱、扫描电镜、透射电镜、X 射线光电子能谱等分析检测来提供直接的参考证据。并且在絮凝过程中,四种絮凝机理可能同时存在,很难严格区分,其中一种或多种絮凝方式起着主要作用。因此,获得一种新型微生物絮凝剂时,需要通过深入的研究来判断其絮凝机理的类型。

2."类外源絮凝聚素"假说

"类外源絮凝聚素"假说很好地解释了酵母菌的絮凝机理,絮凝酵母细胞壁上的特定表面蛋白与其他酵母细胞表面的甘露糖残基之间的专一性结合引起絮凝,而非絮凝酵母之间的这种专一性结合很弱,故无絮凝效果。

3."菌体外纤维素纤丝"学说

针对纤维素类絮凝剂的絮凝机理,Friedmen 提出了"菌体外纤维素纤丝"学说,该学说认为,部分引起絮凝的产生菌体外有纤丝,由于胞外纤丝聚合形成絮凝物。

某些微生物产生的絮凝物质并非游离于菌体培养液中,而是作为菌体细胞的某一组分,或者紧紧附着于细胞表面形成类似荚膜状,如具有絮凝性能的酵母菌和纤维素产生菌。"类外源絮凝聚素"假说和"菌体外纤维素纤丝"假说对此类非游离态絮凝剂的作用机理作出了合理解释。总之,絮凝过程是一个复杂的过程,为了更好地解释机理,需要对特定絮凝剂和胶体颗粒的组成、结构、电荷构象及各种反应条件对它的影响进行更深入的研究。

7.3.4　生物絮凝剂的应用

生物絮凝剂作为一类新型絮凝剂,其广谱的絮凝活性、可生物降解性及应用安全性,显示了它在水处理、食品加工和发酵工业等方面的应用前景。到目前为止,许多资料都谈到微生物絮凝剂的应用,如废水悬浮颗粒的去除、废水脱色、乳化液的油水分离、污泥沉降性能的改善、畜牧场废水的处理、污泥脱水和瓦厂废水处理等,但所有这些都是处于实验室研究状态,并未投入实际的生产应用。

1. 生物絮凝剂应用效果的影响因素

微生物絮凝剂的絮凝活性具有广谱性,受"内因"和"外因"共同影响。

(1) 底物种类对絮凝效果的影响

有些研究者认为,正是因为一些微生物絮凝剂是通过化学桥联作用将被絮凝物质集聚在起,所以其絮凝作用通常是广谱的,不易受微生物个体和颗粒表面特性的影响。能被絮凝的物质包括各种细菌、放线菌和真菌的纯培养物、活性污泥、微囊藻、泥浆、土壤固体悬液、底泥、煤灰、血细胞、活性炭粉末、氧化铝、高岭土和纤维素粉等。但也有一些微生物絮凝剂的絮凝作用物质的面较窄,例如 *Aspergillus sojae* 产生的絮凝剂可以非常有效地絮凝 *Brevibacterium lactofermentum* 等微生物,絮凝率达到 100%,但对另一些微生物絮凝效果较差,有的只有 33%。更为极端的例子是 *Hansenula anomal* 产絮凝剂甚至不能絮凝其非絮凝性的突变株细胞。这说明微生物絮凝剂的絮凝能力受被絮凝物质性质的极大影响。

（2）絮凝剂浓度及相对分子质量对絮凝活性的影响

和其他絮凝剂一样，微生物絮凝剂的絮凝效率也受其浓度的影响，在较低浓度范围内，随絮凝剂浓度的提高，絮凝效率升高，但达到最高点后，再增加絮凝剂的浓度，絮凝效率反而降低。在强酸性废水处理过程中，随着 MFH（以纤维素为原料生产的复合型生物絮凝剂）投加量的增加，沉降速度明显加快。

微生物絮凝剂的相对分子质量大小对絮凝剂的絮凝活性至关重要。相对分子质量大，吸附位点就多，携带的电荷也多，中和能力也强，桥联作用和卷扫作用明显。分子形状也是影响因素之一，直链状的要比支链或者交联的效果好。微生物絮凝剂通过吸附架桥使水中的悬浮颗粒沉淀下来，而絮凝剂的成分中含有亲水的活性基团，如羟基、羧基等，这些活性基团更有助于絮凝剂分子与悬浮颗粒间的吸附架桥。目前已分离纯化的微生物絮凝剂都是多聚糖和蛋白质之类的生物大分子，除少数外，相对分子质量大都在几十万至几百万。而相对分子质量的减少会导致絮凝剂的絮凝活性降低，例如絮凝剂的蛋白质分解后，相对分子质量减小，絮凝活性明显下降。

（3）絮凝条件对絮凝活性的影响

除了被絮凝物质和絮凝剂本身的浓度和分子量外，影响微生物絮凝剂絮凝能力的因素还包括温度、pH、无机金属离子等工艺条件。

① 温度

温度直接影响微生物絮凝剂的分子运动状态。随着温度的上升，絮凝剂分子运动速度加快，有助于絮凝反应。温度对一些微生物絮凝剂的活性有较大影响，主要是因为这些絮凝剂的蛋白质成分在高温变性后会丧失部分絮凝能力，所以由多聚糖构成的絮凝剂就不受温度的影响。例如 *Aspergillus sojae* 产生絮凝剂在温度为 30～80℃时，活性最大，高于或低于这个温度活性便迅速下降；*Rhodococcus erythropolis* 产生的絮凝剂在 100℃的水中加热的 15 min 后其絮凝活性下降 50%；而 *Paecilomyces sp.* 产生的聚半乳糖胺絮凝剂在 0～100℃时絮凝活性几乎不变。

② pH

絮凝剂的絮凝能力受 pH 影响是因为酸碱度的变化会改变生物聚合物的带电状态和中和电荷的能力以及被絮凝物质的颗粒表面性质（如带电情况）。絮凝剂和悬浮颗粒表面的带电性情况对絮凝效果有直接影响。不同的微生物絮凝剂对 pH 的敏感程度也不一样，微生物絮凝剂只能在一定的 pH 范围内表现出絮凝活性，超过这一范围，反应体系酸碱度的变化不仅会改变微生物絮凝剂的带电状态和中和电荷的能力，而且絮凝物质的颗粒表面性质也会改变。研究表明同一种微生物絮凝剂絮凝不同的物质时，拥有不同的最适 pH。如真菌 *Pecilomyces sp.* 产生的絮凝剂聚半乳糖胺，在 pH 为 4～7.5 时，絮凝能力最强；当 pH 为 3 或 8 时，絮凝能力急剧下降为 0。*Aspergillus sojae*、*Pseudomonas aeruginosa*、*Staphylococcus aureus*、*Corymbacterium brevicale*、*Streptomyces vinaceus* 在 pH 为 3～5 表现出絮凝能力，但在 pH 为 7～9 时即丧失絮凝能力，原因是高 pH 使酵母细胞表面的带电量减少。

③ 金属离子与其他无机离子

有些微生物絮凝剂中含有金属离子，金属离子可以加强生物絮凝剂的桥联作用和中和作用,对微生物絮凝剂的絮凝活性有重要意义,其至是必需的条件。即使对于不含有金属离子的微生物絮凝剂,添加一些金属离子也能够提高絮凝活性。例如,$Hansenula$ $anomala$ 的絮凝和非絮凝菌株细胞壁的脂肪酸和氨基酸的组分与含量虽无较大差别,但其金属离子含量有着极大的差异,前者 Ca^{2+}、Mg^{2+} 和 Na^+ 的含量远比后者高。

各种离子在絮凝剂中的作用得到较为深入的研究。Ca^{2+} 可以显著提高微生物絮凝剂的活性。对于一些微生物来说,形成絮凝体必须有 Ca^{2+} 的参与,但对另一些微生物却不是这样。一般认为,钙离子的作用是起化学桥联作用,在絮凝微生物细胞之间联结细胞表面的蛋白质和多糖。添加 Mg^{2+} 也能够提高微生物絮凝剂的活性,但关于镁离子的作用研究者根据各自的研究结果得出的结论并不一致。Na^+ 可以增加絮凝剂的活性,但达到一定浓度后,再提高 Na^+ 的浓度对增加絮凝活性的意义不大。除上述 3 种金属离子之外,Fe^{3+} 和 Al^{3+} 对絮凝活性也有作用,但这两种离子在低浓度时可以提高微生物絮凝剂的活性,达到一定浓度后,反而会抑制絮凝物的形成。

各种金属离子对于絮凝机理不同的微生物絮凝剂的影响不一致。对 $K.marianus$ 产生的絮凝剂来说,Ca^{2+}、Co^{2+}、Mn^{2+}、Sr^{2+}、Mg^{2+} 以及 Ce^{3+}、Al^{3+} 的效应基本相似,都能促进絮凝,但均不如 Fe^{2+} 和 Sn^{2+}。而对于 $S.cervisiae$,Ce^{3+} 根本不能促进絮凝,而 Al^{3+} 仍能很好地提高絮凝效果。二价离子中的 Ca^{2+}、Co^{2+}、Mn^{2+}、Fe^{2+} 和 Mg^{2+} 能够有效地加快絮凝,而 Sn^{2+} 和 Sr^{2+} 效果较差。铁离子和碳酸根离子对 $Paecilomyces$ $sp.$ 产生的絮凝剂的活性有一定的抑制作用。

2. 生物絮凝剂的实际应用

生物絮凝剂作为一种新型絮凝剂,因其绿色、无污染的特性,在污废水处理领域得到了广泛的应用,主要包括去除悬浮颗粒物、改善污泥沉降性能、脱色等作用。

(1)废水悬浮颗粒的去除

在含有大量极细微浮固体颗粒(SS 浓度为 370 mg/L)的焦化废水悬浮液中,加入 2% 的 $Alcaligenes$ $latus$ 培养物,并加入 Ca^{2+},废水中即形成肉眼可见的絮凝体。这些絮凝体可以得到有效的沉降去除,沉降后上清液的 SS 浓度为 80 g/L,去除率为 78%。而原来曾用聚铁絮凝剂处理同样溶液,效果并不好,SS 的去除率仅为 47%。

(2)污泥沉降性能的改善

将从 $Rhodococcus$ $erythropolis$ 中分离的絮凝剂加入已发生膨胀的活性污泥中,可以使污泥的污泥体积指数(SVI)从 290 下降到 50。在活性污泥中添加絮凝微生物可以促进污泥的沉降,但不会降低有机物的去除效率。用 R. $erythropolis$ 的培养物 2 mL 和 5 mL 11% 的 Ca^{2+} 溶液,处理 95 mL 浓缩后的污泥,可使污泥体积在 20 min 内浓缩为原来的 92%,上清液的 OD_{560} 值小于 0.05。

(3)废水脱色

现在常用的絮凝剂难以去除有色废水中的有色物质,而用 $Alcaligenes$ $latus$ 培养物处理某造纸厂有色废水时(在 80 L 废水中加 2 L $Alcaligenes$ $latus$ 培养物和 1.5 mL 1% 的聚氨基葡萄糖),即可在废水中形成肉眼可见的絮凝,浮于水面,脱色率为 94.6%,下层清水的透光率几乎与自来水相近。

（4）含油废水的处理

用 *Alcaligenes latus* 培养物可以很容易地将棕榈酸从其乳化液中分离出来，向 100 mL 含 0.25％的乳化液中加入 10 mL *Alcaligenes latus* 培养物和 1 mL 聚氨基葡萄糖后，在细小均一的乳化液中即形成明显可见的油滴。这些油滴浮于废水表面，有明显的分层，下层清液的 COD 从原来的 450 mg/L 降为 235 mg/L，去除率为 48％，效果明显优于常规的无机絮凝剂和人工合成高分子絮凝剂。这种微生物絮凝剂不仅有望用于乳化液的油水分离，也可为海上溢油控制提供一种安全有效的絮凝剂。

（5）畜牧场废水的处理

生物絮凝剂可有效去除畜牧场废水中较高浓度的总有机碳（TOC）和总氮（TN）。在 80 mL 畜牧废水中加入 100 mL Ca^{2+} 溶液（1％）和 5 mL R. *erythropolis* 的培养物，可以使 TOC 从原来的 1 420 mg/L 下降到 425 mg/L，使 TN 从 420 mg/L 降为 215 mg/L，去除率分别为 70％和 49％。同时废水的 OD_{560} 值从 8.6 降为 0.02，出水基本是无色澄清的。

（6）瓦厂废水

瓦厂废水主要有坯体（含黏土）和釉药废水（黏土和釉药）两种，添加 R.*erythroplois* 产生的絮凝剂 5 min，坯体废水的 OD_{560} 从 1.40 降为 0.043，釉药废水的 OD_{560} 从 17.20 降为 0.35，处理后的上清液几乎是透明的。

（7）重金属废水的处理

重金属（如镉、铅、砷、汞、铬）废水是一类常见的工业废水，对环境及人体健康危害极大。通过使用微生物菌剂 GA1（MBFGA1）去除含铅废水中的 Pb（Ⅱ），当 MBFGA1 分两段添加时，Pb（Ⅱ）的去除率达到了 99.85％。而从污泥中分离出一种利用自身合成 EPS 处理重金属废水的梭状芽孢杆菌，该絮凝剂对镍、铁、锌、铝、铜的去除率分别可达 85％、71％、65％、73％、36％。

（8）其他方面的应用

已有的研究表明，微生物絮凝剂可以对包括细菌、真菌、放线菌以及藻类在内的大多数微生物产生絮凝作用。因此，微生物絮凝剂不仅可以应用于废水处理，更可以成为发酵工业和食品工业中安全有效的絮凝剂，为取代传统工艺中离心和过滤分离细胞的方法提供了可能。将 R. *erythropolis* 的絮凝剂用于回收发酵废液中有用的产品。使用时添加金属阳离子或保持在酸性条件下（pH 为 3.9），絮凝后，出水中的 COD 为 15 600 g/L、SS 为 114 mg/L。而不使用絮凝剂时，出水中的 COD 为 17 800 mg/L、SS 为 5 190 mg/L。由此可见，使用絮凝剂可以大幅度降低出水的 SS 值，并回收有益的物质。微生物发酵工业中应用微生物絮凝剂的优点是节约大量能源，但目前尚缺乏这方面的实际应用研究。

7.4 生物吸附剂

7.4.1 生物吸附剂的基本概念

生物吸附最初用于描述微生物细胞通过生物化学吸附过程去除水溶液中的金属或非

金属物质。然而,随着对生物吸附技术的研究不断深入,越来越多的材料可以用于生物吸附,这一概念不再局限于微生物。现在,我们通常将利用某些生物的特殊结构或独特组成对水中的颗粒物、金属离子和非金属化合物进行分离的过程称为"**生物吸附**"。生物吸附是物质通过共价、静电或分子力的作用被吸附在生物表面的现象,包括生物对重金属离子的螯合、络合、离子交换、转化和吸附等。

生物吸附剂是能够吸附重金属和其他污染物的生物体或由其制备的衍生物。广义上,生物吸附剂包括微生物菌体以及其他生物材料,如壳聚糖等。作为一种新兴的重金属和有机污染物去除材料,生物吸附剂具有以下诸多优点,展现了良好的应用前景。

(1) 生物吸附剂的操作适应性广,可以在各种 pH、温度及其他溶液条件和加工过程下操作。

(2) 由于金属具有选择性高的优点,生物吸附剂能从溶液中吸附重金属离子而不受到碱土金属离子的干扰。

(3) 受金属离子浓度影响小。生物吸附剂在低金属离子浓度($\leqslant$10 mg/kg)和较高的金属离子浓度($\geqslant$100 mg/kg)下均具有良好的金属吸附能力。

(4) 对有机物具有较好的耐受力。有机污染物浓度不大于 5 000 mg/kg 时,对金属离子的吸附不会产生影响。

(5) 再生能力较好,具有简单的再生步骤,且再生后其吸附能力无明显降低。

(6) 价格便宜、成本低、无二次污染。

(7) 金属可以得到回收利用。

7.4.2 生物吸附剂的种类

生物吸附剂种类繁多,按照其来源可以分为细菌生物吸附剂、真菌生物吸附剂、藻类生物吸附剂和壳聚糖生物吸附剂。

1. 细菌生物吸附剂

已有研究表明细菌及其产物对溶解态金属离子具有很强的吸附作用。用来吸附去除重金属的细菌菌株,大多是从矿坑水、矿土、矿区土壤或富含重金属的污水中分离出来的对重金属有耐受性的细菌菌株以及工业生产中的废菌株。

细菌主要分为革兰氏阳性菌和革兰氏阴性菌,其中革兰氏阳性菌的细胞壁较厚,含有丰富的肽聚糖(细胞壁 90% 由肽聚糖组成)和大量的特殊组分磷壁酸。磷壁酸是一种酸性多糖,它是革兰氏阳性菌细胞壁特殊组分,由核糖醇(ribitol)或甘油(glyocerol)残基经由磷酸二键互相连接而成的多聚物。革兰氏阴性菌细胞壁中肽聚糖只占 10%,在肽聚糖的外层有 8~10 nm 厚的脂多糖。脂多糖是脂类和多糖紧密相连在外层而形成的特异的脂双层结构,一般由核心多糖和 O-侧链多糖两部分组成。细菌细胞壁上的羧基和氨基或结构蛋白上的 N、P、O 等原子是细菌与重金属吸附的常见位点。

细菌对大多数金属阳离子有吸附作用,但不同细菌对不同离子的吸附效果有所不同,其中对 Zn^{2+}、Cd^{2+}、Al^{3+}、Cu^{2+} 等金属离子吸附能力较强。用于生物吸附的细菌种类繁多,芽孢杆菌属(*Bacillus*)的菌株是其中一种典型的生物吸附剂。如地衣芽孢杆菌(*Bacillus lichenifor mis*)R08 对 Pd^{2+} 有较强的吸附能力，45 min 吸附量可达 224.8 mg/g；用多粘芽孢杆菌(*Bacillus polym.xa*)吸附 Cu^{2+} 时也取得了较好的结果，吸附量可达 62.72 mg/g；现在用死芽孢杆菌制成了商业用途的球状的生物吸附剂 AMT - BIO - CLAI M 已获得了专利。假单孢杆菌菌属(*Pseudomonas*)菌株对重金属也具有较好的吸附能力。嗜硝酸盐假单胞菌(*Pseudomonas halodenitrifcan*)能吸附 Co^{2+} 并且能抵抗一价离子的干扰。此外，包括螺旋蓝细菌属(*Spirulina*)、念珠蓝细菌属(*Nostoc*)和鱼腥蓝细菌属(*Anabaena*)在内的蓝细菌，也能对重金属离心表现出吸附能力。最大螺旋蓝细菌(*Spirulina*)吸附 Cd^{2+} 时，Cd^{2+} 和干细胞的最大吸附量分别可达 43.63 mg/g 和 37.00 mg/g。

2. 真菌生物吸附剂

真菌的细胞壁在结构上类似于植物的细胞壁，但在生物化学上有所区别。其细胞壁的主要成分几丁质和多糖，在重金属吸附过程中起到了主要作用。由于真菌具有较为成熟的大规模工业化生产技术并常常作为工业生产的废弃物，因而易于大量廉价地获得这些生物材料来制备生物吸附剂，同时可以减轻这些行业处理废弃菌体的负担，做到"以废治废"。此外，丝状真菌和酵母菌也容易利用不复杂的发酵技术在廉价的生长基质上培养。这些特点使得真菌吸附剂在重金属生物吸附领域获得较为广泛的研究。

许多真菌都可用作生物吸附剂，如酵母、霉菌等。真菌不仅对单个金属能有效地吸收，同一菌体可吸附多种金属。例如，酿酒厂的废菌体啤酒酵母(*Saccharomyces cerevisiae*)可以吸收多种重金属离子和放射性核素，而且不易受水中常见的离子 K^+、Na^+、Ca^{2+}、Mg^{2+} 及盐度的影响。曲霉属的一些真菌菌株对多种重金属和放射性核酸的吸附效果也很好。研究表明酱油曲霉对铅和镉的吸附率高达 69.76% 和 72.28%；同时，米曲霉对铅和镉也具有良好的吸附效果，吸附率分别为 60.64% 和 81.34%。根霉属(*Rhizopus*)的真菌菌株对大多数的金属也具有良好的吸附效果。黑根霉(*Rhizopus nigricans*)能够快速吸附 Ag^+、Li^+、Pb^{2+}、Fe^{2+}、Al^{3+} 等金属离子，其最大吸附容量为 140~160 mg/g 干重。其他一些真菌，如白腐真菌对铅有很好的吸附效果，吸附量高达 108.4 mg/g，吸附率可达 95% 左右。

3. 藻类吸附剂

藻类是一类能够通过光合作用产生能量的生物，其中有属于真核细胞的藻类，也有属于原核细胞(如蓝藻门)的藻类。藻类种类繁多，目前已知有三万种左右。早在 50 年前，人们就发现了藻类具有富集重金属的能力，但直到 20 世纪 80 年代，人们才开展了藻类在环境领域的应用研究。和传统吸附剂相比，藻类具有更强的吸附性能，不管是海洋微藻还是大型海藻都可以吸附多种金属离子，如 Co^{2+}、Cd^{2+}、Ag^+、Cu^{2+}、Zn^{2+}、Mn^{2+}、Pb^{2+}、Au^+ 等吸附量往往很高。它们可用于水质的净化及贵重稀有和放射性金属的回收，具有较大的潜力发展为生物吸附剂。对于海洋资源丰富的国家和地区，发展海藻生物吸附技术并应用于环境领域具有十分广阔的前景。开展这一技术的研究必将为人类对环境的治理和保护提供新的思路。我国具有很长的海岸线，藻类资源尤其丰富，充分地开展藻类生物吸附剂的研究实现环境污染治理方面的生物新技术突破势在必行。

各种藻类具有不同的结合金属的性质，这与不同科属海藻的细胞壁成分的差异有关。

不同的细胞壁成分会使细胞壁上产生不同的吸附位点。藻类的细胞壁结构一般是网状结构,通常含有纤维素、海藻酸和聚合物这三种成分,这些组分中的羧基、氨基、羟基和酰胺基等官能团在生物吸附中发挥了重要作用。

藻类生物吸附剂主要分为两类:活性藻类生物吸附剂和非活性藻类生物吸附剂。

(1) 活性藻类生物吸附剂

活性藻类生物吸附剂对 Cu^{2+}、Zn^{2+}、Cd^{2+}、Pd^{2+} 等金属离子吸附能力较强。对于活性藻类,重金属离子经过新陈代谢作用穿透细胞膜聚集到细胞内,再以各种形式与胞内有机物发生反应,储藏在细胞质或细胞器内。Cu^{2+} 和 Zn^{2+} 是藻类生长的必需元素,浓度适中促进藻类生长,浓度过高会对藻类造成毒害甚至杀死藻类。

面对环境中重金属的致毒效应,一些活性藻类生物经过长期进化从而形成了特殊的调节机制来适应环境,它们不仅将其对自身的危害降到了最低,而且具有修复高浓度重金属废水的能力。研究表明,藻类细胞中的金属硫蛋白、植物络合素、谷胱甘肽等大分子物质对进入细胞里的重金属离子吸附起着主要作用。植物络合素是一类由重金属离子诱导而在植物体内合成的小分子多肽,它能够螯合重金属,从而起到对重金属解毒的作用。金属硫蛋白是一类基因编码的低分子量富含半胱氨酸的金属结合蛋白,具有非常高的金属结合能力,是细胞内重金属离子(如 Cd^{2+}、Zn^{2+}、Cu^{2+} 等)的主要细胞毒理防御和调节的重要分子。谷胱甘肽是机体内非蛋白硫醇的主要来源,其含有的巯基能够与重金属直接结合。例如,使用重金属处理硅藻($Phaeodactylum\ Tricornutum$)2 h 后发现,硅藻细胞中约 50% 的谷胱甘肽用于合成植物络合素。谷胱甘肽不仅是植物络合素合成的底物,也是机体内重要的抗氧化物质,在谷胱甘肽-抗坏血酸循环(Halliwell-Asada 途径)中发挥重要的抗氧化作用。

(2) 非活性藻类生物吸附剂

活性藻类虽然具有较强的生物吸附性能,但其应用局限性较大。生物体中的蛋白质等高分子生物有机化合物可以络合重金属离子,导致生物体生长受阻以致死亡。废水环境中有害金属及其他生物毒性物质含量偏高,超过了生物体生长承受的能力,且 pH 波动较大,会限制生物体的生长,不利于维持生物体活性。一般来说,树脂类生物吸附剂通常可以通过洗脱过程得以重复利用,这一过程中常使用酸碱溶液试剂。然而,这些试剂可能会对生物体产生杀伤作用。因此,使用活细胞分离和去除金属离子的操作难度较大,需要采取相应措施来保护生物体的生命和健康。后来,人们将目光转向了对非活性生物体的研究与应用,并取得了令人满意的结果。实际上,非活性生物体对重金属的富集能力并不比活性生物体差,甚至要高于活性生物体。这主要由于细胞死亡之后,藻类细胞壁的大部分碎裂导致更多的内部功能团被暴露在细胞表面,从而更有利于非活性藻类对重金属离子的吸附。相比于活性藻类生物吸附剂,非活性藻类吸附不受环境条件的影响,不需要生长的能源,不仅可以通过物理和化学处理后增强吸附容量,而且可以采用洗脱液进行洗脱、再生,从而达到重复利用的效果。

非活性藻类对重金属离子的吸附过程是一个复杂的物理化学过程,主要是由其细胞壁的组成和性质决定的。非活性藻类的生物吸附现象不依赖于新陈代谢,有类似于离子交换树脂或活性炭的化学特性,相对速度快并具有可逆性。目前,普遍认为非活性藻类细胞对重金属离子的生物吸附的机理主要有表面络合、离子交换、物理吸附、氧化还原及微沉淀等作用。

4.壳聚糖吸附剂

壳聚糖又称脱乙酰基甲壳素,是天然多糖甲壳素脱除部分乙酰基的产物,是唯一的天然碱性多糖。甲壳素在自然界中分布广泛,储量居于纤维素之后。它广泛存在于海洋节肢动物的甲壳、昆虫的甲壳、菌类和藻类细胞膜、软体动物的壳和骨骼及高等植物的细胞壁中。壳聚糖分子的基本单元是带有氨基的葡萄糖(图7-6),分子内同时含有氨基、乙酰基和羟基。较多的氨基和羟基官能团是壳聚糖吸附重金属离子的主要活性位点。同时,壳聚糖官能团具有高化学反应性,分子链具有高的灵活性,这些特点都使壳聚糖对重金属离子具有良好的分离效果。例如,含二硫键的壳聚糖基螯合树脂,对铅离子和汞离子的去除效果分别为 152 mg/g 和 171 mg/g。将壳聚糖作为基体材料来设计和合成吸附剂具有高的吸附效果、快的吸附速率的显著特点。此外,壳聚糖原料丰富、易于获得、绿色无害,在生物吸附剂的应用方面具有潜在的前景。

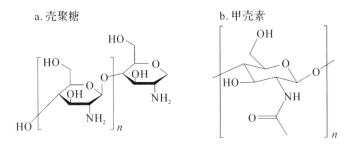

图7-6 壳聚糖和甲壳素结构式

然而壳聚糖具有机械强度低、在酸性介质中不稳定、孔隙率低等缺点,不能直接作为吸附剂,这大大限制了其在含重金属废水处理的应用范围。因此,需要对壳聚糖进行改性,从而使其更加适合废水中重金属离子的吸附。壳聚糖的改性从化学性质上可以分成物理改性和化学改性两种。物理改性主要指经过高温煅烧、制孔、冷冻等方式改变壳聚糖的物理性质,进而达到改性目的;化学改性通常又细分为酯化改性、醚化改性、交联改性、接枝改性等,其原理是通过对其分子架构上的官能团进行增添、改变从而达到改性的目的。

7.4.3 生物吸附剂的制备

1.细菌生物吸附剂的制备

天然菌体的机械强度低、密度低、颗粒小。因此,天然菌体用于金属离子回收必须使用连续搅拌罐反应器。在吸附金属之后,必须使用过滤、沉淀或离心的方法从溶液中分离菌体。这一过程成本高、效率低。因此,有必要把菌体转化成离子交换树脂和活性炭那样的形式。改进后的菌体必须具有类似于其他商用吸附剂的颗粒大小(0.5～1.5 mm)和颗粒强度、孔径、亲水性以及对腐蚀性化学品的抵抗力。这些特性可通过固定化工艺达到,利用载体通过物理或化学方法将微生物吸附剂经预处理固定后,吸附剂机械强度和化学稳定性增大,使用周期延长,可以提高废水处理的深度和效率、减少吸附-解吸循环中的损耗。常用的微生物细胞固定化材料包括明胶、纤维素、二氧化硅、海藻酸盐、聚丙烯酰胺、二异氰酸苯酯、胶原、液膜、金属氢氧化物沉淀和戊二醛等。

细菌菌体(如在酶和其他化学品的发酵中使用的芽孢杆菌)通过固定化制成无生命的颗粒状产品(图7-7),用于废水中金属离子的回收。颗粒化芽孢杆菌的某些特征使其成为处理重金属废水的理想体系。颗粒化芽孢杆菌对吸附的金属具有一定的选择性,可以同时从溶液中回收有毒重金属离子(如 Cr^{2+}、Cr^{6+}、Cu^{2+}、Hg^+、Ni^+、Pb^+ 和 Zn^{2+})。在实际应用中,由于不同重金属离子的化学性质及其在废水中的浓度等因素,颗粒化芽孢杆菌吸附多种重金属离子的效率和选择性可能会有所差异。

2. 真菌生物吸附剂的制备

把真菌菌体转化成生物吸附剂产品的过程就是如何把真菌废弃菌体转化成生物吸附剂的过程。这不仅可以降低生物吸附剂的生产成本,而且可以回收需作为废物处理的菌体材料。真菌生物吸附剂的生产过程与细菌吸附剂的生产过程类似,同样包括生物吸附剂的预处理以强化吸附效果、菌体的固定化或颗粒化等过程。

3. 海藻生物吸附剂的制备

用无生命的和活的海藻回收金属离子所使用的载体之一是将海藻细胞包埋在不溶性的海藻酸盐载体中。将海藻细胞的含水浆料与海藻酸盐按照一定合适比例混合,在多价金属离子(如钙离子)的作用下,可以形成含有包埋了海藻细胞的不溶性海藻酸盐珠,实现海藻细胞的固定化。这种海藻酸盐基质具有足够大的孔径,金属离子可以很容易地扩散并与海藻细胞结合。同时,海藻酸盐珠填充进柱之后对水压具有极好的抗性。

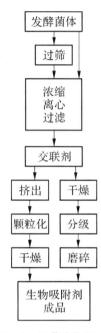

图 7-7 细菌生物吸附剂的制备流程

另一种实现海藻细胞固定化的载体是聚丙烯酰胺。聚丙烯酰胺-海藻细胞的固定化方法是以含有海藻细胞的水溶液中丙烯酰胺的自由基聚合作用为基础的。例如,将海藻菌体用 0.01 mol/L HCl 和 0.7% NaCl 溶液洗涤,沥干后加水制成海藻悬浮液,然后与丙烯酰胺和 N,N'-双甲叉-丙烯酰胺溶液混合。在 N,N,N',N'-四甲基二胺(TEMED)和过硫酸铵作用下聚合作用启动,聚合几分钟之后,在反应混合物表面小心地覆盖一层水,反应在 1 h 之内完成。产生的海藻载体经过筛和洗涤后即可使用。

近年来,商业上用于回收金属离子的一种固定化海藻产品是 AlgaSORB(生物回收系统有限公司,Las Cruce,NM 88003 美国),这种专利材料是将海藻细胞固定在硅胶载体中,适合在工业用途的分批或柱式反应器中使用。

4. 壳聚糖吸附剂的制备

以壳聚糖为基材制备吸附剂的方法一般有沉积法、水热法、交联法、冷冻技术等。沉积法是将壳聚糖溶于弱酸(醋酸)溶液后,将其倒入大量的不良溶剂(碱性溶剂)中(如氢氧化钠溶液或氨水),从而使壳聚糖成球并沉淀析出。通过对沉积条件的控制,还可以设计不同形貌的吸附剂。水热法是指在密封的压力容器里将壳聚糖溶于弱酸(醋酸)中,在高温高压条件下制备吸附剂。水热法制得的吸附剂微粒晶粒发育完整,粒径小,分布均匀,颗粒团聚较轻,还能设计特殊的结构。交联法是指壳聚糖与三聚磷酸酯等交联剂之间以共价键连接成网状或体型高分子的形态。冷冻技术是近几年兴起的一种技术,通过将壳聚糖冷冻干燥升华来制备多孔材料。

7.4.4　生物吸附剂的原理

生物吸附是指固相(生物吸附剂)与液相(溶剂)之间的传质过程,一般包括被动吸附和主动吸附。被动吸附是一个物理吸附过程,具有可逆性、速度快、不消耗能量等特点,在吸附重金属过程中占据主导作用。被动吸附主要通过细胞壁官能团与重金属离子和微量难降解有机物分子之间的范德华力、毛细力和静电作用等进行生物吸附。主动吸附则是一个依赖于活体新陈代谢的过程,具有不可逆、消耗能量等特点。主动运输是指生物体细胞膜上的蛋白质选择性地结合重金属离子,经过细胞新陈代谢和相关酶促反应,将重金属离子当作营养物质运输到细胞内,并在细胞内沉积积累。

由于细胞表面的细胞结构和成分的差异性以及外界环境因素的多样性,生物吸附剂的吸附原理变得相当复杂,还处于探索和研究阶段,所以还没有完全明确的定论。总的来说,吸附机理主要取决于吸附条件和生物体本身的结构特性。目前认为的吸附机理主要有离子交换作用、氧化还原作用、表面络合作用、静电作用和无机微沉淀作用等。在不同的环境情况下,这些机制可能单独存在,也可能同时存在,共同参与吸附过程。根据近些年的研究成果,我们把以上机理归纳为三类:细胞外吸附机理、细胞表面吸附机理和细胞内吸附机理。

1. 细胞外吸附机理

细胞外吸附机理是指微生物通过分泌某些物质释放到环境中,利用改变环境条件等使重金属离子发生沉淀作用,从而降低重金属离子对微生物的毒害作用。主要包括胞外多聚糖对重金属离子之间的定量化合反应、分泌物改变环境的理化性质等。这一吸附过程在多种细菌、真菌和藻类中都有发现。

一些微生物可以分泌糖蛋白、脂多糖和可溶性缩氨酸等细胞外多聚糖(exopolysaccharides,EPS),而这些 EPS 物质普遍含有一定数量能够吸附重金属的负电荷基团,对重金属有较强的吸附能力。EPS 的主要成分除了多糖外还有蛋白质、脂肪、草酸和黑色素等,这些物质在微生物对重金属的吸附过程中起到了关键作用。EPS 与重金属离子的主要分子作用有胞外吸附和络合作用,即细胞壁多糖上的活性基团(如巯基、羧基、羟基等)与重金属发生定量化合反应,同表面络合、离子交换、静电吸附等机理。例如,在重金属胁迫下,环境中的细菌如 *Bacillus brevis* 和 *Pseudomonas* sp.会释放多糖、脂类、蛋白质等胞外分泌物来沉淀重金属离子。黑曲霉分泌的 EPS 中草酸可以使 Ca^{2+}、Cd^{2+}、Co^{2+}、Cu^{2+}等重金属生成不溶性草酸,从水溶液中析出。此外,一些细菌通过向环境中分泌胞外分泌物来提高环境的 pH 使重金属离子发生絮凝沉淀,从而大大降低重金属离子对细菌的毒害。如 *Streptococcus* sp.会向胞外中分泌酵素来提高环境的 pH,实现对重金属的去除。

2. 细胞表面吸附机理

一般来说,无论是活性生物吸附剂还是非活性生物吸附剂,细胞壁都是吸附的关键部位。细胞壁是包在细胞表面最外层的坚韧而略带弹性的薄膜,与外界环境直接接触。当生物吸附剂处于环境污染暴露时,细胞壁是重金属离子和微量难降解有机物分子进入细胞的第一道屏障,对细胞有着重要的保护作用。细胞壁的结构和成分在很大程度上决定着其对重金属的吸收。细胞表面吸附机理主要包括表面络合机理、离子交换机理、氧化还原机理、静电吸引机理和无机微沉淀机理五个方面。

(1) 表面络合机理

表面络合机理是一种最常见的、最基本的生物吸附机理。微生物表面蛋白质、多糖、脂类等物质含有巯基、羧基、羟基、氨基、磷酰基和硫酸酯基等活性基团,这些基团中的 N、O、P、S 等均可提供孤对电子,孤对电子能与重金属离子结合,在细胞表面形成络合物或螯合物,从而使溶液中的金属离子被吸附。

不同微生物吸附不同重金属参与络合的官能团不完全相同,这主要取决于微生物的结构特征和吸附条件。例如,假单胞菌对 Cu^{2+} 的吸附作用主要依靠其细胞壁上含有的高密度的—OH、—COOH、—PO_3,这些基团提供了许多负电荷基团来实现对 Cu^{2+} 的吸附;蜡状芽孢杆菌 RC 细胞壁上参与对 Cd^{2+} 络合作用的主要官能团有—OH、—NH、—CO 和—COOH。总的来说,—OH、—NH、—CO、—COOH、—SH 和—PO_3 等细胞表面官能团在微生物吸附重金属的过程中起到了重要作用。

此外,有研究表明重金属离子在微生物细胞壁上的吸附是可逆的。例如,黄孢原毛平革菌(*Phanerochaete chrysosporium*)吸附 Pb^{2+} 的过程中,Pb^{2+} 在吸附到细胞壁后又发生解吸重新回到溶液中,这是由于大量 H^+ 和 Pb^{2+} 竞争细胞壁上的活性官能团,使 Pb^{2+} 失去与官能团结合的机会。

(2) 离子交换机理

离子交换机理是指生物吸附剂的细胞壁上结合的离子与环境中的重金属离子发生交换作用,从而吸附固定重金属离子,通常在细胞吸附重金属离子的同时伴随着其他阳离子的释放。这一吸附过程在多种细菌、真菌和藻类中都有发现,但并不是主要的吸附机理。

离子交换机理是细菌、真菌、藻类等微生物表面吸附的主要吸附机理之一。其中一些离子,如 H^+、K^+、Ca^{2+}、Mg^{2+} 等在微生物吸附重金属的过程中起到了一定的作用。当溶液中存在重金属离子时,细胞壁上的部分质子和轻金属阳离子被其从吸附位点上置换下来。例如,利用扫描电子显微镜分析和 X 射线能量散射分析配合的方法来判断毛霉(*Mucor rouxii*)表面在 Pb^{2+} 暴露前后是否存在离子交换。结果显示,毛霉在 Pb^{2+} 暴露后,X 射线能量散射分析上出现了 Pb^{2+} 的光谱峰值,但暴露前原有的 K^+ 和 Ca^{2+} 的光谱峰值消失了。由此可见,Pb^{2+} 与细胞壁上 K^+ 和 Ca^{2+} 发生了离子交换。

(3) 氧化还原机理

氧化还原机理主要发生在一些多价态的重金属离子上。生物吸附剂表面的一些酶或多糖具有氧化或还原作用,可以与金属发生氧化还原作用,从而使金属元素的结构和化合价发生转变,生成单质或低价化合物,大大降低其毒性。例如,以甲壳素为原料合成的新

型吸附剂吸附 Cr^{6+} 时发现,部分 Cr^{6+} 被一些邻近的电子供体还原为 Cr^{3+} ,同时大部分 Cr^{3+} 以 $Cr(OH)_3$ 沉淀的形式附着于吸附剂表面。这表明在面对 Cr、Au 等多价态重金属离子时,生物吸附剂往往会通过氧化还原反应来缓解重金属的毒害。

(4) 静电吸引机理

静电吸引作用主要是利用生物体细胞表面的带电性,与溶液中带相反电性的金属离子及氧化物发生静电作用,从而达到吸附作用。吸附剂表面的带电性主要取决于官能团的带电性。由于大部分的生物吸附剂的天然原材料中的成分和官能团呈电负性,因此吸附剂表面也呈现电负性,从而实现对溶液中重金属阳离子的吸附。以毛木耳菌丝对 Cu^{2+} 的吸附作用为例,pH 对 Cu^{2+} 的吸附存在着明显的影响。在 pH 为 3 时吸附效果最佳,因为菌丝体表面的羟基化合物在酸性溶液中发生了大量电离,形成带负电荷的表面。同时,在酸性条件下,Cu 以 Cu^{2+} 的形式存在,因此菌丝体表面负电荷与 Cu^{2+} 发生静电作用。因此,毛木耳菌丝吸附金属的最佳 pH 范围为 3～5。

(5) 无机微沉淀机理

无机微沉淀主要是指微生物使重金属离子形成无机晶体沉淀,并积累在其细胞表面或者细胞内部,从而吸附固定重金属。易于水解而形成聚合水解产物的金属离子在细胞表面易形成无机沉淀。例如,通过 X 射线衍射分析可以发现,Pb^{2+} 在 *Bacillus subtilis* DBM 表面可以形成 $Pb_5(PO_4)_3OH$、$Pb_5(PO_4)_3Cl$ 和 $Pb_{10}(PO_4)_6(OH)_2$ 等晶体微沉淀。

值得注意的是,物理吸附也是细胞表面吸附机理之一。物理吸附即重金属离子依靠分子间的范德华力直接附着在藻类的细胞壁上,或者夹杂在细胞裂隙之间。但是以这种形式吸附的离子占离子吸附总量的比例极少,比如海藻在吸附 Cr^{3+}、Cd^{2+} 和 Cu^{2+} 的过程中,物理吸附的贡献小于 3.7%。

3. 细胞内吸附机理

生物吸附剂的细胞内吸附是发生在活体细胞中的、需要消耗能量的主动吸附。通常情况下,重金属离子和微量难降解有机物分子经转运穿过细胞壁、细胞膜进入细胞内部,在细胞内的酶促作用下通过离子泵、载体协助、脂类过度氧化和复合物渗透等过程进行生物转运、生物沉淀和生物积累。重金属污染物细胞内吸附机理主要两大类:一是合成独特的有机体内含物,比如合成磷酸钙不定形沉积颗粒物吸附 Zn 等重金属,合成磷酸酶颗粒积累 Cd、Cu、Hg 等重金属,合成血红素铁颗粒。二是合成金属硫蛋白。金属硫蛋白是一类具有结合金属能力和高诱导性的低分子量蛋白质,对多种重金属离子有高度亲和性,广泛存在于原核微生物、真核微生物、植物、脊椎动物和无脊椎动物中。金属硫蛋白具有如下四个主要特点。① 金属硫蛋白中的巯基既可以与重金属离子螯合形成无毒或者低毒的络合物,也可以在重金属胁迫下诱发产生·OH 进行氧化还原反应来降低氧化损伤;② 可以调节生物体细胞吸收必要的金属元素和解毒过量的重金属两个金属动态平衡过程;③ 当受到重金属胁迫时可在转录水平上由生物体诱导合成;④ 金属硫蛋白的含量与重金属离子浓度存在一定的正相关,可以较为真实地反映出重金属废水的污染程度。研究表明,许多野生大型真菌种类可以有效吸附并在体内积累重金属(如 Ag^+、Cd^{2+}、Pb^+ 等),如松果鹅膏菌和角鳞白鹅膏菌对 Ag^+ 具有超强的富集能力,蛹虫草能富集高浓度的 Zn^{2+} 和 Mn^{2+}。

7.4.5　生物吸附剂的应用

1. 生物吸附的影响因素

影响生物吸附的因素很多，宏观上讲，包括生物吸附剂和被吸附粒子本身的物理化学性质以及各种环境条件。以下将介绍 pH、温度、离子强度等环境条件对生物吸附的影响。

（1）pH

对大多数吸附过程而言，系统 pH 是影响吸附量的决定性因素。众多研究表明，吸附量随 pH 升高而增大，但金属吸附量与 pH 之间并不呈简单的线性关系。

由于 H^+ 与被吸附阳离子之间的竞争吸附作用，水溶液的 pH 是影响饱和吸附量的主要因素。所谓竞争吸附作用是指当溶液的 pH 很低时，H_3O^+ 会占据大量的吸附活性位点，阻止阳离子与吸附活性点的接触，导致吸附量下降。当溶液中 H^+ 浓度减小时，会暴露出更多的吸附基团，则有利于金属离子的接近并吸附在细胞表面上。另一方面，当 pH 降低时，金属离子的溶解度降低，从而减少了金属离子和吸附剂接触的机会，造成金属吸附量减少。但是 pH 过高也不利于生物吸附，因为当 pH 过高时，很多金属离子会生成氢氧化物沉淀，会使生物吸附无法顺利进行。一般认为，对大多数金属离子而言，生物吸附的最佳 pH 范围为 5～9。

（2）温度

温度主要通过影响生物吸附剂的生理代谢活动、基团吸附热动力和吸附热容等因素，进而影响吸附效果。

一般来说，活性生物体吸附重金属的主动吸收阶段需要能量，温度对它的吸附性能影响比较大；而非活体的生物体对金属离子的主动吸附主要依靠表面吸附，温度对它的吸附性能影响不大。从总体上讲温度的影响不会像 pH 那样明显。

（3）离子强度

溶液中欲被分离出的金属离子称为目标离子，其他金属离子和目标离子都有可能结合到吸附位点上，称为竞争性阳离子。实际上，竞争性阳离子对目标离子吸附的影响十分复杂，其机理还不完全清楚。所以在金属生物吸附中，竞争性阳离子对吸附的影响还没有确定的规律可循。

溶液中的阴离子也会对生物吸附产生影响，阴离子对金属吸附的影响源于阴离子和生物细胞壁对金属离子的竞争，主要是因为一些阴离子会与金属离子生成配合物，并且所生成配合物的稳定常数越大，和金属离子结合力就越强，其阻止吸附剂吸附金属的能力就越大。

2. 生物吸附剂的常见应用

生物吸附剂来源广，效果好，被广泛应用于重金属废水和毒害有机污染物废水处理中。

（1）生物吸附剂在处理重金属废水方面的应用

随着我国采矿、炼金、电解等领域的快速发展，水、土壤受到重金属污染的问题日益严重。其中，铅、铬、镉等可以通过食物链进行富集并最终在生物体内累积，破坏正常的生理代谢活动其至产生致癌、致畸、致突变作用。因此,含有重金属离子的废水成为一种对生态环境危害极大的工业废水。通常生物吸附剂可以用来处理含铅、镍、铬、隔、铜、锌、汞、砷等重金属废水。例如,使用黑根霉菌丝体吸附废水中的铅,在适宜的条件下,饱和吸附量可以达到 135.8 mg/g(未经处理)和 121 mg/g(明胶包埋)。

（2）生物吸附剂在处理毒害性有机污染物方面的应用

工业废水中的染料和酚类物质,以及持久性有机污染物比如多环芳烃等是具有代表性的有毒有机污染物,它们多数化学性质稳定,结构复杂,且难生物降解。大量研究表明生物吸附剂对毒害性有机污染物去除效果好,具有广泛的应用前景。下面介绍生物吸附剂对染料废水、酚类以及多环芳烃三种典型有机污染物的生物吸附。

① 生物吸附剂对染料废水的生物吸附。当溶液 pH 为 2 时,绿藻 *Chlorella vulgaris* 可用于 3 种乙烯砜型的活性染料 Remazol Black B、Remazol Red RR 和 Remazol Golden Yellow RNL 的吸附,并取得最佳吸附效果。绿藻 *Caulerpa scalpelliformis* 可用于吸附碱性黄,其最大吸附量可达到 27 mg/g。

② 生物吸附剂对酚类物质的生物吸附。苯酚和取代苯酚是广泛存在于制革废水中的有毒有机污染物。有研究发现,三种小球藻（*Chlorella vulgaris*）能够降解五氯苯酚（pentachlorophenol,PCP）,其中一种培养体能够将 13.8％ 的 PCP 矿化成 CO_2。

③ 生物吸附剂对多环芳烃的吸附。多环芳烃是指分子中含有两个或两个以上苯环的碳氢化合物,包括萘、蒽、菲、芘等 150 余种化合物。有研究发现,在藻-菌微型系统中,光合作用能增强对多环芳烃类污染物的生物吸附降解。

思考题

1. 简述生物塑料、生物基塑料和生物降解塑料三个概念的区别和联系。

2. 聚乳酸和聚 β-羟基丁酸酯有哪些生物降解途径? 环境因素是如何影响其降解效果的?

3. 生物农药抗虫的作用机制包括哪些?

4. 如何看待生物农药的安全性?

5. 生物合成絮凝剂会受到哪些因素的影响?

6. 生物絮凝剂在环境污染治理中有哪些应用? 其效果会受到哪些因素的影响?

7. 生物吸附剂有哪些种类?

8. 简述生物吸附剂的作用机理。

9. 生物吸附剂在污水处理中有哪些应用? 与传统吸附剂相比,具有哪些优势?

10. 本章主要介绍了生物塑料、生物农药、生物絮凝剂和生物吸附剂,请查阅资料并思考,生物技术还有可能在哪些材料开发领域发挥作用?

参考文献

[1] 欧阳平凯,姜岷,李振江,等.生物基高分子材料[M].北京:化学工业出版社,2012.

[2] Syed Ali Ashter. Introduction to Bioplastics Engineering [M]. New York: William Andrew

Publishing，2016.

　　[3] 黄耿.我国生物农药推广存在的问题与对策研究[D/OL].成都:西南财经大学,2013[2022-12-27].

　　[4] 马放,段姝悦,孔祥震,等.微生物絮凝剂的研究现状及其发展趋势[J].中国给水排水,2012,28(2):14-17.

　　[5] 陈波.微生物絮凝剂在污水处理中的应用前景[J].化工管理,2020(30):116-117.

　　[6] 杨传平,姜颖,郑国香,等.环境生物技术原理与应用[M].哈尔滨:哈尔滨工业大学出版社,2010.

　　[7] 马放,冯玉杰,任南琪.环境生物技术[M].北京:化学工业出版社,2003.

第8章 环境生物资源化技术

随着经济和社会的高速发展以及世界人口激增,石化资源越来越少,同时废弃物的排放也日益增加。因此,如何通过环境生物技术实现废弃物资源化,在高效处理废弃物的同时提供人类社会发展所需的资源和能源,成为实现经济社会可持续发展的关键环节。本章将从废物资源化的角度,介绍利用生物技术从废物中生产供人畜使用的单细胞蛋白,以及利用废物生产乙醇、氢气和甲烷等生物燃料。此外,针对传统煤矿、冶金和石油开采行业中存在的污染高、成本大的问题,我们将介绍如何利用环境生物技术提高传统矿业效能,并采用降低环境污染的技术方法。

8.1 废物资源化单细胞蛋白技术

8.1.1 单细胞蛋白的概念与化学组成

1. 单细胞蛋白的概念

世界人口不断增长,到 2050 年预计将达到 90 多亿人。畜牧业在为人类提供必需的动物性蛋白质,改善生计的同时,也通过当代农业进行的相关动物饲料生产,造成全球环境污染。对畜产品的需求不断增长带来了一系列严重的全球环境问题,包括大规模砍伐森林、土地利用变化造成的温室气体排放和生物多样性丧失以及由于植物-土壤系统氮肥吸收效率低和动物粪便管理中的养分损失而导致的全球氮污染。这些环境影响主要是由生产富含蛋白质的用于喂养牲畜作物驱动的。据估计,为了满足牲畜生长,到 2050 年的全球粮食产量需求将进一步增加 30%~60%,通过土地扩张或集约化来满足这种不断增长的食物需求都会导致负面的环境影响。种植蛋白质作物以喂养牲畜的另一种替代方法是使用细菌、酵母、真菌和藻类等微生物进行微生物蛋白的工业生产,也称为单细胞蛋白(single cell protein, 简称 SCP)。单细胞蛋白可以在集约化、密闭和高效的高速率好氧发酵反应器中生产,并且可以通过替代饲料甚至食品中的传统作物蛋白质,将蛋白质生产与农田耕种和农业污染脱钩。据预测,到 2050 年,微生物蛋白质可以取代 10%~19% 的作物和动物性蛋白质。

单细胞蛋白是指通过大规模培养细菌、酵母菌、霉菌或微型藻类等微生物,在其中提取蛋白质或生物菌体,以作为人类食品和动物饲料的蛋白来源。术语"单细胞蛋白"是由美国麻省理工学院的 Carroll Wilson 教授于 1966 年首次提出的。1967 年召开的第一届世界单细胞蛋白会议将微生物菌体蛋白统称为单细胞蛋白,并明确指出单细胞蛋白可作为人类生产和生活中新的蛋白质资源。

单细胞微生物可利用各种基质,例如碳水化合物、碳氢化合物、石油副产品、氢气和有机废水,在适宜条件下生产单细胞蛋白。根据所用微生物种类的不同,单细胞蛋白可分为酵母蛋白、细菌蛋白和霉菌蛋白;根据所利用的碳源的不同,可分为石油蛋白、乙醇蛋白和甲醇蛋白;根据产品的用途可分为食用蛋白和饲料蛋白等。单细胞蛋白具有广泛的应用领域,既可用作人类食品,也可作为畜禽养殖饲料,还可用作工业原料,用于合成纤维亲水剂、各种填料、增稠剂、乳化剂和稳定剂等微生物培养基的成分。

单细胞蛋白同传统的动植物蛋白相比有许多优点,主要包括:

(1)生产周期短,效率高。在最佳条件下,微生物能以惊人的速率生长,酵母在 $1\sim3$ h 可增殖一倍,生长环境适宜的情况下,细菌繁殖周期为 $0.5\sim1$ h。根据计算,体重为 500 kg 的食用牛,每天能增加 0.48 kg 蛋白质(牛肉);在相同时间里,同样质量的酵母菌可产生 1 000 kg 以上的蛋白质。

(2)易定向筛选。微生物比植物和动物更容易进行遗传操作,更宜于大规模筛选高生长率的个体,更容易实施转基因技术。

(3)原料广泛。农副业的废料、化学原料以及工农业废料等均可生产单细胞蛋白。微生物的培养基来源很广泛、低廉,特别是可利用废料,如有些能利用植物的"残渣"——纤维素作原料。

(4)易于制造,劳动生产率高。微生物能在相对小的连续发酵反应器中大量培养,可进行工业化生产便于准确规划和实现高水平的自动化,占地小,不与农作物竞争耕地,不依赖于气候以及季节条件。

(5)营养价值高。微生物有相当高的蛋白质含量,且氨基酸组成齐全,并富含维生素,因而营养价值大。

(6)环境友好。因单细胞生物的培养过程是生物学过程,所用菌种均安全无毒,不会引起环境污染。当用各种废物作为原料时,既可以得到蛋白质产品,同时还可以减少环境污染物的排放。

尽管单细胞蛋白具有诸多优点,发展和使用单细胞蛋白仍需注意以下问题。

(1)单细胞蛋白的核酸含量高,若是人食用的单细胞蛋白必须除去核酸。

(2)单细胞蛋白可能会富集一些重金属之类的有毒物(特别是当生产单细胞蛋白的原料为工业废水时),而且微生物可能会产生一些毒素。

(3)尽可能地降低单细胞蛋白的生产成本。

2. 单细胞蛋白的化学组成

微生物菌体的 $70\%\sim85\%$ 为水分,干物质中所含的营养物质丰富,含有大量游离氨基酸、多种维生素、碳水化合物、脂类和矿物元素,以及丰富的酶类和生物活性物质,此外还含有未知生长因子。这些营养物质共同组成细胞质团。

碳水化合物和蛋白质是微生物细胞干物质的主要成分(表 8-1)。微生物菌体中碳水化合物的含量在细菌中一般为干重的 $15\%\sim30\%$,在酵母菌中为 $25\%\sim40\%$,在丝状真菌中较高,为 $30\%\sim60\%$。蛋白质的含量在细菌中一般为干重的 $40\%\sim80\%$,在酵母菌

中为 $35\% \sim 60\%$，在丝状真菌中稍低，为 $15\% \sim 50\%$。与传统食品的营养成分相比（表8-2），微生物菌体中蛋白质含量均高于禾谷类。在组成单细胞蛋白的氨基酸中（表8-3），一般赖氨酸含量高，含硫氨基酸含量较低，其他各类的氨基酸含量都是比较丰富的，总的含量稍差于鱼粉，但优于大豆。其中石油酵母产生的单细胞蛋白中各种必需氨基酸与大豆蛋白质中的含量极为接近。

表 8-1　微生物细胞的化学组成（占干物质的百分比）

微生物类别	碳水化合物	蛋白质	核酸	脂类	灰分
酵母菌	$25\% \sim 40\%$	$35\% \sim 60\%$	$5\% \sim 10\%$	$2\% \sim 50\%$	$3\% \sim 9\%$
丝状真菌	$30\% \sim 60\%$	$15\% \sim 50\%$	$1\% \sim 3\%$	$2\% \sim 50\%$	$3\% \sim 7\%$
细菌	$15\% \sim 30\%$	$40\% \sim 80\%$	$15\% \sim 25\%$	$5\% \sim 30\%$	$5\% \sim 10\%$
小球藻	$10\% \sim 25\%$	$40\% \sim 60\%$	$1\% \sim 5\%$	$10\% \sim 30\%$	6%

表 8-2　常见农作物中的营养成分

品种	成分					
	水分	粗蛋白	粗脂肪	可消化碳水化合物	粗纤维	灰分
大米	13.7	8.13	1.29	75.5	0.88	1.06
小麦	13.4	9.6	1.2	72.8	0.9	2.1
大豆	11.19	36.99	17.76	24.85	4.7	4.6

表 8-3　不同 SCP 中蛋白质含量及氨基酸组成

品种	氨基酸											
	异亮氨酸	亮氨酸	苯丙氨酸	苏氨酸	色氨酸	缬氨酸	精氨酸	组氨酸	赖氨酸	蛋氨酸	半胱氨酸	蛋白质
FAO 参考	4.0	7.0		1.0		5.0			2.5		2.0	
大豆粉	2.5	3.4	2.2	1.7	0.6	2.4	3.2	1.1	2.9	0.6		46.4
鱼粉	2.4	3.7	2.1	2.4	1.3	2.8	3.9	1.5	4.3	1.2		62.3
酵母（正烷烃）	2.7	3.9	2.4	2.0	0.7	2.9	2.7	1.3	3.8	0.8		61.0
酵母（甲醇）	2.6	3.7	2.3	2.4	0.8	2.7	3.3	1.1	3.6	0.9		60.2
酵母（乙醇）	3.2	4.6	2.8	2.8	0.8	3.9	3.1	1.1	3.7	1.0		53.0
细菌（甲醇）	3.6	5.6	2.9	3.8	0.7	4.3	3.7	1.5	4.9	2.0		83.0
霉菌（乙酸）	5.5	8.2	4.3	4.9		6.4			5.5	1.8		49.2
担子菌菌丝（乙醇）	2.4	3.8	1.3	2.4		3.4	4.2		4.3	0.5		55.1
小球藻（光合成）	4.2	8.1	5.1	3.6	1.5	5.9	5.8	1.8	7.7	1.3		58.2

品种	氨基酸											
	异亮氨酸	亮氨酸	苯丙氨酸	苏氨酸	色氨酸	缬氨酸	精氨酸	组氨酸	赖氨酸	蛋氨酸	半胱氨酸	蛋白质
氢细菌	5.3	9.5	5.1	5.3		8.1	8.0	2.8	6.4	2.8		75.0
酵母（棕榈油）	4.3	6.5	4.2	4.7		4.9	3.9	2.0	6.0	2.6	1.6	46.8

微生物菌体其他组成成分中,脂质的含量在细菌中一般为干重的 $5\%\sim30\%$,在酵母菌和丝状真菌中为 $2\%\sim50\%$,不同的条件下得到的脂质含量差异较大。单细胞蛋白所含维生素有 B_1、B_2 以及 β-胡萝卜素、麦角固醇,B_{12} 稍有不足。另外,磷、钾含量丰富,但钙的含量较少。因此,若在微生物蛋白中补充甲硫氨酸(含硫)维生素 B_{12} 和钙,则可获得与鱼粉同样的营养效果。由此可见,单细胞蛋白可以作为优质的饲料添加剂,能有效地促进鱼、虾、猪、鸡的生长。

微生物菌体中的各种成分的含量随所采用菌种的类别及培养基组成、培养条件及生长时间的不同而有一定的差异。例如,脂类含量与培养基的碳氮比关系很大,核酸含量在对数生长期最高。

8.1.2　单细胞蛋白的生产

1. 生产单细胞蛋白的微生物

生产单细胞蛋白的微生物主要有四大类群,即酵母菌、细菌、霉菌和藻类。目前生产单细胞蛋白的常见微生物见表 8-4。

表 8-4　生产 SCP 的常见微生物

类群	微生物	利用的原料
细菌	甲烷假单胞菌(*Pseudomonas methanica*)	甲烷
	嗜甲烷单胞菌(*Methanomonas methanica*)	甲烷
	氢单胞菌(*Hydrogenomonas*)	二氧化碳
	不动杆菌	粗柴油
	黄纤维单胞菌(*Cellulomonas flavigena*)	蔗渣、废纸
	产碱杆菌	蔗渣
	溶纤维毛壳菌(*Chaetominum cellulolyticum*)	木质纤维素
	假单胞菌(*Pseudomonas* sp.)	甲醇废水
	乳酸菌(*Lactobacillus* sp.)	乳清液
	氢细菌(*Hydrogenomonas* sp.)	氢气
	诺卡菌(*Nocardia* sp.)	废弃饲料

续　表

类群	微生物	利用的原料
酵母菌	解脂假丝酵母(*Candida Lipolytica*)	烷烃、液体石蜡
	热带假丝酵母(*Candida tropicalis*)	粗柴油
	产朊假丝酵母(*Candida parafinica*)	烷烃
	酿酒酵母(*Saccharomyces cerevisiae*)	糖蜜
	克鲁维酵母(*Kluyveromyces* sp.)	乳清液
霉菌	黑曲霉(*Aspergillus niger*)	玉米加工废弃物
	潮曲霉(*Aspergillus tamarii* NO 827)	纸浆废纤维、甜菜渣
	拟青霉(*Penicilapsis* sp.)	角豆浸汁
	米曲霉(*Aspergillus oryzae*)	咖啡废水、甜菜渣
	拟真霉(*Paecilomyces varioti*)	亚硫酸盐废液
	木霉(*Trichoderma reesei*)	亚硫酸盐纸浆废液
	白地霉(*Geotrichum Candidum*)	酒糟
	灰黄链霉菌(*Streptomyces griseoflavus*)	纸浆废液
	绿色木霉(*Trichoderma viride*)	甘蔗渣
	禾本镰孢菌(*Fusarium graminearum*)	废糖蜜
藻类	小球藻(*Chlorella pyrenoidosa*)	二氧化碳
	小球藻(*Chlorella regularis*)	二氧化碳
	栅列藻(*S. quadricauda*)	二氧化碳
	螺旋藻(*Spirulina platensis*)	二氧化碳

（1）酵母菌

制造和使用微生物食品方面最有经验的就是酵母菌。通过酵母进行物质生产研究相对较多，因为这是最早发现的微生物之一。它具有快速的生长速度和同化各种底物的能力，高蛋白含量和良好的氨基酸谱（除含硫氨基酸外），这使某些酵母成为生产 SCP 的主要候选者。此外，酵母是无毒的，可以在酸性条件下生长，并且通常具有高赖氨酸含量。另一个优点是它们比细菌细胞大，使生物质收获更简单。酵母在面包和啤酒等日常产品的生产中的使用增强了其对不太常见的 SCP 来源的社会接受度。酵母生产单细胞蛋白，也存在着一定的缺点，比如倍增率相对较慢，蛋氨酸水平相对较低，蛋白质含量很少超过 60%。

（2）真菌

丝状真菌的水下培养物易于吸收，因此研究真菌 SCP 的生产一直是一个重要的领域。多个世纪以来，某些高等真菌一直被用作蛋白质和调味品的来源。由于真菌不像单细胞微生物那样生长迅速，所以除了蘑菇，真菌 SCP 的商业开发在经济上受到限制。一些真菌具有纤维素和木质素分解活性以及嗜热性生长的优势，这些特性使其适合在木质纤维素废物上进行培养。

霉菌蛋白是纤维的良好来源，也可以替代素食者的典型动物蛋白。然而，它们的生长速度比酵母和细菌慢，与其他微生物（约50%）相比，蛋白质含量通常较低。使用真菌进行SCP的另一个缺点是它们能够产生有害的次生代谢物，如致癌的黄曲霉毒素。然而，它们的较大尺寸有利于如过滤等低成本的提取或收获过程的完成。它们还具有中等水平的核苷酸含量（在3%～10%），并且可以利用淀粉和纤维素等复杂的底物。

（3）藻类和光合细菌

藻类能够利用二氧化碳作为唯一的碳底物生产SCP，且相对容易收获，尤其是大型藻类。藻类生产得到的SCP核苷酸水平低（约4%～6%），蛋白质含量中等（40%～60%）。然而，它们的复制速度相对较慢，蛋白质含量也比细菌低。藻类的培养还需要封闭的光生物反应器以防止培养物滋生产生毒素的微藻，因此需要相对昂贵的装置。此外，藻类易于生物积累重金属，若存在纤维素基细胞壁，则会影响消化率。

与藻类类似，光合细菌同样无需提供有机碳底物，因此引起了人们的兴趣，尤其是其中一些细菌可以同时固氮。光合细菌的细胞形态多样，属于革兰氏阴性菌，广泛分布于海洋、湖泊、河流、土壤等环境中，具有高营养价值和丰富的成分。根据其生理、生态和遗传特征，光合细菌可分为四类：红螺旋藻科（紫色非硫菌）、染色科（紫硫菌）、绿藻科（绿色硫磺菌）和Chloroflexaceae（滑丝状绿色硫细菌）。不同的光合细菌表现出不同的特征和代谢类型。它们具备双能合成代谢转换系统和光合系统 I，在明暗条件下生存，并以多种有机物作为碳源和氢供体进行光合作用。与其他微生物SCP生产者相比，光合细菌备受欢迎，因为它们可以合成蛋白质含量更高的SCP，其蛋白质含量可达到细胞干重的30%～80%。此外，光合细菌还可生成辅酶Q10、聚羟基脂肪酸酯、5-氨基乙酰丙酸、类胡萝卜素和细菌素等高附加值产品。因此，利用光合细菌获得高附加值产品成为光合细菌发展的主流方向。

（4）非光合细菌

与其他微生物生物质相比，利用非光合细菌生产SCP的研究最少，其中一个缺点是碳基质或原料的限制。另一个显著缺点是细菌的广泛致病性，这意味着只有有限的菌种可以考虑用于SCP的生产。对于革兰氏阴性菌，致病性取决于细胞外膜上的脂多糖内毒素，人类和动物暴露于高剂量的脂多糖内毒素可能导致疾病和死亡。

不同的微生物具有不同的生理特性，得到的SCP营养成分也存在一定差异（表8-5），因此在选择时应视具体情况而定。一般地，细菌生长速度快，蛋白质含量高，能利用糖类和烃类，但细菌个体小，分离困难，核酸含量较高，含有毒物质的可能性较大，分离出的蛋白质不如其他微生物蛋白易消化，因此目前微生物蛋白开发重点集中在其他三大类群。丝状真菌易于回收，但生产速度慢，蛋白质含量较低。藻类的缺点是其纤维质的细胞壁不易为人体消化，而且藻类还会富集重金属，因此如要作为食品均需进行加工。酵母菌个体大，易于分离、回收，且蛋白质易于吸收，目前生产上采用较多。

表 8-5　生产单细胞蛋白的过程中选择不同的微生物其营养成分对比

类群	蛋白质 g/100 g	脂肪 g/100 g	碳水化合物 g/100 g	维生素 B mg/kg	钙 g/100 g	磷 g/100 g
细菌	65~85	5~15	13~35	15~45	—	—
真菌	30~60	7	—	—	13.2	0.7
藻类	50~60	2~3	18~20	—	1.3	2.4
酵母菌	16~20	—	—	—	1.9	2.4

2. 生产单细胞蛋白的原料

生产 SCP 微生物的多样性使得我们有多种原料可供选择。用于生产 SCP 的原料及其微生物主要包括以下七类：

(1) 以碳水化合物为原料发酵生产 SCP，如利用葡萄糖、蔗糖等为碳源的酿酒酵母，利用戊糖为碳源的酵母，利用纤维素为碳源的木霉及青霉等。

(2) 以碳氢化合物为原料生产 SCP，以假丝酵母属的酵母菌的产率为最高。

(3) 以二氧化碳为碳源，氢为能源生产 SCP，属于氢单胞菌（Hydrogenomonas）。

(4) 以甲烷为原料生产 SCP，以细菌为主，如甲烷假单胞菌及嗜甲烷单胞菌等。

(5) 以甲醇为原料生产 SCP，以细菌为主，如甲烷单胞菌属、甲基球菌属及假单胞菌等。

(6) 以乙醇为原料生产 SCP，以酵母菌如假丝酵母为主，其次为霉菌和细菌。

(7) 利用光能生产 SCP，有单细胞藻类如小球藻、螺旋藻及光合细菌。

此外，大多数有机废弃物也都可以作为 SCP 的生产底物（表 8-6）。一些常见的用于生产 SCP 的废弃物包括：

(1) 农业废弃物。在 SCP 生产领域，典型的农作物剩余物，如秸秆、根系和稻草，理论上都可以用于生产动物饲料，甚至是人类食品的生产。

(2) 烃类及其衍生物。包括石油烃、天然气及其氧化物，如甲醇、乙醇和乙酸等。虽然可以利用石油来生产 SCP，但由于石油价格的不断上涨，更倾向于使用其他原料来进行 SCP 的生产。其中，使用甲醇作为微生物底物的最大商业投资是用于 SCP 的生产。英国石油公司在这一领域担任了先驱角色，而帝国化学工业公司生产嗜甲烷菌 SCP，用作动物饲料的补充。后者的工厂包括世界上最大的发酵器，每年可以生产超过 50 000 吨的蛋白质。甲醇可以通过两种方式用于 SCP 的生产。一种是通过培养利用甲醇的细菌直接从天然气的甲烷部分生产 SCP；另一种是通过在天然气生产过程中从甲醇上培养利用甲醇的微生物，间接生产 SCP。在甲烷的利用过程中，CH_4 首先转化为甲醇，然后再转化为甲醛和甲酸，最终以 CO_2 的形式排出。

(3) 高浓度有机废水。亚硫酸盐纸浆废液、制糖废水、酿造业废水、乳品工业废水以及屠宰场废水，都可被用作生产 SCP（表 8-6）。

(4) 固体废弃物。固体废弃物包括城市有机垃圾、工业生产中产生的有机固体废弃物。例如，造纸厂废弃物、酿造废弃物（如酒糟）、水产加工废弃物以及食品加工废物等（表 8-6）。食品工厂在运营过程中产生大量废液，例如味精厂、豆制品厂、淀粉厂等。将这些废液收集并用于微生物接种,从而可生产 SCP。

(5)工业废气。工业废气中的二氧化碳可用于培养微藻类,而石油加工厂废气中的烷烃则可以首先转化为酒精、甲醇、乙酸等,然后用于 SCP 的生产。

表 8-6 可用于生产单细胞蛋白的有机废弃物

工业	主要的底物	微生物	最终产物	用途
乳品业	乳糖	保加利亚乳酸杆菌	乳酸铵、SCP	牲畜饲料
		脆壁酵母	SCP、酒精	饲料、食品、能源
		多孢丝孢酵母、假丝酵母	油、SCP	食品、饲料
		脆壁克鲁维酵母	酒、醋、SCP	食品
		球拟酵母	伏特加、香槟	食品
		酶	糖浆	白酒、啤酒
	乳糖+蔗糖	酿酒酵母	酒	食品
食品加工业麦片和食糖	混合糖类	季也蒙假丝酵母、克洛德巴利酵母	SCP	食品
		汉逊酵母、酿酒酵母	SCP	食品
	蔗糖或葡萄糖	产朊假丝酵母	SCP	食品、饲料
	蔗糖、葡萄糖、果糖和棉子糖	酿酒酵母、产朊假丝酵母	酵母	食品
	淀料	曲霉、头孢霉、根霉、酶青霉、木霉、地霉	SCP、葡萄糖	食品、饲料
水果与蔬菜	混合糖类	胚芽乳酸杆菌、保加利亚乳酸杆菌、液化链球菌	乳酸	饲料
	混合糖类及乳酸	酿酒酵母、脆壁克鲁维酵母、产朊假丝酵母	SCP、蔗糖酶	食品、饲料
		产朊假丝酵母	SCP	食品、饲料
	葡萄糖、果糖和蔗糖	毕赤酵母	SCP	食品、饲料
	葡萄糖、果糖、蔗糖和山梨糖醇	脆壁克鲁维酵母	SCP	食品、饲料
	葡萄糖和果糖	酿酒酵母、产朊假丝酵母、鲁氏酵母		
	还原糖、粗蛋白和渣	双孢子蘑菇、粗柄羊肚菌	蘑菇	食品
	淀粉	臭曲霉	SCP、淀粉酶	饲料、食品
		保加利亚乳酸杆菌、嗜热乳酸杆菌、嗜酸乳酸杆菌	乳酸铵、SCP	牲畜饲料

续　表

工业	主要的底物	微生物	最终产物	用途
水果与蔬菜		扣囊拟内孢霉、绿色木霉、产朊假丝酵母、融粘帚霉	SCP	食品、饲料
	混合糖类	混合乳酸菌、链孢霉	SCP	饲料
肉类	胶原蛋白	巨大芽孢杆菌	SCP	饲料
酿酒业	还原糖	黑曲霉	SCP、柠檬酸	食品、饲料
		产朊假丝酵母、酿酒酵母、双孢子蘑菇、羊肚菌	SCP、蘑菇	食品
		产朊假丝酵母、粘红酵母	SCP	食品、饲料
纸浆和造纸业	纤维素	纤维杆菌、粉状侧孢霉	SCP	饲料
		绿色木霉、酿酒酵母	酒精、SCP	饲料
		绿色木霉	SCP	饲料
农业(草秆)	纤维素和半纤维素	溶纤维素毛壳霉	SCP	食品、饲料

8.1.3　单细胞蛋白的生产工艺

生产 SCP 的工艺是一个多步骤的复杂过程,每一步都需要精确的操作和控制,一般工艺过程如图 8-1 所示。首先,优质的种子、适量的水、适当的基质以及必要的营养物被投入发酵罐中,为了保证最佳的生长环境,发酵过程可以采用分批发酵或者连续发酵的方式进行培养,以确保菌体可以充分生长和繁殖。当菌体达到合适的密度后,需要对其进行分离。这一步可以通过采用酵母离心机或其他先进的分离设备来完成,确保有效地分离出目标物质。

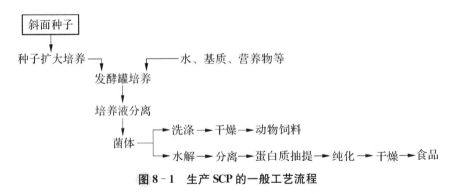

图 8-1　生产 SCP 的一般工艺流程

如果所生产的单细胞蛋白是用作动物饲料,离心后的菌体会被收集起来,并经过彻底的洗涤。接着,这些菌体将进入喷雾干燥或滚筒干燥的过程,以确保菌体在保持营养价值的同时变成易于储存和使用的形式。随后,经过水解过程破坏菌体细胞壁,这有助于释放其中的蛋白质和核酸。这些蛋白质和核酸会经过精细的分离、浓缩、抽提、洗涤等步骤,以确保最终提取的食品蛋白的纯度和质量符合相关标准和要求。整个过程需要精细的调控和严格的操作,以确保生产出高质量、安全可靠的单细胞蛋白产品。

最终产品需要经过进一步处理以去除核酸。这是因为人体内缺乏尿酸酶,该酶能将尿酸氧化为可溶性且可排泄的代谢产物。尿酸的溶解度小限制了它在尿中的排放,因而导致其在组织中和关节连接处的沉积,造成类似于痛风的情况,从而限制了含有核酸的SCP 供人类食用。对于健康的成人,核酸的安全摄入量约为 2 g/d。表 8 - 7 总结了用来降低单细胞蛋白中核酸含量的方法。

表 8 - 7　降低单细胞蛋白中核酸含量的方法

方法	优点	缺点
生长和细胞生理学(限制生长速率,限用某种底物)	仅适用于发酵设计	降低成本作用有限
催化水解	简单,快速	有质量损失,需添加氨和盐类,pH 过高不利
化学萃取	简单,快速,能除去聚合的 RNA	有化学残渣,质量和氨均有损失
细胞破裂(物理分离,酶催化,化学处理)	只用于需要蛋白浓缩液时	不经济,需其他特殊处理
外源核糖核酸酶(RNAes)	快速,简单,酶选择性好	酶的成本高、来源少,有干物质损失
内源 RNAse,热振荡,阴离子交换等	简单,细胞直接由发酵器中产生,不需添加化学药品	失重,慢,只能处理某些细胞

对于废渣等固体原料,一般采用液态发酵法,其优点在于灭菌要求不高,原料不必要做特殊的前处理,产物用作饲料的后处理简单,发酵过程中废水排放少等。缺点是传热困难,各种参数不太好控制,大规模的生产设备比较缺乏。对于高浓度有机废水发酵生产单细胞蛋白,一般以连续发酵方式较好。在通风量一定的情况下,连续发酵主要是控制好稀释比,使菌体的生长始终处于对数期,从而可以最大限度地除去 COD。缺点是通风耗能比较大,由于有机废水中的基质浓度不是特别高,因此菌体浓度也不会很高,单位质量的细胞分离和干燥所消耗的成本相对较高。

下面以利用亚硫酸盐纸浆废液生产单细胞蛋白为例,具体介绍 SCP 生产工艺。

在纸浆造纸工业中,纸浆蒸煮过程产生的亚硫酸盐废液中所含的物质主要是有机物,包括不同磺化程度的与高分子聚合的木质磺酸、半纤维素分解的产物以及以单糖及多糖解聚的中间物的形态而存在的纤维素、挥发性有机酸(甲酸、乙酸)、酒精(乙醇和甲醇)、树脂和糖醛等。亚硫酸盐纸浆废液组成中有机物含量达到 $87\% \sim 90\%$,其中糖占 $22\% \sim 28\%$,其余为矿物质。有机质中除木质素难以被生物所氧化外,其余物质一般都可以被微生物所转化。

从亚硫酸盐废液制取单细胞蛋白的生产主要采用芬兰纸浆和造纸研究所开发的Pekilo 工艺,其流程如图 8 - 2 所示。该过程包括三个基本工序:除去 SO_2、好氧发酵和产物回收。

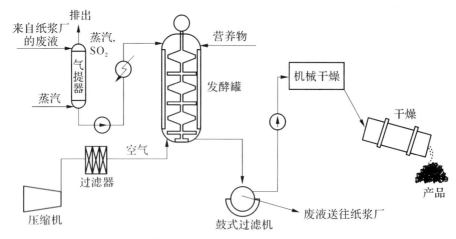

图 8 - 2　Pekilo 工艺的基本流程

（1）首先，由于 SO_2 浓度大于 30 g/L 时会抑制酵母菌的生长，因此通过气提塔除去废液中 SO_2。

（2）第二步的好氧发酵是关键部分。亚硫酸盐制浆过程中半纤维素水解形成的糖类是微生物生长的主要碳源，此外还需补充氮源、磷源及金属离子等营养物，并维持 pH 在 4.5～6.0，此时微生物细胞生长迅速。在最适条件下，其倍增时间约为 1.5 h。此外，因发酵过程产热量很大，应通过热交换器控制发酵温度在 36℃ 左右。

（3）第三步为产物回收，产物回收过程包括菌体分离、洗涤、灭菌、干燥及包装。

 延伸阅读：Waterloo 单细胞蛋白生物转化法

8.2　废物能源化技术

8.2.1　生物能源的种类

生物能源是指经过植物光合作用将太阳辐射转化后形成的以生物质为能量载体的能源，可以通过物理或化学过程转化为固态、液态和气态燃料。生物能源是一种重要的可再生能源，具有广泛的来源和清洁高效等特点。工业化的发展和人口的增加导致自然资源的大量消耗和广泛开采，使得地球上的资源减少、退化和枯竭，资源和环境问题已经成为当前世界面临的重要问题之一，能源问题尤为严峻。在新能源开发方面，生物技术被认为是最具发展前景的技术，必将在解决人类面临的能源危机方面发挥重要作用。

生物能源的一种主要形式是生物燃料，指利用生物质资源通过化学或生物转化过程产生的可再生能源,包括乙醇、氢气和甲烷等。乙醇是常见的液体生物燃料,可通过生物发酵或化学反应从含糖物质或纤维素类生物质中生产。氢气可以通过生物发酵、光合作用和生物催化等方式产生,具有高能量密度和低碳排放的特点。通过气化或厌氧发酵转化有机废弃物、农作物残渣等生物质可以生产天然气,主要为甲烷和其他可燃性气体。这些生物燃料具有可再生性、减少对化石能源依赖和降低温室气体排放等优势,在能源领域具有广泛的应用前景。

8.2.2 生物燃料乙醇的生产

1. 生物乙醇的概念与分类

生物燃料乙醇是以生物质为原料,通过生物转化后加工得到的可作为燃料用的乙醇,是生物质能的重要组成部分。生物燃料乙醇具有可再生性和清洁低碳性,它的发展不仅可以优化能源结构,而且能有效促进生态环境的改善,必将成为一种可持续发展的新兴产业。

根据生产生物乙醇原料的不同,可以将生物乙醇分为四类。

第一类生物乙醇是以玉米为原料生产的。典型工艺为浓醪发酵技术,具有发酵强度大、设备利用率高、乙醇产量高、节约工艺用水、分离费用低、能源消耗低、废水处理费低等优点。

第二类是以小麦和薯类为原料生产燃料乙醇。杂粮粉碎制粉后,与分离谷阮粉工艺产生的淀粉浆混合,经液化、糖化、发酵、蒸馏、脱水和变性等工序生产燃料乙醇。

第三类是以稻谷作为生产原料。目前陈稻谷生产燃料乙醇的工艺路线主要有两条。一是以稻谷为单一原料;二是稻谷与木薯或玉米等常用原料混合。陈稻谷工艺采用全粉碎、喷射液化、闪蒸降温、能量优化等技术,保证了发酵效果、降低了能耗。

第四类是以木质纤维素为原料生产生物乙醇,如小麦秸秆、玉米秆、甘蔗渣、木材废料等。木质纤维素主要包括纤维素、半纤维素和木质素。

纤维素是生物圈中最大的多聚体,也是木质纤维中最简单的成分,占比最多。分子间以氢键结合,是构成植物细胞壁的主要成分,主要起到支撑细胞壁的作用,它是一种高分子多糖(图 8-3),可占植物干重的 $20\%\sim40\%$。它是由葡萄糖通过 β-1,4-糖苷链连接而成的直链多聚物,通常一条链中可含 1 万多个葡萄糖分子。

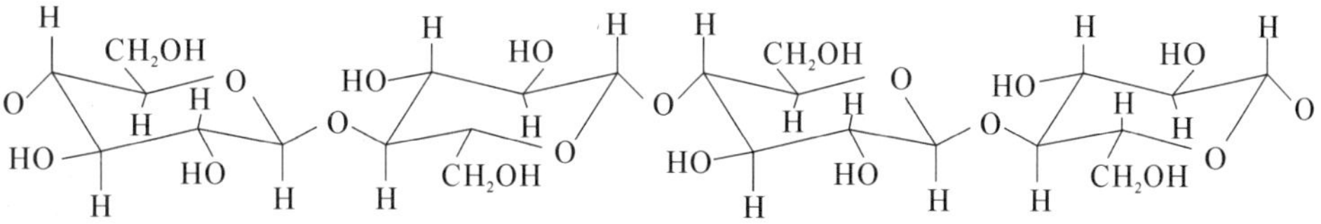

图 8-3 纤维素的结构

半纤维素占比仅次于纤维素,是由五碳糖和六碳糖组成的短链异源多聚体。半纤维素主要包括木聚糖、甘露聚糖和阿拉伯半乳聚糖。

木质素是由苯丙烷亚基组成的不规则的近似球状的多聚体(图 8-4),它是不可溶的高分子质量分子。木质素中没有任何规则的重复单元或易被水解的键。木质素在木质纤维外层形成保护层,是三种组分含量占比最少的,负责细胞之间的连接。

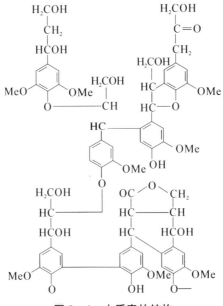

图 8 - 4　木质素的结构

木质纤维素是地球上已知的蕴藏量最为巨大的可利用自然资源,因此,相较于其他生物乙醇,纤维素乙醇具有原料来源多样、更加环保经济的优点,是生物燃料乙醇业未来的发展方向。下面以木质纤维素为例,介绍生物乙醇的生产技术。

2. 用纤维素制备生物乙醇

用纤维素制备生物乙醇的流程主要包括纤维素生物质的预处理与水解和纤维素乙醇发酵(图 8 - 5)。

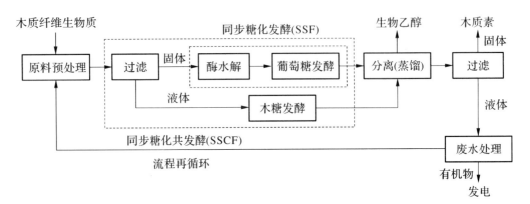

图 8 - 5　纤维素制备生物乙醇工艺流程

(1) 纤维素生物质的预处理与水解

预处理过程可将纤维素组分剥离,使得纤维素酶更易于降解纤维素为发酵单糖,有利于纤维素乙醇生产菌株的利用转化。木质纤维素的预处理一般有物理法、生物法和化学法。

物理法旨在利用机械等非化学手段来对木质纤维素进行处理,利用力或者其他方式所产生的能量等来破坏木质纤维素的结构,主要有机械破碎法、蒸汽爆破法以及超声法。机械破碎法是通过机器对含有高纤维素的物质进行结构破坏,增大表面积以增强酶解效果。蒸汽爆破法通过蒸汽的热力和压力作用,主要降解部分半纤维素,然后喷爆释压,将木质纤维素撕裂成疏松、分散的碎末或绒毛状,提高纤维素、半纤维素的酶可及性。超声法只能部分破坏纤维素结构,所以常作为预处理辅助手段。其他处理方法还包括辐射法、电子束处理、等离子气体处理方法以及紫外线处理法等。

生物预处理法主要利用细菌以及真菌,如白腐真菌(*white-rot fungi*)、棕腐真菌(*brown-rot fungi*)、软腐真菌(*soft-rot fungi*)、里氏木霉(*Trichoderma reesei*)和黑曲霉(*Aspergillus niger*)等,实现对木质纤维素原料的初步降解。

化学法预处理是利用酸、碱、离子液体以及有机溶剂等化学试剂对木质纤维素结构进行破坏。然而,在高温条件下,酸预处理易产生糠醛以及羟甲基糠醛等毒性副产物,严重影响乙醇发酵。碱预处理可破坏纤维素内部酯键,造成断裂,同时改变其表面积与结晶度。有机溶剂预处理则是通过解离纤维素与半纤维素,降低纤维素结构,这些溶剂包括甲醇、丙酮和乙醇等,但同时溶剂具有较高毒性,可能造成环境污染。

(2) 纤维素乙醇发酵

纤维素乙醇发酵的核心过程是破坏纤维素的 $\beta-1,4$ 糖苷键从而生成葡萄糖,主要依赖于纤维素酶。纤维素酶是由葡聚糖酶和葡萄糖苷酶所形成的混合物,其活性易受温度、pH、底物及水解产物影响。此外,预处理残余木质素组分等物质形成的环境因素会引起组分基质效应、纤维素酶吸附效应、水束缚效应、抑制物效应等,影响体系传质、传热和反应特性,造成纤维素酶活下降、水解反应效率及原料利用率降低,必须提高或补充纤维素酶用量。

现阶段纤维素乙醇发酵工艺主要包括分步水解发酵(separate hydrolysate and fermentation,SHF)、同步糖化发酵(simultaneous saccharification and fermentation,SSF)、同步糖化共发酵(simultaneous sacchairification and co-fermentation,SSCF)以及联合生物加工(consolidated bioprocessing,CBP)工艺。

分步水解发酵工艺(SHF)是将酶解及发酵两个过程作为两个独立的单元进行操作,纤维素底物先经过纤维素酶水解,降解为葡萄糖,然后再经酵母发酵将葡萄糖转化为乙醇,即在各自最佳温度等条件下,分别进行原料水解与乙醇发酵过程。同步糖化发酵工艺(SSF)是将酶解及发酵两个过程在一个容器中同时进行,使纤维素底物水解得到的葡萄糖立即被发酵微生物代谢转化为乙醇。同步糖化共发酵工艺(SSCF)是利用能够代谢戊糖的发酵微生物,将木质纤维原料中半纤维素降解产生的戊糖(木糖、阿拉伯糖)和纤维素降解产生的葡萄糖,在同一反应体系中进行发酵生产乙醇。联合生物加工工艺(CBP)是在同一个生物反应器中,利用单一或多种微生物完成纤维素酶生产、木质纤维素水解以及乙醇发酵的全过程,该工艺也衍生出了协同处理(collaborative treatment,CT)以及联合生物糖化(consolidated bio-sacchairification,CBS)等分支工艺。

总体来说,SHF 工艺的优点是可以分别在酶解和发酵的最适温度进行,能够获得理想的酶解效率以及乙醇发酵效率,可降低高原料负荷的黏度,获得较高的乙醇产量。SHF工艺的主要缺点是水解产物葡萄糖和纤维二糖会反馈抑制纤维素酶对底物的水解过程,影响后续酶解效率与原料利用率,因而需要补充使用纤维素酶制剂。此外,SHF 工艺步骤连续性差,操作相对繁琐,也影响乙醇发酵产率。SSF 工艺是基于 SHF 工艺进行优化,其优点是可降低水解产物对纤维素酶的反馈抑制作用,减少纤维素酶用量,缩短生产周期,减少生物反应器使用数量及投入成本。SSF 工艺的主要缺点是酶解和发酵的温度不协调,无法同时满足二者反应的最佳温度条件,影响酶解效率及原料利用,还需要补充使用纤维素酶制剂,进而影响发酵经济性。SSCF 工艺的优点是降低水解产物对纤维素酶的反馈抑制作用,有效提高底物中戊糖的利用率和乙醇发酵产量。SHF 工艺的主要缺点与SSF 工艺相似,在于酶解和发酵的温度不协调,需要补充使用大量纤维素酶制剂,影响工艺的经济性。相比之下,CBP 工艺流程简单、操作方便,将底物通过一步法转化乙醇,是实现廉价纤维素酶的生产、利用以及降低纤维素乙醇生产成本的有效途径。然而,目前 CBP工艺研究面临的主要问题在于通过基因工程、代谢工程策略,选育适宜的微生物或微生物菌群,一方面可引入乙醇合成途径改造纤维素酶生产菌株,使其降解纤维素后直接发酵碳源合成乙醇;另一方面可引入纤维素酶合成通路改造乙醇生产菌株,赋予其分泌纤维素酶降解纤维素的能力。

8.2.3　生物燃料氢气的生产

1. 主要制氢技术

氢气作为一种清洁燃料备受瞩目,被认为是未来能源的理想选择。与 CH_4、煤和石油不同,氢气燃烧时不产生污染物或温室气体,仅释放水蒸气,因而具有卓越的清洁性和高效性。尽管氢元素在宇宙中十分丰富,但在地球上,游离氢相对匮乏,地球大气中仅含微量氢气(体积分数为 0.07%)。过去几十年来,各国专注于氢能的制备技术研究,并取得显著成果。当前,最主流的制氢技术主要分为四类:化石能源制氢、提纯工业副产物制氢、电催化制氢、微生物制氢。

目前,化石能源制氢作为规模最大、技术最成熟的制氢方法,应用也最为广泛,主要包括煤制氢和甲醇制氢两种工艺。煤制氢的核心技术是气化,在低温甲醇洗中分离,转化成高纯度的氢气,技术成熟,成本低廉,但排放污染严重,对环境造成破坏。甲醇制氢具有原料丰富、反应温度低、分离简单、储运方便等优点,但由于甲醇也是二次能源的产品,成本较高,只适用于小规模生产。提纯工业副产物产制氢主要是从焦炉煤气、氯碱工业副产气、炼油厂副产尾气中进行提纯净化,通常采用的方法是变压吸附(pressure swing adsorption,PSA)。电催化制氢是指在电催化剂作用下,H_2O 裂解产生 H_2 和 O_2 的过程。电解水的过程包括了两个半电池反应,分别是阳极的析氧反应和阴极的析氢反应。微生物制氢是依靠微生物将原料转化为氢气。例如,生物发酵(厌氧微生物)、生物光解法(光合微生物)及其联合作用(厌氧-光合制氢法)。与传统的物理、化学方法相比,生物制氢具有清洁、节能和不消耗矿物资源等许多突出的优点,在氢气生产及其应用技术研究开发中的作用也越来越显著,世界上许多国家都投入了大量的人力、物力对生物制氢技术进行开发研究,以期早日实现该技术向商业化生产的转变。

生物制氢最初由 Lewis 于 1966 年提出,随后人们逐渐认识到细菌和藻类能够产生分子氢的特性。随着能源危机和环境问题的日益突出,可再生清洁能源得到了迅速发展。**生物制氢**利用微生物的代谢过程将有机化合物转化为氢气,所使用的底物包括有机废水、生物质等来源丰富且价格低廉的原料。整个生产过程对矿物资源的消耗几乎为零,因此具有清洁环保的特点,成为制氢技术发展趋势。

2. 生物制氢的微生物

自然界中在厌氧条件下能产生氢气的主要为细菌和藻类两大类。早在 1949 年,研究者发现了深红红螺菌(*Rhodospirillum rubrum*)在厌氧光照条件下,能利用谷氨酸或天冬氨酸为氮源,以有机酸,如丙酮酸、乳酸、苹果酸为底物进行光照产氢。近年来,光合细菌产氢获得了广泛研究,业已证明,许多光合细胞中普遍存在着产氢系统。光合细菌又包括紫色细菌和绿色细菌,它们属于红螺菌目(*Rhodosptrillales*),被认为是光合作用进化过程中的早期遗物。它们不像绿色植物那样以水作为氢供体,而是专性利用还原性更强的氢供体,因而这些细菌在光合作用过程中并不释放氧。光合细菌是典型的水生细菌,广泛分布在淡水和海水中,根据细菌叶绿素和类胡萝卜素的含量差异会具有红色、黄色或绿色色素。

在真核微生物中能进行光合作用的有各种藻类,它们进行光合作用的结构是叶绿体。产氢的藻类有满江红鱼腥藻、柱胞鱼腥藻、佛氏绿胶藻、层理鞭枝藻、灰色念珠藻、沼泽颤藻、层理席藻、紫色紫球藻、斜生栅藻等。这些藻类利用水作为氢供体,在光照下释放氧,即进行产氧光合作用。因为它们的光合过程基本上与绿色植物相同,所以有人将它们与光合真核生物放在一起,并称为"蓝绿藻",但是它们的细胞结构属于典型的原核生物。蓝细胞包括单细胞和多细胞两类,分布于江湖和其他水域、土壤中。

3. 常见的生物制氢方法

现有的生物制氢技术有以下几种类型:① 直接生物光解制氢,利用藻类微生物的光合作用系统将太阳能转化为化学能从而生成氢气;② 间接生物光解制氢,利用蓝细菌等微生物的代谢作用将生物质中的能量转化并生成氢气;③ 暗发酵制氢,微生物在黑暗的厌氧环境中发酵有机物制氢;④ 光发酵制氢,微生物在光照条件下发酵有机物制氢。⑤ 固定化微生物产氢,将微生物固定化,使其在反应器中持续、高效地产生氢气。其中暗发酵和光发酵制氢技术以其产氢量大、易于工业化生产等优点,被广泛而深入地研究。

(1)直接生物光解制氢

直接生物光解制氢是指光合生物利用光能从水中提取电子,以三磷酸腺苷(ATP)和低氧化还原电位化合物的形式产生氧和能量。许多微藻具有强大的光合机制,通过利用水和太阳能,能够在细胞核中氢化酶和固氮酶的存在下产生氢。微藻光合产氢被认为是一种低能耗、无污染、可持续的绿色产氢技术,是生物制氢领域最具应用前景的研究方向之一。

(2)间接光合产氢

间接光合产氢过程分为两个阶段:第一阶段是微藻经光合作用储存能源、淀粉和糖原等碳水化合物;第二阶段是碳水化合物分解催化质子产生氢气。在间接光解过程中,光系统Ⅱ(PSⅡ)捕获 CO_2 分解水产生氧气和还原型铁氧还蛋白。该过程的优势在于避开了氧气对氢化酶的抑制,光合作用积累的淀粉,在暗反应阶段降解产生大量电子传递给质体醌,氢酶利用电子传递链产生氢气。缺点是反应需消耗大量能量、光能转化效率低。间接光合产氢的另外一条途径,微藻卡尔文循环积累的有机物经三羧酸循环和糖酵解作用产生 NADPH,NADPH 氧化还原酶将 NADPH 生成 $NADP^+$ 并释放电子,电子通过质体醌库间接进入电子传递链由铁氧还原蛋白传递给氢化酶产生氢气。

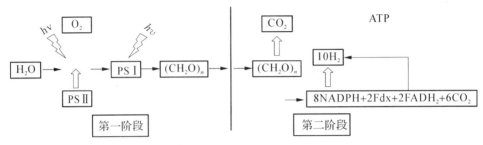

图 8-6　间接光合产氢过程

（3）暗发酵制氢

暗发酵制氢过程产生的是混合气,除含有氢气外还含有一定量的 CO_2 以及少量的甲烷、一氧化碳以及 H_2S。目前,暗发酵制氢技术的研究可分为如下几种:① 纯菌种暗发酵制氢;② 2 种或几种菌种协同暗发酵制氢;③ 以活性污泥为代表的混合菌种暗发酵制氢。

纯菌种暗发酵制氢是指利用纯菌种的代谢作用将富含碳水化合物的有机质进行发酵制氢。目前,国内外研究所用的菌种可分为嗜温菌种（25～40℃）、嗜热菌种（40～65℃）、耐热菌种（65～80℃）以及超级嗜热菌种（>80℃）,目前研究最多的是在室温或稍高于室温的条件下生长产氢的嗜温菌种,最常用的是严格厌氧的梭状芽孢杆菌属（*Clostridium*）和兼性厌氧的肠杆菌属（*Enterobacter*）。众多的研究成果显示,嗜温菌种在暗发酵产氢过程中能够实现较高的产氢量,同时缓解由于有机废水和生物质的排放而产生的环境危害。对嗜温菌种产氢特性的研究打开了暗发酵制氢的途径,拓宽了制氢技术的发展方向,同时耐热菌种产氢特性的研究也为暗发酵制氢技术提供了新的思路。目前研究的重点在于如何进一步提高菌种的产氢能力,选择高效产氢菌种,并建立有效的反应器进行放大实验。

混合菌种协同暗发酵制氢以厌氧活性污泥为代表,能够持续产氢,成本低,环境负荷小。其发酵类型可以分为乙酸型、丁酸型、乙醇型等。通过控制体系的 pH、酶活性、氧化还原电位可使发酵类型偏向有利于产氢的乙醇型发酵,从而使产氢过程连续性提高,利于工业化生产。

混合菌种制氢突破了纯菌种的操作局限,简化了菌种分布和固定化的操作,产氢量大,环境负荷小且能够利用有机废物,是未来生物制氢的重要途径。其未来的发展趋势则趋向于:高产氢量的持续性;高效产氢反应器的设计与控制,反应器结构通过影响菌种固定和分布影响产氢结果,升流式厌氧污泥床反应器、膜分离反应器、散水滤床反应器等形式各异的高效反应器的研究,及填料等支撑物对于菌种固定化的影响也逐渐成为研究的重点;产物混合气体的分离提纯与保存;高效产氢混合菌群的筛选与培育等方面,制氢技术的发展也更趋向于稳定化和高效化产氢的研究。

（4）光发酵生物产氢

光发酵生物制氢是在厌氧光照条件下，利用菌种的代谢作用，将小分子有机酸、醇类等作供氢体，由光驱动产氢的过程。所用菌种为光发酵产氢菌（photo-fermentation producting hydrogen bacteria，PF-PHB）。已经研究报道的菌株类群包括 *Rhodospirillum*、*Rhodobacter*、*Rhodopseudomonas*、*Chromatium*、*Rhodomicrobium* 和 *Ectothiorhodospiria* 属的多种菌种。近年来学者采用遗传工程技术对菌种进行改造，通过多功能基因工程构建菌种，遗传诱变与选择培养技术相结合进行菌种的筛选和培育，以期得到产氢速率快、底物转化效率高、应用范围广的高效产氢菌种。除去菌种本身的菌龄、接种量等影响光发酵的因素外，光源、光照强度、碳源与氮源、pH、温度、气相保护等都会影响光发酵生物产氢效果。

对于光发酵制氢技术，高效产氢菌种仍是最重要的限制性因素，因此其发展集中在以下几个方面：高效产氢菌种的筛选与培育、底物作用范围广的菌种的筛选与培育、菌种固定化技术的研究与发展、不同类型菌种的协同作用研究等方面。此外，为进一步提高菌种利用生物质等废弃物进行发酵产氢的氢气产量，同时降低环境负荷，暗发酵与光发酵联合制氢也成为研究的热点。因此，光发酵制氢技术的发展也将趋向于与暗发酵制氢技术的耦合等方面，这些还需要进行深入的研究，为大规模工业化的生产奠定基础。

（5）固定化微生物产氢

由于微生物体内与产氢系统有关的酶，如氢化酶和固氮酶都不稳定，因此很难利用微生物细胞连续地产生氢气，固定化细胞技术为连续生物制氢提供了可能。

众所周知，丁酸梭状芽孢杆菌（*Clostridium butyricum*）可以利用葡萄糖产生氢。代谢途径为：葡萄糖经过 Embden-Meyerhof-Parnas（EMP）途径，转化为 2 分子丙酮酸、2 分子 $NADH_2$。丙酮酸通过铁氧还蛋白的氧化还原酶作用，生成乙酰 CoA、CO_2 和还原的铁氧还蛋白。被还原的铁氧还蛋白，在氢化酶作用下生成氢。

利用聚丙烯酰胺凝胶包埋固定化 *Clostridium butyricum* 细胞后进行产氢试验，固定化细胞与游离细胞代谢葡萄糖产生有机酸没有本质区别，均为甲酸、乙酸、丁酸和乳酸。但细胞经固定化后，产氢的 pH 稳定性增加，游离细胞在 pH 小于 5 时即停止产氢，而固定化细胞仍然保持产氢活性。固定化还能够降低产氢过程对氧气的敏感性，固定化细胞在好氧条件下（37℃，溶解氧达到饱和）仍然保持产氢活性，而且产氢量与厌氧条件下的几乎相等。由此可见，细胞经固定化后，其氢化酶系统稳定性提高，产氢体系得到了保护，免受 O_2 的毒害影响，能够连续产生氢。此外，固定化还能进一步延长微生物的产氢周期。有研究表明，游离细胞在第二次培养后，只放出极微量的氢，而固定化细胞连接产氢达 20 d 以上，且产量逐步增加。

4. 发酵生物制氢的影响因素

多种因素对发酵生物细菌产氢具有重大影响。这些因素包括反应器启动、反应器运行条件（如温度、pH、水力停留时间等）、底物种类和浓度、无机盐和代谢产物抑制物等。以下详细阐述各种因素对发酵生物制氢过程的影响。

（1）反应器启动的关键是菌种准备。相比纯菌种，混合菌种具有更广泛的底物利用范围和相对稳定的群落结构，因此在复杂水样的处理中更具应用价值。为了实现持续、高效的产氢,需要抑制非产氢细菌和产甲烷细菌等氢气营养型细菌的增殖,并开发高效的产氢细菌准备技术。目前,常用的方法是通过各种物理化学方法对污泥或水进行预处理,以获取产氢菌群。其中,主要产氢菌种为产芽孢的细菌,如梭菌和芽孢杆菌等。预处理方法主要包括加入化学试剂抑制耗氢细菌的活性、利用酸或碱处理获得产氢菌种和热处理等。

(2) 环境条件和反应器运行条件也对发酵生物制氢起着重要作用。其中,温度是一个重要影响因子,它能够影响酶活性、微生物的生长速率以及有机物的代谢速率等。不同的微生物对温度有不同的适应性,因此最佳的发酵产氢温度范围在不同研究中有所差异。另外,pH 是另一个重要的影响因素,它直接影响细胞质膜的渗透性和稳定性,从而影响微生物的代谢途径和产氢相关酶活性。不同微生物对 pH 的适应范围也存在差异。此外,水力停留时间对反应系统的生物量、微生物代谢特征和产氢能力等也都会产生影响。

(3) 除了上述因素,一些金属元素如镁、钠、锌和铁对发酵产氢均有不同程度的影响,其中镁的影响最为显著。此外,有机酸的积累也会对发酵产氢过程造成影响,它们会导致发酵液的 pH 下降,从而抑制产氢。不同有机酸的胁迫程度不同,其中乙酸的胁迫作用最强。

综上所述,发酵生物制氢的影响因素包括反应器启动、反应器运行条件、底物种类和浓度、无机盐和代谢产物抑制物等。合理控制这些因素能够提高产氢效率和产氢稳定性,从而推动发酵生物制氢技术的应用和发展。

5. 常见的发酵生物制氢反应器

 延伸阅读:常见的发酵生物制氢反应器种类

8.2.4 生物燃料甲烷的生产

甲烷可产生机械能、电能及热能。目前甲烷已作为一种燃料源,通过管道输送到用户,供给家庭及工业使用或转化成为甲醇内燃机的辅助性燃料。天然气是甲烷的主要自然气源,是由远古时代的生物群体衍变而来的,通过钻井开采获得,是一种不可再生的能源。在地表也存在甲烷,它主要来自天然的湿地、稻根及动物的肠内发酵后释放。

1. 产甲烷菌

产甲烷菌是水生古细菌门(Bacillariophyta)中一类可将无机或有机化合物经厌氧消化转化成甲烷和二氧化碳的严格厌氧古菌。关于产甲烷菌分类的研究,在发明严格厌氧技术之前,产甲烷菌的分离培养研究进展缓慢,直到 1950 年亨盖特厌氧滚管分离技术的出现使产甲烷菌的研究得到了迅速的发展。产甲烷菌在系统发育上是多种多样的,它们分为五个公认的目:甲烷杆菌目(Methanobacteriaceae)、甲烷球菌目(Methanococcaceae)、甲烷火菌目(Mycobacterium)、甲烷微菌目(Micrococcus methaneus)和甲烷八叠球菌目(Methane Octococcus),来自不同目的生物 16S rRNA 基因序列相似性小于 82%。

属于不同目的产甲烷菌还具有不同的细胞包膜结构、脂质组成、底物范围和其他生物学特性。产甲烷菌的目进一步分为 10 科和 31 属。16S rRNA 基因序列相似性介于 88%～93% 和介于 93%～95% 的有机体分别为不同的科和属。此外,有研究表明,存在新的产甲烷菌的系统发育群体,它们与已知生物没有密切关系,可能代表着新的目。例如,在稻田土壤中存在着某一高丰度的进化类群 RC-1,其 16S rRNA 基因序列与已知生物的相似度不到 82%,在甲烷微生物的系统发育树中形成了一个单独的谱系。

2. 生产甲烷的生化机制

产甲烷过程本质是产甲烷菌利用细胞内一系列特殊的酶和辅酶将 CO_2 或甲基化合物中的甲基通过一系列的生物化学反应还原成甲烷。根据底物类型的不同,可以将该过程分为 3 类:还原 CO_2 途径、乙酸途径和甲基营养途径。① 还原 CO_2 途径是指产甲烷菌通过将 CO_2 还原为甲烷的方式来产生甲烷。② 乙酸途径是指产甲烷菌通过将乙酸降解为甲醇并进一步还原成甲烷的方式来产生甲烷。③ 甲基营养途径是指产甲烷菌通过利用甲基化合物(如甲醇、二甲基硫等)中的甲基,经过一系列反应转化为甲烷的方式来产生甲烷。研究表明,产甲烷菌产生甲烷的途径并非一成不变,而是会受到外界条件的影响。例如,在有机物甲烷化过程中,当氨氮浓度超过 6.0 g/L 时,乙酸盐浓度的增加会增强氨的抑制作用,合成甲烷的菌群由乙酸利用型产甲烷菌转向互养型乙酸氧化菌(SAOB)与氢营养型甲烷菌的同养作用途径。

对复杂有机物的厌氧降解过程的解释,早期通行的是两阶段理论,认为有机物的厌氧消化过程分为不产甲烷的发酵细菌和产甲烷的细菌共同作用的两阶段过程(图 8-7)。两阶段理论简要地描述了厌氧生物处理过程,但没有全面反映厌氧消化的本质。研究表明,产甲烷菌能利用甲酸、乙酸、甲醇、甲基胺类和 H_2/CO_2,但不能利用两碳以上的脂肪酸和除甲醇以外的醇类产生甲烷,因此两阶段理论难以确切地解释这些脂肪酸或醇类是如何转化为 CH_4 和 CO_2 的。

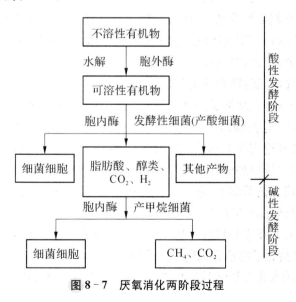

图 8-7 厌氧消化两阶段过程

1979 年,Bryant 等人提出了厌氧消化的三阶段理论(图 8-8)。与两阶段理论模式相比较,Bryant强调了产氢产乙酸过程的作用与地位,把它们独立划分为一个阶段。其中的产氢产乙酸菌与产甲烷菌之间存在着互营共生关系。

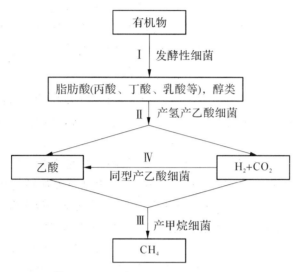

图 8 - 8　厌氧消化三阶段、四阶段过程

在第一阶段,复杂有机物经过水解和发酵转化为脂肪酸、醇类等小分子可溶性有机物,如多糖先水解为单糖,再通过醇解途径进一步发酵成乙醇和脂肪酸,如丙酸、丁酸、乳酸等代谢产物;蛋白质则先被水解成氨基酸,再经脱氨基作用产生脂肪酸和氨。在第二阶段,以上产物通过产氢产乙酸细菌的作用转化为乙酸和 H_2/CO_2。最后,产甲烷细菌利用乙酸和 H_2/CO_2 产生 CH_4。在众多的代谢产物中,仅无机的 H_2/CO_2 和有机的"三甲一乙"(甲酸、乙酸、甲醇、甲基胺类)可直接被产甲烷细菌利用,而其他的代谢产物不能为产甲烷细菌直接利用,它们必须经过产氢产乙酸细菌进一步转化为氢和乙酸后,才能被产甲烷细菌吸收利用。乙酸是产甲烷阶段十分重要的前体物,许多试验表明,在厌氧反应器中大约有 70% 的 CH_4 来自乙酸的裂解。

几乎在 Bryant 提出三阶段理论的同时,Zekus 等人提出了厌氧消化的四阶段理论,他们在三阶段理论的基础上增加了同型耗氢产乙酸过程,即由同型产乙酸细菌把 H_2/CO_2 转化为乙酸(图 8 - 8)。这类细菌所产生的乙酸往往不到乙酸总产量的 5%,一般可忽略。三阶段理论和四阶段理论实质上都是二阶段理论的补充和发展。目前在废水处理工程中研究厌氧消化时仍以二阶段理论为主。

在三阶段、四阶段理论基础上,近年来对厌氧机理的研究已经进一步揭示了厌氧降解过程中的物质和能量转化流通途径。目前相对了解较清楚的步骤有九个,每个步骤都是由特定的微生物参与,并在它们特有的酶促作用下完成的。各个步骤如下。

(1)不溶性有机高分子物质在细胞外酶作用下水解成可溶性的有机物单体。其中蛋白质水解成氨基酸,碳水化合物(淀粉、纤维素)水解成糖类,脂肪水解成长链可溶性脂肪酸和糖类。

(2)有机物单体发酵降解,产物为氢气、甲酸、重碳酸盐、丙酮酸盐、乙醇以及各类挥发性低级脂肪酸(如乙酸、丙酸、丁酸等)。

(3) 专性产氢产乙酸菌将简单有机物氧化成氢气和乙酸。

(4) 同型产乙酸菌利用氢气将重碳酸盐还原生成乙酸。

(5) 简单有机物氧化为重碳酸盐和乙酸,参与的细菌为硝酸盐还原菌和硫酸盐还原菌。

(6) 由硝酸盐还原菌和硫酸盐还原菌将乙酸盐氧化为碳酸盐。

(7) 由硝酸盐还原菌和硫酸盐还原菌进行氢气或甲酸的氧化。

(8) 乙酸发酵产甲烷,主要参与细菌为产甲烷八叠球菌(*Octococcus methanogenus*)和产甲烷丝菌(*Methanogenic filamentous bacteria*),该步骤产生的甲烷量占总甲烷量的 70%。

(9) 重碳酸盐还原产甲烷,参与细菌为氢氧化产甲烷细菌,产生的甲烷量占总甲烷量的 30%。厌氧过程中,各种不同底物降解的最终产物均为甲烷,因此,产甲烷菌在系统中最为重要。在中温条件下,上述第 8 步主要参与细菌,即产甲烷八叠球菌和产甲烷丝菌的生长速度慢,其倍增时间长达 24 小时。又由于该步骤完成 70% 的甲烷生成总量,因此在一般条件下,全系统的速度限制步骤是乙酸发酵产甲烷过程。在低温条件下,水解反应速度大大降低,成为全系统的限制因子。

3. 产甲烷的微生物

厌氧消化过程的各个阶段分别由相应的细菌完成。根据划分的降解阶段,参与的细菌主要有:水解酸化菌群、产氢产乙酸菌群、同型产乙酸菌群和产甲烷菌群。

(1) 水解酸化菌群

在厌氧消化系统中,水解酸化细菌的功能表现在两个方面:① 将大分子不溶性有机物在水解酶的催化作用下水解成小分子的水溶性有机物;② 将水解产物吸收进细胞内,经细胞内复杂的酶系统催化转化,将一部分有机物转化为代谢产物,排入细胞外的水溶液里,成为参与下一阶段生化反应的细菌群(主要是产氢产乙酸细菌)可利用的基质(主要是脂肪酸、醇类等)。

水解酸化细菌主要是专性厌氧菌和兼性厌氧菌,属于异养菌,其优势种属随环境条件和基质的不同而异。在中温条件下,水解酸化菌群主要属于专性厌氧菌,包括梭菌属(*Clostridium*)、拟杆菌属(*Mycobacterium*)、丁酸弧菌属(*Vibrio butyric acid bacteria*)、真细菌属(*Eubacterium*)、双歧杆菌属(*Bifidobacterium*)等。高温条件下则有梭菌属和无芽孢的革兰氏阴性菌。酸化细菌对环境条件(如温度、pH、氧化还原电位等)的变化有较强的适应性。酸化细菌的世代周期非常短,数分钟到数十分钟即可繁殖一代。酸化细菌进行的生化反应主要有两方面的制约因素:一方面是基质的组成及浓度,另一方面是代谢产物的种类及其后续生化反应的进行情况。

(2) 产氢产乙酸菌群

在第一阶段的发酵产物中除可供产甲烷细菌直接利用的"三甲一乙"外,还有许多其他重要的有机代谢产物,如三碳及三碳以上的直链脂肪酸,二碳及二碳以上的醇、酮和芳香族有机酸等。据实际测定和理论分析,这些有机物至少占发酵基质的 50% 以上。这些产物最终转化成甲烷,就是依靠产氢产乙酸细菌的作用。以乙醇、丁酸和丙酸为例,分别有如下反应：

$$CH_3CH_2OH + H_2O \xrightarrow{\text{产氢产乙酸细菌}} CH_3COOH + 2H_2, \Delta G^\ominus = +19.2 \text{ kJ/mol}$$

$$CH_3CHCH_2COOH + 2H_2O \xrightarrow{\text{产氢产乙酸细菌}} CH_4COOH + 2H_2, \Delta G^\ominus = +48.1 \text{ kJ/mol}$$

$$CH_3CH_2COOH + 2H_2O \xrightarrow{\text{产氢产乙酸细菌}} CH_3COOH + 3H_2 + CO_2, \Delta G^\ominus = +76.1 \text{ kJ/mol}$$

从以上三种反应可以看出，由于各反应的自由能不同，进行反应的难易程度也不一样。以 atm 为单位时，当氢分压小于 0.15 时，乙醇能自动进行产氢产乙酸反应，丁酸则必须在氢分压小于 2×10^{-3} 下进行，而丙酸则要求更低的氢分压。在厌氧消化过程中，降低氢的分压必须依靠产甲烷细菌来完成。所以一旦产甲烷菌受环境条件的影响，放慢了对分子态氢的利用速率，其结果必定是放慢产氢产乙酸细菌对丙酸的利用，接着依次是丁酸和乙醇。这也说明了为什么厌氧消化系统一旦发生故障经常出现丙酸的积累。

（3）同型产乙酸菌群

在厌氧条件下能产生乙酸的细菌有两类：一类是异养型厌氧细菌，能利用有机基质产生乙酸；另一类是混合营养型厌氧细菌，既能利用有机基质产生乙酸，也能利用分子氢和二氧化碳产生乙酸。前者是酸化细菌，后者就是同型产乙酸细菌。因能利用分子态氢从而降低氢的分压，对产氢的酸化细菌有利；同时对利用乙酸的产甲烷细菌也有利。

（4）产甲烷菌群

产甲烷菌是参与厌氧消化过程的最后一类也是最重要的一类细菌群。它们和参与厌氧消化过程的其他类型细菌的结构有显著的差异。产甲烷菌的细胞壁中缺少肽聚糖，而含有多糖、多肽或多肽-多糖的囊状物。产甲烷菌迄今已经分离得到了 40 余种，它们的形态各异，常见的有球状、杆状和螺旋状等。一般反应器中常见的产甲烷菌有：产甲烷短杆菌属、产甲烷杆菌属、产甲烷球菌属、产甲烷螺菌属、产甲烷八叠球菌属和产甲烷丝菌属。

产甲烷菌能利用的能源物质主要有五种，即 H_2/CO_2、甲酸、甲醇、甲胺基类和乙酸。绝大多数产甲烷菌能利用 H_2/CO_2，而且有几种只能利用 H_2/CO_2；有两种产甲烷菌能利用乙酸；在有氢气存在的条件下，仅能利用 HCOOH 和 CH_3OH 的各一种；几种八叠球菌能利用较多的基质。

8.3 生物采矿/采油技术

8.3.1 煤的生物脱硫技术

1. 煤中硫的存在形态及脱硫方法

我国是全球煤炭生产和消费的重要国家之一。截至 2021 年，我国煤炭年产量达到 4 126 万吨，占据全球总产量的 50.5%，位居全球煤炭生产国之首，其产量更是排名第二的印度产量的 5 倍以上。我国也是世界上煤炭消费最大的国家之一,数据显示,2015 年至 2018 年间,我国煤炭消耗占据一次能源总消耗的 60.5%。截至 2021 年,我国煤炭消耗量高达 8 617 万吨标准煤,同比增长 4.9%,占据全球总消费量的 53.8%。鉴于我国化石能源结构中的"富煤、贫油、少气"问题,我国的煤炭产量和消耗量将在较长时期内保持较高水平。因此,以煤炭为主导能源的现状下,满足不同区域对煤炭资源的需求,积极探索更为高效、环境友好的利用途径,最大程度地提升煤炭的利用效率,深入研究煤炭的综合利用,已成为社会、经济、能源、环境可持续协调发展的必然要求和我国的重要需求。这对于我国的能源安全和社会经济的快速发展都具有重要意义。

煤炭是一种成分复杂、非均质性较强的有机岩石,其主要杂质为矿物质,如硫化物、硫酸盐、碳酸盐、粘土矿物等,其中绝大部分都属于有害成分。目前,煤炭硫分的分级标准将全硫含量小于 1.0% 的煤划定为低硫煤,而全硫含量大于 3.0% 的煤则被定义为高硫煤,高硫煤在我国的煤炭储量中占有相当比例。随着开采不断进行,优质低硫煤逐渐减少,煤炭品质不断下降。我国的高硫煤主要分布在中南和西南地区,而北方地区的煤炭含硫情况呈现出上层低硫、下层高硫的特点。如果能够开发技术实现高硫煤的洁净利用,将会大幅提升我国可采储量。高硫煤主要形成于北方的晚石炭世和南方的晚二叠世两个成煤时期,这两者的赋存煤炭资源分别占到了全国煤炭资源总量的 26% 和 5% 左右。在石油能源逐渐枯竭、低硫煤资源分布受限的背景下,开发利用高硫煤成为解决能源安全问题的重要途径。然而,煤中的硫含量却极大地制约了高硫煤的使用。

煤中的硫元素对于炼焦、气化、燃烧等过程都是有害杂质。高硫煤的燃烧会释放出过多的二氧化硫(SO_2),从而对烟气脱硫处理带来巨大压力。截至 2017 年,我国的 SO_2 排放总量为 875.40 万吨,与 2016 年相比下降了 110.86 万吨,其中工业领域的 SO_2 排放占总排放量的 85%。煤燃烧过程中释放的 SO_2 严重污染了环境,尤其是高硫煤的燃烧会直接释放出 SO_2。这些 SO_2 进入大气后,会进一步与氧气反应,生成硫酸,从而形成硫酸型酸雨或酸雾,对环境造成损害。高硫煤中过多的硫还会在气化和炼焦等过程中产生有害作用,这一点是毋庸置疑的。在煤炭炼焦过程中,约有 60% 的硫会残留在焦炭中。焦炭在高炉炼铁的过程中,约有 80% 的硫会转移到生铁中。高含硫的生铁会表现出热脆性,难以有效利用,因此导致了炼铁原料的浪费。此外,实际生产数据表明,每增加 0.1% 的焦炭硫含量,高炉炼铁过程中的焦比会增加 1.5%,而生铁产量会减少 2%~2.5%。煤中过多的硫还会限制炼焦化工产品的品质,对精炼过程产生明显影响,进一步加剧了炼焦煤的局限性。

(1) 煤中硫的形态

煤中的硫以多种形式存在,包括无机硫、有机硫以及微量的单质硫。我国较高硫含量的煤中硫含量大约为 2.76%。其中,无机硫占 0.11%,硫铁矿占 1.61%,有机硫占 1.04%。无机硫以不同的形式存在于煤中,例如与煤或煤矸石共生,也可以以单体解离、结核、团聚和细粒分布的形式存在。无机硫主要以各种矿物质的形式存在,包括各种化合物和无机盐类,其中硫酸盐硫主要包括石膏、重晶石,以及硫酸亚铁(如绿矾)。白铁矿和黄铁矿的分子式都是 FeS_2,白铁矿多呈星散状分布,而黄铁矿多呈弥漫性、结节状或条带状分布。煤中的有机硫主要来源于成煤植物细胞中的蛋白质,成煤过程中这些有机硫成分参与煤的形成,并均匀分布在煤中。有机硫以噻吩基(C_4H_4S—)、硫基(—S—)和多硫链(—S—)X的形式存在,如硫醇、硫醚、二硫醚、硫酪和噻吩类杂环化合物。在煤中二苯并噻吩含量较高,其去除难度较大,因此常被作为煤中有机硫的典型模型化合物。

(2)常用脱硫方法

目前,可用于全过程脱硫的技术主要可分为以下三类:燃烧前煤炭脱硫、燃烧中脱硫和燃烧后烟气脱硫。燃烧前煤炭脱硫技术旨在煤炭燃烧之前移除硫分,从而减少煤炭燃烧过程中产生的二氧化硫排放量;燃烧中脱硫技术涉及在煤炭燃烧过程中,投入脱硫剂使其在高温条件下与产生的 SO_2 和 SO_3 等发生反应,生成硫酸盐,将含硫有害成分截留而不排放至大气中;燃烧后烟气脱硫技术则针对煤炭燃烧后产生的烟气进行处理,去除其中的硫分后再进行排放。其中生物脱硫方法主要应用于燃烧前脱硫。

燃烧前煤炭脱硫方法众多,可按照原理分为物理方法、化学方法和生物方法,近年来还出现了不同学科交叉的脱硫方法,如选洗结合化学法、微生物反浮选等。

其中,物理方法基于煤基质的物理和化学性质去除煤中的无机硫。当前,主要的物理脱硫方法包括重力脱硫法、浮选脱硫法和磁电脱硫法等。对于物理脱硫法,无法去除煤中的有机硫成分,只能通过化学方法去除。因此,在含有细粒分散黄铁矿或高有机硫含量的煤炭中,化学法脱硫具有重要意义。主要的化学脱硫方法包括热压浸出法、常压气体湿法、溶剂法、高温热解气体法和化学破碎法等。

煤的生物脱硫技术主要分为微生物浸出法、微生物浮选法和微生物絮凝法。生物脱硫技术具有诸多特点,包括工艺成本低、能耗省、流程简单、反应条件温和以及环境友好等,符合当今生态环境友好发展的趋势。与传统的加氢脱硫相比,生物脱硫技术在 21 世纪绿色化学工程中扮演着重要的角色。特别是微生物浮选法,尽管其只能脱除无机硫,但由于其高脱硫效率、快速脱硫速率以及同时去除灰分的优点,使其适用于短时间内进行大规模煤处理。此外,微生物浮选法还可以与近年来正在发展的水煤浆技术相结合。例如,在煤炭产地的水煤浆制造工序中引入微生物预处理浮选法脱硫和脱灰工艺,不仅可以提高水煤浆质量,还能增加水煤浆的输送效率。与其他脱硫方法相比,微生物浮选法脱硫具有明显的经济性。因此,采用这种方法进行脱硫是可行的,也是适合我国国情的简便有效的方法。

2. 煤炭脱硫微生物及其脱硫机理

(1)煤炭脱硫微生物

迄今为止,已经发现了约十几种能够脱除煤中硫的细菌,常见的属包括硫杆菌属、硫螺菌属、假单胞菌属、大肠杆菌属、硫化叶菌属等。在这些细菌中,主要有两种能够脱除无机硫的微生物,即化能自养菌中的硫杆菌属以及嗜热硫化叶菌属中的一些菌。这些微生物能够通过间接作用和直接作用两种机理氧化无机硫化物。它们的一个共同特点是属于革兰氏阴性菌,在需氧条件下,能够氧化 Fe^{2+}、单质硫以及无机硫化物。通常情况下,它们能够将硫化物氧化成 SO_4^{2-},导致环境呈酸性,并产生热量,因此能够有效地进行脱硫。与此同时,具备有机硫脱除能力的微生物主要属于有机化能异养微生物。它们能够从土壤、温泉、油田以及煤矿等自然环境中分离和培养出来,需要在接近中性的 pH 条件下进行生长。迄今为止,已经分离出一些能够脱除有机硫的微生物种类,包括假单胞菌、红球菌、棒杆菌、短杆菌、戈登氏菌和诺卡氏菌等。此外,还存在一些嗜热的兼性自养微生物,主要是硫化叶菌属中的一些菌,例如酸热硫化叶菌属、嗜酸硫杆菌以及嗜热硫杆菌等。这些微生物能够在酸性环境中生长,能够氧化和去除有机硫以及无机硫(例如黄铁矿中的硫)。

(2) 煤炭微生物脱硫机理

① 无机硫的脱硫机理

微生物脱除黄铁矿硫是一种典型的微生物脱硫过程,其中微生物通过直接作用和间接作用两种方式对黄铁矿进行氧化。例如,氧化亚铁硫杆菌能够通过氧化亚铁或黄铁矿获得生长所需的能量,并将其转化为铁离子和硫酸。在直接反应中,微生物促使黄铁矿氧化生成 Fe^{3+}:

$$2FeS_2 + 7.5O_2 + H_2O \xrightarrow{\text{微生物}} 2Fe^{3+} + 4SO_4^{2-} + 2H^+$$

在间接反应中,直接反应生成的 Fe^{3+} 可间接氧化黄铁矿,将其还原为 Fe^{2+},然后 Fe^{2+} 又被微生物氧化为 Fe^{3+},如此循环往复,促进了黄铁矿的氧化。微生物氧化黄铁矿的过程中,Fe^{3+} 扮演着重要的氧化剂角色。

$$FeS_2 + 14Fe^{3+} + 8H_2O \longrightarrow 15Fe^{2+} + 2SO_4^{2-} + 16H^+$$

$$4Fe^{2+} + 4H^+ + O_2 \xrightarrow{\text{微生物}} 4Fe^{3+} + 2H_2O$$

在实际脱硫过程中,直接反应和间接反应常常同时或交替进行。硫氧化的过程相当复杂,同一种微生物可能有不同的脱硫途径。通常,硫杆菌、氧化亚铁硫杆菌和嗜铁钩端螺旋菌等微生物常用于去除煤中的无机硫。

② 有机硫的脱硫机理

二苯并噻吩(dibenzothiophene,DBT)是一种难以降解的有机化合物,占据煤中有机硫的约 70%。对于探究微生物脱除煤中有机硫机理,常以 DBT 为研究对象。微生物对DBT 的降解可通过两种途径实现:Kodama 途径和 4S 途径,前者为 C—C 键裂解,后者为C—S 键特异性裂解。这两种途径中,Kodama 途径导致 DBT 的苯环结构被分解,从而煤的含碳量降低;4S 途径实现硫的特异性裂解,但并不破坏煤的大分子结构,因此不会影响煤的性能。

Kodama 途径最早由 Kodama 等人提出,其过程涉及 DBT 经历羟基化、环裂解和水解三个步骤,最终生成水溶性产物 3-羟基-2-甲酰基-苯并噻吩。微生物通过 Kodama途径降解 DBT 的过程如图 8-9 所示。研究表明,革兰氏阴性菌如假单胞菌、苜蓿根瘤菌、拜叶林克氏菌、鞘氨醇单胞菌以及真菌如雅致小克银汉霉等都能通过 Kodama 途径对DBT 进行降解。

4S 途径是由 Kilbane 首次提出,并由 Gallagher 等人首次应用于微生物脱硫研究。在这一途径中,微生物选择性地作用于 DBT 分子中的 C—S 键,通过四种酶(二苯并噻吩单加氧酶 DszC、5,5-氧-二苯并噻吩单加氧酶 DszA、2-羟基联苯磺酸盐脱硫酶 DszB 和黄素还原酶 DszD)的协同作用,依次催化四个连续的反应(图 8-10)。在反应中,需要辅酶(NADH、NAD)的参与以及底物还原型黄素单核苷酸(FMNH$_2$)和氧化型黄素单核苷酸(FMN),同时需要氧气参与,将 DBT 逐步转化为 DBT 亚砜、DBT 砜、DBT 磺酸盐以及 2-羟

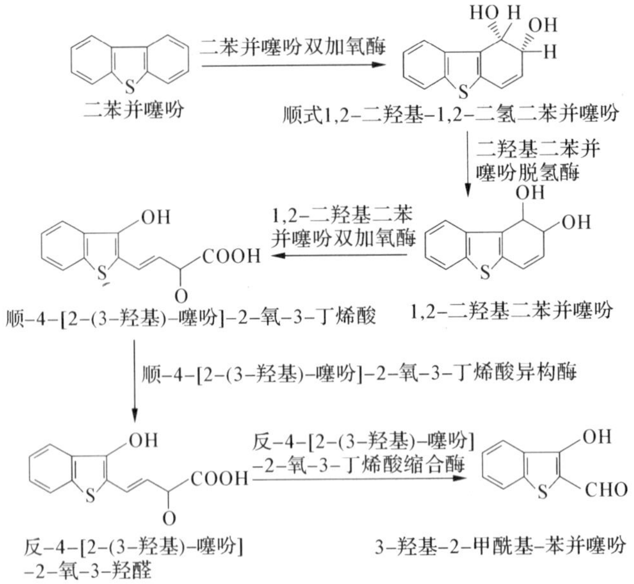

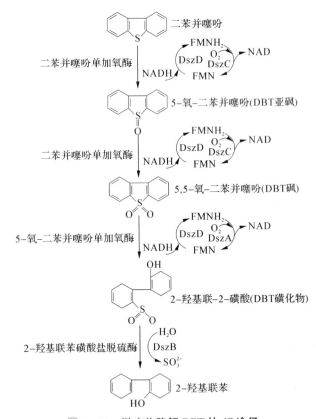

图 8-9 微生物降解 DBT 的 Kodama 途径

基联苯。微生物通过 4S 途径降解 DBT 的过程如图 8-10 所示。研究发现,红球菌、克雷伯菌、诺卡氏菌、农杆菌、分枝杆菌、芽孢杆菌等多种微生物均可通过 4S 途径实现 DBT 的脱硫。

图 8-10 微生物降解 DBT 的 4S 途径

3. 微生物脱硫工艺

微生物脱硫技术针对煤的应用主要包括微生物絮凝法、微生物浸出法和微生物浮选法。

(1) 微生物浸出法

微生物浸出法是最常见的生物脱硫方法之一,通过微生物的作用将黄铁矿氧化,使原本不溶于水的硫得以转化为可溶于水的形式,从而实现硫的去除。该方法具有多个优点,例如实验过程相对简单,只需将氧化微生物与煤接触,为其提供充分的反应时间,并利用水的润湿特性,以微生物方式实现煤中硫的去除。同时,该方法还在煤堆下收集产生的硫酸,以达到理想的脱硫效果。然而,这一方法存在两个主要缺点:首先,处理所需的时间相对较长,一堆煤的脱硫过程通常需要 30 天左右;其次,若无法及时处理反应液,可能会对环境造成严重污染。

(2) 微生物浮选法

微生物浮选法将微生物与物理浮选方法相结合,将具有一定亲水性的细菌与煤浆混合。在特定条件下,细菌会选择性地吸附在黄铁矿表面,从而改变黄铁矿的亲水性质。与此同时,这些微生物不会与煤炭发生吸附作用,因此煤的表面性质不会改变。借助物理浮选的方法,有效地分离黄铁矿和煤。在此方法中,氧化硫硫杆菌和氧化亚铁硫杆菌是最常用的微生物种类。然而,当前微生物浮选法脱硫仍面临几个挑战:首先,需要探索新的细菌种类,培养适应实际生产的原始菌株,并通过改变其特性或寻找新的特点来实际应用;其次,需要结合实际生产,找到最佳工艺条件,以减少经济成本并满足工业生产需求;最后,在持续的研究和试验中,需要分析和掌握煤炭、硫铁矿甚至其他矿物颗粒表面性能的变化,以深入了解其吸附机制。

(3) 微生物絮凝法

微生物絮凝法将特定微生物菌种的表面性质与细菌的吸附性质相结合,将这些微生物与煤粒混合。细菌将吸附在煤粒表面,改变其表面性质,导致煤粒聚集成团,悬浮在煤浆中。与此同时,煤浆中其他成分的表面性质并未发生改变,仍保持原有状态。通过这种方式,实现了煤和微生物的有效分离,达到了脱硫的目的。

8.3.2　微生物湿法冶金技术

1. 湿法冶金的发展

湿法冶金也称为水法冶金,是一种利用特定溶剂,借助物理、化学或生物反应,如氧化、还原、中和、水解及络合等,从原料中提取和分离金属的冶金过程。与传统的火法冶金并列,湿法冶金是冶金技术的一种重要分支。该过程涵盖多个步骤:① 将原料中的有用成分溶解于溶液中,即浸取;② 分离浸取溶液和残渣,同时回收夹带于残渣中的冶金溶剂和金属离子;③ 净化和富集浸取溶液,常采用离子交换、溶剂萃取技术或其他化学沉淀方法;④ 从净化液中提取金属或其化合物。许多金属及其化合物都可通过湿法冶金方法生产。在锌、铝、铜、铀等工业中,湿法冶金具有重要地位,全球所有氧化铝、氧化铀和约 74% 的锌,以及近 12% 的铜,均采用湿法冶金生产。生产中,常借助电解法制取金、银、铜、锌、镍、钴等纯金属。而铝、钨、钼、钒等多数元素以含氧酸盐形式存在于水溶液中,通常先形成氧化物沉淀,随后通过还原获得金属。20 世纪 50 年代发展起来的加压湿法冶金技术,能从铜、镍、钴的氨性溶液中以直接氢还原的方式(如在 180℃、25 大气压下)制取金属铜、镍、钴粉,同时制备出诸如镍包石墨、镍包硅藻土等多种性能优越的复合金属粉末,这些粉末广泛用于可磨密封喷涂等领域。

20 世纪 60 年代末 70 年代初,无污染冶金成为研究的焦点。以处理硫化铜矿为例,涌现出多种较成功的方法,例如,① 阿比特法,即低压氨浸、萃取分离和残渣浮选。硫的产物形式为 $(NH_4)_2SO_4$ 或 $CaSO_4$。② 加压硫酸浸取法,85% 的硫产物为单质硫。③ 氯化铁浸出法,即氯化铁浸取、溶剂萃取、电积法。95% 以上的硫产物为单质硫。④ 舍利特高尔顿法,即加压氨浸法。硫的产物形式为 $(NH_4)_2SO_4$ 或 $CaSO_4$。⑤ R.L.E.(焙烧-浸取-电积)法。硫产物为 $CaSO_4$ 或 H_2SO_4。这些方法能够消除二氧化硫对空气的污染,同时能回收原料中的硫,已经实验验证。在湿法炼锌领域,早在 1981 年,加拿大已建成一座直接加压湿法炼锌车间。该工艺无需氧化焙烧硫化锌精矿,节省 25% 的投资,同时消除了二氧化硫对大气的污染。硫的产物为单质硫,回收率达 96%。

随着地壳中可利用的有色金属资源品位的逐渐降低,以铜为例,20 世纪初的可采品位均超过 1%,到 70 年代已降至 0.3% 左右,而一些稀贵金属甚至含量仅为百万分之几。因此,湿法冶金将在更大程度上扮演提取这些金属的角色。湿法冶金的优点在于高效回收原料中的有价金属,有利于环境保护,并且易于实现生产过程的连续化和自动化。生物湿法冶金是利用特定微生物的代谢活动或代谢产物从矿物或其他物料中提取金属的过程。这一过程包括生物浸出、生物吸附和生物累积三种形式,其中微生物浸出是通过微生物作用将有价金属从矿石中溶出到溶液中的过程。这种综合了湿法冶金、矿物加工、化学工程和微生物学等多个学科的交叉领域,与传统的湿法冶金相比,生物冶金被视为环境友好的冶金技术,被认为是 21 世纪最具竞争力的技术之一,受到各国的高度重视并得到巨额投资用于研究。其主要特点包括:① 简单设备,易于操作,流程短,投资和生产成本低;② 无有毒气体排放,废水可循环利用,环境清洁,为资源有效利用提供了新途径。生物冶金已广泛应用于金、铜、铀等金属的提取,其中铜的提取是当前各国的研究热点。

中国是最早采用生物湿法冶金技术的国家之一,早在唐朝末年或五代时期就有"胆水浸铜"法,用于从含硫酸铜的矿坑水中提取铜。在欧洲,最早的记载可追溯到 1670 年的西班牙 Rio Tinto 矿,人们利用酸性矿坑水浸出含铜黄铁矿中的铜。1958 年,美国 Kennecott 铜矿公司在 Utah 矿首次将细菌浸铜工艺用于工业生产并取得成功,取得了世界上第一个矿石微生物浸出专利,为矿产资源的生物提取技术发展奠定了基础。自 1980 年起,生物冶金技术在全球范围内的铜矿生产中得到了广泛应用。美国 Phips Dodge 公司于 2000 年建成了世界上最大的铜矿堆浸厂,智利的 Qnebrado Blanca 公司年产量达 715 万吨铜,这些都采用了生物堆浸技术。智利、澳大利亚、秘鲁、美国、中国和赞比亚等铜矿资源丰富的国家都在大规模应用生物浸铜技术。目前,全球铜产量的 25% 以上是通过生物浸铜法生产的。此外,对于其他金属矿物的生物冶金也进行了大量的研究,并且已经实现了商业化应用。金矿的微生物预氧化和铀的微生物浸出均已工业化。通过微生物浸出生产的金和铀分别占到世界金和铀总产量的 20% 和 13%。生物冶金技术在硫化镍钴矿的处理方面也实现了工业化生产。BioNIC 工艺是澳大利亚必和必拓公司 (BHPBilliton 集团)旗下的 Gencor 公司开发的,在澳大利亚的 Maggie Hays 铜矿建成了生物浸出处理镍黄铁矿精矿的工厂,镍的浸出率可达到 93%。芬兰的 Talvivaara 矿业公司是欧洲最大的硫化镍矿生产企业,储量超过百万吨,其生物浸出处理硫化镍矿厂于 2010 年投产,年产量占全球总产量的 2.5%。生物冶金技术也可以应用于金属钴的生产。例如,在非洲乌干达的 Kasese,法国 BGRM 公司建成了年处理百万吨级含钴黄铁矿精矿的生物浸钴工厂,年产千吨阴极钴。此外,还有许多其他金属矿物,如锰、锌、镓、钼、铅等,以及被硫化物包裹的贵金属聚合体如铀金、铼、铷、钯、锇、铱等矿物,都已经进行了广泛研究,并在工业化生产中得到应用。

我国的现代生物冶金工业应用起步较晚,直到 20 世纪 60 年代才开始研究利用生物冶金技术从低品位、难浸的铜矿中提取铜。最早在安徽的铜官山铜矿进行了原位地下生物浸出实验,并获得了良好的实验效果。真正的工业化应用始于 1997 年,在江西的德兴铜矿建成了我国第一家年产两千万吨阴极铜的生物堆浸厂。此后,广东大宝山铜矿和福建紫金山铜矿相继建成了年产千吨级阴极铜的生物堆浸厂。截至 2008 年,紫金山金铜矿微生物堆浸工厂的铜产量已超过万吨。经过我国几代研究学者半个多世纪的不懈努力,目前我国的生物冶金技术在基础理论研究和实际生产工业化方面都取得了长足进步,综合技术水平基本达到较高水平。然而,仍需继续加强基础理论研究,并开发应用新工艺。

2. 微生物湿法冶金的主要菌种

在生物冶金过程中,浸矿菌种扮演着关键角色,培育特定高效的菌种是生物冶金研究的核心。迄今为止,研究者已发现多个属、多个种的微生物具有浸矿能力,其中大部分为化能自养或兼性自养的细菌和古菌。这些微生物在特定的环境条件下,通过氧化某些无机物(如 Fe^{2+}、S、还原性硫化物等)获取所需的生命活动能量。

主要的浸矿菌种可以分为以下八个属:钩端螺旋菌属(*Leptospirillum*)、硫化杆菌属 (*Sulfobacillus*)、硫化叶菌属(*Sulfolobus*)、酸菌属(*Acidianus*)、嗜酸硫杆菌属 (*Acidithiobacillus*)、嗜酸菌属(*Acidiphilium*)、金属球菌属(*Metallosphaera*)和铁质菌属(*Ferroplasma*)。这些菌种通常根据它们适宜的生长环境温度分为嗜中温菌 (*Mesophiles*,20~40℃)、中等嗜热菌(*Moderatethermophiles*,40~55℃)和嗜高温菌 (*Thermophiles*,>55℃)。

(1) 中温菌

中温菌是一类在 45℃以上无法生长,20~40℃为生长适宜温度的微生物。其中,氧化亚铁硫杆菌(*Thiobacillus ferrooxidans*)和氧化硫硫杆菌(*Thiobacillus thiooxidans*)是用于硫化矿生物浸出的主要菌种。氧化亚铁硫杆菌广泛存在于含硫温泉、硫和硫化矿矿床、含金矿矿床以及硫化矿矿床的氧化带中。它能在这些矿坑水中存活并生长,其能源来自还原态的硫和 Fe^{2+}。最适宜的生存 pH 为 1.8~2.5,最佳存活温度为 30~35℃。实际上,它能氧化几乎所有硫化矿物和元素硫,适宜的生存 pH 范围为 1~4.8,存活温度范围为 20~40℃。氧化硫硫杆菌通常栖息于硫和硫化矿矿床中,最适宜的生存 pH 为 2~2.5,最佳存活温度为 28~30℃。它能氧化元素硫和一系列硫的还原性化合物,但不能氧化

Fe^{2+}。适宜的生存 pH 范围为 0.5～6,存活温度范围为 20～40℃。

（2）中度嗜热菌

中度嗜热菌的生长适宜温度为 40～55℃,其中典型的代表菌种有三种:① 硫化杆菌属($Sulfobacillus$),该属于 1976 年由 Golovacheva R.S.等人发现。这些细菌是无机化能自养菌,能源来自 Fe^{2+}、元素硫和还原态硫。它们能氧化 Fe^{2+}、元素硫以及硫代硫酸根等硫化矿,如黄铁矿、黄铜矿、砷黄铁矿、亚铺盐酸矿、铜铀云矿等。这些菌种主要存在于富含铁、硫或硫化矿的酸热环境中,最适宜的生长温度为 50℃,也存在于能够生长温度达到 58℃的自然环境,例如火山地区、硫化矿堆。② $Leptospirillum\ thermoferrooxidans$,于 1992 年由 Golovacheva R.S.等人从微螺旋菌属分离出来。其生存适宜温度范围为 45～50℃,最佳 pH 范围为 1.65～1.90。这种菌属于好氧细菌,只能氧化水溶液和矿物中的 Fe^{2+}。③ $Thiobacillus\ Caldus$,由 Hallberg K.B.于 1994 年发现的,能在 55℃下生长。它属于硫杆菌属,不能氧化 Fe^{2+},但可以氧化还原态硫。最适宜的生长温度为 45℃。在实验室的生物浸出实验中,通常与氧化亚铁微螺菌一起使用,分别是还原态硫与 Fe^{2+} 的主要氧化者。

（3）嗜高温菌

嗜酸嗜高温古细菌是微生物进化史上的一个特殊支系,共有四个种属能氧化硫化物,分别为硫化叶菌($Sulfolobus$)、氨基酸变性菌($Acidianus$)、金属球菌($Metallosphaera$)和硫化小球菌($Sulfurococcus$),这些菌种都是极端嗜酸和嗜高温的。其中,硫化叶菌可以在自养、异养和混养条件下生长。在自养条件下,它能催化硫、铁及硫化物的氧化,使用二氧化碳作为碳源。叶硫球菌($Sulfolobus\ acidocaldarius$)能在 70℃下生长,最适宜 pH 为 2～3。它能在 pH 范围为 1～5.9,温度范围为 55～80℃的环境中存活和生长。类似的嗜高温菌还分布在世界各地,如美国黄石国家公园的高温泉水,冰岛、意大利、新西兰、日本、亚苏尔群岛、千岛群岛以及堪察加半岛的火山区等地。

3. 生物湿法冶金的微生物浸取机理

在微生物浸矿过程中,直接作用和间接作用共同存在,只不过有时以直接作用为主,有时以间接作用为主。

（1）直接作用

直接作用是指微生物与矿物表面接触,将金属硫化物氧化为酸溶性的二价金属离子和硫化物的原子团。在水和空气存在的情况下,氧化铁铁杆菌、氧化硫硫杆菌以及氧化铁硫杆菌等细菌的作用下,许多金属硫化矿会发生直接浸出反应。以下是部分金属矿的直接作用过程:

$$黄铁矿:2FeS_2 + 7O_2 + 2H_2O \xrightarrow{\text{细菌}} 2FeSO_4 + 2H_2SO_4$$

$$4FeSO_4 + O_2 + 2H_2SO_4 \xrightarrow{\text{细菌}} 2Fe_2(SO_4)_3 + 2H_2O$$

$$黄铜矿:CuFeS_2 + 4O_2 \xrightarrow{\text{细菌}} CuSO_4 + FeSO_4$$

$$铜蓝:CuS + 2O_2 \xrightarrow{\text{细菌}} CuSO_4$$

$$硫砷铜矿:4CuAsS + 6H_2O + 13O_2 \xrightarrow{细菌} 4H_3AsO_4 + 4CuSO_4$$

$$砷钴矿:4CoAsS + 6H_2O + 13O_2 \xrightarrow{细菌} 4H_3AsO_4 + 4CoSO_4$$

$$闪锌矿:ZnS + 2O_2 \xrightarrow{细菌} ZnSO_4$$

$$辉钼矿:MoS_2 + 3O_2 + 2H_2O \xrightarrow{细菌} H_2MoSO_4 + H_2SO_4$$

$$辉锑矿:Sb_2S_3 + 6O_2 \xrightarrow{细菌} Sb_2(SO_4)_3$$

$$硫化锡矿:SnS + 2O_2 \xrightarrow{细菌} SnSO_4$$

$$元素硫:2S + 3O_2 + 2H_2O \xrightarrow{细菌} 2H_2SO_4$$

（2）间接作用

间接作用基于细菌生命活动产生的代谢产物的作用，也称为纯化学浸出理论。它主要利用氧化亚铁硫杆菌的代谢产物，如硫酸高铁和硫酸，与金属硫化物发生氧化还原作用。通过细菌作用产生的硫酸和硫酸铁，然后利用它们作为溶剂浸出矿石中的有用金属。硫酸和硫酸铁溶液是一般硫化矿和其他矿物化学浸出法中常用的溶剂。例如，氧化硫硫杆菌和聚硫杆菌将矿石中的硫氧化成硫酸，氧化亚铁硫杆菌能将硫酸亚铁氧化成硫酸铁。微生物在新陈代谢过程中会分泌出一些物质，如硫酸高铁和硫酸，这些分泌物促使矿物发生化学溶解作用，从而分解矿物，这即是微生物浸矿的间接作用机理。微生物的间接浸出通常包括三种作用：① 细菌代谢产物使金属矿物发生氧化或还原；② 通过代谢产生的有机酸和无机酸溶解金属；③ 细菌参与配位反应。

有学者认为金属的溶解速率与金属硫化物中可溶性成分的含量成正比。微生物在矿物表面起作用，即只有当金属矿物表面溶解后，微生物才能进入矿物内部与内部金属发生反应。因此，增大矿物的表面积，使微生物与矿物表面充分接触，增加可溶性成分的含量，对于提高浸出速率非常有益。

4. 细菌浸取的基本方法

湿法冶金的发展得益于综合利用矿产资源的需求以及能源、环保等因素的影响，因此衍生出多种不同的浸取方法。这些方法在浸取位置、固液接触方式等方面都有多样性。根据浸取位置，可将浸取方法分为地下浸取（地浸）和堆置浸取（堆浸）；根据固液接触方式，可分为搅拌浸取和渗滤浸取。

（1）地下浸出

地下浸取的特点是矿石保持天然赋存状态，未经位移，通过钻孔工程将浸取溶液注入矿层，使其与非均质矿石中的有用成分发生化学反应。反应生成的可溶性化合物通过扩散和对流作用从化学反应区域离开，进入矿层中的渗透液流，形成含有一定浓度的浸取液（母液），并向特定方向流动。随后，通过抽液钻孔将浸取液抽至地面水冶车间进行加工处理，从中提取含浸取金属。原地钻孔溶浸采矿方法无需昂贵而繁重的剥离、开拓、采准、切割、回采工程及相关采掘、装卸、运输、提升设备，从而实现采选冶联一体化。因此，该方法的基建投资较少，建设周期较短，生产成本较低。尤其值得注意的是，这种方法几乎不会破坏山林和农田，不产生尾矿和废石，环境破坏和污染减少到最低限度。

地下原地钻孔溶取采矿方法适用条件较为严格,通常需要同时满足以下条件:① 矿床地质条件。矿体具有天然渗透性能,产状平缓、连续稳定,具有一定规模。② 矿床水文地质条件。矿体赋存于含水层中,矿层厚度与含水层厚度之比不小于1:10,且底板或顶部、底板围岩具备不透水性,或底板围岩的渗透性远低于矿体渗透性。在溶取矿物的范围内,不应存在导水断层、地下洞穴、暗河等。矿体的渗透系数应在 $1\sim10$ m/d,过小的渗透系数可能导致需要施加较大压力来进行注液,不合理地增加技术和经济成本。过大的渗透系数可能在矿层内形成素流,不利于金属矿物的浸取。③ 矿岩的物理化学条件。要求目标金属矿物易溶于浸取药剂,而围岩矿物不能溶于浸取药剂。例如,氧化铜矿石与次生六价铀易溶于稀硫酸,而石英、硅酸盐矿物不溶于稀硫酸,这两种矿物有利于浸取。

(2) 堆置浸出

堆浸法是将细菌溶液喷洒到预先堆放好的矿石堆上,有选择性地溶解矿石中的目标金属成分,使金属形成离子或络合离子并进入溶液,以便进一步提取或回收。堆浸的矿石仅需粗碎,通常只需破碎至 $5\sim8$ mm,如果浸出性能良好,有时甚至仅需要破碎至 10 mm 左右。细菌溶液在矿堆中始终处于非饱和流动状态。

堆浸法的原理:通过将含有细菌和化学溶剂的水溶液喷洒到矿堆上,使溶液以缓慢的速度流经矿石孔隙并接触矿石表面。易溶解的金属在溶液中溶解,确保了固液相界面有较大的浓度差。堆浸通常采用 pH 在 $2\sim3$ 的细菌混合硫酸溶液作为浸取剂,适用于处理氧化条件较好的次生矿。此外,堆浸时间较长,自然环境中的氧化作用可以满足一定的需求,通常不需要大量氧化剂,甚至只需少量氧化剂。一般情况下,浸取液通过喷洒在堆中,每天持续 24 小时均匀喷洒,堆中的浸取过程通常持续一个半月以上,一般需要超过 10 个月才能完全实现浸取目标。尽管渣的品位一般较搅拌浸取高,但浸取率可以基本保持在 $70\%\sim75\%$。

堆浸的优点:① 投资较少,成本低;② 省去了能耗大的细磨和固液分离工序,简化了工艺流程;③ 灵活性较高,适用于偏远地区的小型矿山;④ 堆置可以在地表或地下进行,尾渣可用于回填,降低了环境污染;⑤ 堆浸适用于不适合搅拌浸取的贫矿、表外矿和废弃尾矿等。然而,堆浸也具有一些缺点:浸出速率较低,浸取效率不高,难以达到搅拌浸取的效果,不适用于难浸矿石和非氧化矿石,此外还需要适宜的气候条件。通常情况下,堆浸的浸取率比搅拌浸取低约 10% 左右。对于金属含量较高的矿石,采用堆浸方法将会造成资源的较大浪费。因此,对于难处理的矿石、气候恶劣的地区以及富裕的矿石,不宜采用堆浸方法,而应仅对边缘矿、贫矿和废弃尾矿进行适当处理,以回收有用资源。

目前,堆浸法广泛用于处理未破碎或粗碎的含铜废矿、尾矿和贫矿。每堆矿石的量通常在 $10^4\sim10^8$ 吨,堆置一般在不透水的坡地上,以便溶液能够自动流入集液池。一般来说,堆置成截头锥形,具有自然休止角度。再生浸取液喷洒到堆石顶部,溶液通过矿堆时与矿石孔隙接触,从而引发生物浸取反应。之后,溶液流经堆底斜坡流至集液池。浸取后的溶液被送往金属回收系统,废液经过充气和补充氮、磷、钾盐等不足元素后,可用于 Fe^{2+} 氧化和细菌的生长繁殖,然后再次用于浸取操作,形成闭路循环。

(3) 搅拌浸出

搅拌浸取是指在搅拌槽中对经过粉碎的矿石和浸取剂进行强烈搅拌的浸取过程,可用于浸取各种矿石组分。通常情况下,将矿石研磨至 $100\sim200$ 目左右,然后与浸取剂在搅拌槽中混合,利用强化浸取条件(例如,提高温度、增加浸取剂浓度、选择适当的浸取剂类型、延长搅拌浸取时间、增加搅拌速度等)进行浸取。

根据浸取剂与被浸矿石的相对运动方式,搅拌浸取可分为三种类型:① 顺流浸取。浸取剂与被浸矿石的流动方向相同,此时浸取液中目标组分含量较高,浸取剂消耗较少,但浸取速度较慢,浸取时间较长。② 逆流浸取。浸取剂与被浸矿石的流动方向相反,即经过一段时间的浸取后,矿渣会与新浸取剂接触,浸取速度较慢,浸取率较低,但浸取液的体积较大,目标组分含量较低,浸取剂消耗较大。③ 错流浸取。浸取剂与被浸矿石的流动方向相交,每次浸取后的矿渣均会与新的浸取剂接触,从而实现较高的浸取速度和浸取率,但浸取液的体积也较大,目标组分含量较低,浸取剂消耗较大。

8.3.3 微生物与石油开采

1. 微生物采油的基本概念

石油作为经济发展的关键能源和国家安全的重要组成部分,在全球范围内具有极其重要地位。一般认为,油气田开发经历四个阶段:早期投产、稳产、下降和终止。中国大多数陆地油田由非均质多层沉积构成,地层断裂分布复杂,有效储层较薄弱,导致稳产期较短。然而,当前石油工业的发展形势表明,新增石油地质储量越来越难,品质也逐渐下降。我国东部作为主要石油生产区,大多数油田已进入开发后期,剩余油量少且含水率高,增产较为困难。西部和海上油田的勘探程度相对较低,具备一定的石油增产潜力,但可采储量采收率远低于全国水平,且地层低渗透、非均质以及地面条件不佳,限制了它们产量大幅提升的可能性。因此,我国的石油短缺已是不容否认的事实,国内石油产量仅能满足全国一半左右的消费需求,且石油产量增速低于需求增速。面对巨大的能源缺口,许多专家认为中国今后的石油产量保持和提升主要有两个途径:一是加强勘探,开发未探明储量;二是借助技术进步,提高老区原油采收率。在全球范围内,常规采油技术仅能采出地下原油的 $30\%\sim40\%$,因此如何提高采收率,从地下更多地采出原油,一直是全球石油工作者面临的挑战。虽然勘探和寻求替代能源的努力至关重要,但利用现有油田资源和采收设备,提高原油采收率才是更为有效、迅捷的解决途径。

通常把利用油层能量开采石油称为一次采油;向油层注入水、气,给油层补充能量开采石油称为二次采油;而用化学的物质来改善油、气、水及岩石相互之间的性能,开采出更多的石油,称为三次采油。实践研究表明,一次采油技术的采收率约为 15% 左右;二次采油技术在一些情况下优于一次采油,但采收率也相对较低,通常为 $25\%\sim40\%$。而三次采油技术能够显著提高石油采收率,推动石油行业的发展和社会的进步。

微生物采油技术(microbial enhanced oil recovery,MEOR)作为一种有效的采油方法在三次采油技术中扮演着主要角色。它展现了在枯竭油田和难开发油田中卓越的表现,并受到了石油工作者的高度关注。该技术通过直接将微生物注入油藏来促进原油流动,或者激活固有的微生物。通过实验证明和现场应用验证,该技术显示出了显著的效果和广阔的应用前景,特别适用于高含水的老化油田。我国分布着丰富的稠油资源,地质储量达到 1.64 亿吨,其中陆地稠油约占石油总资源的 20%。高胶质和高沥青含量的稠油产量约占原油产量的 7%,为 MEOR 技术的广泛应用提供了机会。总体而言,全球约有 40%～45% 的油藏具备 MEOR 的潜力,相对于其他方法来说更为经济高效。由于技术含量高,且具备广阔的产业化前景,MEOR 技术在我国部分老化油田的应用和推广具有重要意义,对石油工业的可持续发展起到积极作用。尤其是在已经使用过聚合物驱油等化学驱油后的油田以及老化油田的强化采油中,MEOR 技术的应用越来越受到关注,并引起微生物学、石油工业、石油地质学和地球化学等领域的广泛兴趣。美国、英国、俄罗斯、奥地利等国家在 MEOR 室内研究和矿场试验方面取得了显著成果。我国的大港、新疆和胜利等油田已进行了 MEOR 技术的现场试验,并取得了显著效果。

相对于其他采油技术,MEOR 技术具有明显的优势。首先,它在经济可行性方面表现出色。与化学驱油技术相比,MEOR 技术的成本较低。微生物菌剂通常从低渗透油田中筛选获得,其生长所需原料广泛,成本较为廉价。规范的注入方式还可以进一步降低成本,提高收益。其次,MEOR 技术是一种环保的选择。在低渗透油藏中使用的菌液和营养物质均源自地层地下水,菌剂筛选设备简单,而且使用的无机盐营养物质不会对环境造成二次污染。当停止注入菌剂或营养物质一段时间后,地层将恢复原状,注入不会对地层造成不可逆的危害。第三,微生物生长所需原料丰富多样,包括糖类、植物油等碳源,无机、有机的氮、磷源,以及丰富的微量元素,这些都在油藏中充足存在。最后,MEOR 技术适应性强,可应用于不同类型的油藏,如低渗透油藏、稠油油藏、高蜡含量油藏等,具有广泛的应用前景。

2. 常见的油藏微生物

微生物采油技术根据主要微生物来源可分为本源微生物采油和外源微生物采油。本源微生物是指在油藏中相对稳定存活的微生物,其来源可追溯至两个途径。首先,这些微生物可能是在油藏形成过程中自然存在的微生物。其次,它们也可能是在注采过程中进入油层,并适应了油藏的环境而得以稳定存活。这些微生物在油藏中可能会适应环境并缓慢生长,或进入休眠状态。营养物质的可获得性通常是制约微生物活动的主要因素。因此,本源微生物技术需要设计合适的营养配方。一旦这些微生物被注入油层,它们将获得充足的营养物质,使沉睡中的微生物重新进入活跃状态,利用微生物的代谢产物影响原油性质,可达到增油的目的。这一方法的机理通常被认为是,在靠近井口的地区,营养物质激活了好氧微生物,这些微生物的代谢产物不仅有助于原油的驱出,同时在进入厌氧地区后,这些代谢产物也能激活那些厌氧菌。这些菌类产生氢气、甲烷等气体,进一步促使原油驱出,从而发挥驱油作用。然而,本源微生物的数量通常较少,微生物生长所需时间较长,因此在短时间内很难获得显著效果,这限制了这一方法的深入研究。尽管如此,这种方法的技术要求相对简单,无需在地面进行培养,但驱油时间较长,因此需要一定的封井时间。

(1) 本源微生物

从微生物群落组成来看,有研究表明,油藏环境中最主要的细菌门为变形菌门,包括 α-变形菌、β-变形菌、γ-变形菌、δ-变形菌和 ε-变形菌等纲。这些细菌占据了总细菌的

95％以上，几乎包含了油藏中所有细菌的种类。特别是属于 γ-变形菌的细菌最为丰富，它们在研究的油藏微生物群落结构中出现的频率高达 94％。油藏环境中还存在古菌，包括甲烷鬃菌属、甲烷囊菌属、甲烷砾菌属、甲烷嗜热杆菌属和盐单胞菌属等。除了盐单胞菌属外，其他属于产甲烷古菌。

从微生物功能角度来看，油藏中存在多种微生物，如烃降解菌、腐生菌、厌氧发酵菌、产甲烷菌、硫酸盐还原菌和硝酸盐还原菌。

烃降解菌是一类能够利用烃类物质作为生长碳源和能源的微生物，广泛分布于变形菌门、厚壁菌门、放线菌门、拟杆菌门和螺旋体门等门中。在原油生长代谢过程中，这些微生物通常会分泌一系列活性物质，主要包括表面活性剂和生物乳化剂。表面活性剂能够显著降低表面和油水界面的张力，而生物乳化剂则通过特殊的亲水和疏水基团作用于油相和水相，显著降低油水界面的张力，从而形成稳定的原油乳状液。

腐生菌可以在较高氧化还原电位条件下分解有机营养物质，获取生长和能量。腐生菌合成的酸和醇等物质能够有效降低油水间的界面张力，促进原油乳化和增溶，部分腐生菌还能产生大分子黏性物质，有助于地层调剖。此外，在地下营养匮乏或过度消耗时，腐生菌可以降解石油烃类物质，产生有机酸、醇类、CO_2 等物质，为油藏中的其他微生物提供营养基础。

厌氧发酵菌可以在无氧条件下，将有机物质分解为短链脂肪酸、H_2 和 CO_2 等物质。这些厌氧发酵菌大多分布于好氧发酵与厌氧发酵过渡带，在氧化还原电位较高的地层中活跃。这类微生物的存在对于油藏中的有机物质降解和代谢过程产生了深远的影响。

产甲烷菌属于一类在严格无氧条件下才能生长的古菌，而在油藏环境中的无氧条件下它们尤为常见。这些微生物根据其营养类型可以分为三类：① 氢营养型，能够利用氢离子还原二氧化碳生成甲烷，例如耐盐甲烷卵圆形菌；② 甲基营养型，以甲醇或甲胺等甲基化合物作为能源合成甲烷，如甲烷八叠球菌科；③ 乙酸营养型，能够将乙酸作为能源，同时代谢产生甲烷，其中甲烷鬃菌属是典型代表。产甲烷菌往往与其他微生物形成互利共生关系，将无机或有机化合物转化为甲烷和二氧化碳。产甲烷菌代谢产生的甲烷能够有效提高地层压力，同时还能够溶解于原油中，降低原油的黏度，从而提升原油的流动性。因此，在内源微生物驱油过程中，激活产甲烷菌具有重要意义和广阔的开发前景。

硫酸盐还原菌是一类在无氧条件下将含硫营养物（如硫酸盐、亚硫酸盐和硫代硫酸盐等）转化为硫化氨的微生物。这些菌种对环境条件的要求相对宽泛，生长代谢速度较快，并具备抗氧毒害的酶系统，使其能够在含氧环境下生长和代谢。在缺乏含硫物质的情况下，硫酸盐还原菌也能通过无硫循环的代谢途径获得生存能量。在油田开发过程中，应持续监测硫酸盐还原菌的数量和代谢活性，以预防因大量合成硫化氨而对油田工作人员造成的潜在危害。

硝酸盐还原菌是一类能够还原硝酸盐或亚硝酸盐，并产生 N_2O 和 N_2 气体的微生物。这些微生物属于典型的兼性厌氧菌，它们在高氧化还原电位环境下能进行好氧呼吸，在低氧化还原电位环境下则进行硝酸盐呼吸。硝酸盐还原菌产生的气体在微生物采油过程中具有重要作用。硝酸盐还原菌和硫酸盐还原菌因共享相似的代谢底物和途径而存在竞争关系，硝酸盐还原菌优先生长会抑制硫酸盐还原菌的代谢活动。因此，利用硝酸盐还原菌来控制油田中的硫酸盐还原菌危害是一种重要的生物防治手段。

目前的研究表明,大部分油藏地层中的微生物群落结构相对稳定,微生物的活性和数量较低。因此,自然条件下微生物对于油田开发的作用较小。在二次采油过程中,少量的氧气和营养物随着注入水进入地层。因此,在注水井附近会形成相对有氧的区域。此时,烃氧化菌会被优先激活,通过分解石油烃来提高原油的流动性。烃氧化菌的代谢过程中会产生驱油物质,如表面活性剂、聚合物、有机酸、醇类和二氧化碳,这些物质在微生物采油过程中发挥重要作用。随着氧气逐渐被微生物利用消耗,氧化还原电位会降低,从而形成低氧化还原电位地带。在这种条件下,兼性厌氧微生物和厌氧微生物会通过降解石油烃来产生利于驱油的物质。同时,这些微生物还可以利用有氧微生物产生的营养物质为底物,继续合成有机酸、H_2、CO_2 和醇类等小分子物质。例如,能够在低氧化还原电位条件下生长的硝酸盐还原菌和产甲烷菌会继续产生气体,这些气体同样有利于改善原油的流动性,提高内源微生物采油的效率。

（2）外源微生物

外源微生物采油是指经过室内筛选后,从油层外部环境(如土壤、污水、产出液等)获取的采油微生物,或者通过基因工程培育获得的工程采油微生物。这些微生物经过地面培养并达到一定的菌浓度后,被注入油层,利用其在油层中的生长代谢过程来达到增加油产的目的。目前,外源微生物采油技术在我国各大油田中得到广泛应用,大庆、胜利、吉林等油田中的微生物增油试验多属于此类。外源微生物经过培养后,微生物数量易于控制,其见效迅速且效果显著。然而,这种方法需要较多的地面设备投入,增加了资本投资。另外,外源微生物注入地层后,很可能不适应地层内的环境,或与本源微生物难以协同作用,从而无法达到预期效果。

菌种筛选是微生物采油技术的关键环节。由于油藏地质条件的恶劣性,微生物在此环境中的生长繁殖并不容易。地层的温度、压力、矿化度、酸碱度、渗透率、原油性质等多种因素都对微生物的存活和发展产生影响和制约。因此,选取适应地层环境同时对油藏开发有帮助的微生物并非易事。根据研究,成功的采油微生物应满足两个基本要求:首先,所选微生物需适应油藏环境,在特定的地质条件下生长繁殖,产生有益的代谢产物;其次,在地层中通过微生物作用,能引发原油或地层发生有利于开采的物理或化学变化。这些要求具体体现在以下几个方面:① 适应油藏环境:在油藏环境中微生物的存活和繁殖是微生物提高原油采收率的前提。因此,所筛选的微生物必须能够适应油藏的地质特征,如矿物岩性、温度、压力、氧含量和原油性质等。② 产生有益代谢产物:代谢产物的类型和产量是微生物提高原油采收率的重要基础。成功油田中使用的微生物通常具备产生有助于驱油的代谢产物能力,如生物表面活性剂、生物聚合物、有机溶剂、酸、气体等。③ 与地层本源微生物协同作用:微生物种群间的相互关系复杂多样,涵盖共生、互生和拮抗等。采油微生物应与地层本源微生物相协调,避免不利影响。④ 以原油为主要碳源:从经济角度考虑,采油微生物最好能以烃类物质为主要碳源,并且能有选择地利用影响粘度的组分,如石蜡、胶质、沥青等。在促进微生物繁殖的同时,也可以添加少量其他营养物质,如糖蜜。⑤ 安全无环境污染:在考虑安全问题时,所选菌株应为自然界中的天然微生物,不对动植物产生毒害作用。最好不使用工程菌,以确保不会对人体和环境造成危害。菌株可从油田油样、油污土壤、油层岩心、油田水样等多个来源采集。

3. 微生物采油机理

微生物采油作为一种高技术含量的驱油技术,涵盖了微生物在油藏中的生长、繁殖、代谢等生物化学过程,以及微生物菌体、代谢产物在油藏中的运移,同时也包括微生物与岩石、油、气、水等成分相互作用引起的物性改变。其机理复杂且多方面,目前已知大致可分为两个方面。

（1）微生物自身对油层的直接作用

微生物通过附着于岩石表面并生长繁殖,占据了孔隙空间,从而将原油从岩石表面解离并驱出。在微生物大量繁殖的情况下,其菌体可以移动到油藏内部,有选择性地封堵较大的孔道。微生物能够利用原油中的正构烷烃作为碳源,从而促进自身的繁殖,进而改变石蜡基原油的物理特性,降低储层、井眼和设备表面的原油结蜡温度和压力。微生物生长时分泌的酶能够分解原油,将高碳链的原油分解为低碳链的,从而减少重质组分,增加轻质组分,从而降低原油的粘度,提高流动性。

（2）微生物代谢产物对油层的间接作用

① 生物表面活性剂提高采收率:微生物生成的表面活性剂(如糖脂、脂肽、脂肪酸)可以增加石油烃在水中的溶解度,与水相的接触面积增大,从而降低油水界面的张力,减小水驱油的毛细力,提高替代效应。此外,它们还能改变岩石的润湿性,使原本吸附在岩石表面的油膜脱落,进而提高原油的采收率。

② 生物气提高采收率:微生物在代谢过程中产生气体(如 CO_2、H_2、N_2、CH_4),这些气体溶解在原油中,增加油藏内部的压力,降低原油的粘度,促进原油的流动性。气泡的形成还可以增加水的流动阻力,提高注入水的波及范围。

③ 生物聚合物提高采收率:生物聚合物能够调整注水油层的吸水剖面,控制高渗透地层与低渗透地层之间的流动比例,从而改善地层的渗透率。此外,它们还可以选择性地封堵某些地层,增加扫油系数,降低水油比。在水驱过程中,生物聚合物还能增加水的黏度,降低水的流动性,提高波及效应,从而提高采收率。微生物进入油层后,菌体和代谢产物与重金属形成沉淀,有效地堵住水流通道,堵水效果显著,堵塞率可高达99%。

④ 酸和有机溶剂提高采收率:微生物产生的酸(如甲酸、丙酸)能够溶解碳酸盐,增加地层渗透率;同时释放的 CO_2 能够增加地层压力,提高原油的流动性。微生物还能生成有机溶剂,如醇、酮、有机酯等,这些有机溶剂能够改变岩石表面性质,将原本吸附在孔隙表面的原油释放出来,便于开采。

4. 微生物采油的影响因素

微生物采油的有效性受到多个因素的影响,这些因素包括油藏中的矿物组成与性质、孔隙度和渗透率、地层压力、流体温度、pH、矿化度、原油性质以及残余油饱和度等。只有当这些因素处于适当的范围内时,微生物采油技术才能够实现增产效果。

（1）油藏矿物的影响:油藏的固相由多种岩石和矿物组成,而原油主要储存在由砂岩和碳酸盐岩等构成的沉积岩中的孔隙或裂隙中。虽然硅酸盐和碳酸盐对微生物活动影响较小,但孔隙中存在的粘土矿物会影响微生物和营养物的吸附,从而影响微生物在油藏中的迁移和生长。此外,油藏作为一个多孔介质,其大比表面积也直接影响微生物的活动。

(2)孔隙度和渗透率的影响:岩石的孔隙度和渗透率显著影响微生物的生长和迁移。毛细管实验模拟了岩石多孔介质,发现毛细管尺寸减小时,细菌的生长速率、繁殖数量和菌体大小都明显降低。微生物细菌的大小通常在 $0.5\sim10.0\ \mu m$ 长,$0.5\sim2.0\ \mu m$ 宽,这意味着孔隙尺寸小于 $0.5\ \mu m$、渗透率小于 $75\times10^{-3}\ \mu m^2$ 时,微生物的迁移受到阻碍。一般认为,孔隙尺寸应大于 $1.0\ \mu m$,渗透率应大于 $100\times10^{-3}\ \mu m^2$,才能有效地传输微生物。

(3)地层压力的影响:压力对微生物的生存和活动影响较小,一般 10 MPa～20 MPa 的压力不会影响微生物的生长。尽管如此,在高压环境下,微生物仍能存活,例如,一些细菌在 140 MPa 的压力下培养也能存活。然而,在高压下微生物的生存情况可能因菌种而异。

(4)地层温度的影响:温度是影响微生物采油的关键因素。高温会导致微生物生长缓慢甚至死亡。研究表明,油藏温度在 $30\sim50$℃最适合微生物的生长。对于温度高于 75℃的油藏,应该选择适应高温环境的嗜热菌。

(5)地层矿化度的影响:地层水的矿化度通常较高,其中主要成分为 NaCl。矿化度影响微生物的活动,高浓度的矿化度可能对微生物产生毒性。矿化度过高会限制微生物的生长和代谢。高盐浓度的油田可能需要通过淡化处理来减少矿化度。

(6)可溶性物质的影响:微生物生长需要多种元素,如氮、磷、钾等,地层水中的盐类溶解物质可提供这些元素。然而,当浓度超过一定限度时,这些物质可能会对微生物的生长和代谢产生不利影响,甚至导致中毒。因此,在微生物采油前,需要考虑地层水中溶解物质的影响。

(7)地层水酸碱度的影响:地层水的 pH 会影响微生物的生长和代谢。过高或过低的 pH 对微生物均具有毒性。一般来说,微生物适宜生存的 pH 范围为 $4.0\sim9.0$。然而,对于特殊的油藏环境,可能需要选择适应特定 pH 的微生物。

(8)地层中氧含量的影响:氧气是好氧微生物生存所必需的,但对专性厌氧菌的生长具有限制性。由于地层中氧含量通常较低,微生物的种群分布和数量受到直接影响。

(9)原油成分和性质的影响:原油的性质直接影响微生物采油技术的实施。原油中的挥发性轻质组分和胶质、沥青等重质组分都可能对微生物的生存和活动产生影响。特别是对于 API 重度小于 18°的重质油,需要针对性地选择适应的微生物菌种。

综上所述,微生物采油的影响因素繁复多样。理解和控制这些因素对于有效应用微生物采油技术至关重要。成功应用微生物采油技术需考虑地层条件,如孔隙度、渗透率、地层压力和温度,并选择适应该环境的微生物菌种。控制地层水矿化度、溶解物质、pH 和氧含量能够最大程度地促进微生物的生长和代谢活动,从而提高采油效率。此外,通过综合分析原油成分与性质,调整不同的微生物群落以应对不同类型油藏,是有效应用微生物采油技术的关键。

<h2 style="text-align:center">思考题</h2>

1. 可用于生产单细胞蛋白的生物包括哪些种类?各自能够利用什么碳源?

2. 单细胞蛋白的化学组成与传统蛋白相比,具有哪些特点?

3. 请列举生产、生活中可用于生产生物燃料的废弃物。

4. 简述利用纤维素制备生物乙醇的主要流程。

5. 产氢的微生物种类有哪些? 其产氢生物机制分别是什么?

6. 产甲烷的微生物种类有哪些?

7. 简述厌氧消化的两阶段理论、三阶段理论和四阶段理论。

8. 煤炭中硫以哪些形式存在? 针对不同形式存在的硫,微生物是如何进行脱硫的?

9. 微生物湿法冶金的机理是什么? 哪些微生物可以在湿法冶金中发挥重要作用?

10. 为什么需要进行微生物采油?

11. 微生物可以通过哪些作用提高采油效果?

参考文献

[1] 王建龙,文湘华.现代环境生物技术[M].北京:清华大学出版社,2001.

[2] 马放,冯玉杰,任南琪.环境生物技术[M].北京:化学工业出版社,2003.

[3] Wada O Z, Vincent A S, Mackey H R.Single-cell protein production from purple non-sulphur bacteria-based wastewater treatment[J].Reviews in Environmental Science and Bio/Technology,2022, 21(4):931-956.

[4] 张海清,张振乾,张志飞,等.生物能源概论[M].北京:科学出版社,2016.

[5] 刘灿.生物质能源[M].北京:电子工业出版社,2016.

[6] 于晓朦.微生物技术在煤炭和煤气脱硫中的应用研究[D].鞍山:辽宁科技大学,2014.

[7] 杨传平,姜颖,郑国香,等.环境生物技术原理与应用[M].哈尔滨:哈尔滨工业大学出版社,2010.